编委会

普通高等学校"十四五"规划旅游管理类精品教材

教育部旅游管理专业本科综合改革试点项目配套规划教材

普通高等学校“十四五”规划旅游管理类精品教材
教育部旅游管理专业本科综合改革试点项目配套规划教材

总主编◎马　勇

面点制作工艺
Pastry-making Techniques

主　编◎高　琼　张　芸
副主编◎杨　清　蔡雅琼　王　波　何　渊

华中科技大学出版社
http://press.hust.edu.cn
中国·武汉

内容提要

本书主要介绍了面点的定义与分类、发展历史、主要风味流派、工艺流程与工艺技术特点，并以面点制作工艺流程为主线，依次详细介绍和解读了面点常用原料、面点加工器具与设备、制坯工艺、制馅工艺、成形工艺和熟制工艺，以及各加工环节的应用特征、操作方法、工艺要点和技术原理，结合不同类别面点制作加工实例，完整而全面地剖析了面点制作工艺。

全书体系科学规范、思路清晰、内容完整翔实，适合作为高等院校本科生、专科生的教材，同时也可供对中西面点制作有兴趣的读者和餐饮业面点加工技术岗位从业人员自学和实践参考。

图书在版编目(CIP)数据

面点制作工艺/高琼，张芸主编. —武汉：华中科技大学出版社，2023.3
ISBN 978-7-5680-9251-7

Ⅰ. ①面…　Ⅱ. ①高…　②张…　Ⅲ. ①面点-制作　Ⅳ. ①TS972.116

中国国家版本馆 CIP 数据核字(2023)第 045725 号

面点制作工艺
Miandian Zhizuo Gongyi　　　　高　琼　张　芸　主编

项目策划：李　欢
策划编辑：胡弘扬
责任编辑：张　琳
封面设计：原色设计
责任校对：张会军
责任监印：周治超
出版发行：华中科技大学出版社(中国・武汉)　　电话：(027)81321913
武汉市东湖新技术开发区华工科技园　　邮编：430223
录　　排：华中科技大学惠友文印中心
印　　刷：武汉科源印刷设计有限公司
开　　本：787mm×1092mm　1/16
印　　张：17　插页：2
字　　数：380 千字
版　　次：2023 年 3 月第 1 版第 1 次印刷
定　　价：49.80 元

总　序

伴随着我国社会和经济步入新发展阶段，我国的旅游业也进入转型升级与结构调整的重要时期。旅游业将在推动形成以国内经济大循环为主体、国内国际双循环相互促进的新发展格局中发挥出独特的作用。旅游业的大发展在客观上对我国高等旅游教育和人才培养提出了更高的要求，同时也希望高等旅游教育和人才培养能在促进我国旅游业高质量发展中发挥更大更好的作用。

《中国教育现代化2035》明确提出：推动高等教育内涵式发展，形成高水平人才培养体系。以"双一流"建设和"双万计划"的启动为标志，中国高等旅游教育发展进入新阶段。

这些新局面有力推动着我国高等旅游教育在"十四五"期间迈入发展新阶段，未来旅游业发展对各类中高级旅游人才的需求将十分旺盛。因此，出版一套把握时代新趋势、面向未来的高品质和高水准规划教材则成为我国高等旅游教育和人才培养的迫切需要。

基于此，在教育部高等学校旅游管理类专业教学指导委员会的大力支持和指导下，教育部直属的全国重点大学出版社——华中科技大学出版社——汇聚了一大批国内高水平旅游院校的国家教学名师、资深教授及中青年旅游学科带头人在成功组编出版了"普通高等院校旅游管理专业类'十三五'规划教材"的基础上，再次联合编撰出版"普通高等学校'十四五'规划旅游管理类精品教材"。本套教材从选题策划到成稿出版，从编写团队到出版团队，从主题选择到内容编排，均作出积极的创新和突破，具有以下特点：

一、基于新国标率先出版并不断沉淀和改版

教育部2018年颁布《普通高等学校本科专业类教学质量国家标准》后，华中科技大学出版社特邀教育部高等学校旅游管理类专业教学指导委员会副主任、国家"万人计划"教学名师马勇教授担任总主编，同时邀请了全国近百所开设旅游管理类本科专业的高校知名教授、博导、学科带头人和一线骨干专业教师，以及旅游行业专家、海外专业师资联合编撰了"普通高等院校旅游管理专业类'十三五'规划教材"。该套教材紧扣新国标要点，融合数字科技新技术，配套立体化教学资源，于新国标颁布后在全国率先出版，被全国数百所高等学校选用后获得良好反响。编委会在出版后积极收集院校的一线教学反馈，紧扣行业新变化，吸纳新知识点，不断地对教材内容及配套教育资源进行更新升级。"普通高等学校'十四五'规划旅游管理类精品教材"正是在此基础上沉淀和提升编撰而成。《旅游接待业（第二版）》《旅游消费者行为（第二版）》《旅游目的地管理（第二版）》等核心课程优质规划教材陆续推出，以期为全国高等院校旅游专业创建国家级一流本科专业和国家级一流"金课"助力。

二、对标国家级一流本科课程进行高水平建设

本套教材积极研判"双万计划"对旅游管理类专业课程的建设要求，对标国家级一流本科课程的高水平建设，进行内容优化与编撰，以期促进广大旅游院校的教学高质量建设与特色化发展。其中《旅游规划与开发》《酒店管理概论》《酒店督导管理》等教材已成为教育部授予的首批国家级一流本科"金课"配套教材。《节事活动策划与管理》等教材获得国家级和省级教学类奖项。

三、全面配套教学资源，打造立体化互动教材

华中科技大学出版社为本套教材建设了内容全面的线上教材课程资源服务平台：在横向资源配套上，提供全系列教学计划书、教学课件、习题库、案例库、参考答案、教学视频等配套教学资源；在纵向资源开发上，构建了覆盖课程开发、习题管理、学生评论、班级管理等集开发、使用、管理、评价于一体的教学生态链，打造了线上线下、课堂课外的新形态立体化互动教材。

在旅游教育发展的新时代，主编出版一套高质量规划教材是一项重要的教学出版工程，更是一份重要的责任。本套教材在组织策划及编写出版过程中，得到了全国广大院校旅游管理类专家教授、企业精英，以及华中科技大学出版社的大力支持，在此一并致谢！衷心希望本套教材能够为全国高等院校的旅游学界、业界和对旅游知识充满渴望的社会大众带来真正的精神和知识营养，为我国旅游教育教材建设贡献力量，也希望并诚挚邀请更多高等院校旅游管理专业的学者加入我们的编者和读者队伍，为我们共同的事业——我国高等旅游教育高质量发展——而奋斗！

总主编

2021 年 7 月

前　　言

面点制作工艺是烹饪工艺技术体系的重要组成部分，也是烹饪高等教育的一门重要的专业基础技能课。在烹饪高等教育中，关于面点的学习不仅仅要掌握其制作加工技术，还需要了解面点在历史发展中从原料拓展到工具与技艺的提升，进而逐渐形成流派区分的演变过程，更需要全面且深入地理解和分析面点制作加工的工艺流程、技术要点、原理应用等。这些都是现代面点制作加工不断走向系统化、规范化、科学化的前提和基础。

市面上大多面点制作工艺的相关教材，是将中式面点与西式面点分别单独编撰。中式面点和西式面点是不同自然条件、历史背景和经济环境下衍生而成的不同风格的面点，虽然二者在起源发展与风格特点上差异明显，但是二者在选料上仍然存在较多重合，且在工艺上也同样基本遵循着选料搭配、制坯制馅、成形成熟的流程。因此本书在编写时，梳理了中西面点在选料和工艺上的共性与表现形式上的差异，进一步充实并完善了传统面点工艺内容。本书在面点制作工艺的具体描述中，更多地侧重技术特征与要求，分析工艺技术原理，以利于面点制作工艺各个技术环节的组合设计及创新应用。

本书由高琼、张芸任主编，共同负责草拟编写大纲，组织参编队伍。全书共七章，具体编写分工如下：第一章由高琼编写；第二章由张芸编写；第三章由高琼编写；第四章、第五章、第六章、第七章由高琼、杨清、蔡雅琼、王波和何渊共同编写，全部稿件的初审工作和最后统稿工作由高琼负责。上述参编人员分别来自湖北经济学院、黄冈职业技术学院、武汉市第一商业学校、湖北楚菜研究院和武汉华工后勤管理有限公司。参编人员的编写工作都得到了各校、各单位相关领导的大力支持，谨此表示感谢。

最后需要郑重声明，在教材编写过程中，各位参编不仅仅贡献了自己的经验心得，同时也参考了大量的书稿文献，相关引用资料在文末参考文献中列出。各位前辈和同仁在面点教材编写上的成果贡献，不仅是我在20多年前面点专业学习时所汲取的营养，更是本次教材编写的重要参考依据，谨此向各位在面点教育上努力耕耘、默默奉献的各位前辈和同仁表达深深的敬意和感谢。

由于水平有限，疏漏之处在所难免，敬请广大读者指正。

编者

第一章　面点概述　1

第一节　面点的定义与分类　2

第二节　面点发展历史　4

第三节　面点主要风味流派　10

第四节　面点制作工艺流程　23

第五节　面点制作工艺技术特点　26

第二章　面点常用原料　29

第一节　制坯原料　30

第二节　制馅原料　51

第三节　调辅原料　58

第三章　面点加工器具与设备　87

第一节　面点加工器具　88

第二节　面点加工设备　96

第三节　面点加工器具与设备的日常管理　105

第四章　制坯工艺　107

第一节　面坯概述　108

第二节　麦粉类水调面坯　111

第三节　麦粉类膨松面坯　117

第四节　麦粉类油酥面坯　135

第五节　米及米粉面坯制作工艺　142

第六节　其他面坯制作工艺　150

第五章　制馅工艺　158

第一节　馅的概述　159

第二节　甜馅制作工艺　163

第三节　咸馅制作工艺　171

第四节　面臊制作工艺　184

第六章　成形工艺　192

第一节　面点成形工艺概述　193

第二节　面点成形基础工艺环节　194

第三节　手工直接成形　204

第四节　器具辅助成形　216

第五节　面点装盘出品工艺　223

第七章　熟制工艺　227

第一节　熟制工艺概述　228

第二节　蒸制面点成熟法　231

第三节　煮制面点成熟法　235

第四节　炸制面点成熟法　238

第五节　煎制面点成熟法　246

第六节　烙制面点成熟法　249

第七节　烤制面点成熟法　252

第八节　复合加热面点成熟法　260

推荐书目　262

主要参考文献　263

Chapter 1

第一章　面点概述

学习目标

· 理解面点的定义与分类，学会从多角度、全方位认知面点。

· 理解中式面点的起源及各阶段发展的主要特征，了解西式面点形成与发展概况，学习人类在面点历史发展进程中所表现出的勇于探索、开拓革新的精神力量。

· 理解中式面点主要流派的形成原因与发展演变、主要特点和代表品种，从中感悟中国传统美食的魅力，增强文化自信与民族自豪感。

· 了解西式面点中的几个代表国家的经典品种，开阔视野。

· 了解面点制作的工艺流程，培养生产实践活动中的全局观和责任意识。

· 理解并掌握面点制作工艺的特点，学习面点制作精益求精的工匠精神。

教学导入

2020 年 1 月底，一篇名为《最有烟火味的应援！加油，热干面！》的文章被网友广为转发。全国各地纷纷以地方美食形象应援武汉，有天津煎饼果子、广东干炒牛河、云南过桥米线、北京炸酱面、山西刀削面、四川担担面、河南烩面、山东煎饼等。这些美食融合了地域特色与传统文化，是中华民族智慧的结晶。在疫情面前，它们表现出守望相助的家国情怀和坚韧不屈的民族精神，温暖而有力量。新一代的饮食工作者要传承优秀中华饮食，汲取其精神力量，将其进一步发扬光大。

Note

第一节　面点的定义与分类

中国营养学会发布的《中国居民膳食指南(2019)》中提到,一般人群的膳食要做到食物多样,谷类为主,粗细搭配。谷类食物一直以来是中国传统膳食的重要组成部分,是人体能量的主要来源。谷类食物大多为我们生活中所提到的面点。

一、面点的定义

我国幅员辽阔,不同地域对面点称呼各有不同。北方多将面点称为面食,长江流域的许多地方常称为小吃,而广大南部沿海地区则常称为点心。面点,从字面上可看作为面食和点心的组合简称。

"面食"一词,最早见于宋代吴自牧的《梦粱录》。其中记载的当时京城临安开了不少面食店,所经营的"面食名件"有猪羊生面、丝鸡面、三鲜面、盐煎面、笋泼肉面、炒鸡面等。明代宋诩所编《宋氏养生部》中明确列有"面食制"。而关于"点心"一词,早在唐代收录的民间故事《板桥三娘子》中提到"三娘子先起点灯,置新作烧饼于食床上,与客点心。"南宋吴曾《能改斋漫录》中记载了唐代的一个故事,"郑傪为江淮留后。家人备夫人晨馔,夫人顾其弟曰:'治妆未毕,我未及餐,尔且可点心'。"及至元代,陶宗仪在其笔记《南村辍耕录》中引用了《能改斋漫录》中的这句话,并给出释义"今以早饭前及饭后、午前、午后、晡前小食为点心",其品种不仅仅为米面食品,还包括糖果、蜜饯、干果和某些小菜。这种对点心的释义,与现代的小吃、休闲食品颇为类似。清代袁枚的《随园食单》中还专列了"点心单"和"饭粥单"等。

如今,餐饮业将历史上出现的"面食"和"点心"这两个词汇糅合在一起,将二者合称为面点。具体来说,面点是指以粮食及其加工粉料等原材料为主料,有选择地搭配禽、畜、水产、果蔬、粮豆、蛋奶等制成的馅料,以盐、碱、油、糖、水、酵母等为调辅料,经过制坯、制馅(有的无馅)、成形和熟制等工序,制成的具有一定色、香、味、形、质、养的面食、小吃和点心。

二、面点的分类

面点种类繁多,分类方式多样。常见的分类方法有如下几种。

(一)按面坯原料分类

按面坯原料分类,有麦粉类制品、米及米粉类制品和其他原料制品。

(二)按工艺性质分类

按工艺性质分类,有水调面坯制品、膨松面坯制品和油酥面坯制品。

(三)按熟制工艺分类

按熟制工艺分类,有蒸、煮、炸、煎、烙、烤及复合加热成熟制品。

（四）按出品口味分类

按出品口味分类，有咸味制品、甜味制品、原味制品和复合味制品。

（五）按出品形态分类

按出品形态分类，主要有饭、粥、糕、饼、团、粉、条、包、卷、饺、羹、冻等。

（六）按配馅状况分类

按配馅状况分类，有带馅制品和无馅制品。

（七）按地域流派分类

按地域流派分类，主要有中式面点和西式面点。其中中式面点又可进一步分为京式面点、苏式面点、广式面点等。

根据熟制工艺对面点进行分类，有利于合理安排面点厨房生产岗位；根据配馅状况对面点进行分类，可以更好地帮助消费者进行消费选择；根据地域流派对面点进行分类，能够帮助消费者更直观地了解面点地域文化特色。

面点的命名较常采用组合式的命名方法，如选择两种或两种以上的面点分类方法进行组合。面点出品形态分类的结果在面点命名方法中得到充分的应用。例如：与面坯原料组合命名，如米糕、面条等；与出品口味组合命名，如甜羹、酸辣粉等；与熟制工艺组合命名，如煎包、蒸饺等；与配馅组合命名，如青菜粥、肉饼等。

我们应从专业技术认知的角度来学习面点的分类方法。首先从面坯原料的角度对面点制品进行分类，然后再根据工艺性质做进一步划分，具体可见表1-1。

表1-1　面点按面坯原料及工艺性质的分类及应用举例

按面坯原料分类	按面坯原料及工艺性质分类		应用举例
麦粉类制品	麦粉类水调面坯制品	冷水面坯制品	面条、水饺、馄饨等
		温水面坯制品	花式蒸饺、馅饼等
		热水面坯制品	烫面饺、烧卖、炸糕等
	麦粉类膨松面坯制品	生物膨松面坯制品	馒头、包子、花卷、面包等
		物理膨松面坯制品	戚风蛋糕、麦芬蛋糕、泡芙等
		化学膨松面坯制品	油条、麻花等
	麦粉类油酥面坯制品	混酥面坯制品	桃酥、曲奇、甘露酥等
		层酥面坯制品	兰花酥、核桃酥、老婆饼等
米及米粉类制品	米类面坯制品	米类粒状面坯制品	扬州炒饭、皮蛋瘦肉粥、粽子等
		米类泥状面坯制品	糍粑、艾窝窝等
	米粉水调面坯制品	米粉水调糕团状面坯制品	汤圆、米饺、糖年糕等
		米粉水调浆糊状面坯制品	面窝、肠粉、米粉等
	米粉膨松面坯制品	米粉生物膨松面坯制品	棉花糕、伦教糕、米粑等
		米粉物理膨松面坯制品	定胜糕、白松糕等

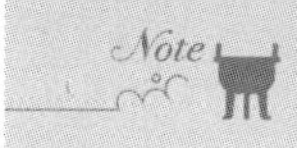

续表

按面坯原料分类	按面坯原料及工艺性质分类		应用举例
其他原料制品	澄粉面坯制品		虾饺、水晶饼等
	杂粮面坯制品	谷类杂粮面坯制品	窝窝头、小米煎饼等
		豆类杂粮面坯制品	豌豆黄、绿豆糕等
		薯类杂粮面坯制品	红薯饼、土豆饼等
	果蔬类面坯制品		马蹄糕等
	动物糜类面坯制品		鱼面、鱼皮鸡粒饺等
	凝冻类面坯制品		烤布丁、杏仁豆腐等

第二节　面点发展历史

一、中式面点发展历史

（一）中式面点的萌芽阶段

新石器时期，人类在长期采集野生植物的实践活动中，逐渐了解了部分植物的生长储存特性和食用特征，开始有选择地收集植物的种子或果实进行种植活动，并在种植活动中不断制造和改进生产工具，原始农业开始萌芽。在距今8000年的内蒙古赤峰兴隆沟遗址里已发现有少量粟的遗存；河南三门峡庙底沟遗址发现烧土上有麦类的痕迹；浙江余姚河姆渡等遗址中发现了稻；浙江湖州钱山漾遗址中也发现了稻谷粒，经鉴定有粳稻和籼稻两种。可见我国是世界上农业发展较早的国家之一。

粮食谷物的种植，为中式面点的萌芽提供了重要的物质基础。由于这一时期人类的生产工具较为简陋、粗糙，谷物加工还相当简单，谷物的食用状态以整粒为主。谯周的《古史考》有曰："黄帝始蒸谷为饭、烹谷为粥。"这个时期，我国古代的陶制炊具相继问世，有鼎、甗、釜、甑、鬲、鬶等，其中甑是和釜或鬲配合起来当"蒸锅"用的。《史记·五帝本纪》中提及"黄帝作釜甑"。甑的底部有许多小孔，可以透进蒸汽，将食物蒸熟，是最原始的蒸笼，甑和鬲组成的"原始蒸锅"叫甗（鬲中放水，甑中放食物，再将甑置于鬲上，鬲下用火烧即可）。另外还有地灶、砖灶、石灶，燃料多为柴草，还有粗制的钵、碗、盘、盆作为食具。此时期，粮食的烹调加工方法表现为火炙、石燔、水煮、汽蒸并重，整体较为粗放。

（二）中式面点的形成阶段

到了夏商周时期，我国的粮食种植生产已有较大的发展，品种也多了起来。粮食有"百谷""九谷""五谷"之说，包括黍、稷、麦、稻、菽等作物。早期人类对谷物原料进行初加工的工具主是石磨盘、杵臼和碓等。这些工具主要用于谷物脱壳，也可用于破粒取粉，但效率不高且粉屑较粗。谷物中的小麦，由于其种皮坚硬、很难与

籽实分离，多为整粒或将整粒舂捣破碎成粉屑后蒸煮，食感不佳。直到战国、秦汉时期出现了专门用于磨粉的工具——转磨，它可以将谷物由初始舂捣的碎屑状态进一步加工成为较精细的粉末状态，转磨的出现标志着我国面粉加工技术的形成。小麦一旦磨成面粉，其加工方式、口感都发生巨大的改变，进而逐渐被人们认识和喜爱，并被进一步推广种植。

粮食种植和初加工技术发展的同时，面点熟制加工器具也在不断演变。除陶器进一步发展之外，青铜器亦被广泛应用。例如，河南信阳出土的春秋时期的铜饼铛，湖北随县出土的战国时期的铜炙炉等，都说明当时炊具类型已日益丰富。到了秦汉时期，在一些经济发达地区，铁质锅釜（敛口圆底带二耳）崭露头角。金属炊具传热效果很好，不仅可灵活应用于蒸煮加工，还能应用于各种高温加热的烹调方式，如炒、炸、煎、烙、烤等。金属烹饪器具具有形态多样、传热迅速、坚固耐用的特点，将其应用于面点熟制加工，不仅丰富面点的成熟加工方式、提高加工效率、形成多样化的出品口感质量，还能彰显礼仪、装饰筵席，展现出当时社会背景下独特的饮食文化。

商周时期，制作面点的基础条件已经具备，我国早期面点开始形成，出现了类似糕、饼的面点制品。如《周礼·天官》中记载的“糗”“餈”“酏食”“糁食”；《楚辞·招魂》中记载的“粔籹”“蜜饵”“餦餭”等。这一时期的面点品种不是很多，制作工艺也不复杂，但会选择运用蒸、煮、烙、煎、烤等多种成熟方式，口味上有了咸甜的差异，还出现了带馅的糁食、初步发酵的酏食等。

秦汉以来，随着生产力水平的提升，面点制作技术体系基本形成，逐渐从烹饪技术中分离出来。从汉代出土的画像砖上可以看到厨膳操作人员已穿上了专门的工作服，厨房生产分工出现了宰杀、烹调、和面、制饼等，开创了红、白两案分工的新局面。

东汉时期出现了将转磨与水轮结合、利用水流冲力带动其旋转的水磨，这一工具大大节省了人力。粮食研磨加工技术的不断提升，促成更多的“粉食”的出现。东汉时期，已经出现了各种名目繁多的面食。在汉代，面制品通称为饼。刘熙的《释名·释饮食》中记载：“饼，并也，溲面使合并也，胡饼作之，大漫冱也。亦言以胡麻著上也。蒸饼、汤饼、蝎饼、髓饼、金饼、索饼之属，皆随形而名之也。”其中，胡饼为炉烤的芝麻烧饼；蒸饼类似馒头；汤饼是水煮的揪面片，是面条的前身；髓饼为加动物骨髓、油脂和面制作的炉饼；索饼也类似面条。由于汉灵帝好食西域传入的“胡饼”，上行而下效，形成了“京师贵戚皆竞食胡饼”的局面。面制食品逐渐被社会各阶层广泛认可和接纳。

知识链接

从“粒食”到“粉食”

实际上，小麦在中国餐桌上占领一席之地，是一系列科技革新的结果。直到春秋时期，人们还在使用杵臼对小麦籽粒进行加工。这样无法完全将小麦籽粒碾磨成面粉，也无法彻底解决小麦种皮难以炊煮的问题，麦饭也就难以摆脱“粗粝”的名声。

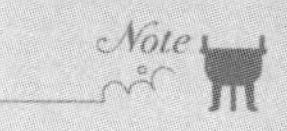

战国、秦汉时期，专门用于磨粉的工具——转磨出现，人们终于可以将谷物由初始的碎屑状态进一步加工成为较精细的粉末状态（所谓“尘飞雪白”），这标志着面粉加工技术的成熟。转磨主要为石质，由上下两扇扁圆形磨盘组成。下扇磨盘朝上一面的中央立有一固定的短轴，通常为铁制；上扇磨盘朝下一面的中央凿有一圆卯，用于套合下扇之上的铁轴；上扇磨盘在铁轴附近钻有一到两个贯通的磨眼，并在一侧凿出榫孔用于安装木柄。在两扇磨盘的结合面上，以铁轴为中心凿有密集的放射状磨齿，磨齿之间相互咬合形成的空间称为磨膛。

粒食小麦口感不佳，而一旦磨成面粉，富含蛋白的小麦比其他谷物更容易烹调成多样的美食。东汉时期，已经出现了各种名目繁多的面食。刘熙在《释名·释饮食》中就论及七种饼，即胡饼、蒸饼、汤饼、蝎饼、髓饼、金饼、索饼；汉代出现了汉灵帝好胡饼，京师贵戚皆竞食胡饼的现象。在此背景下，小麦的食用方式逐渐由“粒食”转向“粉食”，这给中国古代饮食传统带来了深刻的变化。

（资料来源：郭晔旻. 中国面点　中国年味[J]. 国家人文历史，2018(4)：34-41.）

（三）中式面点的成长阶段

魏晋南北朝时期，面点制作开始向专业化方向发展，由此产生了许多崭新的技术成果。粮食加工器具（如“水碓”与“绢筛”等）和面点制作工具都有很大的改进。晋人束皙《饼赋》中云：“重罗之面，尘飞雪白”，北魏贾思勰所著的《齐民要术》中写到“绢罗之”“细绢筛”等。粮食加工器具的改进，使粮食粉料质地精细，为面点制作提供了优质原料。这一时期的锅釜由厚重趋向轻薄，为面点熟制带来便利。锋利轻巧的铁质刀具，改进了刀工技法，使原料加工更为精进。此间出现的“蒸笼”等炊具，使面点气蒸熟制工艺更加灵活、便利。不同的原料，不同的熟制工艺，为中式面点制作开创了新的风格和特色。如膏环（麻花之类）、截饼（类似饼干）、馒头、馎饦（汤饼、为鱼面、面条之类）、鸡鸭子饼、糉（粽子）、糙（年糕之类）、水引、粉饼、牢丸（元宵）等。这一时期，许多面点制作工艺已达到较高水平，其中发酵方法被普遍使用。《齐民要术》中记录有“作饼酵法：酸浆一斗，煎取七升。用粳米一升，煮著酱，迟下火，如作粥。六月时，溲一石面，著二升；冬时，著四升作。”不仅写明了酸浆酵的制法，还说明了在不同季节的用量。魏晋时，已有花式点心，如《酉阳杂俎·酒食》中“五色饼法”，就是将揉好的面团用雕刻成禽兽形的木模按压、染色。魏晋时期的南北交流日益频繁，促进了南方、北方在面点品种和口味上的相互影响。此外，这一时期，我国传统年节食俗也逐渐形成，如立春吃“春盘”，寒食节吃“寒具”，端午节食“粽”，三伏天吃“汤饼”，重阳节食“糕”等。

隋唐到宋元时期，面点制作技术迅速提高，新品种大量涌现。此时，我国南北统一，大运河促进了南北经济、文化的交融，烹饪原料的增多，面点制作技术的普及，面点店铺大量涌现，推动了面点行业的发展。唐代长安、北宋汴京、南宋临安、元代大都均有许多面点店铺，如馄饨店、油饼店、胡饼店、蒸饼店、糕店等。这一时

期，北方主粮以粟、麦为主，南方以水稻为主，再加上磨粉技术的普及和推广，使得制作面坯的选料十分丰富，除整粒选择各类粮食原料外，还有各种麦面、小米面、粳米粉、糯米粉、豆粉和一些杂粮粉。面坯调制多样化：水调面坯，可用冷水和面做卷煎饼，用开水烫面做饺；发酵面坯广泛使用，除酶汁、酒酵发酵之外，酵面发酵法已广为流行，并出现了兑碱发酵法；油酥面团的制法也趋成熟，苏东坡有诗曰："小饼如嚼月，中有酥与饴"。馅心、面臊丰富多样，可荤可素、可甜可咸、可酸可辣，不拘一格。成形与熟制工艺更加富于变化、多种多样。在元代，少数民族面点发展较快，汉族和少数民族间的面点交流扩大，出现不少新品种，如在蒙古宫廷中出现了春盘面，煎饼、馒头、糕等面点大类中也出现了少数民族的品种应用。这一时期中外交流频繁，西域饮食传入中原，而鉴真东渡等还促成中式面点向外传播输出。在唐代，我国蒸饼等传入日本。在宋代，由于政治、经济、文化等因素的作用，面点开始出现南北风味等差异，如《东京梦华录》中记载的"南食店""川饭店"等。唐宋时期，年节面点品种持续发展，与人生礼仪、庆祝紧密相连的食俗开始发展，如唐代已有生日汤饼，宋代出现了两种仙桃、寿龟造型的生日面点。

（四）中式面点的成熟阶段

明清时期，中式面点的发展进入了成熟期。粮食原料的种植生产能力有所提高。特别是明代后期，粮食作物品种除传统的"五谷""百谷"外，还引进了原产于美洲的番薯、玉米、马铃薯等旱地高产品种，并在清代前中期得到迅速推广。丰富的粮食原料不仅缓解了人口迅速增长带来的粮食压力，还使面点制坯选料更加广泛，使中国主食结构发生重大的改变。这一时期，面点制作技术飞速发展。面团调制发生了大的变化：调制水调面团时，会在和面中掺入油、蛋等辅料，增加品种的风味；发酵面团已有大酵、中酵、小酵等多种发酵方法，和面手法有了区分，如"千层馒头"的制作，"其白如雪，揭之如有千层"；油酥面团有如"用山东飞面作酥为皮"，故"香松柔腻，迥异寻常"；米粉面团更加注重用粉、掺粉、口感和配色，制作的"松糕"酥松柔软、"年糕"黏糯有劲、"风糕"蜂窝多孔；其他还有许多以山药粉、番薯粉、百合粉、荸荠粉等为主辅料的杂粮面团。这一时期的面点成形方法多样，除一般的包、捏外，擀、切、叠、搓、抻、裹、卷、模压、刀削各显其妙，如明代已出现缠在手指上的抻面，杭州制作金团时会将调和好的米粉用木模压成桃、杏、元宝之状。同时，面点的馅心浇头用料广博、制作精致、风味佳美，并出现"肉皮煨膏为馅"的皮冻冷凝做汤包的方法；面点熟制有蒸、煮、烙、烤、油煎、水煎、油炸、炒、煨等方式均可使用，有些品种还可以先煮后炒，或先炸后煨等复合式加热熟制，工艺多样、技法成熟。

随着原料、工艺的不断扩展和提升，面点新品种不断涌现，面点分类逐渐清晰。各地面点铺、糕点铺、茶肆、茶食店大量涌现，竞争激烈，使得面点制作更加讲究色、香、味、形的特色，名品迭出。到了清代，我国面点的风味流派基本形成，北方主要是北京、山西、山东三大风味流派，南方主要是苏州、扬州、广州三大风味流派。中式面点与节日习俗、各地风俗的结合更加紧密，如正月初一我国北方吃"水饺"，浙江吃"汤圆"，广东吃"煎堆"；正月十五吃"元宵"，端午吃"粽子"，夏至吃"冷淘面"，七夕吃"巧果"，中秋啖"月饼"，重阳食"糕"，冬至吃"馄饨"，腊八喝"粥"等。明清两代，丰富多彩的面点品种在筵席中的位置越来越重要。讲究的筵席往往要上两至

四道面点，如乾隆五十年(1785 年)的“千叟宴”共设 800 桌席，计消耗单白面约 375 公斤、澄沙约 15 公斤；而在“满汉全席”中，一席使用面粉约 22.4 公斤，有满洲饽饽大小花色品种 44 道。清代还出现了以面点为主的筵席。据传，清嘉庆“光禄寺”面食筵席，一桌用面量达 60 公斤。之后，西式面点中的西洋饼、面包、布丁等品类传入我国，中国面点亦大量外传，主要传至日本、朝鲜，以及东南亚、欧美的一些国家和地区。

(五)中式面点的创新阶段

近现代是中式面点延续传承、融合创新的历史阶段。中华人民共和国成立以来，各地区、各部门通过组织各种类型的交流活动，取长补短、相互促进、共同总结、不断创新提高，中式面点制作技术不断发展完善，中式面点品种日益丰富起来。特别是改革开放以来，生产力水平获得极大提高，科学技术广泛应用于社会生活的各个层面，中西方饮食文化交流融合，中式面点在延续传承的基础上，表现出极强的创新活力。

面点的创新主要指的是技术创新。面点技术创新是指在面点生产过程中，使用新原料、新方法、新工艺、新设备(工具)等，创造出与原有产品不一样风味特征的面点品种。超微粉体加工、真空冷冻干燥等原料初加工新技术的应用和推广，扩大了现代中式面点原材料的选择范围，丰富和提升了面点产品的感官风味和营养价值。在充分运用传统原料的基础上，这一时期中西面点原料(如咖啡、奶酪、炼乳、奶油、糖浆等)相互融合，合理选择使用各种食品添加剂，赋予创新面点特殊风味特征，提高了出品质量。面点调味更加多变、混搭。许多中西菜肴调味应用于中式面点制品中，如鱼香味、酸辣味、椒麻味、咖喱味等。随着科学技术的发展，越来越多的工具设备应用于面团加工生产过程，如压面机、和面机、多功能搅拌机、发酵箱等。随着新能源的利用，烹饪能源由使用柴、煤、油逐步转向煤气、天然气、电、太阳能、微波等；新型烹饪器具设备不断涌现，高压锅、电饭锅、不粘锅、电磁灶、炸锅、蒸箱、烤箱等打开了面点制作的新领域。新技术、新工具、新设备的应用，为面点制作手工操作向机械化、工业化、自动化发展提供了重要保障，促成了现代面点加工业的发展。

从 20 世纪 50 年代起，我国高等教育开始设立烹饪、面点、食品等专业。经过几十年的发展，培养出了众多各层次面点人才。这些面点的生产者、研究者，为面点的创新发展注入了持久的动力。他们在古籍文献中不断挖掘传统面点产品，通过复配、替换、融合等方式，不断创新面点产品，并推向市场。21 世纪以来，现代科技成果广泛应用，面点加工技术不断革新，大量面点品种的制作加工实现标准化、工业化，面点产品质量、营养和卫生得到进一步保证。面点加工的工业化促成了速冻食品、快餐食品、保健食品的发展，面点经营模式更加多样化，能够满足人们面点消费更加多样的需求。

面点生产消费与人们美好生活息息相关，它的发展将是一个持续的过程。不同的发展阶段取得的每一次的进步都是在继承传统的基础上，不断开拓新原料、新工具、新技术，以适应消费者需求的不断变化。在今后一段时期内，面点生产应在继承、发展、创新的道路上，在符合营养、安全、卫生、方便、质优、味佳、形美等要求的同时，不断改进提升，满足人们多方面的生活需要，为人们美好幸福生活做出更大贡献。

二、西式面点发展历史

西式面点（可简称为西点），英文名称为“western pastry”，主要是指源于欧美地区的各式糕饼点心，多以面粉搭配各类油、糖、蛋、奶等为主要原料，辅以干鲜果品和调味料，经过调制、成形、成熟、装饰等工艺过程而制成的具有一定色、香、味、形的营养食品。因其熟制工艺大多选择烘焙方式，西式面点又常被译为“baking food”。

公元前6500年前后，自底格里斯河和幼发拉底河，延伸至埃及、巴勒斯坦、叙利亚等地开始，人类在从自然界采集并食用野生麦种的过程中，慢慢掌握了小麦、大麦和黑麦的种植技术，并逐渐推广开来。最初，收获的小麦被直接制作成像粥一样的食物。随着农耕技术和加工技术的发展，小麦的食用方法也发生了变化。

人们利用石板将谷物碾压成粉，与水调和后在烧热的石板上烘烤。这就是面包的起源。但这种原始的“面包”是未发酵的“死面”，所以这一时期的面包与现代的烤饼更为接近。与此同时，北美的古代印第安人也用橡实和某些植物的籽实磨粉制作“烤饼”。公元前6000年前后，古埃及人最先掌握了制作发酵面包的技术。最初的发酵方法是偶然发现的，埃及人将小麦粉加水和马铃薯、盐拌在一起和成面团，放置在温暖处。经过一段时间，面团受到空气中的野生酵母菌的侵入，出现发酵、膨胀、变酸的现象，将这种面团放入土窑烤制，便得到了远比“烤饼”松软且富有弹性的一种新面食，这就是世界上最早的面包。

面包经过古埃及传入古希腊，古希腊人发明了两种制作面包酵种的方法。一种类似于现代的粮食酿酒，是将谷物和葡萄汁混合搅拌，保存一年之后使用；另一种类似于现代的鲁邦种制作，是将小麦粉和连续三天发酵的葡萄汁搅拌在一起，再将这种含有大量酵母的液体加入到小麦粉中和成面团，如此制得的面团容易发酵，且发酵状态更好。古罗马征服了古希腊之后，烘焙面包的技术进一步得到传播。古罗马人将面包奉为文明生活的象征。他们在实践中不断总结经验，发明了砖砌的烤炉，可以批量生产面包，令面包制作方法产生了大的革新。考古发现，古罗马时期的面包已经非常柔软，有黑麦面包、白面包等类别。奢侈的白面包，只有古罗马的皇室贵族才能享用，而且面包上还有专属面包师的签名，以此确保质量。

除面包外，西式面点中还有如蛋糕、起酥点心、小西饼等品类。这些西点通常口味香甜，又常被称作甜点“dessert”。甜点的出现和发展与糖的普及息息相关。据称，古希腊人最早在食物中使用的甜味剂是蜂蜜。蜂蜜蛋糕一度风靡欧洲，特别是在蜂蜜产区。古希腊人不仅用面粉、油和蜂蜜制作了一种煎油饼，还制作了一种装有葡萄和杏仁的塔，这也许是最早的食物塔。古罗马人制作了最早的奶酪蛋糕。直到如今，最好的奶酪蛋糕仍然出自意大利。据记载，公元前4世纪，古罗马成立了专门的烘焙协会。中世纪时，法国宫廷开始任命专门的西点师制作以糖、鲜奶油和鸡蛋为原材料的甜点。许多流传至今的甜点，比如可丽饼、布丁、牛角包等就是

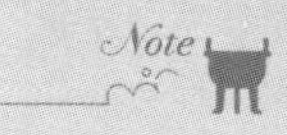

这一时期问世的。法式西点相对法式菜肴而言，其选材更加便捷、工艺相对简单，因此也更加容易被接纳和推广。

初具现代风格的西式面点大约出现在欧洲文艺复兴时期。这一时期，西式面点制作的方法有了极大的改进，而且品种也不断增加，烘焙业成为相当独立的行业，并进入一个新的繁荣时期。现代西点中最主要的两类点心——派和起酥点心相继出现。1350 年一本关于烘焙的书中记载了派的五种配方，同时还介绍了用鸡蛋、面粉和酒调制成能擀开的面团，并用其来制作派。法国人和西班牙人在制作派的时候，采用了一种新的方法，即将奶油分散到面团中，将面团折叠几次，使成品具有酥层，这种方法为现代起酥点心的制作奠定了基础。大约在 17 世纪，起酥点心的制作方法进一步完善，并开始在欧洲流行。丹麦面包和牛角包是起酥点心和面包相结合的产物。哥本哈根以生产丹麦面包而著称。牛角包通常做成角状或弯月状，这种面包在欧洲有的地方称为“维也纳面包”。

进入 18 世纪以后，磨面技术的改进为面包和其他糕点的制作提供了质量更好、种类更多的面粉，这些都为西式面点的现代生产创造了有利条件。在西方国家近代自然科学发展和工业革命的影响下，西式面点发展到了一个崭新的阶段。法国大革命之后，王室瓦解，许多法国王室西点师被迫离开宫廷，使多样化的、相对领先的西式面点加工技术得以流传开来。19 世纪后期，糖价大幅下跌，普通百姓也开始能够享用精美的甜点了。酵母发酵原理的发现和酵母的生产、运用，使面包制作技术得到极大提高，促进了面包工业的兴起。同时制作面包的机械开始出现，面包生产得到了飞速发展，出现了一批面包生产企业和公司。西式面点的制作从作坊式生产步入现代化的工业生产，逐渐形成一个完成和成熟的体系。西式面点亦朝着个性化、多样化的方向发展，品种更加丰富多彩。

当前，烘焙业在欧美十分发达，已成为独立于西餐烹饪之外的一个庞大的食品加工行业，是西方食品工业的主要支柱之一。随着科技与经济的不断发展，人们生活水平逐步提高，烘焙食品越来越受到人们青睐。我国实行改革开放以后，西式面点真正进入中国市场。国内烘焙行业也逐渐呈现健康、快速、融合、创新、可持续发展的良好态势，市场潜力巨大。

第三节　面点主要风味流派

一、中式面点主要风味流派

我国幅员辽阔，各地自然环境、物产特征、生活习惯、历史文化、宗教民俗等不同，造就了地域饮食文化表现的差异。中式面点制作，无论是在选料、口味上，还是在制法、风格上，都形成了浓厚的地域风味特色。各地特色风味面点是各菜系的重要组成部分。我国有四大菜系、八大菜系等不同的说法。达成共识的菜系流派划分为川、鲁、苏、粤四大菜系流派。结合我国菜系的流派划分以及各菜系面点的独

特性和影响力，被大家熟知的中式面点首先是京式面点、苏式面点、广式面点这三大流派，其次则是川式面点、秦晋面点等其他流派。

（一）京式面点

京式面点，泛指黄河下游以北大部分地区（包括山东地区及华北、东北等地区）制作的面点，以北京为代表，故称京式面点。

1. 京式面点的形成与发展

京式面点最早源于山东地区及华北、东北地区的农村。这些地区是我国小麦、杂粮等粮食作物的主产区，民间日常饮食多以面食为主。常说的京式面点四大面食（小刀面、拨鱼面、刀削面和抻面）都是以面粉为主要原料制作的面食。豆汁、焦圈、馍夹肉、糖耳朵、炸三角等则是以前京城百姓喜食的民间小吃。丰富的物产资源为京式面点的形成奠定了基础，独具特色的民间饮食习惯为京式面点的形成提供了条件。北京不仅现在是全国的政治、经济、文化中心，在历史上还是六朝古都，早在公元前 4 世纪的战国时期，这里就是燕国的都城，后来成为辽的陪都，特别是元、明、清时被定为这三个封建王朝的帝都。宫廷饮食引领了当时面点制作技术高水平的发展。清朝时开设有为朝廷供享、神祇、祭祀、宗庙及内廷殿试、外藩筵宴所必需的饽饽铺。宫廷面点中的小窝头、豌豆黄等精品点心后来也传入民间。六朝在北京建都，各地、各民族面点制作技术相继传入北京，如回族的馓子、蜜麻花、艾窝窝，满族的萨其马、东陵大八件，朝鲜族的冷面、打糕，蒙古族的馅饼等。辽金元时期的统治者建都北京时，曾将北宋汴梁、南宋临安和其他地区的能工巧匠掠至北京。明朝永乐皇帝迁都北京时，又将河北、山西和江南的匠人招至北京。这些迁居北京的糕点师，将汴梁、临安和江南的糕点制作方法带至北京，成为京式面点的重要组成部分。这里既集中了四面八方的美食原料，又汇集了东南西北的风味及烹制高手，表现出文人荟萃、商业繁荣的景象。有江浙一带的面点师在京开设南食铺，有通州、保定、涿县的面点师在京开设面点铺，还有回民清真糕点铺。居住在京城的蒙古族、回族、满族等人民不仅保有自己民族的饮食习惯和风味食品，还在与汉族长期杂居的过程中，饮食文化不断交流融合，相互取长补短，逐渐形成了以北京为中心的，具有浓厚北方各民族风味特色的面点风味流派。

2. 京式面点的特点

1）用料广泛，品种众多

我国东北、华北地区盛产小麦，米类、杂粮也种植颇多。因此京式面点的坯皮用料选择广泛，除主要选用小麦粉外，还有米、豆、黍、粟、蛋、奶、果、蔬、薯等类。其中，经常使用的豆类就有黄豆、绿豆、赤豆、芸豆、红豆、豌豆等。多样的坯皮原料，再搭配各种馅料、造型和熟制工艺，使得京式面点品类数量众多。京式面点有面条、饺子、馄饨、烧卖、馒头、包子、饽饽、糕饼等常见大类，各类又演变出若干品种，如面条中有羊肉面、鸡丝面、三鲜面、冷淘面、炸酱面等，烧卖有蟹肉烧卖、羊肉烧卖、三鲜烧卖等。京式面点中的糕点品类繁多、滋味各异，代表品种有京八件和红、白月饼等。其中京八件有大八件、小八件、细八件之分，甚至还有新开发的新八件。京式糕点产品在继承老北京民间糕点的基础上，引入了宫廷糕点的制作技艺，又融

合了西式糕点的部分元素，搭配诸如玫瑰豆沙、桂花山楂、奶油栗蓉、椒盐芝麻、核桃枣泥、红莲五仁、枸杞豆蓉、杏仁香蓉等多种馅料，在造型上有手工成形及印模成形，往往具有“福”“禄”“寿”“喜”“富”“贵”“吉”“祥”等多种寓意。

2)制作精细，馅心讲究

京式面点受宫廷面点的影响，制作十分精细。京式面点师擅长利用北方优势原料来表现其精湛的技艺。例如：享誉中外的四大面食，不但制作工艺各具特色，而且质地口味也爽滑筋道；制作一窝丝清油饼时要先将面坯抻至细如丝线、粗细均匀、不断不乱，然后再盘成饼状熟制；茯苓饼是“茯苓四两，白面二两，水调作饼，以黄蜡煎熟”，饼被摊得“薄如纸”，两张饼合起来中间夹馅，既营养丰富，又有安神益脾等滋补之功；艾窝窝以蒸透极烂之江米，待冷后包裹各式馅心，出品具有色雪白、质黏软、味甜香的效果。

京式面点的馅心口味甜咸分明，滋味醇厚，尤重鲜咸。甜馅主要是以杂粮制泥蓉为主，喜用果仁蜜饯制馅或点缀；咸馅多用肉类、蔬菜以及菜肉混合制作馅心，用葱、姜、酱、麻油等为调辅料。其中生肉馅多采用“水打馅”，如天津狗不理包子制馅就加入骨头汤，放入葱花、香油等搅拌均匀，因此其鲜咸多汁、口味醇香、柔软松嫩，具有独特风味。

3)应时应节、适应民俗

京式面点重视季节时令，四季不同。春日多以糯米、黄米、豌豆等原料，制作艾窝窝、黄米面炸糕、豆面糕等；夏季有小豆凉糕、凉面等；秋天有栗子糕、江米藕、蟹肉烧卖、刀削面；冬天有羊肉汤面、羊肉包、抻面等。逢年过节蒸制花馍：如春节蒸大馒、枣花、元宝；正月十五做面盏，做送给小孩的面羊、面狗、面鸡、面猪等；清明捏面为燕；七夕做巧花(巧饽饽)等。京式面点既有汉族风味，又有蒙古族、回族、满族风味。回族糕点喜用香油、糖、果仁。汉族糕点喜用猪油，也用香油、米粉、核桃仁等，用糖量略轻，口味略淡一些。总之，京式面点应时应节、风味各异，适应民俗、相互交融。

3. 京式面点的代表品种

京式面点的代表品种主要有抻面、刀削面、小刀面、拨鱼面、炸酱面、一品烧饼、都一处烧卖、仿膳肉末烧饼、羊眼包子、门钉肉饼、褡裢火烧、清油饼、银丝卷、千层糕、驴打滚、艾窝窝、豌豆黄、芸豆卷、茯苓饼、杏仁豆腐、萨其马、奶油炸糕、螺蛳转儿、蜜三刀、炸三角、焦圈儿、狗不理包子、十八街麻花、芝兰斋糕干、耳朵眼炸糕、南楼煎饼等，都各具特色。

(二)苏式面点

苏式面点，泛指长江中下游江、浙、沪一带地区制作的面食、小吃和点心。它源于南京、扬州、苏州、杭州，发展于上海、宁波等地，以江苏为代表，故称为苏式面点。

1. 苏式面点的形成与发展

长江中下游地区属亚热带季风气候，是我国著名的“鱼米之乡”，有“水乡泽国”“天下粮仓”之称，又有“苏常(州)熟，天下足”的美誉。长江中下游地区主要种植水稻等，这为苏式面点的形成与发展，提供了优质原料。隋唐时，由于大运河的开凿贯通，将海、黄、淮、江、钱五大水系贯通。发达的水陆交通促进了黄河、长江流域的

物产交流。北方的豆麦杂粮及油料作物，南方的粮食、茶叶、蔬果、丝绸、海盐、水产，汇聚于此。到了唐代，扬州凭借其临海、倚江、跨运、通航的优越地理位置，成为南北交通海运陆运的中心、对外贸易的大港和重要商埠。安史之乱以后，永嘉南迁，南宋定都临安，大批北方移民来到江南，使江南面食的发展日趋兴旺且愈加讲究。发达的交通，使江浙一带成为南北漕运、盐运的交通枢纽。商贾大户、文人墨客、官僚政客纷至沓来，带动了城市经济的发展，市井繁荣、商贾云集、文人荟萃、游人如织。南北文化在此交流碰撞，促进了饮食文化的繁荣，推动了苏式面点的发展和技艺的提高，成为苏式面点形成的重要条件。长江中下游地区政治、经济和地理上的特殊地位吸引了诸多历代文人和学者名流的关注。唐代时，苏式面点已远近闻名，白居易、皮日休等诗人曾在诗词中屡屡提及苏州的粽子、粔籹、粣等点心。宋代，南京的点心制作水平技术高超，陶谷《清异录》列举的"建康七妙"中的点心如馄饨、面饼、米饭、面条、寒具等质量优异，特色分明，反映了当时南京的面点师制作水平之高。明清时期，江南点心已丰富多彩。《吴中食谱》记曰："苏州船菜，驰名遐迩，妙在各有其味，而尤以点心为最佳。"《随园食单》中赞美苏式月饼说："食之不觉甚甜，而香松柔腻，迥异寻常。"还有"扬州发酵面最佳，手捺之不盈半寸，放松隆然而高"。总之，我国长江中下游地区悠久的历史文化、丰富的自然资源、频繁的南北交流、重要的经济地位及各代名家的关注，使苏式面点逐渐形成了自己的特色和完整的体系。

2. 苏式面点的特点

1)选料精细，品种繁多

苏式面点原料选用严格，对辅料的产地、品种都有特定的要求。例如，选用的玫瑰花要求是吴县的原瓣玫瑰；桂花要求用当地的金桂；松子要用肥嫩洁白的大粒松子仁等。此外，还常选用有特殊滋补作用的辅料，如松子枣泥麻饼，有润五脏、健脾胃的作用。沿海的南通、盐城、连云港除采用一般的原料外，还常利用海产及植物的花、叶、茎等为原料制皮做馅，创新出芙蓉藿香饺、文蛤饼、沙光鱼饺等面点。苏式面点充分利用食品原料固有的颜色、香味为面点制品着色生香，彰显风味。如猪油年糕、方糕等利用玫瑰花、桂花等，增加制品香味，也有撒在制品表层增香添色；再如青团的制作选用了春天碧绿色艾草的嫩苗叶，制品带有浓郁的草本香气和自然的色泽。

广泛的原料选择、多样的制作工艺，使苏式面点的同一种面团往往可制出色彩、风味、造型各异的诸多出品。例如：包子类在造型上就有玉珠包子、寿桃包子、秋叶包子、佛手包子、墨鱼包子等；在风味上有松嫩多汁的鲜肉大包，浓郁干香的梅干菜包子，清新鲜爽的香菇菜包，咸鲜味醇的雪笋包子，还有咸中带甜、油而不腻的三丁包子，味浓多卤、鲜美适口的淮扬汤包等。

2)坯皮多变，讲究造型

苏式面点的坯料以米、面为主，面团性质多样。在麦粉类的水调面团、发酵面团、油酥面团中，苏式面点的发酵面团制品堪称一绝，此外还擅长油酥面团和米粉面团的调制。《随园食单》曾记载："扬州发酵面最佳，手捺之不盈半寸，放松隆然而高。"扬州的千层馒头，"其白如雪，揭之如有千层"。油酥制品酥层清晰、脆香酥爽、

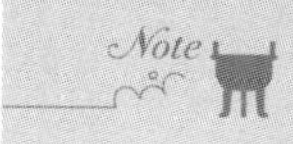

食之不腻，如盘丝饼、双麻酥饼、萝卜丝酥饼、黄桥烧饼等。苏式糕团用料以糯米粉、粳米粉为主，兼用莲子粉、芡实粉、绿豆粉、豇豆粉、扁豆粉等。各种粉或独用，或按一定的比例混合使用。如三层玉带糕，就是以“纯糯粉”制作的；雪蒸糕就是用“播米(粉)二分，粳米(粉)八分为则”制作的；粘糕则是用“糯米七升，配白饭米三升”，然后淘净，舂粉筛细后制作的。成品或松或软，或黏或韧，给人以不同的触觉享受。

苏式面点讲究造型，尤其是苏式船点，其在造型上具有形象逼真、玲珑剔透、栩栩如生的特点。船点，相传发源于苏州、无锡水乡的游船画舫上。其坯皮可分为米粉点心和面粉点心。船点是经过揉粉、着色、成形及熟制而成。其形态甚多，常见的有飞禽、走兽、鱼虾、昆虫、瓜果、花卉等，色泽鲜艳、栩栩如生，被誉为精美的艺术面点。船点即可在泛舟游玩时佐茗食用，亦可用作宴席点心。

3)注重馅心，鲜甜味美

苏式面点擅于将肉皮、棒骨、老母鸡清炖冷凝成的皮冻掺入鲜肉馅中，所得咸馅汁多肥嫩，味道鲜美。淮安文楼汤包、镇江蟹黄汤包、无锡小笼包等，就是典型的掺冻品种。淮扬汤包 500 克馅心中要掺冻 300 克，熟制后汤包汁多肥嫩、味道鲜美，看上去像菊花，提拿起来像灯笼。食时要“轻轻夹、慢慢晃、戳破窗、再喝汤”，别有一番情趣。苏式面点馅心重视调味，味醇色艳，略带甜头，形成独特的风味。甜馅多用果仁蜜饯，如莲子血糯饭、五色大麻糕、松子枣泥糕等。

苏式面点重调味，苏式面点中的面条重视制面、制汤、制浇头，尤其是制汤。汤分为浓汤和清汤。浓汤有鱼汤和骨头汤，清汤有虾籽汤、鸡清汤，再配以浇头如虾仁、鳝丝、肴肉、鸡丝、火腿等。讲究面条清爽筋道，汤鲜味醇，浇头花样百出。其中枫镇大面的汤用猪骨、鳝骨熬制，再加酒酿吊香，汤清味鲜，加之面条上盖有入口而化的焖肉，极受食客喜爱。

4)按时当令，尊崇仪礼

苏式面点崇尚自然，顺应农时，讲究节令。品种上讲究四时八节，形成了春饼、夏糕、秋酥、冬糖的产销规律。春饼有酒酿饼、雪饼等；夏糕有薄荷糕、绿豆糕、小方糕等；秋酥有如意酥、菊花酥、巧酥、酥皮月饼等；冬糖有芝麻酥糖、荤油米花糖等。《吴中食谱》记载：“汤包与京酵为冬令食品，春日汤面饺，夏日为烧卖，秋日有蟹粉馒头。”浙江等地的面点中，春天有春卷、艾饺，夏天有西湖藕粥、冰糖莲子羹、八宝绿豆汤，秋天有蟹肉包子、桂花藕粉、重阳糕，冬天有酥羊面等。

江浙一带的饮食习俗十分丰富，成为非常明显的地域性文化现象。在人生礼仪、婚丧大事等过程中，会使用某些特定类型的饮食品种。例如，苏南人的婚礼寿庆馈赠更看重用糕。婚礼中，新郎由伴郎陪着去迎亲，除带上鱼肉鸡鸭，首要的是“送大盘”，即送上两大盘贴着红双喜的圆蒸糕。新娘在离开娘家前穿上新嫁衣，象征性地踩在“大盘”糕上，寓意高高兴兴，今后生活水平日日高。新房床上要放红皮甘蔗和蒸糕、团子、花生、枣子，寓意一对新人生活节节高、团圆甜蜜、早生贵子、儿女双全。

3. 苏式面点的代表品种

苏式面点的主要代表品种有扬州三丁包子、翡翠烧卖、素面、裙带面、过桥面、刀鱼羹卤子面、千层油糕、盘丝饼、双麻酥饼、萝卜丝酥饼、品陆轩淮饺、二梅轩灌汤包、雨莲春饼，苏州的青团、糕团、蓑衣饼、软香糕、三层玉带糕、青糕、船点，淮安文楼汤包，嘉兴粽子，杭州桂花藕粉、片儿川面、虾爆鳝面、雪菜虾仁面、平湖鸡肉线粉、糖年糕、双林子孙糕、龙凤金团、千张包子、荷叶八宝饭，南京鸭血粉丝汤、牛肉锅贴、梅花糕、桂花糖芋苗、糖粥藕、尹氏鸡汁汤包、永和园黄桥烧饼、瞻园熏鱼银丝面，上海南翔小笼、生煎馒头，吴山酥油饼，宁波汤团，湖州猪油豆沙粽子，海宁藕粉饺，无锡小笼等。

（三）广式面点

广式面点泛指珠江流域及南部沿海一带制作的面食、小吃和点心。因其以广东地区为代表，故称广式面点。

1. 广式面点的形成与发展

广东地处我国东南沿海，气候温和、雨量充沛、丘陵错落、河网交织、物产富饶，原料之广泛、丰富，给面点的选材用料提供了丰富的物质基础。由于广东地区盛产大米，因此地区民间食品最初多以大米为主料，如伦教糕、萝卜糕、炒米糕、糯米糕、年糕、油炸糖环等。古时，广东地区因自然环境的阻隔，山重水复、交通不便，与中原地区联系不易、交流困难。直至汉代，建立“驰道”，广东地区的经济、文化才与中原相互沟通，饮食文化才有了较大的发展。汉魏以来，该地区成为我国与海外通商的重要口岸，成为天下食材集结流转之地。唐朝商胡群集于广州，糕饼生产已初具规模。南宋京都南迁，大批中原士族南下，南北交流增多，民间面粉制品不断增加，中原的面点制作技术促进和融入南方面点制作之中，出现了酥饼等面点，并有许多关于制作饼、馒头、蒸饼的记载。明清时期，广式面点广采“京都风味”“姑苏风味”和“淮扬细点”以及“西点”之长，融会贯通，广式面点技术汇聚南北、贯通中西，共冶一炉、自成一格，逐渐在我国地方面点中脱颖而出，扬名海内外。明清时期，珠江三角洲富庶，讲饮讲食之风盛行，茶楼、酒楼点心的品种多样、制作精致，从而使得广式面点风格的逐渐形成。鸦片战争后，受西方饮食文化的影响，广州的面点师有机会吸取西点制作技术的精华，从而极大丰富了广式面点的制作内容，促进了广式面点的进一步发展。如广式擘酥皮就是借鉴了西点清酥皮的制作方法；而广式面点的甘露酥、松酥皮类点心则是吸取了西点中混酥类点心的制作技术而形成的。广式面点是在珠江流域及南部沿海一带民间食品的基础上，经过历代演变，在广东饮食文化逐渐发展壮大的背景下，特别是近百年来又不断吸取西式面点和中原地区点心的精华，结合当地人的饮食习惯和需求，加以改良创造，使得广式面点风味特色逐渐形成、不断完善并脱颖而出，成为我国重要的面点流派。

2. 广式面点的特点

1）选料广泛、品种繁多

《广东新语》中有“天下所有之食货，粤东几尽有之；粤东所有之食货，天下未必尽也”，可见广东饮食内容之丰富。广式面点选料广泛，坯料以面粉、米粉及杂粮粉为主，特别擅于运用荸荠、土豆、芋头、山药及鱼虾等作为坯料。由于当地出产以稻谷为主，所以传统广式面点擅长米及米粉制品。《广东新语》记载：“以烈火爆开糯谷，名曰炮谷……煎堆者，以糯粉为大小圆入油煎之……又以糯饭盘结诸花入油煎

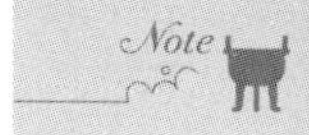

之，名曰米花；以糯粉杂白糖沙入猪脂煮之，名沙壅，以糯粳相杂炒成粉置方圆印中，敲击之使坚如铁石，名为白饼”等。当地面点师还常常将各式配料与粮食原料混合搭配，使其品种更加多样化。粽子有碱水粽和咸肉粽之分，其间所夹之食材的选用范围十分广泛，鱼、虾、贝等海产原料，猪肉、鸡肉、鸭肉、蛋等畜禽原料，芋头、板栗、香菇等蔬果原料均有被选搭；粥品就有状元及第粥、皮蛋瘦肉粥、生滚鱼片粥、窝蛋牛肉粥、猪血粥等；肠粉除了传统的素肠粉以外，还有鱼片肠粉、牛肉肠粉、猪肉肠粉、叉烧肠粉、鲜虾肠粉等；各种糕类，如萝卜糕、马蹄糕、千层糕、伦教糕、马拉糕、钵仔糕等；各种饼类，有将糯米粉掺以粘米粉、食糖等压制而成的盲公饼、炒米饼以及栾樨饼等。据有关资料统计：广式面点品种有 2000 多种，按大类可以分为日常点心、星期点心、节日点心、旅行点心、早晨点心、中西点心、招牌点心、四季点心、席上点心等，各大类中又可按常用点心的面团类型，搭配不同类型的馅心，组合成形、熟制工艺，做出绚丽缤纷、款式繁多的精美点心。

2)皮馅特色、口味协调

广东面点所用坯皮类型繁多，一般讲究皮质软、爽、薄。例如，粉果的外皮“以白米浸至半月，入白粳饭其中，乃舂为粉，以猪脂润之，鲜明而薄”。这种以浸过的白米加米饭舂粉，加猪油拌润后制作的粉果皮，包馅蒸熟后，皮薄而有透明感，馅心隐约可见，且外皮软滑爽韧。馄饨皮以全蛋液和面制成，极富弹性，吃时有弹牙之感。此外，广式面点喜用某些植物的叶子包裹坯料制成面点，如“东莞以香粳杂鱼肉诸味，包荷叶蒸之，表里香透，名曰荷包饭”。另外，广式月饼的用油量、糖浆量均比京式、苏式月饼的大，这也是广式月饼易回软、耐储存的重要原因之一。

广式面点馅心用料包括肉类、水产、杂粮、蔬菜、水果、干果以及果实、果仁等，尤其喜欢选用当地著名的特产，如椰丝果仁、爆米花、糖橘饼、陈皮、广式腊肠，叉烧肉等。如叉烧馅心为广式面点所独有，除选用的原料具有独特风味外，还别具一格地使用面捞芡拌和的制馅方法；粉果馅心是用“荼蘼露、竹胎、肉粒、鹅膏”拌和后制作的，而荼蘼为一种广东人喜欢种植的花，将荼蘼“蒸之取露，即荼蘼露，其味香甜”。广式面点的馅心原料还会选择某些西点原料（如巧克力、奶油等)，如奶黄馅。同时由于广东地处亚热带，气候较热，所以面点馅心口味一般较清淡，且包馅品种要求皮薄馅大，皮薄而不露馅，馅大以突出风味，如广式月饼、虾饺等。

炎热的天气使广东人在口味上注重清淡，在食材上注重新鲜质优，在烹饪上则最大限度地保留食物的自然之味，力求清而不薄、淡而不寡。此外，广式面点擅长利用各种呈味物质相互配合而构成协调的特殊风味，如用蔗糖与食盐互减甜咸，用香辛料（如葱、姜、蒜等)去除肉类的腥味，如烧鸡月饼、合味酥、鸡仔饼等，均为甜咸适度的特殊风味食品。广东加头凤凰烧鸡月饼的馅料选用了糖腌肥肉、烧鸡（净肉)、咸蛋黄及各种果仁、北菇、橘饼、芝麻、胡椒粉等，既有果仁的甘香味又有调味料的辛香味，烘托出以肉味为主的鲜味。

3)中西结合、顺应时节

广式面点既受中原文化熏陶，又受外来文化的滋润。特别是近现代以来，借鉴了部分西点制作技术，技术进一步改进、扩充并本土化，品种更为丰富多彩。如在广式糕点坯皮原料上，吸收了西点中较多使用油、糖、蛋等原料的特色，并且在油酥

面团调制上糅合了一些西式面点的工艺技巧，如擘酥、岭南酥、甘露酥、蛋挞等的制作。

广东的自然气候、地理环境、风土人情，使广式面点常依四季更替、时令果蔬应市时间节点而变化，讲究夏秋宜清淡、春季浓淡相宜、冬季宜浓郁。春季常有礼云子粉果、银芽煎薄饼、玫瑰云霄果、鲜虾饺、鸡丝春卷等；夏季有生磨马蹄糕、陈皮鸭水饺、荷叶饭、西瓜汁凉糕等；秋季有蟹黄灌汤饺、萝卜糕、荔浦秋芋角等；冬季有腊肠糯米鸡、八宝甜糯饭等。

4)茶食一体、引领食风

广东早茶源自岭南民间饮食风俗。广东人品茶大都一日早、中、晚三次。其中，早茶最为讲究，饮早茶的风气也最盛。无论是家人或朋友聚会总爱去茶楼，泡上一壶茶，再配上两件点心，美曰“一盅两件”，如此品茶尝点，润喉充饥，风味横生。由于早茶饮食是喝茶佐点，茶食一体，因此当地人称饮早茶为吃早茶。茶楼中的茶与食密不可分，且茶品更加多样，茶点也更为精致。茶楼在制作传统的各种米制糕饼之外，又多有创新，在茶点上下足了功夫，引领了广式面点发展创新的主流风尚，如陆羽居推出栗蓉鸽饼、西施粉盒、海棠蟹脚、金银叉包、冬蓉奶卷、苹果凉糕、蘸子酥饺、红豆沙包等；莲香楼请制饼师傅改进工艺，以莲子为馅料制饼，别具一格，被誉为“莲蓉第一家”；成珠茶楼推出“鸡仔唛”小凤饼，并在杂志报纸上广为宣传。这些茶点饮食不仅味美价优，而且在名称上也是工整文雅、食色兼具，给人以美的享受。广式面点在茶楼品牌的助推下，不断改进工艺、创新产品，提升自身的知名度和影响力。

3. 广式面点的代表品种

广式面点富有代表性的品种有虾饺、云吞面、竹升面、娥姐粉果、煎堆、家乡咸水角、咸煎饼、沙河粉、鲜虾荷叶饭、糯米鸡、萝卜糕、芋头糕、马蹄糕、白糖伦教糕、皮蛋瘦肉粥、鱼片粥、及第粥、艇仔粥、皮蛋酥、冰肉千层酥、榴莲酥、老婆饼、莲蓉甘露酥、蛋挞、双皮奶、姜撞奶、奶黄包、叉烧包、酥皮莲蓉包、蟹黄干蒸麦、鸡仔饼、蜂巢香芋角、绿豆沙、广式月饼等。

(四)其他面点

1. 川式面点

川式面点是指长江中上游，成都、重庆及川北、川南一带所制作的面点。伴随川菜一起成长的川式面点是中式面点在我国西南地区的一个重要流派。

1)川式面点的形成与发展

四川位于我国西南地区，这里山地、丘陵起伏，河网遍布，雨量充沛，气候温和，物产丰盛。尤其是成都平原腹地，地势平坦、水利领先、农业发达、物产富饶，自古享有“天府之国”的美誉。先秦时期，四川地区东部为巴国(国都重庆)，西部为蜀国(国都四川成都)。据《华阳国志》记载，巴地“土植五谷，牲具六畜”，并出产鱼盐和茶蜜；蜀地则“山林泽渔，园囿果瓜，四节代熟，靡不有焉”。当时调味品已有卤水、岩盐、川椒、豆瓣酱、醋等名优产品。品种丰富的粮食和调辅料为四川面点的发展提供了物质基础。川式面点源自民间，巴蜀民众和西南各族人民自古喜食各类面点小吃。早在三国时期就有“食品馒头，本是蜀馔”之说。历经朝代更迭，有西晋时

期的川地民众为躲避战乱而迁出，在一定层面上向外传播了川地的饮食文化；也有在唐末动乱中，川地成为名门望族、文人墨客避难之处，为当地饮食水平的提高创造了条件。川式面点在历史发展进程中逐渐形成了自己的风格，出现了许多面点品种，如蜜饼、胡麻饼、红菱饼等。特别是“湖广填四川”的大规模移民活动，促进了四川饮食品种和类型的多样化。众多外省移民饮食习惯各有不同，经过长时间融合，逐渐形成了价廉物美、雅俗共赏、各式各样的川式面食小吃和点心。

2）川式面点的特点

（1）用料广泛、制法多样。

川式面点就地取材、用料广泛。川式面点主料以小麦粉、糯米粉、粳米粉、糯米为主，兼用荞麦面、玉米面、山药粉、绿豆粉、豌豆粉、红薯粉等；辅料有猪肉、火腿、羊肉、牛肉、鸡肉、虾、菠菜、干菜、蘑菇、萝卜、鸡蛋以及一些花卉、水果、干果等。川式面点不仅用料广泛，熟制方法还多种多样。及至清代，其常用的熟制方法就有蒸、煮、烩、炒、煎、炸、烙、烤等，有时还复合加热制作面点。如面条可以煮，也可以先煮熟再加辅料、鲜汤烩，还可以煮熟后加辅料用油炒，这样就出现了不同风味的煮面、烩面、炒面，再加上汤、卤、浇头、辅料、调料的变化，仅仅面条就有数十上百种。川式面点从锅煎蜜饯到糕点汤圆，从蒸煮烘烤到油酥油炸，琳琅满目，风味俱全，种类繁多。

（2）调味特色、口感多变。

受到川菜的影响，川式面点也以口味众多而闻名，选用的调味品往往具有浓郁的地方特色。除了川地常用的辣椒、花椒外，郫县豆瓣酱、什邡红豆油、自流井雪花盐，以及草果、茴香、蒜泥、豆粉、姜汁、香油、榨菜、芽菜、橘皮、醪糟等，都对川式面点的特色调味贡献巨大。地道的川式面点，以味多、味广、味厚、味浓著称，常见的口味就有香甜、咸甜、怪味、家常、麻辣、椒麻、咸鲜、糖醋、红油、蒜泥等十余种。在甜品方面，喜用白糖、蜂蜜、桂花糖、松子糖、枣泥等做馅心。在咸品方面，多用各种荤素原料加盐、酱油、麻油、猪油做浇头、馅心，或制清汤、卤子（多用于面条）。如担担面，就是用酱油、麻油、猪油、芝麻酱、蒜泥、葱花、红油辣椒、花椒粉、芽菜末等近十种佐料调味制成，口味鲜、咸、麻、辣、香俱全。同时，川式面点口感多样：皮薄馅嫩的钟水饺，细滑麻辣的担担面，香甜可口、油而不腻的三合泥，肉馅饱满、鲜香细嫩的韩包子，酥脆香甜的鲜花饼，色白晶莹的珍珠圆子，爽滑洁白、皮粑质糯的赖汤圆等。

（3）讲究季节，朴实亲民。

川式面点讲究季节的变化，夏秋季清淡不腻，冬春季浓香肥美。每餐的菜点也讲究搭配，先上浓味、厚味，后上淡味、清味，让食者吃时味美，吃后口爽。川式面点植根于川地民众的日常生活，不仅就地选材、用料大众，而且造型朴实、经营形式平民化。川式面点大部分通过名称即可以大致知道其用料、制法和形状，如大肉包子、炸汤圆、锅盔、鸡丝面、糍粑、枣泥饼、肉饺子、荷叶饼、桃酥、如意卷、鸡蛋麻花等。川式面点虽造型大多质朴，但也不乏精细之品，特别是筵席点心及酥点，如小鲜花饼、纸薄小烧卖、金钱酥、峨眉酥、竹节酥、珍珠饽饽等。川式面点在其形成过程中，逐渐形成了平民化、大众化的特征。当地众多的小吃摊贩、饮食店铺均以各

自姓氏、店铺地址作为招牌，如担担面、钟水饺、赖汤圆等。川式面点不但物美，而且价廉。一个锅盔，一碗担担面或酸辣粉，十几元一份的小吃套餐可将各式小吃皆尝上一点，油香味美。

3)川式面点的代表品种

川式面点富有代表性的品种如下：赖汤圆、担担面、渣渣面、龙抄手、钟水饺、韩包子、军屯锅盔、牛肉焦饼、街子汤麻饼、怀远冻糕、鸡汁锅贴、酸辣豆花、珍珠圆子、三大炮、凉糍粑、蛋烘糕、龙须酥、叶儿粑、甜水面、肥肠粉、冰粉，重庆山城小汤圆、蛋苕酥、鸡蛋熨斗糕、提丝发糕、八宝枣糕、酸辣粉、重庆小面，泸州窖沙珍珠丸、猪儿粑、黄粑、白糕、五香糕，宜宾燃面、莲蓉层层酥，眉山龙眼酥，乐山双麻酥，合川桃片，江津米花糖，内江鲜藕丝糕，川北凉粉，梓潼酥饼，绵阳米粉，广元蒸凉面等。

2. 秦晋面点

秦晋面点是指黄河中上游一带所制作的面食小吃和点心，以陕西和山西为典型代表，又称为山陕面点。秦晋面点是传统中式面点在我国西北地区的一个重要流派。

1)秦晋面点的形成与发展

陕西简称“陕”或“秦”，在战国时期曾是秦国的辖地，一直是西北的重要门户。山西在春秋时期是晋国的所在地，战国时分成韩、赵、魏三国，故又被称为三晋之地。秦晋是中华民族及华夏文化的重要发祥地。秦晋地区大部分属黄河流域，是世界上较大的农业起源中心之一，地形气候等自然条件多样，农业资源丰富。陕南汉中盆地素称“鱼米之乡”，盛产水稻、鱼虾；关中号称“八百里秦川”，盛产小麦及棉花。山西北部多以耐寒、耐旱、生长期较短的莜麦、大豆、山药蛋(土豆)等作物为主；中部与东南部多以谷子、玉米等杂粮与小麦为主；南部以小麦为主。丰富而多样性的粮食作物为秦晋面点形成奠定了重要的物质基础。秦晋面点的形成与发展受西北广大农村以及回族、维吾尔族、蒙古族等少数民族的日常饮食的影响。陕西省会西安一直是西北地区的中心，历史上曾是周、秦、汉、隋、唐等 13 个王朝建都之地，也是丝绸之路的起点。借着历史古都的优势，陕西小吃博采全国各地小吃之精华，兼收各民族珍馐之风味，汇集内外名饮名食之荟萃，挖掘继承历代宫廷小吃之技艺，形成了由古代宫廷、富商官邸、民间面食、民族美食等汇聚而成面食文化。世界面食在中国，中国面食在山西。2006 年 12 月，中国烹饪协会正式授予山西“中国面食之乡”的荣誉称号；2008 年，传统面食制作技艺被正式列入第二批国家级非物质文化遗产名录。山西面食制作传统表演技艺最初产生于宋代，已有 1000 余年历史。发展至今，面食已成为三晋人民天天会吃、家家会做的日常主食。

2)秦晋面点的特点

(1)坯料丰富、品种繁多。

秦晋面点的坯料选择极其丰富，以小麦加工的白面为主，兼及荞麦面、小米面、糯米面、糯米、豆类、薯类红面(高粱面)、莜麦面以及作为增加高粱面韧性的榆皮面(以榆树细皮加工而成)等。可以说，五谷之粉，无处不用。制坯时，各种粮食粉料，或单一制作，或三两混作，技法不同、风味各异。西北地区，特别是少数民族地区有喜食牛羊肉的饮食习惯，因此秦晋面点中带有牛羊肉的产品比京式、苏式、广式、川式面点要丰富得多，如牛羊肉泡馍、牛羊肉汤包等。秦晋面点除了充分利用本地粮

食谷物（如陕北小米、玉县莜麦，沁县黄米，忻州高粱，晋北红薯等）作为皮坯原料外，还常会搭配当地的一些特产原材料，如陕北山羊肉、秦川牛肉、秦椒、清徐老陈醋、代县山辣、应县紫皮蒜、晋城巴公大葱等，使得秦晋面点制作的馅料、配料、浇头选料自成一体，极为讲究。

（2）技法多样、食法独特。

我国面点制作的成形技法大致有十余种，分别为搓、包、卷、捏、抻、按、摊、叠、切、削、拨、剪、夹、擀、钳花、镶嵌、挤注、模具等。秦晋面点的制作技法除使用以上常用的面点手工成形技法外，还利用一些特殊的手工工具进行面点加工，所用工具如擦子、抿床、饸饹床子、盘子、铁板、木板、石板、铁棍、竹棍、筷子、竹帘、梳子等，技法有如捻、掐、揪、拌、擦、抿、压、漏、拉、撅、剁、握、转、刮、扯、搅等。仅用小麦面粉即可做拉面、刀削面、剔尖、刀拨面、手擀面、柳叶面、揪片、猫耳朵、切板面、溜尖、酒窝、削疙瘩、剪刀面等。

秦晋面点吃法多种多样。煮着吃、炒着吃，蒸、炸、煎、烤、烙、焖、烩、煨着吃都可以；可出水吃，也可带水吃；或浇卤，或凉拌，或有浇头，或有菜码，或蘸作料等。据陕西省烹饪餐饮行业协会统计，陕西的小吃有上千种，风味独特，一品一味。牛羊肉泡馍是其中一道著名的民俗小吃，食用前先用手将馍掰碎，然后再加上牛羊肉汤料泡制食用。其烹饪原料精、调味香，肉纯汤浓，肉质肥而不腻，营养丰富、香气扑鼻、诱人食欲，让人回味无穷。牛羊肉泡馍的食用方法也有讲究。第一种：干泡，要求煮成的馍，汤汁完全渗入馍内，吃后碗内无汤、无馍、无肉；第二种：口汤，要求煮成的馍，吃后碗内仅剩一口汤；第三种：水围城，馍块在中间、汤汁在周围。山西面点更是花样翻新，达到了“一面百样”“一面百味”的境界，所以山西面点有“一样面百样做，一样面百样吃”的美誉。山西面食有浇头、菜码和小料。浇头是浇面用的卤子，又称为打卤，如西红柿鸡蛋卤、炸酱肉卤，豆角酸菜卤、小炒肉卤等几十种；菜码是吃面时配备的各式佐餐菜料，其讲究季节性，春、夏、秋、冬各有十余种；小料是吃面时选配的各种小份量调味材料，如葱段、蒜片、香菜末、蒜泥、辣椒油、芥末糊、麻酱汁等。吃面必加醋是山西人吃面食的一大特点。此外，当地民众仍保存着“原汤化原食”的习惯。在吃面食后喝一碗面汤，辅助消化。山西面点制作时观赏性强，食客在享用美食的同时还能够欣赏面艺表演，感受面食制作的魅力。如骑独轮车或踩高跷进行刀削面、拉面、扯面、一根面、剪刀面表演，用面吹成气球并在上面进行切菜表演等。

（3）食俗相连、风格质朴。

秦晋面点大多传承已久，比如凉皮早在秦朝就有；锅盔馍则在周代就有，称为文王锅盔；诞生于民国时期的樊记肉夹馍，如今成为一个知名的小吃品牌。在漫长的历史发展过程中，秦晋面点除了本身自带的食用功能外，还承载了多样的礼俗功能，与时令节气、人际交往、人生礼仪等关系密切。炎热的夏季，可以选择凉皮、醪糟、浆水鱼鱼等小吃；寒冷的冬日，则可以选择葫芦头泡馍、岐山臊子面、壶壶油茶等小吃。民众过年吃接年面，取岁月延绵之意，迎接新的一年的到来。莜面栲栳栳取谐音“牢靠”，寄托了民众和睦的美好愿望。油糕谐音“高”，预示着节节高、年年高，包含了民众对生活蒸蒸日上、工作学业步步登高的美好期待，是逢年过节、嫁娶

生子必不可少的面食。秦晋一带有着“出门饺子、进门面”的习俗，即指游子归来时，家中长辈会为游子做一碗面条。面条类似绳子，意味着把游子与家联系起来，心中有牵绊。花馍是北方面点造型艺术的典型代表，主要流行于黄河流域，尤其是秦晋一带，花馍被称为面塑、面花、礼馍，通过节庆和礼俗有不同类型和名称。根据用途取名的，如过年过节人们用来迎神供神的花馍称为接神糕子；根据造型寓意起名的，如老虎形状的花馍称为老虎馍，将老虎馍送给孩子，寓意护卫孩子健康成长。

黄河流域孕育了中华大地的农业文明。许多秦晋面点不仅味美可口，还表现出面菜合一、食用方便、耐饥顶饿的特点。如肉夹馍、打卤面、羊肉泡馍、麻饼凉粉等。陕西的“天然饼”(又称石子馍、干馍、饽饽、砂子馍等)，其“如碗大，不拘方圆，厚二分许，用洁净小鹅子石衬而熯之，随其自为凹凸”，具有古代“石烹”遗风。石子馍历史悠久、加工原始、造型古朴，是我国食品中的“活化石”。

3)秦晋面点的代表品种

秦晋面点的代表品种主要如下。陕西的牛羊肉泡馍、黄桂柿子饼、虞姬酥饼、金丝油塔、岐山臊子面、石子馍、烩扁食、油泼扯面、小六汤包、秦川草帽麻食、乾州锅盔、三原泡泡油糕、油泼箸头面、空心面、彬州御面、大荔炉齿面、汉中礼馍、汉中梆梆面、永寿礼面，合阳踅面、樊记腊汁肉夹馍、同盛祥羊肉饼、清涧煎饼、蜂蜜凉粽子、秦镇米面皮、关中搅团、麻花油茶、蜜三刀、洋芋擦擦、陕北荞面碗团、汉阴蕨粉皮子等，山西的莜面栲栳栳、莜面顿顿、拉面、刀削面、刀拨面、一根面、剔尖、饸饹、握溜溜、揪片、疙瘩面、剪刀面、灌肠、猫耳朵、发面饼、焖面、焖饼、糊汤饼、不烂子、擦蝌蚪、和子饭、玉米面锅贴、玉米面窝窝、豆面抿曲、忻州瓦酥、稷山麻花、芮城麻片、长子炒饼、孝义火烧、原平锅盔、太古饼、闻喜煮饼、清徐孟封饼、大同黄糕、柳林碗团、河曲酸粥等。

中式面点流派除了京式面点、苏式面点、广式面点、川式面点、秦晋面点的影响力较大外，华中的湖北、湖南，西部的新疆、西藏，西南的云南、贵州，以及东北三省等许多地区的面点，均在与上述已经介绍的面点流派有一定关联的基础上，又因自然条件、历史文化、政治经济、民风民俗等方面影响，形成了各自独特的面点产品和风格。同时，随着现代交通、信息、科技的发展，中式面点地域流派的传统格局领地已逐渐被打破，各流派博采众长、不断突破创新，逐渐构建中式面点流派新的布局。

二、国外面点主要风味流派

西式面点是西方欧美国家各种点心的统称。由于欧美各国的地理位置不同，气候、特点也不尽相同，加上民族众多，风俗习惯各异，西式面点相当丰富。目前，西式面点风味流派多以国度进行划分，比较具有代表性的有法国、意大利、西班牙、德国、俄罗斯、英国、美国等。虽然这些国家在其发展过程中，彼此饮食文化有着诸多的交流融合，在原料选择和制作工艺上有许多共性特征，甚至还演变出许多相似的产品，单纯以国度来划分不够科学，但各国也因地理气候、物产特征、饮食习惯等因素，各自又形成了许多特色代表面点。在此主要列举几个国家的特色代表面点，而关于不同国家西式面点的形成、发展与特色，可在西式面点相关课程中进一步深入学习。

（一）法国面点

法国面点是西式面点的代表，产品非常丰富，比较具有代表性的有闪电泡芙、布雷斯特车轮泡芙、泡芙塔、法式柠檬塔、翻转焦糖苹果塔、洛林咸塔、拿破仑酥、布列塔尼水果布丁蛋糕、费南雪、玛德琳蛋糕、歌剧院蛋糕、巴斯克蛋糕、圣诞树根蛋糕、舒芙蕾、马卡龙、焦糖布丁、可露丽、可丽饼、朗姆巴巴、牛角包、法棍、布里欧修、蒙布朗等。

（二）意大利面点

意大利特色代表面点有 Gelato 冰淇淋、意大利布丁、提拉米苏、意大利奶油卷、意式圆顶蛋糕、巧克力肠、外交官方糕、西西里卡萨塔蛋糕、皮斯托奇蛋糕、巧克力酥饼、曼多瓦酥饼、意大利脆饼、普利亚薄荷煎饼、坎帕尼亚土豆肉饼、西西里奶酪卷、调味饭团、意大利饺子、那不勒斯派、西西里诺玛面、开心果意面、千层面、塔格里奥披萨、佛卡夏、恰巴塔、潘妮托尼、潘多洛、面包棒、罗塞达面包、佛罗伦萨牛肚包等。

（三）西班牙面点

西班牙特色代表面点有西班牙油条吉拿棒、西班牙土豆饼、巴斯克奶酪蛋糕、圣地亚哥蛋糕、西班牙馅饼、西班牙农夫面包、加泰罗尼亚番茄面包等。

（四）德国面点

德国有超过 3200 种不同的面包品种，是世界上面包品种最多的国家。德国面包文化在 2014 年底被联合国教科文组织列入世界非物质文化遗产名录。知名的德国面包有巴伐利亚碱水面包、啤酒面包、传统黑麦酸面包、小麦面包、粗粮面包、全麦面包、汉堡包、圣诞面包等。此外德国的黑森林樱桃蛋糕、年轮蛋糕、李子蛋糕、荞麦蛋糕、咸香洋葱蛋糕、凝乳煎饼、亚琛饼干、油煎土豆泥面、施瓦本馄饨、德式奶酪面也具有相当高的知名度。

（五）俄罗斯面点

俄罗斯特色代表面点有俄式馅饼、俄罗斯图拉姜饼、俄式欧拉季益松饼、俄式西尔尼基煎饼、蜜饼、烤肉卷饼、布利尼薄饼、俄罗斯香蕉光头饼、俄罗斯饺子佩尔梅尼、卡莎（粥）、皮罗日基、恰克恰克、大列巴、俄罗斯黑面包等。

（六）英国面点

英国特色代表面点有磅蛋糕、糖浆松糕布丁、英式蛋糕布丁、香蕉太妃派、苏格兰奶油酥饼、苏格兰薄麦饼、司康饼、英式吐司等。

（七）美国面点

美国特色代表面点有麦芬蛋糕、红丝绒蛋糕、巧克力布朗尼、芝士蛋糕、苹果派、美国波士顿派、巧克力豆豆饼干、贝果、甜甜圈、热狗等。

（八）日本面点

日本面点也极具特色，它在借鉴西式面点、传承东方面点的基础上，充分利用和展现本土优质原料的本色之美，大量使用手作来追求个性与创新，通过质朴自然

之美吸引消费者，形成独树一帜的日式风格。日本比较具有代表性的面点有长崎蜂蜜蛋糕、戚风蛋糕、红豆包、团子、麻糬、御萩、大福、寿司、蕨饼、鲜贝、铜锣烧、鲷鱼烧、章鱼烧、玉子烧、水信玄饼、日式羊羹、日式饺子、日式馒头、乌冬面、日式拉面、日式荞麦面等。

除了以上列举的欧美国家及日本的面点外，荷兰的老虎面包、瑞典公主蛋糕、丹麦葡萄干面包、丹麦克林格面包、奥地利萨赫蛋糕、比利时巧克力蛋糕、比利时华夫饼、希腊皮塔饼、土耳其果仁蜜饼、南非牛奶派、泰国西米糕、印度玫瑰果子、印度尼西亚卷煎饼、马来西亚芋头酥、斯里兰卡蛋卷、巴西奶酪面包球、墨西哥薄饼等也都是极富地域特色和个性面点品种。

第四节　面点制作工艺流程

人类最初的饮食产品，并没有所谓面点和菜肴的划分。随着社会的进步、生产力的发展，饮食制作原料选择范围不断扩大，饮食制作工艺技术水平不断提高，饮食产品内容不断丰富，逐渐出现了面点和菜肴的区分。面点制作工艺是烹饪专业基础技能的一个重要板块，其与菜肴制作工艺共同构成了烹饪工艺技术体系。

面点制作的原料选择、工艺技术等内容与菜肴制作存在一定的区别与联系。面点制作的原料选择范围包括所有菜肴制作的选择范围，这部分相同原料的初加工处理方式基本一致。但是面点有以粮食及其粉碎性制品等为面坯主料的选料特征，与菜肴选料差异较大，采用的制作工艺技术也自成一体。所以面点制作工艺可看作是以面坯制作工艺为核心特征，以菜肴制作工艺为补充，围绕面点生产加工而展开的一系列工艺技术体系。

面点制作一般工艺流程如图 1-1 所示，其是以面坯制作、成形及熟制为工艺流程主线，以制馅工艺流程为补充来进行规划设计的。图中部分流程环节使用了虚线框。包含这些虚线框内容，为带馅面点制作的一般工艺流程；如果去掉虚线框内容，则为无馅面点制作的一般工艺流程。在学习具体面点制作工艺技术内容之前，一般建议先从以下几个环节来初步了解面点制作工艺流程。

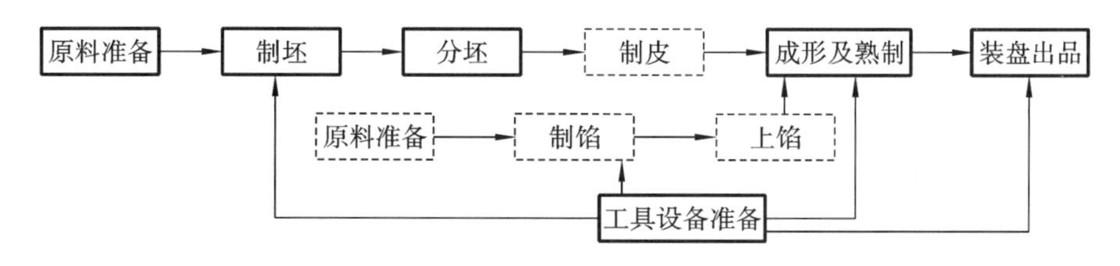

图 1-1　面点制作一般工艺流程

一、准备工作

面点制作的准备工作内容主要包括原料准备和工具设备准备两大板块。

（一）原料准备

在面点制作之前，操作者应根据面点制品制作需求选择恰当的原料，并根据配方精准称量。原料应按用途进行分类准备，无论面点的手工生产，还是工业生产，其制作工艺流程主线上一般有三个类别的原料需准备，即制坯原料、辅助加工原料和装饰点缀原料。制作带馅面点前，还应进行制馅工艺板块的原料准备。需要注意的是，制坯原料、辅助加工原料、装饰点缀原料和制馅原料这四个板块的选料可能会有交叉重叠。比如水，在面坯调制环节，水调面坯、膨松面坯甚至部分油酥面坯的制作配方中均使用到了水；在制馅环节，水打馅的制作明确了要添加一定比例的水；在辅助加工环节，蒸煮工艺均需要准备水。所以原料准备应按类别，并进一步根据原料实际使用的先后进行分类排序存放。这样，既有利于核检原料准备是否齐全，也有利于面点制作工艺流程顺利实施。

（二）工具设备准备

随着面点加工专业工具设备的不断推广和普及，面点工具设备在面点生产加工中的功能作用日益显著。恰当的工具设备能有效地提升工作效率和出品质量。然而，在面点制作前，工具设备的准备工作却往往不被操作者所重视。面点制作工艺流程中，无论是制坯、制馅，还是成形及熟制，甚至在装饰点缀环节，都需要使用恰当的工具设备来协助进行操作。与原料准备相同，工具的准备也应按不同工艺流程环节需要，根据实际使用的先后顺序进行分类排序存放。而设备的准备一般包括调试和运行两个方面。设备的调试主要是为了检测设备是否处于正常的工作状态，以满足面点加工需要。设备的运行主要针对的是热加工设备。在将面点加工半成品放入热加工设备前，热加工设备需要运行一段时间，将热加工介质的温度提升至面点熟制加工所需要的初始温度。

二、制坯工艺

制坯工艺是面点制作工艺的核心环节，也是形成面点基本特征的环节所在。根据原料及工艺性质的不同，面坯有诸多类别。每个类别的面坯在制作过程中所使用的原料配方、工艺手法、工具设备等均有一定的差异，所获得的面坯性状也各有不同。甚至同类面坯，也能通过制坯工艺细节调整，制得性状不同的产品。例如馒头和甜面包，二者同为麦粉类生物膨松面坯制品，拥有多孔的组织结构，质地膨松。但在原料的选择上，馒头多用中高筋面粉，而甜面包多使用高筋面粉；在发酵工艺上，馒头的发酵时间比甜面包要短。这些面坯制作工艺细节的差异，使得馒头和甜面包最终的孔洞状态不同。绝大多数面包的孔洞比馒头多而密，内部质地通常也更加柔软一些。制坯工艺要求操作者熟悉不同原料的工艺特点，合理选配原料，理解各类面坯工艺原理，实践制坯技术，只有这样才能真正掌握面坯制作工艺。

三、制馅工艺

制馅工艺是带馅面点制作的一道重要的工序。对于带馅面点制品而言，不仅面坯对面点制品的色、香、味、形、质产生影响，馅的风味对面点制品的影响也十分

明显。例如包子这类产品，其制馅选料广泛、调制方式多样，能制成不同风味的产品，有表现为甜味的豆沙包、奶黄包、莲蓉包等，也有表现为咸味的鲜肉包、粉丝包、腌菜包等，还有表现地方风味的蟹黄汤包、叉烧包等。馅是菜肴风味移植于面点的载体。制馅工艺原理技术也与菜肴制作工艺原理技术密切相关。制馅时，一般要通过精心设计、选择原料，辅以合理的加工手段处理成不同形状的细碎小料，配合一定的调味、调质原料，最后通过生拌或熟烹等方式制成符合面点上馅成形需要的性状。

四、成形及熟制

面点的成形是以面点的皮坯为主要加工对象，或搭配馅，运用一定成形工艺技法，按面点出品的形状要求进行工艺处理的面点制作工艺环节。面点的熟制是使用加热技术手段使面点制品成熟的过程。大多数面点制品的制作工艺流程中是先成形再成熟，如饺子、包子、馅饼等，但是也有一部分面点制品是先成熟再成形的，如冰皮月饼、豌豆黄等，甚至有极少数面点制品在加工过程中没有针对整体制品的加热熟制工艺的设计，如慕斯蛋糕、冰淇淋等。因此，成形及熟制的工艺环节要根据面点制品制作的需求灵活设计安排。如果没有熟制工艺或者熟制工艺安排在成形工艺之前，那么制品成形工艺完成后，面点制品的出品形态就基本确定了。但是，如果成形工艺安排在熟制工艺之前，那么面点的熟制工艺通常还会进一步改变面点形态，直到完成熟制后，方能定形。熟制工艺不仅会改变面点的形态，还会对面点的颜色、香气、滋味、质地等方面的表现也产生影响。

五、装盘出品

装盘出品工艺通常是面点制作的最后一个步骤，是指将加工成形、成熟的面点制品放入容器中进而呈现给消费者的面点制作工艺环节。装盘时要选择恰当的盛器。盛器不仅仅为盘碟，还可以为碗、笼、杯、盏、袋等。装盘工艺大多是在熟制工艺之后，但极个别带着出品盛器进行熟制加工的面点需要在熟制前结合面点生坯在熟制工艺过程中可能发生的变化来设计装盘。装盘时不仅仅要选择合适的装盘分量，同时也要注意考虑制品之间的间距和空间位置关系，力求出品美观、大方且实用。例如，小笼包多带蒸笼一并出品，因此其生坯入笼摆屉时要考虑到小笼包熟制过程中坯体的膨胀，生坯之间须预留一定间隔空间，以保证出品造型的完整性；拌面出品装碗的分量通常只盛入容器的六至七成满，以便于食用之前面条与酱料的翻拌操作。在面点装盘出品工艺环节，还可以进行拼摆组合设计，将不同风味特色的面点产品、蘸料或其他可食性材料组合在一起完成最终的出品。

总的来说，面点制作工艺流程主线一般包括制坯工艺、制馅工艺、成形工艺、熟制工艺等环节。每个工艺环节虽然是独立的操作单元，但是彼此之间却又相互影响、相互渗透。在设计面点制作工艺流程时，应根据制品的工艺及性状特征，对面点制作工艺流程的先后、主辅关系进行合理的选择和安排。

第五节　面点制作工艺技术特点

面点制作工艺技术是指面点产品的生产加工过程中，有关原料选择、制坯、制馅、成形及熟制等一系列操作环节的工艺技术，是烹饪制作工艺技术的重要组成部分。历经数千年的累积、传承和发展，面点制作工艺技术呈现出以下几个方面的特点。

一、原料选择讲究

面点制品在加工制作之初，要进行严格的原料选搭准备。虽然面点制品的面坯选料仅以粮食原料为主体，但是面点制馅原料选择范围就几乎囊括了菜肴制作选料范围的全部，甚至在面点制作过程中还常常因为工艺的需要，会添加一些能够改善面坯、馅性状的一些特殊调辅原料。可以说，面点制作工艺的原料选择非常广泛。

制作面点制品时的原料选择，主要应从面点制品的原料和工艺性质类别来综合考虑。同样名称的原料，因为产地、季节、加工、部位的不同，会出现成分及工艺性质上的差异，所适用的面点制品也就有所不同。比如小麦粉，其来源可能是硬质小麦或软质小麦。这两类小麦的主产区不同，且其蛋白质含量存在差异，因此在面坯调制中的工艺性能及适合面点制品的类别就有区别。蛋白质含量偏高的硬质小麦粉，适合制作面包；而蛋白质含量偏低的软质小麦粉，则比较适合制作糕点。面点制作的选料经由面点制作者经验的不断总结，表现得尤为讲究。近年来，随着面点制作工艺性质的理化分析检测技术在行业领域中的推广应用，使面点制作者根据理论分析的结果，结合面点制作工艺性能的需要，更加科学合理地选用原料。

面点制作原料选择讲究，不仅仅表现为原料选择要满足于面点制作工艺性能的需要，还表现为选料要因地、因时制宜。当面点制作受地域、季节等客观条件因素限制的时候，应当通过一定的标准要求对现有原料进行筛选，结合配料及工艺的调整，完成面点制作原料的最优选择。

二、工艺技法多样

在面点制作的制坯、制馅、成形、熟制、装点等一系列工艺流程环节中，只有运用恰当的操作技法，才能实现该环节的工艺要求。例如：麦粉类水油面层酥面坯是由水油面和干油酥构成的。其中水油面面坯要求有良好的筋性，面坯调制工艺技法应选择揉和摔；而干油酥面坯则表现为无筋性，面坯调制工艺技法则多用擦和叠。馅中的生荤馅与熟荤馅的制作工艺不同，风格特点迥异。面点的成形环节，往往依据制品造型要求，选择包、捏、卷、叠、抻、搓、剪等不同的成形技法。每一种成形技法还有多样的差异表现，就捏的工艺技法而言，就有挤捏、推捏、叠捏、捻捏、提褶捏等。面点的熟制工艺技法多样，不仅可以单独运用，还可以组合使用。面点的

装饰点缀工艺，不仅有传统的粘裹、镶嵌、拼摆、铺撒等，如今还逐渐运用从国外引入的裱花、淋面等技法。

三、馅味特色突出

馅味特色对带馅面点制品的整体风格有决定性影响。面点制馅原料的选择范围非常广泛，禽畜、水产、果蔬、粮豆、蛋乳等皆可入馅。不同制馅原料不仅仅能表现出原料本身自带的风味特色，还常与地方风味特征相结合，造就面点制品的风味特色。例如，湖北的重油烧卖，选择糯米为主要原料制馅，在调味上重用黑胡椒，最终出品的馅口感黏糯、黑胡椒风味浓郁。除此之外，无锡小笼咸鲜带甜，广州虾饺则清淡鲜美。这些馅味特色都很好地展示了面点地方风味，凸显了制馅工艺在面点制作工艺中的重要地位。馅的风味特色多样，对带馅面点整体风味影响显著，调味上会有咸、甜、本味、复合味等选择；在浓郁度上还表现为清淡、浓郁、厚重等不同程度；在质地上也会有软嫩、细腻、松散、爽滑等不同表现。

四、出品造型美观

《齐民要术》中，“水引”（早期面条）要“挼令薄如韭叶”，使之形状美观。唐代的二十四气馄饨，“花形、馅料各异”。五代时的“花糕员外”，更是别出心裁，糕的形状各不相同，甚至有的糕内部都有花纹。这些古老的面点在造型上，就已经具有极强的艺术感染力与创造力。面点的出品造型是在充分发挥面点原料性能和制作工艺特点的基础上，主要通过造型技巧、成形技术和组合装饰艺术，实现面点形色器的配合统一，从而达到出品造型的和谐美观。面点出品造型有几何形态、象形形态和自然形态。汤团的圆球状、方糕的立方体状……是最基础的几何形态。将几何形态组合运用，还能实现诸如花馍等艺术造型。苏式面点中的船点，面坯会被组合捏塑成花鸟、虫鱼、人物、风景等象形形态，其出品造型色彩艳丽、形态逼真。利用原料和工艺的特点，在熟制过程中形成独具魅力的自然形色，也是出品造型的一个途径，如开花馒头、宫廷桃酥等。

五、创新手段灵活

面点制作工艺技术创新是指在面点生产过程中，运用原料、工艺、工具设备等的变化，创造与原有面点品种不一样风格特征的面点新品。由于面点原料选用范围广，能够提供多样原料搭配组合，奠定了面点创新的物质基础。在面点制作的制坯、制馅、成形、熟制、装点等工艺环节，恰当地选择与设计，能灵活实现多维度工艺创新。伴随着生产力不断进步，新工具、新设备的应用，与传统工具设备相配合，极有可能探索、开辟出面点制作工艺新的技术领域。此外，中西交融、古为今用的创新手段，也促成一批极具特色的面点新品诞生，如借鉴中国元素的“姜枣蛋糕”，从古籍中复原的“宫廷奶酪”等。面点的创新有着广阔的发展空间，需要面点相关从业者，潜心研究、善于挖掘、精心设计、求真务实地去创新开发面点品种。只有这样，面点创新才能充满活力，才能使面点制作工艺发扬光大。

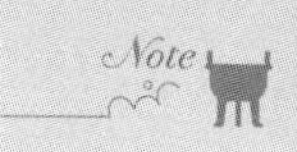

本章小结

面点是指以粮食及其加工粉料等原材料为主料，有选择地搭配禽、畜、水产、果蔬、粮豆、蛋奶等制成的馅料，以盐、碱、油、糖、水、酵母等为调辅料，经过制坯、制馅(有的无馅)、成形和熟制等工序，制成的具有一定色、香、味、形、质、养的面食、小吃和点心。

伴随着人类对自然原料的认知与开发、对生产工具的改进与创新，烹饪加工技术逐渐发展，面点制作工艺与菜肴制作工艺形成区分、自成体系，面点产品不断丰富。结合不同时期、不同地域、不同文化背景，面点逐渐形成诸多特色鲜明的产品类别，进一步组合成了不同面点风味流派，成为人类饮食文化的重要表现。

面点制作的一般工艺流程是以面坯制作、成形及熟制为工艺流程主线，以制馅工艺流程为补充来进行规划设计的。面点制作工艺技术呈现出原料选择讲究、工艺技法多样、馅味特色突出、出品造型美观、创新手段灵活的特点。

核心关键词

面点;面点分类;发展历史;风味流派;工艺流程;技术特点

思考与练习

1. 从京式、苏式、广式面点中选例说明面点根据面坯原料和工艺性质的综合分类。
2. 中式面点从“粒食”到“粉食”的推动因素有哪些?
3. 举例说明中西时令面点。
4. 地方面点风味流派形成因素主要有哪些?
5. 京式面点四大面食的特点是什么?
6. 以包子为例分析京式、苏式、广式面点在制馅工艺上的差异。
7. 请选择一款食堂制售的面点产品，设计并绘制该产品的制作工艺流程图。

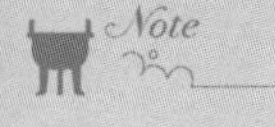

第二章　面点常用原料

学习目标

• 了解常见的制坯原料、制馅原料和调辅原料类别，全方位认识面点原料的多样性，感受中华饮食文化的包容性。

• 掌握面粉的分类、化学组成与特性。

• 掌握大米的分类、米粉的制作与应用。

• 了解各种粗杂粮基本特点、分类和在面点坯皮中的应用。

• 了解各种畜禽类、水产类、蔬菜类、果品类和粮食类原料在面点馅料中的应用。

• 了解各种调味料、调香料、调色料、调质料和辅料的种类，以及在面点中的作用及运用。

教学导入

随着时代的发展，面点原料也在不断发展、丰富。除种植、养殖和加工技术的提升外，在中外交流过程中，我国从国外引进了许多面点原料。自张骞通西域开始，芝麻、蚕豆、花生、南瓜、红薯、土豆、玉米等原料陆续传入中国，其中有些原料成为某些地区主要的粮食作物和面点原料。中华文化的这种开放性和包容性来源于中国的文化自信，我们坚信自己能够驾驭外来文化的冲击，能够融合不同的文化，海纳百川，和而不同。未来，我国和世界各国的交流会越来越广泛，合理、科学地选择利用面点原料，在发展面点制品的同时，也将促进环境的可持续发展。

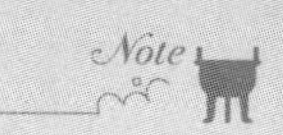

几乎所有的烹饪原料都可以用来制作面点，且同一种原料采用不同的加工方法，可制成不同的面点，所以面点的品种非常多样化。面点具有的各种质地与风味特色，也取决于原料的选择与应用；同时，面点的质量很大程度上由面点原料的质量决定。本章介绍面点制作的各类原料的种类、特点及运用。

第一节　制坯原料

面点生坯一般由坯皮和馅心组成。面点制坯主料为各种粮食粉料，主要包括面粉、大米（米粉）、其他谷类、豆类、薯类以及其他坯皮原料。

一、面粉

面粉，又称小麦粉，是小麦经磨制加工而成的粉末状原料。由于小麦品种繁多、栽培各异、产地有别、加工精度不同，所制得的面粉特性也各不相同。

（一）面粉的分类

1. 按面粉中蛋白质（面筋）含量分类

在面点制作中，小麦粉通常按蛋白含量的多少来分类，可分为高筋小麦粉、中筋小麦粉和低筋小麦粉，这三类小麦粉的比较见表 2-1。

表 2-1　高筋、中筋和低筋小麦粉的比较

种类	蛋白质含量	湿面筋重量	应用
高筋小麦粉	12%～15%	>35%	主要作为各类面包的原料和其他要求较强筋力的食品原料，如丹麦酥、松饼（千层酥）和奶油空心饼（泡芙）等
中筋小麦粉	9%～11%	25%～35%	主要用于制作各类馒头、面条、面饼、水饺、包子类面食品、油炸类面食品等
低筋小麦粉	7%～9%	<25%	主要作为蛋糕和饼干的原料

2. 按小麦的加工精度分类

小麦粉按加工精度、色泽、含麸量的高低，可分为特制一等粉、特制二等粉、标准粉和普通粉。特制粉、标准粉和普通粉的比较见表 2-2。其中，灰分含量是小麦粉加工精度高低和品质优劣的重要依据。灰分是将小麦粉完全燃烧后的灰烬残余物，灰分含量为 100 g 小麦粉燃烧后的残余灰的重量。

表 2-2　特制粉、标准粉和普通粉的比较

种类	灰分含量	特点	应用
特制粉	特制一等粉≤0.70% 特制二等粉≤0.85%	弹性大，韧性、延伸性强	适宜做面包、馒头等，一般用于做高级宴会点心

续表

种类	灰分含量	特点	应用
标准粉	≤1.10%	弹性不如特制粉，营养素较全	适宜做烙饼、烧饼和酥性面点制品
普通粉	≤1.40%	弹性小、韧性差、可塑性强、营养素全	适宜做饼干、曲奇和大众化面食

3. 按用途分类

小麦粉按用途可分为一般粉和专用粉。下面主要介绍专用粉。

专用粉是对一类用途明确、品种众多面粉的统称，是能满足各类面制食品不同品种的品质需求和加工工艺要求专用的面粉。首先，要从小麦育种、种植及存储等多方面着手来改善面粉的本质特性，让基础面粉符合特定食品加工特性的工艺需求和营养需要；然后通过特定品质的不同小麦搭配加工；还要将不同基础粉、其他食品配料、相关食品添加剂等混合搭配使用。通过以上手段对面粉食品加工特性进行修饰和改良，使生产的面粉达到一定的物理、化学和谷物生化特性，让面制食品更加符合市场上人们对食用品质特性的要求。各种专用粉的用途不同，其面粉品质也不同。常见的专用粉有面包粉、面条粉、饺子粉、馒头粉、蛋糕粉、饼干粉、自发粉等。

专用粉的品质要求是均衡、稳定，要求小麦粉吸水量、筋力一致，不应忽高忽低。合理选择原料小麦，保证设备和工艺的先进性，科学使用添加剂，加强品质控制，是生产出品质稳定的专用粉的保证。

1）面包粉

面包烘焙除了对小麦粉的蛋白质含量（面筋含量）要求较高外，对面坯的耐搅拌性及抗醒发性等其他特性都有一定的要求。

面包粉粉质细腻、色泽洁白，其面坯富有弹性拉劲，制成的面包体积大，断面结构间隙均匀，纹线清晰，轻压后具有好的复原性，咀嚼时有咬劲，不粘牙。

2）面条粉

面条粉具有色泽洁白、灰分低、筋力强（但需适度）、糊化特性好的特点。制成面条的不断条、口感爽滑。好的面条粉一般降落数值（FN）低、α-淀粉酶活性强，最佳直链淀粉含量为20%～24%，破损淀粉含量不超过15%。

拉面制作方法多种多样，其中兰州拉面经过长期的积累和发展，在制作工艺、面条形状和色泽方面拥有独特的风格。用于拉面制作的小麦粉属中筋粉，需要具有一定数量和质量的面筋，合适的抗张阻力和延伸性。兰州拉面技术的不断创新和发展，对面粉原料的要求也越来越严格，已经由原来的普通面粉发展到了拉面专用粉。这样才能尽可能地保证拉出的面条粗细均匀，柔韧细长，煮出的面条筋道爽滑、色泽透黄。当然，还有烩面专用粉、削面专用粉、拉条专用粉等。

3）饺子粉

饺子粉具有粉质细滑、色泽洁白、筋力适中、麦香味浓的特点，是水饺、馄饨等面点制品的理想用粉。制得的速冻饺子在冷冻储藏中不易开裂，弹性好、有咬劲、

不黏不糟、麦香味久。

影响饺子皮及饺子蒸煮品质的主要因素有灰分、蛋白质含量、湿面筋含量、淀粉糊化特性、流变学特性及和面时的加水量。行业对饺子专用粉的一般要求：湿面筋含量28%～32%、面坯稳定时间不少于3.5 min、降落数值不少于200 s。而研究表明，好的饺子专用粉的降落数值远远高于这一要求。

4）馒头粉

馒头粉具有工艺品质好、筋力适度、持气性好的特点，制成的馒头皮薄，内部结构呈小蜂窝状，层次性好且富有弹性。一般要求：面筋含量为24%～40%；稳定时间大于2.5 min；降落数值不少于250 s；延伸性为200±20 min；抗伸性阻力为240±50 EU。

5）自发粉

自发粉具有粉质细滑、洁白、有光泽的特点。它使用生物工程新技术，在小麦面粉中添加化学或生物膨松剂配制而成，从而避免在制作这些发酵食品时进行烦琐的称量、配料、混合、发酵、兑碱等工序，使制作工艺简单化，并能保障食品的质量一致性，省时、简单和方便，尤其适合连锁店制作和家庭制作。自发粉可做馒头、包子、花卷、发面饼等，也可将面粉调成糊状炸制鸡腿、虾仁等食品。成品表皮光滑、色泽洁白、口感好、松软香甜、麦香味浓。

由于我国馒头市场广阔，其消费量远远高于其他发酵面食，故自发粉大多是针对馒头生产的，其性能也是根据馒头加工性能调整的。用自发粉制作的馒头，其形状正常而挺立，内部气孔大小适中且均匀、弹性好，与传统馒头比较，其比容、外观基本相同，但口感和风味较差。而酵子制作的馒头风味十足、口感好、有弹性，但其因制作工序的烦琐不能保证制作的一致性。将酵子作为食品膨松剂加入自发粉，可改善馒头的风味。

6）蛋糕粉

蛋糕粉对面粉蛋白质含量和质量要求比一般低筋面粉更为严格。精制级的粉在湿面筋的成分上要求不大于22%，在普通级的专用蛋糕粉的湿面筋成分要求上，则是不大于24%。在稳定时间上精制级专用蛋糕粉的要求是不大于1.5 min，而普通级专用蛋糕粉的稳定时间要求则是不大于2 min。蛋糕粉制作的蛋糕内部气孔细密，组织均匀，孔壁薄；口感绵软而有弹性；外观丰满且表面质地均匀，不糙不细。

蛋糕专用粉一般是由软麦磨制而得，高档优质蛋糕粉通常是由低面筋含量、低灰分的前路精细好粉组成，取粉率控制在30%～50%，这种面粉能使蛋糕质构饱满细腻、湿软可口。在美国，用于生产蛋糕的面粉通常是经过氯气处理的软麦粉，氯化作用修饰面粉中的一些组分，对淀粉产生氧化作用，改良面粉性质，使面糊黏性增加。面粉被氯化则pH会降低，因此面粉pH是其氯化程度的标示，所以蛋糕专用粉的pH指标测定非常重要，需要在4.6～4.9的范围内。

7）饼干粉

多数饼干粉是由软质小麦磨制而成，这类面粉要求面筋弱但具有一定延伸性，蛋白质含量较高的硬质麦粉会限制延展，低筋软麦粉利于延展。不像蛋糕粉对精细度要求那么高，通常饼干类对面粉的灰分指标要求较低，中等或较高的取粉率均

可，饼干专用粉不需要被氯化。通常酥性饼干应具有表面条纹清晰、断面结构均匀、入口酥松、易化的特点，要求面粉的面筋含量、筋力、灰分和吸水率较低；而发酵饼干应具有起发性好、吃口脆香、色白、表面条纹清晰的特点，则要求面粉蛋白质含量、筋力和吸水率更高些，有时还需要一些硬麦搭配加工。

另外，市面上还出现了一些预拌粉系列和全麦粉。

预拌粉，也称预混粉，通常是指按一定比例将食品生产过程中所用到的部分原辅材料预先混合好，然后销售给食品生产厂家或食品店方便其使用的一种食品原料。与一般意义上的单一原料有着本质区别，它是将一些烘焙技术含量以复配粉的方式包含在内的一个复配半成品。其原料包括小麦面粉、白砂糖、大豆粉、奶粉、食盐等，通过投料、配料、混料之后，再使用混合设备和包装设备等机械包装。

预拌粉的特点是便利化、营养化、功能化。预拌粉大大降低了食品制作的专业性、技术性、失败率及费用，并解决了生产商不必要的原料采购和安全存储问题。以面包预拌粉为例，我们通常制作面包需添加面粉、酵母、糖、奶粉、鸡蛋、盐、奶油、烘焙香粉等，而采用预拌粉可简单到只需加酵母和水，甚至只需加水即可轻松制作出不同风味特色和口感的面包。

目前市面上应用较多的和已被广泛接受的预拌粉主要是烘焙预拌粉，如面包预拌粉和蛋糕预拌粉。蛋糕预拌粉根据使用原料、搅拌方法、面糊特质不同，主要分为面糊类（松饼粉、马芬蛋糕预拌粉）、乳沫类（海绵蛋糕预拌粉）和戚风类（戚风蛋糕预拌粉）三大类，此外还有越来越多派生出的各种各样的小门类或富有地域特色的产品，如甜甜圈预拌粉、泡芙预拌粉、铜锣烧预拌粉等，在食品工厂化量产方面，能够适合连续式的工业化生产，在家庭烘焙方面，能够以傻瓜式的烘焙制作方法带给千家万户更多的 DIY 烘焙乐趣。

全麦粉是一种重要的全谷物，美国谷物化学家协会（AACC）要求全麦应包括完整的、磨碎的、破碎的或片状的颖果，主要结构成分胚乳、胚芽和麸皮的相对比例与完整颖果的相对比例基本相同。全麦粉是由整粒小麦磨成，包含胚芽、麦皮和胚乳。不仅含有丰富的营养物质，如膳食纤维、维生素、矿物质等，还含有酚类化合物等抗氧化物。

全麦粉制成的产品面坯的性能、产品体积及质量口感略差，同时，全麦粉在加工储藏过程中，由于麸皮和胚芽含有高活性酶和不饱和脂肪酸，麸皮表面还携带外源微生物，储藏稳定性低，货架期较短。因此，在改善全麦粉储藏稳定性的同时，保持全麦粉的品质及其制品的感官和功能特性，仍然是研究热点。

4. 法国面粉分类（分级）

法国面粉有自己一套完整的体系，基本分为白面粉、全麦粉和黑（裸）麦粉三类。其中，T 系列法国面粉被广泛运用于面包制作中，蛋白质含量控制在 9%～12%，大约分为 T45、T55、T65、T80、T110、T150 六种。

1）白面粉

白面粉几乎不含麸皮，灰分从低到高分别为 T45、T55、T65。这三种法国白面粉的具体对比见表 2-3。

表 2-3　法国白面粉 T45、T55、T65 的比较

种类	灰分含量	麦粒研磨比率	应用及产品特点
T45	<0.50%	60%～70%	可用于制作甜点、吐司和布里欧修等重奶油面包，T45 在制作面包时，会保留小麦香，不易被奶油抢走香味
T55	0.50%～0.60%	75%～78%	可用于制作法国面包(老面发酵法)和牛角包，T55 制作面包搭配天然酵母长时间发酵，外皮有虎皮般的小泡，内在口感像糬，颜色明显比一般的法国面包黄，皮也较厚
T65	0.62%～0.75%	78%～82%	可用于制作法国面包，T65 制作的法棍外皮酥脆，并非采用天然酵母长时间发酵，外皮气泡较少，与 T55 制作的面包相比，颜色更黄，皮厚酥脆

2)全麦粉

全麦粉按麸皮含量从大到小和从粗到细分为 T150、T110、T80。T150 为全粒粉，主要制作全麦面包；T110 为准全粒粉，主要制作大型法国面包；T80 为半粒粉，主要制作使用液态天然酵母的法棍。

3)黑(裸)麦粉

黑(裸)麦粉的特别之处是所用的小麦原料不同于上述两种面粉，而是由黑裸麦研磨而成；同样，按麸皮含量从大到小和从粗到细分为 T170、T130、T85。

除以上分类外，目前市面上还出现了一些日本和我国香港、台湾等地所产面粉。这些面粉一般按用途和加工精度或蛋白质含量和加工精度等指标分类。

(二)面粉的化学组成与特性

面粉主要由碳水化合物、蛋白质、脂肪、矿物质、维生素和水组成。各类成分的含量、具体组成及特性直接影响面粉的加工特性和面点成品的特色与质量，而各类成分的含量会因小麦的品种、产地和加工条件不同而变化。其中，加工条件影响各类成分的含量主要是因为各类成分在小麦籽粒不同部位分布不均匀。

小麦籽粒由很多部分组成，其结构也很复杂。在加工的过程中，小麦籽粒主要有皮层、胚芽与胚乳三个解剖部分。皮层是小麦籽粒的最外层，其中包括糊粉层，皮层重量占小麦籽粒重量的 13%～16%，含大量膳食纤维、蛋白质、矿物质和 B 族维生素。小麦胚芽占小麦籽粒重量的 3%左右，不仅蛋白质与脂肪的含量丰富，还含有丰富的维生素 E、B 族维生素和矿物质。胚乳是小麦籽粒的主要部分，由淀粉与蛋白质组成。

1. 碳水化合物

碳水化合物在面粉中含量最高，占 70%～80%。其中最主要的成分是淀粉，还有少量的可溶性糖和膳食纤维。

1)淀粉

小麦淀粉几乎全部分布在麦粒胚乳的细胞里，经加工磨制成为白色粉末，吸湿

性不强。淀粉是由葡萄糖分子组成，包括直链淀粉和支链淀粉两种。小麦淀粉由直链淀粉和支链淀粉组成。直链淀粉占小麦淀粉总含量的22%～26%，主要位于小麦淀粉颗粒的内部。支链淀粉占小麦淀粉总含量的74%～78%，支链淀粉的分子结构呈树状分枝，主要位于小麦淀粉颗粒的外部。凡含支链淀粉多的小麦，其面粉的黏性较大。

直链淀粉在面粉中所占的比例较小，但是它对各种面点制品品质的影响却很大。直链淀粉对于面条品质的影响是负相关的，即直链淀粉含量高，面条的总体评分会降低。直链淀粉由于呈线形结构，空间阻碍小，淀粉分子间容易形成氢键结合，发生凝沉、回生。另外，直链淀粉和淀粉的溶胀力及溶胀体积、淀粉的糊化特性也有极大的负相关性，直链淀粉含量增大会使淀粉的溶胀力减小，糊化峰值降低，溶胀体积减小，从而间接影响面条的品质。过高的直链淀粉含量导致面条的色泽、表观形态、适口性等下降和煮制时间延长。用直链淀粉含量高的面粉制作的馒头体积小、韧性差、发黏。由直链淀粉含量偏低或中等的面粉制作的馒头体积大、韧性好、不黏、食用品质好。直链淀粉的含量与馒头的体积、比容、质量、高度及感官评分均呈负相关性，同时随着直链淀粉含量的增加，馒头的硬度和咀嚼度均呈明显上升趋势。其原因可能是直链淀粉分子量较小，易溶于热水中，生成的胶体黏性不大，也不易凝固。直链淀粉含量与面包品质性状呈极显著负相关。在揉面和面包烤制过程中，直链淀粉降低了面坯吸水率、面坯弹性和延展性，最终改变了面包体积、结构纹理和适口性；支链淀粉的特性和作用与直链淀粉恰恰相反，且支链淀粉与直链淀粉含量的比值越大，对高筋食品加工品质越有利。

淀粉与面坯调制和制品质量有关的物理性质主要是淀粉的糊化及老化作用。淀粉的糊化作用是指淀粉粒在适当温度下（一般为60～80 ℃）在水中溶胀、分裂，形成均匀糊状溶液的作用。淀粉质食品通过淀粉的糊化，进而完成食品的加工。淀粉的老化是指淀粉溶液经缓慢冷却，或淀粉凝胶经长期放置，会变得不透明甚至产生沉淀的现象，如面包、馒头等在放置时变硬、干缩，失去原来的柔软性，主要就是淀粉发生了老化作用的结果。淀粉老化后，与生淀粉一样，不易被人体消化吸收，因此必须防止食物的回生。烤好的面包、蒸好的馒头都应趁热及时食用。

小麦面粉用水漂洗过后，将粉筋与其他物质分离出来，粉筋成面筋，剩下的物质称为澄粉，主要成分就是小麦淀粉，可用来制作各种点心，如虾饺、粉果、肠粉等。澄粉用沸水烫制调成的面坯被称为澄粉面坯。澄粉遇沸水，淀粉充分糊化，形成的澄粉面坯色泽洁白、黏柔，缺乏筋力，具有良好的可塑性；成熟后呈半透明状，柔软细腻、口感嫩滑。澄粉来自小麦面粉，大约含24%直链淀粉和76%支链淀粉，在制作澄粉面坯时，加入直链淀粉含量更高的生粉（如绿豆淀粉）可以增加黏度，进而增加面坯的透明度，这是因为直链淀粉更易吸水膨胀并糊化，但太多的直链淀粉会使面坯过黏而不利于操作，且坯皮口感发黏、不爽滑，所以一般只加入总量的10%左右；同时，加入一定的化猪油可抗老化，并滋润面坯，便于操作；加入少许的盐可以增筋和增白。

2）可溶性糖

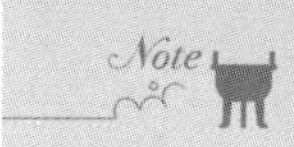

面粉中的可溶性糖主要有单糖（葡萄糖和果糖）、双糖（蔗糖和麦芽糖）和低聚

糖。面粉中可溶性糖含量总体不高，麦粒中越靠近外层含糖量越高，胚乳中心含糖量为0.88%，胚中含糖量为2.96%，所以加工精度低的面粉含糖量要高于加工精度高的面粉。

可溶性糖在发酵面坯时作为碳源直接供酵母利用，促进面坯发酵，增加营养，使制品膨松。同时，由于其在加工过程中发生美拉德反应，有利于产品色香味的形成。水溶性木聚糖可提高小麦粉的吸水性，缩短面坯形成时间，增加面坯的拉伸阻力和延伸度，延长面坯的稳定性。另外，小麦中可溶性糖能有效避免小麦后熟中品质恶化，这与小麦稳定性有关。

3）膳食纤维

膳食纤维主要存在于小麦麸皮中，含量与面粉等级有关，特制粉中含量少，普通粉中含量多。

面粉中膳食纤维含量直接影响制品的色泽、质构和口感。膳食纤维多的面粉会影响面坯的结合力，使面坯持气能力降低，发酵制品不松软，体积较小，缺乏层次，外观色黄，口感较差；膳食纤维少的面粉做出的发酵制品松软，体积较大，外观呈白色，口感好。

膳食纤维具有通便防癌、降糖、降脂、减重及预防胆结石等作用，同时膳食纤维含量高的面粉维生素、矿物质等营养素含量相应也高，因此膳食纤维含量高的面粉营养价值较高。

2. 蛋白质

面粉中蛋白质含量因小麦品种、生长地区的不同而异。硬质小麦蛋白质含量高于软质小麦；春小麦蛋白质含量高于冬小麦。在小麦籽粒中，蛋白质的分布是越靠近中心越少，向外逐渐增多。

面粉中的蛋白质可分为两大类，即非面筋蛋白和面筋蛋白。非面筋蛋白，占小麦蛋白质总量的15%～20%，由可溶于水的清蛋白和不溶于水但可溶于稀盐溶液的球蛋白组成，不参与面筋的形成，与面坯制造工艺关系不大；面筋蛋白，占小麦蛋白质总量的80%～85%，是小麦的储藏蛋白，主要包括麦醇溶蛋白（麦胶蛋白）和麦谷蛋白，是小麦蛋白质分别经过水溶、稀盐水溶后的沉淀物，其中继续溶于70%乙醇溶液的组分为麦醇溶蛋白，溶于稀碱溶液的组分为麦谷蛋白。

1）面筋蛋白

面筋蛋白对面坯的形成具有极重要的意义。面粉加水后，麦谷蛋白吸水胀润，麦醇溶蛋白、清蛋白发生水合作用。麦谷蛋白在聚集过程中将其他蛋白和成分包埋在网络中，最终形成面坯。在面坯形成过程中，面筋蛋白对水有较强的亲和作用，遇水后吸水膨胀，形成所谓的面筋网络结构；麦醇溶蛋白为单体蛋白，通过分子内二硫键、氢键和疏水作用形成球状结构，可赋予面坯延展和黏性，充当“增塑剂”；麦谷蛋白主要以聚合体的形式存在，通过分子间二硫键作用形成线状结构，赋予面坯弹性。

面筋蛋白在面坯发酵时能抵抗二氧化碳气体的膨胀，而不使气体外逸，从而形成疏松海绵状结构，使成品质地绵软，有一定弹性、韧性，保证成品切片不断。所以面筋蛋白质量的优劣，一般也作为判断面粉质量好坏的标准。小麦胚、糊粉层和外皮虽然蛋白质含量很高，但不含面筋蛋白。面筋蛋白主要存在于胚乳中，分布特点是中心少而外层多，质地以胚乳中心处为佳，越靠近外层的越差，故精制面粉面筋质高于其他面粉。

当面粉团在水中揉洗时，麸皮微粒、水溶性蛋白和淀粉均从网络中被洗涤出去，仅剩麦谷蛋白网络结构和部分结合紧密的麦醇溶蛋白，最后得到一块结实得像橡皮一样的物质称为面筋，刚洗出的面筋称为湿面筋，脱水后则成为干面筋。面筋的主要成分是面筋蛋白，是蛋白质高度水化的形成物。面筋的物理性质主要是指面筋的工艺性能，它是评价面坯工艺性质的重要指标，对面点的加工工艺及产品质量有着重要影响。面筋的物理性质包括弹性、韧性、延伸性和可塑性等。

2）谷朊粉

谷朊粉是从小麦中提取出的一种高蛋白聚合物，主要包含麦谷蛋白以及一些蛋白质质量分数较高的化合物。

谷朊粉制取方法有很多种，如 Martin 法，Raisio 法、酸法、氨法、蛋白酶法、淀粉酶法等十多种方法。Martin 法最早出现于 1835 年巴黎，把面粉和水按 1∶0.5 至 1∶0.6的比例在 25～35 ℃的温度下混合搅拌，直至形成均一、柔软、有韧性的面坯（添加约 0.5%的盐可以加快面坯的形成），在面筋充分吸收水分并形成网状结构后，洗涤数次得到较纯的生面坯，干燥后即得到小麦谷朊粉。

作为一种纯天然的高蛋白质食品原料，谷朊粉主要应用在食品烘焙中。在食品的加压过程中，谷朊粉还可以提高相关食品的脆性，使食品获得理想的质地。其氨基酸组成较齐全，营养成分较高，可以安全地作为儿童食品的添加剂，同时有助于增加婴儿食品的营养，锁住食品中的维生素及矿物质。另外，谷朊粉还被广泛应用在宠物饲料等方面，谷朊粉具有独特的成分，可以作为饲料中的重要成分，适量加入谷朊粉可以充分发挥其黏性、弹性以及营养性。

3）酶

面粉中含有一定量的酶类，主要有淀粉酶、蛋白酶、多酚氧化酶等，这些酶类对面点制作和面粉储存有着较大影响。

（1）淀粉酶。

面粉中的淀粉酶分为 α-淀粉酶和 β-淀粉酶。α-淀粉酶又称液化淀粉酶，能水解淀粉分子的 α-1，4 糖苷键，生成小分子糊精及少量麦芽糖和葡萄糖，使淀粉溶液的黏度迅速下降；β-淀粉酶，又称糖化淀粉酶，能从淀粉链非还原性端开始水解 β-1，4 糖苷键，生成大量麦芽糖和少量高分子糊精。淀粉酶水解淀粉生成的单糖及麦芽糖可供酵母增殖利用，产生一定量的二氧化碳使面坯膨胀，达到面制品膨胀的要求。

（2）蛋白酶。

面粉中的蛋白酶属于木瓜酶型，含量较少，在一般情况下处于不活动状态。但当面粉被害虫感染，面粉中出现半胱氨酸、谷胱甘肽等活化剂时，蛋白酶会水解面筋蛋白质，使面坯变得极为黏稠。

（3）多酚氧化酶。

多酚氧化酶存在于小麦籽粒中，在籽粒的不同部位分布也不同。在未成熟的

籽粒中,多酚氧化酶主要存在于胚乳中,随着籽粒逐渐成熟,胚乳中多酚氧化酶活性逐渐降低,籽粒外层和胚中的多酚氧化酶活性逐渐升高。在成熟的籽粒中多酚氧化酶主要分布在种(果)皮,胚中无多酚氧化酶活性。在小麦制粉过程中,由于多酚氧化酶主要存在于麸皮中,面粉中多酚氧化酶活性随着出粉率的增加而提高,当出粉率为70%时,面粉中的多酚氧化酶活性不到籽粒总量的10%,出粉率为60%时,多酚氧化酶活性低于籽粒总量的3%,如果出粉率高于70%,则面粉中的多酚氧化酶活性急剧升高。不同小麦类型和品种间的多酚氧化酶活性存在显著差异,同一品种的小麦,发育成熟的大籽粒多酚氧化酶活性高于发育不完全的小籽粒,但籽粒之间的这种差别小于不同品种小麦之间的差别。与普通小麦相比,硬质小麦的多酚氧化酶活性低很多。

在面制品加工过程中,多酚氧化酶会导致制品褐变。为防止褐变,可以向面坯中添加抗氧化剂(如维生素C、亚硫酸氢钠等),和面时最好避开多酚氧化酶的最适pH,降低多酚氧化酶活性,降低褐变的程度,但碱性也不宜太强,否则会引起面粉中酚类物质的氧化,导致颜色加深。多酚氧化酶的热稳定性较高,最适反应温度为50～60 ℃,高温导致多酚氧化酶活性丧失。如将面粉在湿度为15%、温度为100 ℃的高温下处理8 min,多酚氧化酶活性降低50%～75%,从而能有效防止面条加工制作中褐变的发生。

3. 脂肪

小麦中脂肪主要分布在胚芽及糊粉层中,面粉中脂肪含量很少,通常为1%～2%。且一般出粉率高,脂肪含量也高。

面粉中的脂肪多由不饱和程度较高的脂肪酸组成,其碘值为105～140,这种高度不饱和脂肪酸在面粉储存过程中易被氧化酸败,使面粉产生陈宿味及苦味,酸度增加,因此制粉时要尽可能除去脂质含量高的胚和麸皮,以延长面粉的安全储存期。通常用测定面粉的酸度或碘值来判别面粉的陈化程度。

另外,面粉所含的微量脂肪在改变面粉筋力方面起着重要作用,面粉在储存过程中,脂肪受脂肪酶作用产生的不饱和脂肪酸可使面筋弹性增大,延伸性及流散性变小,其结果可使弱力面粉变成中等面粉,使中等面粉变为强力面粉,提高了面粉的品质。所以,新粉一般不宜用来生产面包,须经过后熟处理。

4. 矿物质

小麦中的矿物质主要存在于糊粉层和胚芽中,胚乳中较少。因此,麸皮含量高的面粉,矿物质含量也高;在相同的粉路系统中,从前路到后路,矿物质含量有逐步增高的趋势。面粉中矿物质含量(灰分)是评价面粉品级的重要标准。

面粉所含的矿物质中,镁、钙、磷、钾四种矿物质元素含量较高,其次是钠,而铜、铁、锰、锌含量极低,大多数以硅酸盐和磷酸盐的形式存在。

5. 维生素

小麦中的维生素大部分存在于胚芽和麸皮中,以B族维生素(维生素B_1、维生素B_2、维生素B_5)及维生素E含量较高,维生素A含量较少,缺乏维生素C,不含维生素D。高温制备的面制品及加工中加入的碱都会导致面制品中的维生素大量损失。

过去面粉的强化主要集中在B族维生素和铁、锌等矿物质元素上。鉴于世界性的人体维生素D的缺乏，越来越多的营养学家呼吁重视维生素D的强化，在面粉及面制品中强化维生素D得到了关注和建议。

6. 水

面粉中的水以游离水和结合水两种状态存在。一般情况下，面粉含水量为13%～14%。若面粉水分含量过高，在储存时容易结块并发霉变质，更严重的会导致产品质量下降，因此，面粉水分含量对生产来说很重要。

二、大米（米粉）

大米为稻谷脱壳后碾去皮层所得。米粉是大米经过加工磨碎而成的粉末状原料。

（一）大米的分类

大米是世界上最重要的谷物粮食作物，不仅是中国人的传统主食，更是世界一半以上人口的主食。中国大米种植区域广泛、品种繁多。按米粒内所含淀粉的性质，大米分为籼米、粳米和糯米。

1. 籼米

籼米又称仙米，是用籼型非糯性稻谷加工成的大米。我国大米以籼米产量最高，四川、湖南、广东等地产的大米都是籼米。

籼米的特点是粒细而长，一般在7 mm以上，颜色大多灰白、半透明，硬度中等，黏性小而胀性大，口感粗糙而干燥。

2. 粳米

粳米又称大米，是用粳型非糯性稻谷碾制成的大米。粳米主要产于我国东北、华北地区及江苏等地。北京的京西稻、天津的小站稻都是优良的粳米品种。

粳米的特点是粒形短圆而丰满，色泽蜡白、呈半透明状，硬度高，黏性大于籼米小于糯米，而胀性小于籼米大于糯米。粳米分为上白粳、中白粳等品种。上白粳色白、黏性较大，中白粳色稍暗、黏性较差。

粳米和籼米多用于制作饭和粥。

3. 糯米

糯米又称江米，主要产于我国江苏南部、浙江等地。

糯米的特点是硬度低、黏性大、胀性小，色泽乳白、不透明，但成熟后有透明感。糯米分为籼糯和粳糯两种。粳糯米粒阔扁、呈圆形，其黏性较大，品质较佳；籼糯米粒细长，黏性较差、米质硬、不易煮烂。

不同于粳米和籼米，糯米一般不用于做主食，常用于做糕点小吃等，如粽子、年糕、烧卖等，另外可用来酿制米酒，也常用作滋补食品的原料，如糯米红枣粥等。

除了常见的白色大米外，还有些水稻因果皮、种皮内沉积色素而形成多彩颜色的大米，统称为有色大米。根据大米颜色，目前有黑米、紫米、红米、绿米和黄米等，其中以红米、黑米、紫米较为常见，比较有名的红米品种有云南红云当、江西井冈红米、陕西平利三粒寸、象州红香粳、宝鸡红稻子，江西柳条红等；较著名的黑米有陕西洋县黑米、云南临沧黑糯、贵州惠水黑糯、广西东兰墨米；较著名的紫米有云南德

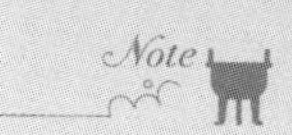

宏紫米、丽江紫米、福建云霄紫米、江苏常熟血糯等。

(二)米粉的制作

大米磨粉的方法一般有三种。大米粉生产过程中研磨方式不同会造成淀粉颗粒不同程度的破损,同时会导致磨粉后大米粉粒度的大小、理化特性不同、糊化的难易程度不一样,这些因素都会对米粉品质有较大影响。

1. 湿法

湿法磨粉又分水磨法和湿磨法两种。传统的水磨法是将大米用冷水浸泡透,当能用手捻碎时,连水带米一起上磨,磨成粉浆,然后装入布袋,将水挤出即成。传统的湿磨法则是将大米用冷水浸泡透,至米粒松胖时,捞出控尽水,上磨磨成细粉。现在则用胶体磨、高剪切均质机、球磨机、砂磨等设备生产。

水磨法和湿磨法所得米粉的颗粒度较小,破损淀粉含量少,粉质细腻、柔软、嫩滑,制成的食品软糯滑润,易成熟。但是长时间浸泡磨浆,大米中营养物质流失很大,产品得率低,含水量较高,不易保存。同时,工艺需配备设备多,工艺长,耗水和耗电量大,生产成本高。

2. 干法

大米除去杂质和尘土后,直接上磨或进入粉碎机磨粉,过筛后即得成品大米粉。

干法磨粉的特点是比较简单,产品含水量低,不易变质,易于保管运输。但干法制粉在粉碎过程中,机械力会导致物料温度升高,粉质容易变性,破损淀粉含量较高,口感、色泽、营养等都较差。

3. 半干法

半干法是大米经调质润米到一定水分含量后再磨粉。半干法制粉通过调质润米这一过程使大米颗粒适度膨松,较干法更易粉碎。可改善大米粉的粉质特性,其品质更接近于湿粉,且工艺更为简单、耗水量更小、成本更低。

(三)米粉的化学组成、性质及应用

米粉的原料是籼米、粳米、糯米的破碎粒,所以其化学组成和整粒米完全相同。不同大米的化学成分如表 2-4 所示。

表 2-4　不同大米的化学成分　(单位:%)

米粉原料	水分	蛋白质	脂肪	淀粉	灰分	纤维素
早籼	14.1	6.8	1.4	75.8	1.1	0.5
晚粳	14.3	7.1	1.4	75.7	0.9	0.4
糯米	14.2	7.6	1.5	74.8	1.0	0.6

如表 2-4 所示,不同品种的大米基本化学组成成分比例相似,且所含的蛋白质、脂肪和淀粉等营养成分比例与小麦大致相同,但所含的淀粉和蛋白质的性质却不相同。与面粉相比,大米淀粉颗粒更小,整体而言,支链淀粉所占比例更高。面粉所含蛋白质主要是能吸水生成面筋的麦谷蛋白和麦胶蛋白,而米粉所含蛋白质生物价更高,主要是不能生成面筋的谷蛋白和谷胶蛋白。在适应乳糜泻人群的无麸

质产品制作时，米粉是常用的替代原料之一。

不同品种大米的淀粉中支链淀粉所占比例差异明显，籼米、粳米和糯米粉支链淀粉含量依次为75%、82%和100%，籼米黏性最弱，粳米黏性较强，糯米黏性最强。由此也导致了各种米粉的理化性质及实际应用有一定的差异。

籼米、粳米磨制的粉称为占米粉。籼米粉通常用来制作干性糕点，产品稍硬。籼米粉因黏性较弱，可以适当搭配淀粉以适合某些品种的质量要求，籼米粉调成粉团后，因其质硬而松，能够发酵使用。粳米粉因粳米品种不同而分为薄稻粳米粉、上白粳米粉、中白粳米粉。薄稻粳米粉黏性强，富有米香味，爽滑，磨成水磨可制作年糕、打糕等；上白粳米粉色白，黏性较强；中白粳米色次，黏性较弱。

糯米磨制的粉称为糯米粉，其淀粉中直链淀粉含量低于2%，并有较多的α-淀粉酶。糯米粉是面点制作中使用较广泛的米粉之一，宜制作黏韧柔软的糕点，适用于重油、重糖的品种，如各种元宵、汤圆、糕团及象形面点等的制作，也可以与其他杂粮粉或植物性原料掺和使用，使制品质地软糯细腻。还可广泛作为增稠剂使用。糯米粉几乎没有回生现象，且特别稳定，在冻融过程中能够很好地抑制液体的分离，因此，在进行大米食品开发时应考虑大米的组成和性质，如糯米粉具有抗冻性，可将其用在冷冻汤汁中。纯糯米调制的粉团不能发酵。另外，将糯米浸泡，待水分收干后炒制，磨成的粉叫熟粉。在糕点馅心中加入熟粉，既起黏结作用，又可避免走油、跑糖现象发生。

三、其他谷类

除了小麦面粉、大米和米粉外，其他常见的谷类也常用于面点坯皮的制作。

（一）小米

小米为禾本科狗尾草属植物谷子（粟）脱壳后的产物。又称黄米、粟米，呈圆形或卵圆形，我们通常见到的小米是金黄色的，实际上小米的颜色多种多样，除了黄色、白色、红色、橘红色、紫色、黑色等，还有含有辅酶Q10等功能成分的绿色新品种。

世界上很多国家都种植小米，我国是小米的主要生产区，产量约占世界总产量的80%。小米的生产期短、具有耐贫瘠、抗干涸等优点，是我国北方干旱地区的理想农作物。在我国，小米曾是主要粮食作物，其最早产于北方黄河流域，现在我国各个省区均有种植，主要集中于东北、华北和西北各地区，河北、内蒙古以及山西等地的产量最多。

小米一般分为糯性小米和粳性小米两类，通常红色、灰色的为糯性小米，白色、黄色、橘红色的为粳性小米。根据小米的感官特性习惯上分出糯小米，但常见的糯小米一般指糜子，与小米同属禾本科，但为黍属的一年生草本第二禾谷类作物。糜子籽实为“黍”，淡黄色，磨米去皮后称为“黄米”，直径大于粟米，故部分地区也称为“大黄米”。糜子磨粉可做陕北的炸糕、枣糕等，有独特的软糯香甜的口感。

我国小米的主要品种有以下几种：山西省沁县檀山一带的沁州黄，圆润、晶莹、蜡黄、松软甜香；山东省金乡县马坡一带的金米，色金黄、粒小、油性大、含糖量高、质软味香；山东省章丘市龙山一带的龙山米，品质与金米相似，淀粉和可溶性糖含

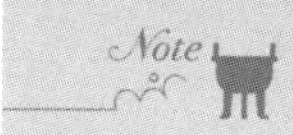

量高于金米，黏度高、甜度大；河北省蔚县桃花镇一带的桃花米，色黄、粒大、油润、利口、出饭率高。此外，陕西延安等地所产的小米，也具有较高声誉。

小米的营养十分丰富，而且易于人体的消化与吸收。相比于大米，小米的纤维素和蛋白质含量更高，氨基酸模式更优，脂肪酸结构合理，含有更多的钾、铁等矿物质元素和B族维生素，类胡萝卜素、多酚类物质含量也很丰富。

小米可单独制作小米粥、小米饭，或磨粉制饼、蒸糕，也可与其他粮食类混合食用，在贵州也用于小米鲊等特色食品的制作。小米目前还被开发出小米馒头、饼干、面包、酥片、营养糊、乳饮料和米茶等。

（二）玉米

玉米，又称苞谷、棒子，在我国种植面积较广，主要产于四川、河北、吉林、黑龙江、山东等省。玉米是我国主要的杂粮之一，为高产作物。

玉米的种类较多，按其籽粒的特征和胚乳的性质，可分为硬粒型、马齿型、粉型、甜型、糯型；按颜色可分为紫色、黄色、黑色、白色和杂色。东北地区多种植质量最好的硬粒型玉米，华北地区多种植适于磨粉的马齿型玉米。

除碳水化合物外，玉米还含有丰富的蛋白质、脂类、矿物质和维生素。玉米的维生素含量丰富，是稻米、小麦的5～10倍，钙和膳食纤维含量也较高。玉米的胚特别大，在所有谷物中，玉米胚所占籽粒的比例最大。玉米胚含油量高达40%～50%，集中了玉米籽粒中84%的脂肪，在脂肪酸中亚油酸和油酸80%以上；含有22%的蛋白质，且大部分是白蛋白和球蛋白，所含的赖氨酸和色氨酸比胚乳高。

玉米既可磨粉又可制米（玉米糁），没有等级之分，只有粗细之别。玉米糁可煮粥、焖饭。

玉米粉中没有小麦粉中含有的面筋蛋白，不易发酵后形成面坯；而形成的面坯容易失水龟裂，黏弹性和延展度较差，导致口感粗糙，可以单独制作面食，如窝头、玉米饼；玉米粉韧性差，松而发硬，受潮后也不易变软，因此制作面点时一般须烫熟后方可使用，以增强黏性。玉米粉也可以与面粉、米粉掺和制作各色面点，如玉米蛋糕、玉米饼干、玉米煎饼等。

一般的玉米淀粉含有支链淀粉和直链淀粉，分别占70%～80%和20%～30%，而糯玉米淀粉中几乎100%是支链淀粉。其具有较大的膨胀力、较高的透明度和较强的黏滞性，也具有良好的适口性。糯玉米粉可以替代糯米粉加工成美味可口的点心和小吃，糯玉米粉糕点有汤圆、面包、果冻、玉米饼、玉米卷、玉米粽子等。我国西南地区的少数民族喜欢用糯玉米做黏粥、糕点、果馅、汤圆、糍粑等。

（三）高粱

高粱是禾本科高粱属一年生草本植物，又称木稷、蜀黍，在世界上有着悠久的种植历史。高粱由于其产量高，具有较强的适应性和抗逆性，在全球干旱、涝洼和盐碱等地区广泛种植，是世界上种植面积仅次于小麦、玉米、水稻、大麦的第五大谷类作物。在我国高粱的主要产区是东北的吉林省和辽宁省，此外山东、河北、河南等省也有种植，是我国的主要杂粮之一。

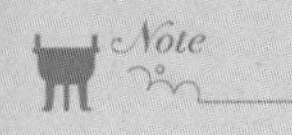

高粱米粒呈卵圆形，微扁，按品质可分为有黏性（糯高粱）和无黏性两种；按粒

色可分为红色和白色两种，红色高粱呈褐红色，白色高粱呈粉红色，它们均坚实耐煮；按用途可分为粮用、糖用和帚用三种。

高粱营养丰富，含有人体所需的多种营养成分，主要包括淀粉、蛋白质、纤维素、矿物质等，此外，还含有多种功能活性成分，如多酚、花青素、植物固醇等，对人体健康十分有益。与玉米、大米、小麦等其他谷物相比较，高粱中的抗性淀粉含量要高得多，处于较高的水平，能够作为糖尿病患者和肥胖症患者的健康食品。高粱中赖氨酸和色氨酸的含量相对缺乏，蛋白质消化率低，高粱的蛋白质品质较差，但可以通过简单的处理（如发芽、挤压加工）来提高蛋白质消化率，从而改善品质。

高粱的皮层中含有一种特殊的成分——单宁，单宁有涩味，与高粱中的蛋白质、酶、矿物质及某些维生素等结合，对高粱的营养价值以及适口性都有一定的不良影响。高粱加工精度高时，可以消除单宁的不良影响，同时可提高蛋白质的消化吸收率。采用浸泡、发芽和挤压加工处理的方式可以降低单宁含量。

高粱中面筋蛋白含量较少，在加工过程中难以形成面坯，加之含有单宁，限制了高粱制品的食用，通常高粱米可用于做饭、煮粥，也可磨成粉做窝头、饼等。近年也有用高粱粉制作馒头、蛋糕、面包、面条等面点产品的研究，通过和其他粉料复配等方式改善产品感官性状。

（四）荞麦

荞麦是蓼科荞麦属植物，区别于其他粮食类作物，荞麦不属于禾本科，古称乌麦、花荞。

荞麦种植历史悠久，品种较多，但适宜食用的主要是苦荞和甜荞这两个品种。

荞麦生育周期短、耐冻抗逆性强，能够在许多高寒、贫瘠地区生长，分布广泛。我国是世界荞麦资源的起源及遗传多样性中心，是荞麦主产国之一，种植面积和产量均居世界前列，产量仅次于俄罗斯。我国的甜荞主要种植在低海拔地区，广泛分布于华北、东北、西北和南方等地；苦荞种植比较集中，主要分布在西南地区的云贵川一带以及北方的干旱、半干旱的高海拔地区和边远山区。

荞麦果实为干果，籽粒呈三棱锥状。荞麦籽粒中蛋白质、不饱和脂肪酸、矿物质、膳食纤维、维生素等物质的含量均高于绝大多数禾谷类粮食，其蛋白质组成与豆类近似，能够很好地和其他谷类粮食互补；同时，荞麦还含有生物类黄酮等多种生物活性成分。

在我国，荞麦籽粒磨粉可做面条、面片、饼子和糕点等。山西有荞麦碗托，河北有荞面坨子，台湾有荞面小吃，东北民间有荞麦饺子、荞麦面条，朝鲜族的冷面也掺入一定量的荞面，西北一带著名食品饸饹即为荞麦所制，荞麦也可用于制作荞麦面包、荞麦饼干、荞麦蛋糕等。制作苦荞面条、饺子、馄饨荞麦粉的最佳添加量为粉料总量的20%～30%，小麦面粉最好使用筋力较强的特制一等粉。为进一步增加面条、饺子、馄饨面皮的筋力韧性，可用适量鸡蛋液替代清水和面，也可添加0.5%～1%的食盐。而制作发酵类面点时，也需要加入一定量的小麦面粉，面包类制品膨胀体积较大，对面坯筋力要求高，因此面粉需选用高筋面粉（面包专用粉），苦荞粉使用量一般不超过粉料总量的30%；苦荞馒头、花卷、包子类产品，面粉选择中筋面粉（特制粉）即可，苦荞粉用量为粉料总量的20%～50%。

荞麦面 Soba 是日本民间招待客人的常见食物，除此之外还有荞麦面包、苦荞馒头等。韩国人非常喜欢食用荞麦，他们习惯食用的荞麦面点有荞麦凉面等。在捷克、波兰、乌克兰、斯洛文尼亚等欧洲国家，荞麦蛋糕、荞麦面包、荞麦面条等荞麦制品很受欢迎。

（五）莜麦

莜麦，属于禾本科燕麦属植物，因其籽粒不带麸皮，又称裸燕麦，也称为油麦、玉麦、铃铛麦。莜麦在中国有着 2500 多年的种植历史，遍及山区、高原和北部高寒冷凉地带，主要包括内蒙古（阴山南北）、河北（坝上）、甘肃（定西）、山西（太行、吕梁山）四个地区，以山西、内蒙古一带食用较多。

我国的莜麦品种资源丰富，国家作物种质库有近两千种裸燕麦品种，其中 95% 以上源于中国。莜麦有夏莜麦和秋莜麦两种。夏莜麦色淡白，小满播种；秋莜麦色淡黄，夏至播种。两种莜麦的籽粒都无硬壳保护，质软皮薄。

莜麦是世界公认的营养价值较高的杂粮，因此也受到人们青睐。莜麦的蛋白质含量在谷类粮食中最高，可达到 15%～20%，生物价为 72～75，位于植物蛋白前列，儿童必需氨基酸（组氨酸）含量也很丰富。莜麦脂肪的含量为 6%～9%，是小麦、稻米等谷物中脂肪含量的 3～6 倍，也因此被称为油麦，莜麦中含有较多的不饱和脂肪酸。莜麦的淀粉分子比大米和面粉的小，易于消化吸收，含有果糖衍生的多糖能够被人体直接利用。莜麦中的膳食纤维含量较高，并以 β-葡聚糖为主，远高于大米、小麦等。莜麦含有丰富的维生素，其中，核黄素含量居谷类粮食之首，硫胺素和维生素 E 的含量也很丰富。莜麦含有人体所需的多种矿物质元素，尤其是儿童生长所需要的铁和锌等微量元素含量丰富；莜麦粉中的钙、铁、磷的含量均高于稻米、小麦粉、玉米面等谷物类作物；莜麦中硒的含量高于玉米、高粱、大黄米和大米，可达 0.696 μg/g。燕麦中还含有皂苷、酚类等。莜麦食品具有降血脂、降血压、调节血糖、预防心血管疾病的作用。莜麦与其他淀粉类粮食相比不易消化，食用后血糖值为中等，是适合糖尿病患者的健康食物。莜面食后耐饥饿，民间有“四十里的莜面，三十里的糕，二十里的白面饿断腰”的说法。

莜麦面有一定的可塑性，但无弹性和延伸性。莜面制作方法灵活多变，可搓、推、擀、卷、拨、切；加工须经过“三熟”，即磨粉前要炒熟、和面时要烫熟、制坯后要熟制，可蒸、炸、氽、烙、炒；通过这些方式方法制作出来的莜面主食形态各异，如莜面鱼鱼、莜面窝窝、莜面饨饨、莜面片片、莜面条条、莜面饸饹、莜面饺饺、莜面丸丸、莜面傀儡、莜面下鱼子、莜面圪团儿等。食用时可用蔬菜及辣汤，热调、凉拌，并可按各自口味，酸、辣、咸、甜自行调制。成品一般具有爽滑筋道的特点。

（六）青稞

青稞属于禾本科大麦属一年生草本植物，是大麦的一种变种，又称裸大麦、元麦、米麦，主要分布在西藏、青海、四川、甘肃和云南等地，是一种重要的高原谷类作物，是藏族人民的主食。

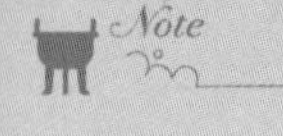

青稞具有“三高两低”（高蛋白、高纤维、高维生素和低脂肪、低糖）的特点，并含有丰富的多酚、β-葡聚糖、γ-氨基丁酸等生理活性物质。

青稞磨制的粉比较粗糙、色泽灰暗、口感发黏，可制饼、馍、面条、面片等。藏族人民将青稞炒熟，磨成粗粉，拌以奶茶、酥油，制成传统主食糌粑，或用青稞面制作蒸糕等食物。

（七）薏米

薏米，又名薏苡仁，也称为药玉米、菩提子、五谷子、草珠子。薏米耐高湿，喜生长于背风向阳和雾期较长的地区，在我国大部分地区都有种植，主要产于福建、辽宁、河北、广东、海南等地。

薏米除含有各种营养素外，还富含薏苡素、薏米活性多糖、酚类化合物、三萜化合物、酯类化合物等活性成分，具有健脾、益肺、祛湿、止渴的功效。

我国人民自古以来就把薏米视为健身滋补品，民间亦有各种食用的方法，包括《医学衷中参西录》记载的珠玉二宝粥、《本草纲目》记载的薏苡仁粥、《独行方》记载的郁李苡仁饭、《千金要方》记载的薏苡瓜瓣桃仁汤。现代也有将薏米磨粉进一步加工成饼干、蛋糕等产品的研究。

（八）藜麦

藜麦是苋科藜属的一种假谷物，又名藜谷、南美藜、奎奴亚藜等，是一年生双生子叶植物。原产于南美安第斯山脉高原地区，是美洲大陆食用历史悠久的农作物之一。现在藜麦主要分布在南美洲和北美洲。藜麦由于具有极强的抗压特性而被推广为替代农作物，我国于1987年首次尝试在西藏种植，随后广泛种植于河北、河南、山西、青海、内蒙古、四川等地。其栽培引种丰富了我国粮食作物、畜牧饲草资源的种类。

藜麦是唯一可以满足人体基本营养需要的单体植物，被国际营养学家称为“营养黄金”“超级谷物”和“粮食之母”等。藜麦蛋白质含量高于大米、大麦、玉米和黑麦等常见谷物，接近小麦，氨基酸种类齐全且比例均衡。藜麦是健康脂质、膳食纤维、维生素（B族维生素、维生素C和维生素E）以及矿物质（钙、铁、镁、锰、磷、钾、锌等）的良好来源，还富含皂苷、多酚、黄酮、植物甾醇、植物蜕皮激素和生物活性肽等功能性物质。在抗氧化、抗癌、抗炎、降糖降脂、减肥等方面有着较为广泛的应用，具有提高人群营养水平、预防多种疾病发生的潜在功效。

藜麦以藜麦米为主，在此基础上还有藜麦面粉和其他相关制品。藜麦米主要有白藜麦米、黄藜麦米、红藜麦米、黑藜麦米及混合藜麦米。藜麦面粉可用以制作藜麦面条，用于面包、饼干、蛋糕等烘焙制品的研究较多。

四、豆类

各种豆类营养丰富、香味浓郁，口感或清香或软糯，色彩多样，豆类可用于制作面点坯皮，也可用于馅料制作。制作坯皮时，可单独应用或掺入到各种粉料中，在色香味和营养上都使面点制品的品质得到提升。

（一）黄豆

大豆是豆科大豆属一年生草本植物，品种较多，依种皮颜色分别有黄豆、青豆、黑豆等。

黄豆，种皮为黄色，按其粒形分为东北黄豆和一般黄豆两种。东北黄豆的粒形为圆形或椭圆形，粒色为黄色，有光泽或微光泽，脐色为黄褐、淡褐或深褐色；一般黄豆的粒形较小，多呈扁圆或长椭圆形，粒色为黄色、淡黄色，脐色为黄褐色、淡褐色或深褐色。

黄豆籽粒由种皮、胚和子叶三部分组成，其化学成分主要是蛋白质和脂肪，这两种成分占整个黄豆营养成分的60％以上。一般，黄豆约含蛋白质40％、脂肪20％、碳水化合物20％、水分10％、粗纤维5％、灰分5％及一些生理活性物质，具有很高的营养价值。

黄豆在面点制作时应先加工成粉。加工黄豆粉时先除杂，炒熟后再磨粉。黄豆粉黏性弱，与大米粉掺和可制作糕团制品并改善制品口味。用玉米面做窝头或丝糕时也可掺入黄豆粉改善口味。北京传统小吃驴打滚又称豆面糕，制作时将蒸熟发黄米面外面沾上黄豆粉面擀成片，然后抹上赤豆沙馅（也可用红糖）卷起来，切成小块，撒上白糖就成了。目前，关于黄豆粉在面点中的应用研究主要集中在黄豆粉馒头、面包和水饺。

大豆蛋白产品主要包括大豆蛋白粉、大豆分离蛋白、大豆浓缩蛋白和大豆组织蛋白。其中，大豆分离蛋白是一种精制的大豆蛋白产品，它是由脱皮脱脂的大豆除去其中的非蛋白成分后得到的。大豆分离蛋白是为数不多的一类可替代动物蛋白的植物蛋白，近些年在面制品等产品中被广泛应用。在小麦粉中添加适量的大豆分离蛋白后，能够使其蛋白质含量增加，可促进面坯混合、改善面坯的机械操作性、增加体系的乳化效果、降低产品的硬化速度、改良产品的持水性，使产品质地柔软，保持良好的组织结构，促进产品色泽的形成，抑制产品吸油，提高产品的新鲜度，有效地改善面条、面包、馒头等面制品的食用品质、营养价值，延长其货架期。

（二）绿豆

绿豆为豆科一年生草本植物，又称青小豆、植豆，原产于中国、印度、缅甸，有2000多年的栽培史。我国现在主要产于黄河、淮河流域的河南、河北、山东、安徽等省。

绿豆种皮的颜色主要有青绿、黄绿、墨绿三大类，种皮分有光泽（明绿）和无光泽（暗绿）两种，通常色浓绿而富有光泽、粒大整齐、形圆、煮之易酥者品质最好。

绿豆具有高蛋白、中淀粉、低脂肪等特点，含有黄酮等活性物质，有抗氧化、解毒、降血糖、降血脂等功效。

绿豆可直接熬制绿豆汤，在夏天饮用清热解暑；可与大米、小米掺和起来制作干饭、稀饭等主食；可磨成粉或制成细沙后制作绿豆糕等面点；可与大米粉、黄豆粉按一定比例配制并经制饼切丝制成一些地方特色小吃，如重庆的濯水绿豆粉、武汉的豆丝等；把磨好的绿豆粉浆发酵可制作河南的酸浆面条。

相对于小麦粉，绿豆粉缺乏面筋蛋白，且淀粉含量及支链淀粉、直链淀粉比例不适等，导致其形成的面坯不具有面筋网络结构，无较好的延展性和拉伸性等，在符合相关标准的前提下，通过添加适量的食品添加剂，运用挤压膨化、超微粉碎、超高压处理等物理技术，或酶的催化、发酵等生物技术，改变绿豆粉的性质，在此基础上和小麦粉等原料复配，可制成面条等面点产品。

另外，绿豆中的淀粉可用于制作粉丝、粉皮及芡粉，绿豆还可制成细沙做馅心，绿豆种子浸泡后发出的嫩芽（绿豆芽）可作蔬菜用。

（三）赤豆

赤豆为豆科一年生草本植物，又称红豆、红小豆、小豆等，起源于我国，现主要分布于华北、东北、黄河流域、长江流域及华南地区。

赤豆子粒有矩圆、圆柱形和圆形三种，脐白色，脐呈长条形而不凹陷，大而明显；子粒有红色、白色、杏黄色、绿色、赤褐色、暗紫色、黑色、花斑和花纹等多种。赤豆以粒大饱满、皮薄、红紫有光泽、脐上有白纹的为最佳。

赤豆经泡涨后，可做赤豆饭、赤豆汤、赤豆粥；煮烂去皮后可制豆沙，是面点中甜馅的主要原料。赤豆与小麦面粉掺和也可制作各式糕点，与马蹄粉、澄粉和米粉等一起可制作红豆糕。

（四）其他豆类

豌豆、芸豆、扁豆、蚕豆煮熟后都具有软糯、口味清香等特点。这些豆类都可以煮熟过筛或捣成泥制作各种点心，如豌豆黄、芸豆卷、扁豆糕、蚕豆糕等，也可做馅心使用。豌豆黄是北京人三月初三必吃的春味，原料只有简单的干豌豆和白糖，将干豌豆浸水 5 个小时，慢火煮至酥烂，一层层过筛网，筛成最细的豆泥，再加糖炒至没有水分即可。

鹰嘴豆，是豆科鹰嘴豆属植物，起源于亚洲西部等地区，多个国家均有种植，我国新疆、青海、甘肃、宁夏、陕西、云南及内蒙古等地均有分布。鹰嘴豆营养成分全、含量高，具有补中益气、温肾壮阳、润肺止咳、主消渴、解血毒、养颜、强骨健胃、强身健体和增强记忆力等功效，对糖尿病、心脑血管疾病、胃病等的预防和治疗具有一定的作用。鹰嘴豆粉根据其原料的生熟程度不同，可分为生鹰嘴豆粉和熟鹰嘴豆粉。鹰嘴豆淀粉具有板栗风味，可同小麦一起磨成混合粉作主食和各种风味点心用。

五、薯类

（一）甘薯

甘薯为旋花科虎掌藤属中能形成块根的栽培种，草质藤本植物，又称番薯、甜薯、白薯、山芋、地瓜、红苕。甘薯原产于南美洲，目前我国各地均有种植，尤以淮海平原、长江流域及东南沿海各省区栽种较多。

甘薯主要以肥大的块根供食用，形状有纺锤形、圆筒形、球形和块形等；皮色有白色、黄色、红色、淡红色、紫红色等；肉色可分为白色、黄色、淡黄色、橘红色或带有紫晕。一般红瓤和黄瓤品种含水分较多，白瓤较干爽，味甘甜。

甘薯含有大量的淀粉，质地软糯，味道香甜。甘薯的食用方法很多，可代替米、面用来制作主食；也可熟制后捣烂，与米粉、面粉等掺和，制作各类糕、团、包、饺、饼等；红薯粉及红薯淀粉可制作蛋糕、布丁等点心，还可加工成红薯粉丝。

（二）马铃薯

马铃薯为茄科茄属中能形成地下块茎的栽培种，又称土豆、山药蛋、洋芋等。

马铃薯原产于南美洲的安第斯山区，17 世纪传入我国，目前全国各地均有栽培，全年均有供应。

马铃薯的品种较多，大多为杂交种，按块茎的皮色分为白皮、黄皮、红皮和紫皮品种，按薯块的颜色分为黄肉种和白肉种，按形状分为圆形、椭圆形、长筒形和卵形种等，按块茎的成熟期分为早熟、中熟和晚熟种。

马铃薯以体大形正、整齐均匀、皮薄而光滑、芽眼较浅、肉质细密、味道纯正为佳。马铃薯适合炒、煮、烧、炸、煎、煨、蒸等多种烹调方法，既可做主食和点心，也可制作菜肴，还可用于食品雕刻。

马铃薯性质软糯、细腻，去皮煮熟捣烂成泥后，可单独制成煎炸类点心，也可与米粉、熟澄粉掺和，制成薯蓉饼、薯蓉卷、薯蓉蛋，以及各种象形水果，如象生梨等。

以新鲜马铃薯为原料，经过去皮、切片、蒸煮、混合制泥、干燥、筛分等工序可制成马铃薯全粉。马铃薯全粉不含面筋蛋白，具有弱化小麦粉面筋的特点，比较适合制作蛋糕、饼干等面点；而制作馒头、面包和面条等面点时，需要注意在小麦面粉中的添加比例，以及需要适当添加一些谷朊粉等食品添加剂。淀粉是马铃薯的最主要成分，马铃薯淀粉糊丝长、有黏结力，具有较好的增稠效果，且口感远优于食用玉米淀粉。将马铃薯淀粉添加到豆类产品中，可以掩盖部分豆腥味。

（三）其他薯类

1. 木薯

木薯又称树薯，主要有苦木薯（专门用作生产木薯粉）和甜木薯（食用方法类似马铃薯）两种。木薯原产于巴西，广泛栽培于全世界热带地区。我国福建、台湾、广东、海南、广西、贵州及云南等地均有栽培。

木薯中含有氰苷，氰苷在胃中被分解并释放剧毒氢氰酸，食用过多可能导致中毒。鲜薯的肉质部分须经水浸泡、干燥等去毒加工处理后才可食用。木薯所含的糖，主要由麦芽糖和葡萄糖组成，故糖尿病患者忌食，腹胀者也忌食。

鲜木薯块根含淀粉 25％～35％，可以制作各类糕点。

2. 山药

山药又称薯蓣、淮山、野脚板薯、野山豆等，为薯蓣科薯蓣属中能形成地下肉质块茎的栽培种，缠绕草质藤本植物。中国是山药重要的原产地和驯化中心之一。目前中国除西藏、东北北部及西北黄土高原外，其他地区都有栽培，以江苏、山东、河南、陕西一带栽培最多。

山药的种类很多。目前中国栽培的是普通山药。按块茎形状分为扁块种、圆筒种和长柱种 3 个类型，主要品种有陕西华州山药、河北武骘山药、山东济宁米山药等。

山药肉色洁白、口感爽脆或软滑且带有黏性，是一种药食兼用的植物。山药可制作菜肴，咸甜皆宜，也可与大米等一起煮粥制作主食，还可煮熟去皮捣成泥后与淀粉、小麦面粉、米粉掺和，制作各种点心，如山药糕等。

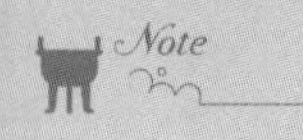

3. 芋头

芋头又称芋、芋岌、毛芋，为天南星科芋属中能形成地下球茎的栽培种，多年生草本植物，作一年生栽培。芋头原产于亚洲南部的热带沼泽地区，现世界各地均有分布，我国各地均有栽培，以南方栽培较多。

芋头的品种较多，按母芋、子芋发达程度及子芋着生习性分为魁芋、多子芋和多头芋3种类型。魁芋母芋大，子芋小，母芋品质优于子芋，淀粉含量高，香味浓，主要品种有宜宾串根芋、福建筒芋、福建白面芋、糯米芋、广西荔浦芋、台湾槟榔芋等；多子芋的子芋多，无柄，易分离，产量和品质超过母芋，一般为黏质，主要品种有宜昌白荷芋、上海白梗芋、广州白芽芋、台湾乌播芋、长沙马何芋等；多头芋为球茎丛生，母芋、子芋、孙芋无明显差别，质地介于粉质和黏质之间，主要品种有广东九面芋、新余狗头芋、四川莲花芋等。

芋头以淀粉含量高、肉质松软、香味浓郁、耐储存为佳。可以蒸食，也可以煮食，还有将芋头切成小丁加米熬粥，也可用于制作菜肴。芋头性质软糯，蒸熟去皮捣成芋头泥，与面粉、米粉掺和后，可制作各式点心。

除大米（米粉）和小麦面粉外，上述其他谷类、豆类和薯类通常统称为粗杂粮，也包括全麦和糙米。粗杂粮含有较丰富的膳食纤维、维生素与矿物质，在应用要注意以下三个方面：第一，要经过预先的处理，如碾细过筛、预先熟制等，要符合制作面点的条件；第二，要根据杂粮的不同性质进行掺粉，掺入糯米粉、面粉、淀粉、籼米粉和粳米粉等以达到良好的口感；第三，制作方法要根据不同的原料而进行相应的变化。

六、其他坯皮原料

（一）淀粉类原料

1. 马蹄粉

马蹄粉是用马蹄加工而成的，富含蛋白质、糖类、维生素C、维生素B_2、胡萝卜素，以及钙、磷、铁等矿物质，具有生津止渴、清心解热、温中益气、开胃健脾的功效。马蹄粉可以用于制作各种富有特色的甜羹和各种马蹄糕、马蹄卷系列品种。

2. 桄榔粉

桄榔粉是用桄榔树的髓心制作而成的，在夏秋季节，砍倒健壮的桄榔树，剥去皮层，取出髓心，切片，磨成粉浆，用细眼布袋盛装，入水中揉搓，使淀粉从布眼中渗出，经过滤沉淀、晒干磨成粉，便成为色白细滑的桄榔粉。桄榔粉具有生津止渴、清热消暑、滋补健身、利尿等功效。炒菜时用桄榔粉勾芡，光洁透亮，收汁性强；配以银耳、白果、花生、黑芝麻等原料，可以制成各种富有特色的甜羹。桄榔粉粉质细滑，色泽赭白，由于含84%的支链淀粉，成熟后透明度好，韧性好，可以制作各种卷类、糕类、羹类面点，也可掺入面粉制作桄榔面。

3. 百合粉

百合粉是一种用百合地下球状鳞茎制成的营养价值较高的食用淀粉。其色泽白净光亮，质地细腻嫩滑，富含蛋白质、脂肪及钙、磷、钾和水仙碱等成分，营养非常丰富。其味甘甜，性微寒，具有润肺止咳，清心安神，清补利尿，理脾健脾的功效。百合粉可用于制作糕类、饼类、羹类、挞类等面点。

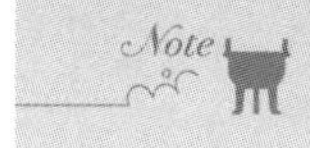

4. 莲藕粉

莲藕粉是莲藕经去皮、切块、护色、匀浆、过滤、烘干、粉碎等加工工艺制成的初级粉状产品，保存了天然莲藕去除皮质之外的其他成分，如淀粉、黄酮类、维生素、矿物质等，有明显的补益气血、增强人体免疫力的作用，女性和体弱多病者尤宜食用。另外，莲藕粉的血糖指数（glycemic index，GI）为 32.6，属于低 GI 值食品，食用后不会引起血糖快速升高。

莲藕粉粉质细腻洁白，富有莲藕独特的味道，比其他淀粉更耐储存。目前莲藕粉多用于搭配糖、蜂蜜或其他一些原料，冲调出的藕粉甜羹口感滑润微甜。莲藕淀粉的溶解性较差，易回生、冻融稳定性差且易析水，可将其与小麦粉进行复配，进一步制作馒头、面条和面包等面点，既可减少莲藕浪费，促进莲藕粉深加工和利用，又可改善纯小麦制品营养单一等问题。

5. 葛根粉

葛根为豆科植物野葛的干燥根，营养丰富，富含黄酮类化合物（如葛根素）、多种维生素、多糖及人体所必需的矿物质等，是药食两用的物质，具有解肌退热、生津止渴、通经活络、升阳止泻、解酒毒等功效。葛根粉质地洁白，口感细腻，具有独特的香味，可添加到小麦面粉中制作面条等面点。

（二）动物性原料

鱼肉、虾肉、猪肉等肉类食品原料经过加工也可成为面点的坯皮原料。肉类食品原料的蛋白质含量丰富，正好与粉类原料互补，可起到相得益彰的效果。

1. 鱼肉

鱼面是一种传统鱼糜制品，是湖北云梦、黄梅和重庆长寿湖一带的地方特产。传统鱼面的制作工艺是将青鱼、草鱼等经过宰杀、三去（去鳞、去头、去内脏）、采肉、漂洗、盐斩等工序加工成鱼糜后，再加入面粉、红薯粉或其他淀粉及调味剂，调制面坯并擀成皮，在蒸锅中蒸制成型，切割成条，晾晒脱去一部分水，最后包装出售。其代表产品有云梦鱼面、麻城夫子河鱼面等。另外，市售的还有采用马鲛鱼等海水鱼制成的鱼面产品的。将鱼糜添加到饺子皮、保鲜湿面、鲜湿米粉中也有一些相关研究探索，既增加了面点的种类和营养价值，也增加了鱼糜类制品的种类。

2. 猪肉

肉燕皮是福州著名的传统食品，是用猪瘦肉配上淀粉（红薯粉一类）等原料经捶打、配料、摊薄、晾干而成，形似纸状，洁白光滑细润，散发出肉香、燕窝风味，非常爽口。用牛肉、羊肉、鱼肉也可加工制成牛羊“肉燕皮”及“鱼燕皮”。

3. 鸡肉

在小麦面粉中添加鸡胸肉肉糜和其他淀粉，可制得鸡肉面条，增加了面条中蛋白质及其他营养物质的含量，提高了蛋白质的生物效价，改善了面条的营养品质。另外，鸡肉粉也被大量添加到全麦面包中，开发富含蛋白质的全麦面包。

4. 鱼骨

鱼类在加工过程中会产生大量的鱼骨，鲜鱼骨富含蛋白质、脂肪以及钙、铁、锌、镁、磷等矿物质，是一种营养价值非常高的鱼类加工副产物。鱼骨加工成的鱼骨粉和鱼骨泥，可添加到曲奇饼干、馒头和面条等面点中。

第二节　制馅原料

一、畜禽类

（一）鲜肉

用于面点制作的鲜肉有猪肉、鸡肉、牛肉、羊肉等，其中猪肉多用于制作中式糕点的馅料，牛肉、鸡肉则多用于制作西式糕点的馅料，如西式肉馅饼中的肉馅、起酥点心的馅料等。

1. 猪肉

猪肉是中式面点工艺中使用较广泛的制馅原料之一。猪肉含有较多的肌间脂肪，肌肉的纤维细而软。制馅时应选用肥瘦相间、肉质丝缕短、嫩筋较多的前夹肉。前夹肉制成的馅鲜嫩，比用其他部位肉制成的馅口感好。

猪肉制馅一般有三种方法：一是先将猪肉绞成肉茸，再加入调配料制成水打馅或灌汤馅；二是将猪肉改刀成粒，再和其他原料入锅炒制成熟馅；三是将猪肉切成粒，直接与荤素原料拌和成馅。

2. 鸡肉

鸡肉肉质细嫩且均为肌肉组织，可用于制作白色馅心。由于其含有大量的谷氨酸，因而滋味鲜美。制馅一般选用当年的嫩鸡胸脯肉。

3. 牛肉

牛肉肉质坚实，颜色棕红，切面有光泽，脂肪为淡黄色至深黄色。制作馅心一般应选用鲜嫩无筋膜的部位。牛肉的吸水力强，调馅时应多加些水。

4. 羊肉

绵羊肉肉质坚实，色泽暗红，肉的纤维细软，肌间很少有夹杂的脂肪。山羊肉比绵羊肉色浅，呈较淡的暗红色，皮下脂肪稀少，质量不如绵羊肉，制作馅心一般应选用肥嫩而无筋膜的部位。

（二）肉制品

制馅使用的肉制品原料一般有火腿、腊肠、腊肉、小红肠、肉松、酱鸡和酱鸭等。

1. 火腿

我国的火腿为干腌火腿，以猪的前腿或后腿为原料，经一系列加工工艺（干腌、脱水和发酵等）制作而成。经过长时间的发酵，干腌火腿具有独特风味，色泽鲜艳，肉质细嫩，肥瘦适中。干腌火腿是我国极具特色的传统肉制品，除“三大”火腿（金华、宣威和如皋火腿）外，还有部分小产量的地方干腌火腿，如云南的诺邓、撒坝和三川火腿，四川的冕宁火腿，湖北的宣恩火腿，安徽的皖花火腿等。

火腿用作馅料必须先洗净，去皮、骨，蒸熟，然后取肉切丝，用糖腌渍备用。用做馅心的火腿一般选用一级鲜度的火腿较好。市场上已出现多种以火腿为主要馅料的月饼。以云腿(云南宣威火腿)为原料的云腿月饼又名硬壳火腿月饼,是云南月饼中较有代表性的品种之一。

2. 腊肠

腊肠是将鲜猪肉(也可用牛肉、兔肉、鸡肉等)切碎或绞碎后加入辅助材料,灌进经加工的肠衣,晾晒或烘焙而成的肉制品。其中最具代表性的产品是广式香肠,其特点是甜咸适口、香味浓郁、肉质坚实、余味鲜美。

腊肠用于面制食品时,应先熟制(蒸熟),再按具体产品的要求,切成片或丁使用。

3. 小红肠

小红肠是灌肠制品的代表种类,是以牛肉为主料,配以猪瘦肉、肥膘等原料腌制,绞碎,用羊肠衣灌制而成。其外表染成红色,每根长12～14 cm,稍弯曲,形似手指。肉质呈乳白色,鲜嫩细腻,味香可口。

国外常将小红肠夹在面包中食用,这类食品俗称"热狗"。

4. 肉松

肉松是以鲜肉为主要原料,加以调味辅料,经高温烧煮并脱水而成的绒絮状、微粒状的熟肉制品。除猪肉、牛肉、羊肉、鸡肉外,鱼肉也可加工成肉松。肉松在我国各地均有生产,著名的有太仓肉松、福建肉松、广东汕头肉松、四川肉松等。

肉松可直接用于糕点的馅料中。肉松以疏松绵软,有弹性,略带茸毛样断丝,色黄,干燥适度,香气纯正,咸甜适中,味鲜,无残筋膜、肉渣、碎骨,无成块结粒,无异味为佳。

5. 酱鸡和酱鸭

用酱鸡或酱鸭制馅时,一般先去骨,再切丝或丁使用。

(三)其他

1. 肉皮冻

肉皮冻是江浙沪一带制作小笼包的三要素之一。肉皮经过焯烫、切分、长时间熬煮,上去浮油,下去肉渣,只取中间清澈澄明的一段,冷藏即成肉皮冻。制作小笼包时,取出肉皮冻剁碎,与猪肉拌匀为馅,以这种方式制作的小笼包汤汁充盈、味感丰富。

2. 咸蛋黄

咸蛋,又称盐蛋、腌蛋、味蛋等,因原料蛋多为鸭蛋,所以也称为咸鸭蛋、盐鸭蛋等。优质的咸蛋黄朱红起油、丰润松沙、味道鲜美,风味独特,富含卵磷脂与不饱和脂肪酸,营养丰富。咸蛋黄可直接食用,也可作为其他食品加工的原料,广泛用于制作各种菜肴和点心,如蛋黄酥、蛋黄月饼、蛋黄粽等,也常作为青团、面包的馅料。

3. 鸡蛋

鸡蛋可整个调制炒熟后,与韭菜、番茄、虾仁等食材搭配调制馅料。因蛋清具有较高的黏性,也可单独用于馅料的调制。

二、水产品类

(一)鱼类

用于烹饪的鱼类有上千个品种,而用于制作面点馅心的鱼要选用肉嫩、质厚、刺少的鱼种，如鲅鱼。用鱼制馅，均须去头、皮、骨、刺，制成鱼蓉，再根据品种的需要调味制馅。

在胶东沿海，有一种以鱼肉做馅的饺子，采用的是北方“重量级”的经济鱼类——鲅鱼（马鲛），因为鲅鱼肉质地细腻、鲜肥适口。将新鲜的鲅鱼去皮去骨，加上五花肉、葱姜末一同剁为细糜，盛入盆中，用筷子搅拌。其间逐次加入清水（啤酒或牛奶更佳，可去除腥味，使其更嫩滑），直至肉糜膨胀为原来的两倍，晶莹透亮，若流若凝。然后，加上鲜嫩的韭菜末，以及香油、精盐、味精、胡椒粉调味和匀，即为鱼肉馅料。

用“长江三鲜”之首的刀鱼肉和猪肉、春韭一起拌馅，可包制成江阴名点——刀鱼馄饨。刀鱼，体狭长，鳞细白，有“春馔中高品”之誉。考究一点的江阴人家，刀鱼要挑早春出水的鲜货，最好是肥硕的雌鱼。煮熟的刀鱼馄饨鱼肉绵软，鲜美润舌。

除用新鲜鱼外，各种成品鱼糜也可直接用于馅料的调制。

（二）虾类

一般常用的虾类为鲜活对虾、青虾、草虾、红虾等。将虾去须、腿、皮壳、沙线，洗净，取虾仁，或按制品要求切丁或斩蓉，调味即可。应特别注意的是用虾制馅一般不放料酒，因为用料酒调制虾馅，会使虾肉有土腥味。广东特色点心中的虾饺会用到整只虾仁。

小龙虾是甲壳纲十足目螯虾科水生动物，也称克氏原螯虾。近年来，小龙虾消费市场持续升温，成为当前我国火爆的“网红”食品之一，有多种初加工和精深加工产品，形成了众多知名小龙虾餐饮品牌。小龙虾虾仁可作为馅料的主料，用于饺子、包子、粽子和汉堡等多种面点中。

另外，海米（海虾干制后的虾仁）也可制馅，一般应先将海米用清水泡透，再按制品要求切末或切粒。

（三）蟹类

用于面点馅料制作的螃蟹有海蟹和河蟹之别，海蟹盛产于每年 4—10 月，河蟹盛产于 9—11 月。蟹肉味道鲜美无比；蟹黄是雌性大闸蟹体内的卵巢和消化腺，橘黄色、味鲜美；蟹粉是蟹类煮熟或蒸熟后拆取出的蟹肉和蟹黄的统称，是面点制馅增味的主要原料，这三者均可用于面点馅料调制，用蟹类调馅制作的面点有蟹粉炒面、蟹黄汤包、蟹黄蒸饺、蟹肉包子等。

（四）干贝

干贝是扇贝的干制品，以粒大、颗圆、整齐、丝细、肉肥、色鲜黄、微有亮光、面有白霜、干燥者为佳品。制馅时，需将其洗净，放入碗内加水上屉蒸透，再去掉结缔组织后使用。用干贝制馅时，可将其切小丁，或用手撕成细丝。

（五）海参

海参是一种海参纲棘皮动物，有刺参、梅花参等品种。一般同虾仁一起分别与猪肉、鸡肉、鱼肉等制成肉三鲜、鸡三鲜和海三鲜等馅料。用海参制馅，需要先将海参开腹、去肠，洗净泥沙后再切丁调味，应注意海参丁应比制馅的其他原料稍大一些，因为海参遇油脂会逐渐融化。

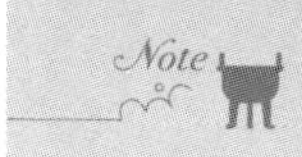

三、蔬菜类

用于制馅的蔬菜品种很多，且加工简单。一般根据各种蔬菜上市的季节和各自的特点，选择新鲜、质嫩的入馅即可。

常用的咸味包子馅、饺子馅中适当加些富含膳食纤维和维生素的蔬菜，不但味道好，而且营养更全面，有利于消化吸收。针对羊肉馅、牛肉馅中的腥膻味，可在调制时加大姜葱的用量，加入韭菜、芹菜、洋葱、香菜等配料，也能起到减少甚至消除腥膻味的作用。调制三鲜馅可选用冬笋、香菇、蘑菇等提鲜，这些原料需切细后焯水，然后再用于馅料的调制。

大多数蔬菜剁碎、加盐后容易浸出汁液。一般先把肉馅和调料搅拌均匀，放置20 min左右，让肉馅完全入味后，再加入蔬菜进行调拌。为了避免损失营养物质，可在菜馅切好后，先把菜汁挤出来。拌肉馅时将其掺入肉馅中，使劲向一个方向搅拌，令肉馅充分吸收蔬菜汁液。也可将菜馅剁好后，先用食用油搅拌，再放食盐等调味料，防止菜汁渗出。

（一）根菜类

常用的制馅根类蔬菜包括胡萝卜、甘薯等。

（二）茎菜类

常用的制馅茎类蔬菜包括莴苣、竹笋、芦笋、百合、土豆、芋头、山药、生姜等。榨菜是用芥菜的地上茎加工成的腌制品，在有些地区也用来做馅心。

（三）叶菜类

常用的制馅叶菜类蔬菜包括大白菜、小白菜、乌塌菜、雪里蕻、香菜、芹菜、菠菜、圆白菜等普通叶菜，还包括老葱、洋葱、蒜、韭菜、茴香等香辛叶菜，以及荠菜、香椿、马齿苋、马兰头、蒌蒿等野菜。浙江绍兴一带用鲜雪里蕻腌制而成的梅干菜也常用来做烧饼、包子等面点的馅心。而在东北，大白菜腌制的酸菜是饺子馅常用的原料。

（四）花菜类

鲜花制成的糖渍类原料多用作各种馅心或装饰，如桂花酱、糖玫瑰等。桂花酱是鲜桂花经盐渍后加入糖浆制成，以金黄、有桂花的芳香味、无夹杂物者为佳。桂花配入蛋浆可起到除腥的作用。糖玫瑰是将鲜玫瑰花清除花蕊杂质后，用糖揉搓，再将玫瑰、糖分层码入缸中，经密封、发酵后制成的。

（五）果菜类

常用的果菜类蔬菜包括冬瓜、黄瓜、苦瓜、南瓜、瓠瓜等瓠果类，蚕豆、扁豆、四季豆、豌豆、豇豆等豆类，茄子、辣椒等茄果类。

（六）孢子植物类

常用的孢子植物类蔬菜主要包括香菇、草菇、平菇、松蕈、猴头、寒菌、鸡枞、口蘑、干巴菌、牛肝菌、羊肚菌、银耳、黑木耳、海带等。

四、果品类

果品是鲜果、干果和果品制品的统称，即高等植物所产的可直接生食的果实或可熟食的种子，以及它们的加工制品。

（一）鲜果及其制品

1. 新鲜水果和罐头水果类

水果罐头是将鲜果去皮、去核、切块、热烫处理后，浸泡于糖水中，再装罐、密封、杀菌的制品。水果罐头便于储存和运输，也方便食用。

新鲜水果和罐头水果主要用于西式糕点制作中，作为装饰料和馅料，如水果塔、苹果派等。如今，某些新鲜水果和水果罐头也用在中式糕点制作中，如以榴莲肉为馅料的榴莲酥，以菠萝罐头为馅料的菠萝月饼。

常用的新鲜水果和罐头水果原料主要有苹果、梨、山楂、樱桃、猕猴桃、草莓、橘子、香蕉、桃、荔枝等。

2. 果干类

果干是由新鲜水果脱水干燥后制成的。

水果在干燥过程中，水分大量减少，蔗糖转化为还原糖，可溶性固形物与碳水化合物含量有较大的提高。

面点制品中常用的干果有葡萄干、红枣等。果干多用于馅料加工，有时也做装饰料用。在一些西式糕点（如水果蛋糕、水果面包等）制作时可直接将果干加入面坯中使用。

3. 果脯、蜜饯类

果脯、蜜饯是将鲜果糖煮或糖渍后制成的制品。一般较干燥的为果脯，较湿润的为蜜饯。

果脯、蜜饯一般含糖量较高（40%～90%），甜味较重。多用于糕点的馅料加工及装饰料。在一些西点制作中可直接将果脯、蜜饯加入面坯中使用。

果脯、蜜饯种类很多，面点制品制作中常用的有苹果脯、杏脯、橘饼、蜜枣、蜜饯樱桃等。

4. 果酱类

果酱是将鲜果切碎或榨汁和糖一起熬煮而成的酱状制品。由于加工工艺的要求不同，其形式有浓稠的果酱、较浓稠的果泥、凝胶状的果冻和较干燥的果丹皮等。

常用的果酱有草莓酱、苹果酱、山楂酱、桃酱、杏酱、猕猴桃酱等，果酱多用于花色面包、花色蛋糕的制作。

5. 其他类

椰蓉是椰子经清洗、去壳、选肉、制粒、糖渍、加入液体葡萄糖、加热、紫外线照射、熬制、冷却等十几道工序精制而成。品质优良的椰蓉质地柔软、颗粒均匀，用手触摸时微黏且有少量椰汁留在手上，感官上色泽新鲜，雪白油亮，无黄色或黑色斑点，无杂质。椰蓉嗅之有浓郁的椰香味和淡淡的椰油味，爽口滋润，甜而不腻，椰香满口，无苦涩味。优良品质的椰蓉制馅时汁液不会大量外流，汁液大部分保留在椰蓉中。

(二)干果

果实成熟后,果皮干燥,称为干果。果皮干燥失去了食用价值,种子成为食用部位,又称为果仁。

面制品中常用的果仁包含两类:一类油脂和蛋白质含量较高,如核桃、花生、杏仁、松子等;另一类油脂和蛋白质含量较低,但淀粉含量较高,如板栗、莲子、白果等。在西式糕点加工中杏仁使用得最多。

果仁含有较多的蛋白质与不饱和脂肪酸,营养丰富,风味独特,被视为健康食品,广泛用作糕点的馅料、配料(直接加入到面坯中)、装饰料(装饰产品的表面)。

使用果仁时应先除去杂质,有皮者应焙烤去皮。由于果仁含油量高,而且不饱和脂肪酸含量高,因此容易酸败变质,应注意妥善保存。

1. 瓜子仁

瓜子仁、橄榄仁、花生仁、核桃仁、杏仁均是制作五仁馅的原料。瓜子仁也是百果馅的原料之一,以干洁、饱满、圆净、颗粒均匀为佳。也可作为八宝饭、蛋糕等点心的配料。面点工艺中常用的是葵花子仁、西瓜子仁和南瓜子仁。

2. 橄榄仁

橄榄仁为橄榄科植物乌榄的核仁,主产于福建、广东、广西、台湾等地。橄榄仁仁状如梭,焙炒后红色衣皮很易脱落,仁色洁白而略带牙黄色,肉质细嫩,富有油香味,是一种名贵的果仁,以颗粒肥大均匀、仁衣洁净、肉色白、脂肪足为佳。

3. 松子仁

松子仁为松树的种仁,主要是红松(果松、海松)和偃松(爬地松)的种子。松子仁产于黑龙江省大、小兴安岭和东部林区。松仁呈黄褐色,有明显的松脂芳香味,以颗粒整齐、饱满、洁净为佳。

4. 芝麻

我国除西北地区外,广泛栽培芝麻。芝麻按种子皮色分黑芝麻、白芝麻、黄芝麻三种,均以颗粒饱满均匀、无黑白间杂、无杂质为佳。芝麻加热炒熟去皮为芝麻仁。

5. 花生仁

花生又名落花生,种子(花生仁)呈长圆形、长卵圆形或短圆形,种皮有淡红色、红色等。花生的主要类型有普通型、多粒型、珍珠豆型和腰型四类。花生制馅时应先烤熟,去皮。花生仁是果子馅的主要原料。花生仁以粒大身长、粒实饱满、色泽洁白、香脆可口、含油脂多为佳。

6. 榧子仁

榧子又称彼子、玉棋、玉山果、香榧等。榧子是我国特产的稀有珍果,主产于东南地区,浙江诸暨枫桥所产最为著名。榧子品种较多,有香榧、米榧、圆榧、雄榧和芝麻榧五种。榧子形似枣核,但较大,去壳去衣后为榧子仁,肉为奶白色至微黄色,较松脆,具有独特的香味,可作为糕点配料。

7. 杏仁

杏仁为我国原产,主要种植于北京市郊及河北、新疆、山西、辽宁等地。杏仁有苦、甜两种。苦杏仁多为山杏的种子,这种杏仁含脂肪约50%,并含有苦杏仁苷和苦杏仁酶。苦杏仁苷经酶的作用，可生成有杏仁香气的苯四醛和有剧毒的氢氰酸等，食用不当会引起食物中毒。食用前需要反复水煮、冷水浸泡去掉苦味。甜杏仁为杏的种子，所含苦杏仁苷的量很少。杏仁既可炒食，也可磨粉做成杏仁饼、杏仁豆腐、杏仁酪和杏仁茶，还可做成各种小菜。同时它还可榨油，是制药的优质原料。

8. 核桃

核桃与腰果、榛子、扁桃仁并列为世界四大干果。核桃又称胡桃、长寿果，原产于伊朗，现我国北方和西南地区均有种植。核桃的特点是所含水分少，含糖类、脂肪、蛋白质和矿物质丰富，营养价值很高，耐储存。核桃的品种很多，著名品种有产于山西汾阳的光皮绵核桃、产于河北昌黎的露仁核桃、产于山东的鸡爪绵核桃和产于河南洛阳一带的阳平核桃。核桃仁以饱满、味纯正、无杂质、无虫蛀、未出过油为佳品，一般先烤熟，再加工制馅。

9. 腰果

腰果又称鸡腰果，原产于南美洲，在我国主要种植于广东湛江、海南等地。腰果肉质松软，味道似花生仁，可做糕点的馅心，也可作点缀之用。

10. 榛子

榛子又称山板栗、平榛子、毛榛子。榛子是一种野生的名贵干果，主产于我国东北大兴安岭东南部和东北部林区。榛子的果仁含油量为45%～60%，高于花生和大豆，具有补气、健胃、明目的功能。榛子果仁味似板栗，既是糖果、糕点的主要辅料，也是榨油的主要原料。

11. 扁桃仁

扁桃仁又称巴旦杏仁，是巴旦杏的种子，原产于亚洲西部，我国新疆、甘肃、陕西等地有种植，但欧洲国家种植较多。扁桃仁比普通杏仁大，含油量为40%～70%。扁桃仁按味道分为甜巴旦杏仁和苦巴旦杏仁，甜巴旦杏仁可食用，成分和用途与杏仁相同，用于制作菜肴和糕点。

12. 板栗

板栗为我国原产干果，主要产区在我国北方，各地均有种植。我国著名的品种有产于北京西部燕山山区的京东板栗、产于辽宁省丹东地区的黑油皮栗、产于山东省泰安地区的泰山板栗、产于河南确山县的确山板栗。板栗可做点心、栗羊羹等。

13. 莲子

莲子为莲蓬去壳后留下的种子，分为湘莲、湖莲、建莲等品种。莲子外衣赤红色，圆粒形，内有莲心。莲子可做主料和配料入菜，也可调制馅心，如莲蓉馅等。用莲子制馅前，要先去掉赤红色外衣，再去掉莲心。

14. 白果

白果是我国特产硬壳果，核仁可供熟食，主产于江苏、浙江、湖北、河南等地。其优质品种有产于江苏泰兴的大佛指、产于浙江长兴的梅核。白果可作糕点配料，但是白果仁含有白果苷，可分解出毒素，食用不当会引起中毒，所以用于面点制作时应严格控制数量。

五、粮食类

粮食及粮食制品在面点制作中主要用于制作坯皮，但也有少量的粮食类原料

可以制馅，尤其是部分粮食制品。豆类是制作泥蓉馅的常用原料。豆类经煮熟捣烂可制成豆泥馅，再将豆泥进行加工可制成豆沙馅。常用做馅料的豆类有赤豆、绿豆、豌豆。中国传统面食烧卖会以糯米为馅，辅以香菇、瘦肉等其他原料。粮食制品如粉丝、薯粉、豆腐干、腐竹等常用于包子或饺子馅中。

第三节　调辅原料

按照烹饪原料在烹调中的主次地位和作用，将烹饪原料分为主配料和调辅料。在面点制作中，除了在坯皮和馅心中用到的主配料外，还有发挥各种作用的调辅料。

调料，又称风味调料，指在烹调制作菜点的过程中使用量比较少，但对菜点的色、香、味、质等风味特色起重要调配作用的一类原料。根据其所起的主要调配作用，可分为调味料、调香料、调色料和调质料。

辅料，是指除主配料和调料外，在烹调过程中主要起辅助作用的原料，包括油脂和水。

一、调味料

调味料，又称调味品，是在烹调过程中主要用于调和食物口味（滋味）的一类原料的统称。调味料除了可赋味外，还具有去除不良气味、增加香味和色泽、改善质地、提升营养价值、杀菌消毒和增进食欲、促进消化等作用。

调味料品种繁多，通常按其味型分为以下几类：咸味调料，如食盐、酱油、酱、豆豉等；甜味调料，如食糖、饴糖、蜂蜜、糖精、甜叶菊苷等；酸味调料，如醋、番茄酱、番茄汁、柠檬汁等；麻辣味调料，如辣椒及辣椒制品、胡椒、芥末、咖喱粉、花椒等；鲜味调料，如味精、蚝油、鱼露、虾油等。

下面主要介绍面点中使用较多，且除了赋味外，其他作用较为显著的一些调味料。

（一）食盐

食盐是制作面点不可缺少的调料，除调制馅心需食盐调味外，调制面坯也需用适量的食盐。

1. 食盐的种类

食盐按来源分为海盐、井盐、矿盐等；按加工程度又分为粗盐、洗涤盐和再制盐。

1）粗盐

粗盐是海水中直接制得的食盐晶体。它颗粒粗大，难以溶解，含杂质较多，略带苦涩味。

2）洗涤盐

洗涤盐是粗盐经水洗涤后的产品。洗涤盐颗粒较小，易溶解。

3）再制盐

再制盐又称精盐，是粗盐经溶解、饱和、除杂、再蒸发后的产品。再制盐晶体呈粉末状，颗粒细小，色泽洁白，含杂质少。

2. 食盐在面点制作中的作用

1）提高面坯质量

和面时加入少量食盐，渗透压的作用可以使面粉快速吸收水分，快速起筋成团，缩短和面时间。食盐中的钠离子和氯离子分布在蛋白质周围用以固定水分，有利于面粉中的麦胶蛋白和麦谷蛋白快速吸水，形成彼此联系更加紧密的面筋，提升了面坯的弹性和延伸性，在延伸或膨胀时不易断裂。另外，适量的食盐也能明显改善面坯的抗拉伸性和稳定性，减少面坯的黏性。

2）改善面制品色泽

食盐可增加面制品的亮度，食盐浓度较低时，其加强了面筋网络结构从而增加了面制品的亮度，而食盐浓度较高时，由于自身的亲水性，反而弱化了面筋网络结构，进而导致面制品整体结构松散，一部分淀粉外露，因此面制品亮度和白度增加。

3）调节发酵速度

在发酵面坯时，加入适量的食盐，可以促进酵母的繁殖，提高发酵速度，但如果用量过多，由于食盐的渗透压力的作用，又能抑制酵母的繁殖，使发酵速度变慢。故在调制发酵面坯时，要根据需要，严格控制食盐用量。食盐通过促进发酵和提升面筋强度，提高面坯的持气能力，使发酵面制品的组织结构稳定和面皮色泽美观。

4）调制馅心口味

馅心咸鲜主要用食盐来调制。如果用酱油调制馅心，则会使其呈黑褐色，制品成熟后若搁置时间过长，会影响面点制品的色泽。

5）提升肉馅口感

食盐会影响肉中蛋白质高分子的胶体性质，调肉馅时，加入适量的食盐，能吸水“上劲”，使馅的黏着力增加，口感得以提升。

3. 食盐的选择及运用

食盐作为咸味调料用于面点制品生产中，必须符合有关质量及卫生标准：色泽洁白，无可见的外来杂质，无苦味，无异味，氯化钠含量不得低于97％。在面点制品生产中多用精盐，具体用量应根据产品种类、所用其他原料及消费者口味习惯等因素而定。

和面时食盐的添加量应有一个适当范围，添加食盐过多，会使面筋蛋白变质凝沉，降低湿面筋的数量和质量，使面坯的弹性和延伸性同时降低，和面时食盐的添加量一般以面坯重量的2％～3％为宜。

（二）食用糖类

食用糖类是面点制作中重要的调料，是面点甜味的主要来源，它对提高制品的感官品质和营养价值均具有重要作用。

1. 食用糖类的种类

面点制作中常使用的糖类主要有食糖、饴糖、蜂蜜、转化糖浆与果葡糖浆等。

1)食糖

食糖以蔗糖为主要成分,是从甘蔗、甜菜等植物中提取的一种甜味调料。按加工工艺流程和方法、品质及口味分类,食糖可分为白砂糖、赤砂糖、绵白糖、原糖、方糖、冰片糖、冰糖类与其他糖类。在面点生产中常用的商品有白砂糖、绵白糖、糖粉和赤砂糖。

(1)白砂糖。

白砂糖为精制砂糖,简称砂糖,又称白糖,是面点生产中用量最大、最重要的甜味调料。白砂糖纯度很高,蔗糖含量在99%以上,色泽洁白明亮,晶粒整齐,甜味纯正,溶解性较好。

白砂糖除直接加入面点中外,因其晶粒大,常被撒粘在一些糕点类制品表面,增强外观美感。但正是因为白砂糖晶粒大,会造成烘烤制品表面产生麻点或者焦点,所以不适合水分少的烘焙面点制作。另外,白砂糖在面包和馒头这类发酵面点制作中,一般要先加水溶化,再加入面粉中进行调粉,避免有砂糖颗粒导致局部发酵困难;在面坯制作中也不宜使用磨碎后的砂糖粉。

(2)绵白糖。

绵白糖又称细白糖,是在细小白砂糖中加入适量的转化糖后混合均匀而得的产品。绵白糖在煮糖结晶过程中加入了2%左右的转化糖浆,其甜度较白砂糖高且甜味柔和,色泽洁白,晶粒细小均匀,质地绵软细腻,入口即化。

绵白糖在面点制作中多用于含水分少、需烘烤或要求滋润性较好的产品,还常被撒在一些产品的表面,以求清爽、沙甜的口感。

(3)糖粉。

糖粉,又名糖霜,是以白砂糖为原料,通常通过添加适量(不超过5%)的食用淀粉(多为玉米淀粉)或其他抗结剂,经加工(多为粉碎,也可溶化后喷雾干燥)成的粉末。纯糖粉为洁白的粉末状糖,晶粒细小,很容易吸水结块,添加一定比例的抗结剂可使糖粉不易凝结。

在面点制作中,糖粉一般用来制作曲奇或蛋糕等,更多的时候是用来装饰糕点,也可用来制作糖霜或乳脂馅料。注意制作马卡龙使用的糖粉最好是无淀粉添加的纯糖粉。

(4)赤砂糖。

赤砂糖是未经脱色、洗蜜的机制糖。由于含有糖蜜,还原糖含量高,并含有色素等非糖成分。赤砂糖颜色较深,有赤红色、赤褐色和黄褐色;有糖蜜味,有时略带焦苦味;晶粒较大,极易吸潮。

赤砂糖一般用在中、低档面点中,使用时多先将其溶解为糖浆,过滤后使用,或选择含糖蜜少、水分含量低的赤砂糖磨粉后使用。

2)饴糖

饴糖又称麦芽糖、糖稀等,是以淀粉质粮食为原料,经淀粉酶水解制得的糖液。饴糖的主要成分是麦芽糖(60%以上)和糊精,呈半透明的浅棕色,黏稠且具有温和的甜味。

饴糖应用在面点制作中时,除可使面点具有甜香的风味外,因其焦化点较低

(110 ℃),使面坯烘烤时易着色而获得良好的色泽,可作为糕点、面包的着色剂。饴糖的持水性强,可保持糕点的柔软性,是面筋的改良剂,可使制品质地均匀,内部组织具有细微的孔隙,心部柔软,并增大制品体积。

3)蜂蜜

蜂蜜为黏稠、透明或半透明的胶状液体,通常带有花香。蜂蜜的主要成分是葡萄糖和果糖,占蜂蜜总量的 70%,因果糖的含量较高,所以甜度较高。另外蜂蜜还含有一定量的水分,少量的蔗糖、蛋白质、有机酸、矿物质及多种维生素等,具有较高的营养价值。

在面点制作中,蜂蜜除了可以增加甜味外,还可改进制品色泽、增进滋润和弹性,赋予产品独特的风味。

4)转化糖浆与果葡糖浆

转化糖浆与果葡糖浆是面点制作中重要的甜味剂,二者均有较长的发展历史。1951 年,美国糖业研究基金会申请了转化糖浆的相关专利;1957 年,美国人 Marshall 和 Kool 利用葡萄糖异构酶使葡萄糖异构成果糖,促进了果葡糖浆生产技术的发展。近年来,这两类糖浆产品日益丰富,应用也越来越广,但较易被混淆。

《制糖工业术语》(GB/T 9289—2010)中定义“转化糖浆”为用酸或酶将蔗糖转化制得的浓糖液;而蔗糖转化则指蔗糖溶液在酸或酶的作用下,水解生成葡萄糖和果糖等分子混合物的过程。转化糖浆通常译为“invert syrup”或“invert sugar syrup”。

果葡糖浆又称为高果糖浆或异构糖浆,是以酶法水解淀粉所得的葡萄糖液经葡萄糖异构酶的异构化作用,将其中一部分葡萄糖异构成果糖而形成的由果糖和葡萄糖组成的一种混合糖浆。果葡糖浆通常译为“high fructose corn syrup (HFCS)”或“high fructose syrup”。淀粉糖浆是以淀粉为原料生产的糖浆的统称,当前淀粉糖浆制作过程中使用比较多的原料主要是碎米、木薯淀粉、玉米淀粉等,而可以使用的制作方法是加酸法和加酶法。通常所说的玉米糖浆为淀粉糖浆中的一种,也是最常用的一种,而果葡糖浆与淀粉糖浆既互为包含,日常也常指代同一类产品。

转化糖浆与果葡糖浆的主要成分都包括果糖和葡萄糖,风味和加工性能相似,但在生产原料、制备原理及生产工艺等方面,两者存在根本区别。两者应用领域基本重叠,但主要应用领域存在一定差异。

转化糖浆主要应用于绵白糖的生产制作,因其甜度高、风味独特,具有较好的溶解性与吸水性,也被广泛地应用于月饼等面点等食品制作中。用其加工广式月饼饼皮不仅能够改善产品的硬度、黏聚性、咀嚼性,也能够提升其回软、回油等特性,使月饼在一定时间内可以保持质地松软,久放不硬的特点。

果葡糖浆已经运用于各个领域,如食品、饮料、医药等方面。现有的果葡糖浆根据果糖含量有 F-42、F-55 和 F-90 三种,不仅具有无色无臭、甜度高且甜味纯正、使用方便、生产不受地区和季节限制等特点,而且在风味和加工性能上还具有诸多优点,包括:温度越低越甜,其添加可以让饮料入口后给人清爽的凉感;酸性条件下稳定性好,适宜加到碳酸饮料和酸性罐头等食品中;不会掩盖果品原有的风味;渗

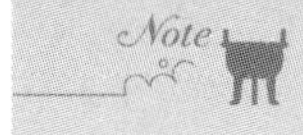

透性强，能提升果脯、果酱的感官性状；冰点温度低，可使冷冻产品质地柔软、细腻可口；吸湿保湿性好，可使糕点更加松软可口；发酵性强，进一步促进发酵类糕点质地疏松。

2. 食用糖类在面点制作中的作用

1)增加甜味，调节口味

不同类型的食用糖具有不同程度的甜味，糖的使用不仅丰富了面点品种的滋味，而且与其他调料配合使用，还能起到调节口味的作用。

2)供给酵母养料，调节发酵速度与效果

在面点坯皮发酵过程中，加入适量食用糖类，能够提高酵母的活性，促进酵母繁殖，加快释放二氧化碳的速度，缩短发酵时间，并使制品体积增大，使之更加膨大疏松。

3)调节面筋胀润度，保持成品柔软性

由于果糖有一定的吸湿作用，在面点坯皮中加入含果糖的食用糖类，能吸收空气中的水分，调节面筋的胀润度，使坯皮保持一定的柔软性。

4)改善面点色泽，美化面点外观

在制作过程中，糖类会发生焦糖化反应，在高温下，糖分子发生分解，产生转化糖和有机物，高于 150 ℃后分解越来越快，糖浆颜色迅速变深甚至焦化，焦糖化作用赋予产品美丽的色泽，使其呈金黄色和棕黄色；而美拉德反应，也使制品具有良好的色泽，并且赋予制品诱人的香味。

糕点中加入适量的糖，冷却后可以使制品挺拔，改善组织形态，起到支撑的作用，促进含糖量高水分少的制品产生脆感。

另外，可利用糖本身的洁白、细腻、晶莹、有光泽的特点，滚蘸在成品表面或熬炼成各种不同的装饰糖浆来美化面点。

5)具有防腐作用，延长制品保存期

糖的溶液达到一定浓度时，有较高的渗透压力，能使微生物脱水，发生细胞的质壁分离，抑制微生物的生长发育。所以，含糖量高、水分又少的面点品种存放期长。另外，由于糖在工艺过程中可生成转化糖，具有一定的还原性能延缓油脂的氧化作用，因而，面点中含糖多的脂类成品不易迅速产生油脂的氧化现象。

3. 食用糖类的运用

糖的甜度与温度的变化有一定的关系。等浓度的蔗糖与果糖，在小于 50 ℃时，果糖较甜；等于 50 ℃时，甜度相等；大于 50 ℃时蔗糖较甜。这就是热食要比冷食更甜的缘故。所以，一般加热与冷冻的面点，加入的糖量应酌情处理，才能保证面点的甜度适中，质量更佳。

另外，人们食用甜制品之后，容易产生一种典型餐后饱胃感觉。根据这种性能，一般甜面点的食用，放在餐后较为适宜，这样既不会影响对其他菜肴的食欲，还能调节口味。

(三)其他调味料

1. 低热甜味剂

低热甜味剂是指作为配料添加到食品和饮料中，既可以提供甜味又不会显著增加热量的一类食品添加剂。低热甜味剂包括糖精钠、糖醇、低聚糖、甜菊糖苷、罗汉果、阿斯巴甜、纽甜、糖精、三氯蔗糖等。下面主要介绍糖精钠、糖醇和甜菊糖苷。

1)糖精钠

糖精钠是邻苯甲酰磺酰亚胺的钠盐，属于人工合成的甜味剂。糖精钠为无色或白色的结晶，无臭，微有芳香气，有较强的甜味，甜度为蔗糖的300～500倍，稍带苦味。糖精钠无营养价值，我国规定其在饼干、面包、蛋糕等面点中的最大使用量为0.15 g/kg。除了提供甜味外，它不能起到糖的起酥、发白、改善面点质地等作用，只能用于要求略带甜味的一般面点，不能完全代替糖来使用。另外，有些面点品种的制作，如炸类面点为了防止焦化，所以需用糖精钠。

2)糖醇

糖醇又称为多元醇，是含有两个或两个以上羟基的多元醇，大多数糖醇是由其相应的醛糖催化氢化进行生产的。某些水果、蔬菜和人体组织中也含有少量的糖醇。目前，常见的糖醇有赤藓糖醇、木糖醇、山梨醇、麦芽糖醇、甘露醇、异麦芽糖醇和乳糖醇等。糖醇是公认的安全的低热功能性甜味剂，糖尿病患者可以食用，具有防便秘、改善肠道菌群和预防结肠癌等功能，但过量食用会引起渗透性腹泻和胃肠胀气。另外，糖醇甜度和热量较低，大多吸湿性较好，不会发生美拉德反应，溶解度高，具有口腔清凉感。糖醇主要应用于馅饼、饼干、海绵蛋糕等一系列甜味面点的制作中。

3)甜菊糖苷

甜菊糖苷是一种天然甜味剂，以甜叶菊为原料提取而得。甜菊糖苷为无色结晶粉末，易吸湿，甜度为蔗糖的300倍，甜味纯正，后味长，高浓度时略带苦味。

2. 柠檬汁

柠檬汁酸味非常清新浓郁，同时伴有淡淡的苦涩和清香味道。作为调味品，常用于西式菜肴和面点的制作中。制作蛋糕时，打蛋清的过程中加入柠檬汁，不仅可以调节蛋清pH，促进蛋清起泡并稳定泡沫，还可以去除蛋腥味，且不会影响颜色及口味。另外，柠檬汁中的柠檬酸能够防止水果氧化，可以把柠檬汁洒在面点所需的水果切片上，或者把冷水和柠檬汁混合在一个碗里，将水果片放入其中浸泡来防止氧化。

二、调香料

调香料是指具有香味的挥发性物质。在面点制品中添加调香料，不仅能够增进食欲，还利于消化吸收，而且对增加面点制品的花色、品种和提高面点质量都具有很重要的作用。调香料的种类很多，香型更是千差万别。根据其来源，调香料一般可分为食品香料和食品香精两大类，另外，还有少量天然植物可直接用于面点调香。

(一)食品香料

食品香料是指能够用于调配食品香精，并使食品增香的物质。根据来源和制造方法不同，食品香料通常分为天然食品香料和合成食品香料两大类。

1. 天然食品香料

天然食品香料指完全用物理方法从天然原料中获得的具有香味的化合物。可以是单一成分的,也可以是多种成分的混合物。天然食品香料按照来源不同又可分为动物香料和植物香料。

1)动物香料

动物香料是以动物分泌物、动物加工制品为原料,经过浓缩或干燥制得的膏状、粉状产品。动物香料一般以畜肉、禽肉、鱼、虾、蟹、贝为原料,因此常在面点的制馅工艺中使用。

2)植物香料

植物香料是指从植物的花、果、籽、叶、茎、根、树皮、树干或分泌物中获得的一类香味产品。植物香料包括植物渗出物和植物芳香油两种。

植物芳香油也称为精油,是从天然芳香植物中提炼的一类香味料产品。一般为油状液体,极少数呈固体状,产品的形态取决于制备方法和所含成分。常用的植物芳香油有以下几种:肉桂的枝、叶、树皮或籽用水蒸气蒸馏而得的肉桂油;用冷磨法、冷榨法或水蒸气蒸馏法从甜橙全果或果皮中提取的甜橙油;还有香茅油、薄荷油、留兰香油、玫瑰花油等。

2. 合成食品香料

合成食品香料是以化工原料或某一单体香料为原料,经过化学反应制得的香料产品。

1)天然等同食品香料

天然等同食品香料是从芳香原料中用化学方法离析出来的或是用化学方法制取的香味物质。它们在化学成分上与供人类食用的天然产品(不管是否加工过)中存在的物质相同。这类香料品种很多,占食品香料的大多数,对调配食品香精十分重要,例如用化学方法合成的香兰素、柠檬酸等。

2)人造食品香料

人造食品香料指在供人类消费的天然产品(不管是否加工过)中尚未发现的香味物质。此类香料品种较少,均是用化学合成方法制成且其化学结构迄今在自然界中尚未发现,但它们往往是天然物的同系物,大多经过一定的毒理试验和评价证明它们是安全的。

(二)食品香精

天然食品香料与合成食品香料多数都不单独使用,而由数种或数十种调配制成符合产品需要的混合香料再使用。这样的混合香料称为调和香料,即食品香精。

除调和香料外,食品香精还包含溶剂或载体及某些食品添加剂。溶剂有食用乙醇、蒸馏水、丙二醇、精制食用油和三乙酸甘油酯等,含量通常占50%以上,目的是使香精成为均一产品并达到规定的浓度。载体有蔗糖、葡萄糖、糊精、食盐和二氧化硅等,主要用于吸附或喷雾干燥的粉末状食品香精中。

1. 食品香精的分类

1)水溶性香精

水溶性香精一般为澄清液体,通常也称水质香精。在一定的比例下,它可在水中完全溶解，溶液透明澄清，香气比较飘逸，适用于以水为介质的食品，如 100～120 ℃的煮制品。

2)油溶性香精

油溶性香精也称耐热性香精。其特点是香气比较浓郁、沉着和持久，香味浓度较高。它相对来说不易挥发，适用于较高温度操作工艺的食品(如饼干和糕点等)加香。

3)乳化香精

乳化香精外观呈乳浊状，加入水中能迅速分散并使之呈浑浊状态，适用于需要浑浊度的果酱等。

4)微胶囊香精

微胶囊香精通常为粉状香精。其特点是对香精中易于氧化、挥发的芳香物质起到很好的保护作用，从而延长加香产品的保质期，适用于粉末状食品的加香，如慕斯粉、蛋糕粉等。

2. 食品香精的作用

1)辅助作用

某些食品，由于香气不足，需要选用与其香气相适应的香精来辅助。如苹果馅可能因苹果加热而苹果味不足，这样在点心中加入苹果味的香精，具有辅助作用。

2)稳定作用

天然产品的香气，往往受地理、季节、气候、土壤、栽培、采收和加工等的影响而不稳定，而香精的香气基本上每批稳定，加香后可以对天然产品的香气起到一定的稳定作用。

3)补充作用

某些产品如果酱、果脯在加工过程中可损失其原有的大部分香气，需要选用与其香气特征相对应的香精进行加香，使香气得到补足。

4)赋香作用

某些食品本身没有什么香味，如饼干等，通常选用具有明显香型的香精，使成品具有一定的香味和香气。如慕斯本身并无味，加入什么香精就是什么味的慕斯。

5)矫味作用

某些食品具有令人难以接受的气味，通过选用合适的香精矫正其气味，使人乐于接受。如多数面点师在做蛋糕类的点心时，习惯在蛋糊中加入香精，以矫正鸡蛋的蛋腥味。

6)替代作用

当在面点制作过程中直接使用天然品有困难时(如原料供应不足、价格成本过高，或加工工艺困难等)，用相应的香精来代替或部分代替。如做杏仁豆腐时，磨杏仁比较烦琐，使用杏仁香精省去了烦琐的杏仁粉碎过程。

3. 食品香精的运用

1)香精的选择

不同基质的食品或不同形态的食品，要选择相适应的香精。例如糖果、糕点等高温制作的食品，应使用油溶性香精；透明饮料使用水质香精；浑浊型饮料使用乳

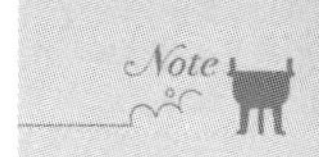

化香精；粉状食品使用粉末香精。水溶性香精，除拌制糕点外，一般不宜使用。

2）香精在食品中要分散均匀

香精加入液体食品中经过搅拌易于分散均匀，但在固体食品中香精分散均匀的难度较大。

3）香精的用量要适当

不同厂家生产的同一香型的香精，香气强弱不会相同。通常在确定配方时，进行小样试验以确定某型号香精的用量比例。用量过少，食品的香味淡，起不到应有的效果；用量过多，食品的香味太浓，会影响食用。

4）加香温度要适当

各类食品加工过程不同，尤其是温度高时，或水分大量蒸发时，香精的挥发损失很大。应在温度尽可能低的情况下，迅速加入香精，迅速且均匀，缩短香精受热时间。加入香精的配料设备最好是有盖封闭，不敞口的。

5）不同类型的香精切勿相混

油溶性香精、水溶性香精或乳化香精是食品加工厂常用的香精。它们可以分别用于某些食品中，但不宜混合使用，因为这样会影响食品的外观。

6）香精的储存

香精是食品生产厂常用的原料，应尽可能随用随进货。短时间内用不完的少量储备货物应注意保管好。所有的香精都应储存在阴凉、干燥处，避免阳光照射。香精中有多种易挥发的成分，原包装的香精开启封口使用后，应及时将盖拧紧，防止香气挥发失去平衡，同时也防止与空气接触发生氧化。

（三）天然植物香料

1. 香荚兰

香荚兰为荚果型香料，采自美洲和南美洲北部的原生种藤本兰科植物。香荚兰除需在种植阶段人工授粉、处理荚果外，还需经干燥、烘制处理，以释放出香草醛，生成更多的香气分子。作为香料，香荚兰俗称香草，它的香味浓郁、持久，且具有层次感。所有食品只要添加少许香荚兰，几乎都可具有温暖、圆融的层次感和持久香气。

不同地区的香荚兰豆具有不同风味。马达加斯加和邻近岛群生产的波旁香荚兰品质最高，风味最浓郁也最平衡。印尼香荚兰比较清淡，香草醛含量低，有时带有烟熏味。墨西哥香荚兰的香草醛含量低，约为波旁品种含量的一半，具有独特的果香和葡萄酒香气。大溪地香荚兰豆较为罕见，香草醛含量也低于波旁香荚兰豆，但具有特殊的花香和香水香调。

香荚兰主要用于甜品制作中，尤其是用来制作冰淇淋和巧克力，也用到某些肉类菜肴中调味，效果也很好，常见的有龙虾、猪肉料理。使用时，可从豆粒表面刮除镶嵌长细小种子的树脂质材料加入食材，或将种荚放入乙醇或油脂中浸泡一段时间来萃取风味。预制好的香荚兰萃取液能很快在整道菜肴中扩散开来，且遇高温会流失，因此最好在最后的烹调阶段添入。

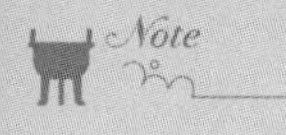

2. 柑橘

柑橘是重要的乔木果实，遍布全世界亚热带和较温暖的温带地区，包含橘子、柚子、橙子、柠檬等多个具有亲缘关系的柑橘属水果。柑橘的香气来自表皮的脂腺及汁液囊泡中所含的油滴，前者是带清香的醛类和柑橘香的萜烯类物质，后者含较多带有果香的酯类物质。柑橘皮的风味独特而浓烈。

三、调色料——食用色素

调色料是指在菜肴和面点制作过程中主要用来增加或调配成品色彩的原料。运用在食品中的调色料，可分为食用色素和发色剂两类，而在面点制作中仅包括前者。色泽是构成面点感官性状的重要因素，良好的色泽不仅可以让产品赏心悦目，还能诱发人的食欲。

食用色素，又称着色剂，是一类以食品着色为目的、对健康无害的食品添加剂。按来源和性质，食用色素分为食用天然色素和食用合成色素。

（一）食用天然色素

食用天然色素是来自天然物且大多是可食资源，利用一定的加工方法所获得的有机着色剂。食用天然色素主要是从植物组织中提取，也包括来自动物和微生物的一些色素，还有本来无色但通过加工中的化学反应显色的物质。

1. 食用天然色素的一般特性

食用天然色素使用时相对更安全可靠，有些对人体还兼有营养作用，色调自然、色彩丰富。食用天然色素也存在一定的缺点：成本较高；大多难以溶解，不易染着均匀；受共存成分的影响，有时有异味；随 pH 的变化，有时有色调变化；染着性差，某些天然色素有与基质反应而发生变色的情况；难以用不同色素配制出任意的色调；在加工及储存中，由于外界因素的影响多易劣变。天然色素一般应在密封、避光、阴凉处保存，宜选择非金属容器。

2. 常用的食用天然色素

食用天然色素按照来源可分为以下几种：植物色素，如辣椒红色素、β-胡萝卜素、叶绿素、姜黄素、可可色素等；动物色素，如紫胶红色素、胭脂红等；微生物色素，如红曲色素和核黄素等；其他类色素，如焦糖色素。

1）辣椒红色素

辣椒红色素是从红辣椒中提取精制而成的一种深红油状黏性液体色素，为类胡萝卜素的一种。辣椒红色素溶于食用油和乙醇，不溶于水；热稳定性好，160 ℃加热 2 h 几乎不褪色；耐酸性好；乳化分散性好；耐光性差，紫外光可促使其褪色；铁离子、铜离子可使其褪色；遇铝离子、铅离子发生沉淀，此外几乎不受其他离子影响；着色力强，色调因稀释浓度不同而呈浅黄色至橙红色。

2）β-胡萝卜素

β-胡萝卜素可从胡萝卜、辣椒、南瓜等含量较高的蔬菜中提取，现在多采用合成法或发酵法制取。β-胡萝卜素纯品为红紫色至暗红色结晶状粉末，稍有特异臭味，为脂溶性色素，不溶于水及甘油，难溶于乙醇。在弱碱性情况下比较稳定，对酸性、光、氧均不稳定，铁离子可促进其褪色。色调在低浓度时呈黄色至橙黄色，在高浓度时呈橙色。适宜人造奶油、奶油、干酪等油性食品的着色。

3)叶绿素

叶绿素是用乙醇或丙酮等从绿色植物或干燥蚕沙中提取所得。实际使用时，需将叶绿素与硫酸铜或氯化铜作用，再用苛性钠溶液皂化为叶绿素铜钠盐，并制成膏状或粉末状制品。因用膏状制品制作的食品有一定的异味，现多使用粉末状制品。粉末状制品为墨绿色，有金属光泽，有氨臭味，易溶于水，稍溶于乙醇和氯仿，水溶液呈绿色，透明无沉淀。耐光性比叶绿素强。在面点中主要起着色或点缀的作用。使用时既可与原料混合，又可溶于水中涂刷面点。

4)姜黄素

姜黄素是从多年生草本植物姜黄的根状茎中提取精制而得的橙黄色结晶性粉末。姜黄素具有姜黄特有的香辛气味，稍带苦味；熔点约为 183 ℃；易溶于水和碱性溶液，不溶于冷水；中性或酸性条件下呈黄色，碱性条件下呈红褐色；对光十分敏感，且光照射下黄色迅速变浅，但不影响其色调，对热较稳定；可以与铁离子结合生成螯合物，导致变色；易因氧化而变色，但耐还原性好，着色力强，尤其对蛋白质着色力强。

5)可可色素

可可色素是可可豆在发酵、焙烤时由其所含的儿茶素、花色苷等氧化或缩聚而成的褐色色素。可可色素易溶于水，耐热性、耐光性和耐还原性均好，无异味，对淀粉和蛋白质的染着性均好，且在加工和保存过程中比较稳定，食用安全性高。可可色素可用于糕点、饼干、羊羹及馅类面点的着色。

6)甜菜红

甜菜红是从藜科甜菜属二年生草本植物根用甜菜的肉质根中提取的有色化合物的总称。甜菜红无杂味；可溶于水，微溶于乙醇，水溶液呈红色至红紫色；pH 为 3.0～7.0 时较稳定，耐热性差；色泽鲜艳，染着性好，着色均匀；食用安全性很高。

7)玫瑰茄色素

玫瑰茄色素是从锦葵科木槿属植物玫瑰茄的花萼中提取的一种红色色素。玫瑰茄色素主要成分是花色素苷中的花翠素和花青素，可溶于水，在酸性溶液中呈红色，碱性溶液中呈暗蓝色，耐热性和耐光性好。

8)红花黄

红花黄是将菊科植物红花的花瓣经精制干燥而得的一种黄色或棕黄色粉末色素。红花黄易吸潮，吸潮后呈褐色；易结块，但不影响使用效果；熔点为 230 ℃，易溶于冷水、热水、稀乙醇，几乎不溶于无水乙醇，不溶于油脂。本品的极稀水溶液是鲜艳黄色，随色素浓度增加其色调由黄色转向橙黄色，在酸性溶液中呈黄色，在碱性溶液中呈黄橙色。水溶液的耐热性、耐还原性、耐盐性、耐细菌性均较强，耐光性较差。水溶液遇钙、锡、镁、铜、铝等离子会褪色或变色，遇铁离子可使其发黑。红花黄对淀粉着色性能好，对蛋白质着色性能较差。

9)栀子黄

栀子黄又称藏花素，是将茜草科植物栀子的果实去皮、破碎，用水或乙醇水溶液抽提、精制而得。栀子黄为橙黄色膏状或红棕色结晶粉末，微臭，易溶于水，不溶于油脂；栀子黄水溶液呈弱酸性或中性，其色调几乎不受环境 pH 变化的影响，pH

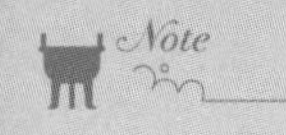

为 4.0～6.0 或 8.0～11.0 时，该色素比β-胡萝卜素稳定，特别是偏碱性条件下黄色更鲜艳，中性或偏碱性条件下该色素耐光性、耐热性均较好，而偏酸性条件下较差，容易发生褐变；耐金属离子(除铁离子外)较好，铁离子有使其变黑的倾向；耐盐性、耐还原性、耐微生物性均较好；对蛋白质、淀粉着色均较稳定(对蛋白质着色力优于淀粉)；糖对本品有稳定作用。

10)栀子蓝

栀子蓝是以栀子果实为原料经酶处理后制成的蓝色素，为蓝色粉末，几乎无臭无味；易溶于水，呈鲜明蓝色，在 pH3～8 范围内色调无变化；耐热，经 60 min 120 ℃高温不褪色；吸湿性弱，耐光性差；对蛋白质染色力强。

11)高粱红

高粱红是以高粱外果皮为原料，用乙醇水溶液浸提、过滤、减压蒸发浓缩、精制、干燥而得。高粱红为深褐色无定形粉末，溶于水、乙醇，不溶于油脂；水溶液为红棕色，偏酸性时色浅，偏碱性时色深；对光、热都稳定；pH＜3.5 时易发生沉淀，不适用于过酸的食品；与铁离子接触，由红棕色转变为深褐色，故应特别小心铁离子的影响；用于熟肉馅心时，能耐高温，成品为咖啡色。

12)藻蓝

藻蓝又称海藻蓝，是由海水或淡水养殖的螺旋藻经冲洗、破碎、提取、离心、浓缩加入稳定剂后干燥而成。藻蓝为亮蓝色粉末，易溶于水，有机溶剂对其有破坏作用；在 pH 3.5～10.5 范围内呈海蓝色，pH 4～8 范围内颜色稳定，pH＝3.4 为其等电点，藻蓝析出；对光较稳定，对热敏感，温度超过 55 ℃时因蛋白质变性而逐渐褪色；铁离子、铝离子等金属离子对其有不良影响。

13)紫胶红色素

紫胶红色素是紫胶虫在其寄生的黄檀属、梧桐科的芒木属等植物上分泌的紫胶原胶中的一种色素成分。紫胶红色素为鲜红色粉末；可溶于水、乙醇、丙二醇，但溶解度不大，且纯度越高，在水中溶解度越小，易于溶于碱液；在酸性时对光和热稳定；色调随 pH 值改变而改变(pH＜4.5 时为橙黄色，pH4.5～5.5 时为红色，pH＞5.5 时为紫红色，pH＞12 的环境下放置则褪色)；对金属离子不稳定，特别是铁离子含量在 1 mg/kg 以上时，会变黑；食用安全性高。

14)红曲色素

红曲色素是红曲米中红曲霉菌的菌丝产生的色素，是 6 种不同成分的混合物。纯品为针状结晶，熔点为 136 ℃，不溶于水，可溶于乙醇、丙酮、醋酸等有机溶剂，pH 稳定、耐热性强、耐光性强，几乎不受金属离子、氧化剂和还原剂的影响。用红曲色素着色，色调鲜艳有光泽且较稳定，对蛋白质染着性好，食用安全性很高。

15)焦糖色素

焦糖色素又称焦糖色、酱色，是以糖类物质为原料加工制成的黑褐色胶状物。焦糖色素是多种糖脱水缩合而成的混合物，浓度以含水量而定，易失水凝固，味略甘微苦，有轻微焦味。工业生产的焦糖色素在烹饪中应用较少，烹饪中一般使用的是厨师自己临时熬制的糖色。焦糖色素是将冰糖或白糖等糖类物质与少量植物油脂在 160～180 ℃高温下加热，使之发生焦糖化反应而生成脱水产物。焦糖色能使

菜点色泽红润光亮，风味别致，尤其以冰糖制作的糖色更为色正光亮。

（二）食用合成色素

食用合成色素又称为食用合成燃料，是指通过人工化学合成方法所制得的有机色素。食用合成色素一般是以煤焦油为原料制成，故通称为煤焦色素或苯胺色素。

1. 食用合成色素的一般性质

与食用天然色素相比，食用合成色素色彩鲜艳、性质稳定、着色力强，可以呈现任何色调，而且成本较低，使用方便；但没有营养价值，且可能具有毒性。

温度、水的 pH、食盐等盐类和水的硬度会影响食用合成色素的溶解度；热、酸、碱、氧化、日光、盐、细菌等因素会影响食用合成色素稳定性。食用合成色素应存于干燥、阴凉处，如需长期保存，应装于密封容器中，防止受潮变质。应采用玻璃、搪瓷、不锈钢等制成的耐腐蚀的清洁容器盛装。粉状食用合成色素宜先用少量冷水打浆后在搅拌下缓慢加入沸水。所用水必须是蒸馏水或去离子水，以避免钙离子的存在引起食用合成色素沉淀。尽量采用稀溶液，可避免不溶的食用合成色素存在。采用自来水时应煮沸赶气、冷却后使用。过度暴晒会导致着色剂褪色，因而要避光，储存于暗处或不透光容器中。同一色泽的食用合成色素混合使用时，其用量不得超过单一食用合成色素允许量。

2. 常用的食用合成色素

目前世界各国允许使用的食用合成色素几乎全是水溶性色素。普遍允许使用的食用合成色素有苋菜红、胭脂红、柠檬黄、日落黄和靛蓝等。

1）苋菜红

苋菜红又称食用红色 9 号、食用赤色 2 号（日）。苋菜红为红褐色或暗红褐色均匀粉末或颗粒，无臭；耐光、耐热（105 ℃）性强；对柠檬酸、酒石酸稳定，在碱液中则变为暗红色；易溶于水且溶液呈带蓝光的红色，可溶于甘油，微溶于乙醇，不溶于油脂；遇铜、铁易褪色，易被细菌分解，耐氧化，还原性差，不适合发酵食品应用。

苋菜红的运用一般有混合法与涂刷法两种方式。混合法适用于酱状或膏状的食品，以适当比例与欲着色的食品混合即可；涂刷法是将苋菜红溶解后涂刷于食品表面。苋菜红多用于面点的着色、点缀，使面点的色泽红亮、艳丽，如寿桃、寿字蛋糕等着色。

2）胭脂红

胭脂红又称丽春红 4R、食用红色 7 号、食用赤色 102 号（日）。胭脂红为红色至深红色均匀粉末或颗粒，无臭；耐光、耐热（105 ℃）性尚好，对柠檬酸、酒石酸稳定；耐还原性差，遇碱变成褐色；易溶于水且溶液呈红色，溶于甘油，难溶于乙醇，不溶于油脂。

胭脂红在面点中的使用类似苋菜红，但不宜高温加热。

3）柠檬黄

柠檬黄又称酒石黄、食用黄色 4 号、FD&C 黄色 5 号（美）、食用黄色 5 号（日）。柠檬黄为橙黄色至橙色均匀粉末或颗粒，无臭；易溶于水（10 g/100 mL，室温）、甘油、乙二醇，微溶于乙醇、油脂；耐光性、耐热（105 ℃）性强，在柠檬酸、酒石酸中稳

定；水溶液为黄色，遇碱稍变红，还原时褪色。

柠檬黄在面点制作中可以增加制品的黄色，又可与其他色素配合运用，表现出不同的颜色。使用方法与苋菜红类似。

4）日落黄

日落黄又称橘黄，是一种橙色的颗粒或粉末，无臭；易溶于水，在浓度为0.1%的水溶液中呈橙黄色；日落黄可溶于甘油中，难溶于乙醇，不溶于油脂；耐光性、耐热性、耐酸性非常好，但在遇碱时其颜色由原来的橙黄色转变为红褐色，还原时会褪色。

日落黄无论是单独着色还是与其他色素调配后的着色效果均很好，常用于面点着色。

5）靛蓝

靛蓝又称食用蓝色1号、FD&C蓝色2号（美）、食用青色2号（日）。靛蓝为深紫蓝色或深紫褐色均匀粉末，无臭；溶于水（1.1%，21 ℃），溶液呈深蓝色，溶于甘油、乙二醇，难溶于乙醇、油脂；对光、热、酸、碱、氧化均很敏感，耐盐性、耐细菌性较弱，遇次硫酸钠、葡萄糖、氢氧化钠还原褪色，但染着力好。

靛蓝很少单独使用，常与其他色素配合使用，使用方法与苋菜红类似。

（三）天然果蔬

水果和蔬菜具有特殊的清香，色泽鲜艳，且热量低，同时纤维素和维生素含量都很高，具有很高的营养价值。天然果蔬不仅可在面点制作中用于馅心的制作，还可在坯皮制作中使用，在改变颜色的同时，可更好地提高制品的营养价值及风味。面点中常用的形式有果蔬汁、果蔬泥、果蔬粉。

1. 果蔬汁（泥）

选择新鲜的果蔬榨汁或者蒸熟后压制成泥，常见的有菠菜汁、苋菜汁、胡萝卜汁、紫甘蓝汁、南瓜泥、草莓汁、番茄酱等。这些果蔬汁（泥）风味独特、营养物质丰富，但其中所含的维生素、胡萝卜素易受到氧气、光、热等因素的影响，稳定性较差，比较容易损失。在制作过程中需要注意做好护色处理。

2. 果蔬粉

果蔬粉通常是将新鲜果蔬用热风干燥或真空冷冻干燥后，粉碎而成的粉状产品。果蔬粉具有以下特点：相比于新鲜果蔬和果蔬汁（泥），果蔬粉水分含量低于6%，产品中所含微生物量极低，酶活性抑制率高，方便储存与运输；对果蔬原料的利用率高，对原料的大小、形状没有要求。常见的果蔬粉有紫薯粉、草莓粉、南瓜粉、蝶豆花粉、菠菜粉、甜菜粉、火龙果粉、芒果粉，市售产品中也将红曲粉、抹茶粉、可可粉和竹炭粉纳入其中。将果蔬粉应用在面点中，可在保障食品质量安全的同时，丰富产品的色彩；含有果胶、糖及单宁等成分，可提升产品的营养价值；有提高味觉、增进食欲的作用，可满足当下人们追求高品质生活的需要。

四、调质料

调质料通常是指在面点制作过程中改善面点质地和形态的添加剂。调质料主要包括三类，即膨松剂、增稠剂、乳化剂。

(一)膨松剂

膨松剂又称膨胀剂、疏松剂，是促使面点膨胀、疏松或酥脆的一类食品添加剂。通常在加热前的和面过程中将膨松剂掺入，膨松剂受热分解产生气体使面坯起发，在内部形成均匀致密的多孔性组织，从而使成品具有酥脆或膨松的特点。

膨松剂包括生物膨松剂和化学膨松剂。生物膨松剂主要用于面包、馒头、发酵饼干等的食品制作；化学膨松剂则主要用于油酥面点和糕点、饼干等高糖、高油脂的面点及油条、麻花等中式面点的制作。

1. 生物膨松剂

生物膨松剂是指含有酵母菌等发酵微生物的膨松剂。凡是在面坯中生长繁殖时能产生气体、不产生任何有害成分的微生物，都可以用作面点的生物膨松剂。

酵母的生长受到一系列因素影响。酵母生长的最适宜温度为 28～32 ℃，最高不能超过 38 ℃，在面坯前发酵阶段应控制发酵室温在 30 ℃以下，使酵母大量繁殖；在面坯醒发时要控制在 35～38 ℃，温度太高，酵母衰老快，也易产生杂菌。酵母适宜在 pH4～5 的酸性条件下生长，因此控制面坯的 pH 在 4～6 最好，pH>8 或 pH<4，酵母活性都将大大受到抑制。在面坯中，若糖含量(面粉计)超过 6%，用盐量(面粉计)超过 1%均会产生较高渗透压，对酵母活性产生明显的抑制作用，影响发酵速度。另外，调粉时若加水量较多，则面坯较软，发酵速度较快。

在发酵过程中，酵母菌首先利用面粉中原来含有的少量的葡萄糖、果糖和蔗糖等进行发酵。在发酵的同时，面粉中的淀粉酶促使面粉中的淀粉转化而产生麦芽糖，麦芽糖的存在提供了酵母菌可利用的营养物质，得以连续地发酵。酵母菌分解糖产生二氧化碳、乙醇、醛及一些有机酸等。

发酵过程中产生的二氧化碳，使面坯体积膨大，结构疏松；发酵过程中产生的二氧化碳、乙醇、酯和酸等能增加面筋的延伸性和弹性，改善面点的质构。发酵能提高面制品的营养价值，发酵过程中，部分营养成分分解，转变成葡萄糖、胨、肽、氨基酸等人体易于消化吸收的物质；加入的酵母本身就是营养价值很高的物质，含有丰富的蛋白质、多种矿物质和维生素；发酵还有利于提高某些矿物质和维生素的吸收利用率。通过发酵能产生醇、醛、酮及酸等风味物质，改善面制品风味。

酵母使用时一般需加入 30 ℃的温水将其溶成酵母液，再加入少许糖或酵母营养盐，以恢复其活力，再与面粉和成面坯。应注意避免酵母液直接与食盐、高浓度的糖液、油脂等物质混合，因为食盐、高浓度糖的渗透压作用会使酵母内的内生水遭破坏，从而降低酵母的活性。

目前在面点制作中广泛使用的主要是啤酒酵母，该酵母在使用形式上有鲜酵母、活性干酵母、面肥三种。

1)鲜酵母

鲜酵母俗称压榨酵母，是由具有较强生命活力的酵母细胞组成的有发酵力的干菌体。它是酵母菌种在糖蜜等培养基中经过扩大培养和繁殖，分离、压榨而制成，水分含量 71%～73%。1 g 鲜酵母中含细胞 100 亿个左右，发酵力在 650 mL 以上。鲜酵母的优点是价格便宜，耐糖、耐冻性好，发酵力旺盛，水溶性好，对阻碍发酵物质的抵抗力强，酶活力高。缺点是保质期短，有效储存期仅 3～4 周，储存条件

严格，必须在－4～4 ℃的冷库中储存；活性不稳定，随着储存时间的延长或储存条件不当，酵母活性会迅速降低。

2）活性干酵母

活性干酵母是具有强大生命活力的压榨酵母经低温脱水后制得的有发酵力的干菌体，水分含量7.0％～8.5％。活性干酵母的优点是使用方便、活性稳定、发酵力高，可高达1300 mL，使用量较稳定；保质期不低于6个月；使用前只需用30 ℃温水活化处理30 min。缺点是价格较高。

高活性干酵母又称即发活性干酵母，是具有强壮生命力的压榨酵母经低温脱水后制得的有高发酵力的干菌体，水分含量5.0％～6.0％。活性干酵母的优点是活性特别高，发酵力高达1300～1400 mL，用量少；活性特别稳定；使用量很稳定；发酵速度快，特别适合快速发酵工艺；采用复合铝箔真空密封充氮包装，储存期可达2年多，保质期不低于12个月；不需低温储存，只要储存于20 ℃以下阴凉干燥处即可；使用方便，不需活化。缺点是价格高。

3）面肥

面肥又称老酵母，即面坯长期搁置后，空气中的酵母菌及杂菌在面坯中繁殖，而自行发酵。面肥一般都呈糊浆状。我国各地都有自行制作面肥的经验，如在面坯中加入酒酿，即呈甜酒酿面肥，加入啤酒即成啤酒面肥。一般不需加入任何东西，面坯可自行发酵，时间一长就成面肥。家庭发酵面坯，可到面点店购置一块酵面坯掺入新面坯中，搁置一段时间即成。在北方有些地区，每次发面后留下一块面坯，将其晒干，待用时，将面肥泡入温水中，用泡好的面糊发面。

2. 化学膨松剂

化学膨松剂是通过化学反应产生二氧化碳气体或氨气使产品体积膨胀、口感酥松的化学物质，按其化学成分及作用机理不同，可分为碱性膨松剂和复合膨松剂两大类。

1）碱性膨松剂

常用的碱性膨松剂有碳酸氢钠和碳酸氢铵两种。

碳酸氢钠俗称小苏打、食粉。碳酸氢钠为白色粉末，味微咸，无臭无味；在潮湿或热空气中缓缓分解，放出二氧化碳，分解温度为60 ℃，加热至270 ℃时失去全部二氧化碳，产气量约261 mL/g；pH8.3，水溶液呈弱碱性。

碳酸氢铵俗称臭粉、臭起子。碳酸氢铵为白色粉状结晶，有氨臭味；对热不稳定，在空气中风化，在60 ℃以上迅速挥发，分解出氨、二氧化碳和水，产气量约为700 mL/g；易溶于水，稍有吸湿性，pH7.8，水溶液呈碱性。

面点中的维生素在碱性条件下加热容易被破坏。碳酸氢钠分解后残留碳酸钠使成品呈碱性而影响口味，使用不当会使成品表面有黄斑点。碳酸氢铵分解后产生带强烈刺激性气味的氨气，虽然极易挥发，但成品中仍可残留一些，从而带来一些不良风味。因此，要适当控制碳酸氢钠和碳酸氢铵的用量，碳酸氢钠一般应控制在1.5％以内，碳酸氢铵应控制在1％以内。

2）复合膨松剂

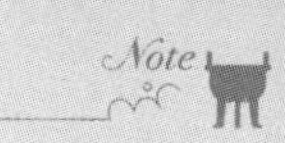

复合膨松剂又称发酵粉、泡打粉、发粉等，主要由碱性膨松剂、酸性物质和填充

物三部分组成。碱性膨松剂可用碳酸氢钠或碳酸氢铵，但目前主要采用碳酸氢钠，一般用量占复合膨松剂的 20%～40%，其作用是与酸性物质反应产生二氧化碳。酸性物质有有机酸及酸性盐，目前应用较多的是酒石酸及其钾盐、酸式磷酸盐、明矾等，用量占复合膨松剂的 35%～50%，其作用是与碳酸氢钠反应，控制反应速率，使二氧化碳充分释放出来。填充物有淀粉、脂肪酸等，用量占复合膨松剂的 10%～40%，有利于膨松剂的保存，防止其结块、吸潮和失效，也有调节气体产生速度或使气泡均匀产生的功效。

复合膨松剂按反应速度的快慢或反应温度的高低可分为快性发酵粉、慢性发酵粉和双重发酵粉三种。快性发酵粉在低温时即可迅速反应，一般与水接触几分钟即放出大部分二氧化碳，待制品焙烤时已没有多少气体产生，其酸性物质主要是酒石酸等有机酸及其盐。慢性发酵粉在低温下反应迟缓，进入高温后反应才开始活跃，其酸性物质以明矾或酸性磷酸钙为主。双重发酵粉是由快性发酵粉和慢性发酵粉按适当比例配制而成的，在常温下可放出部分二氧化碳，在烤炉内高温时则完全释放出二氧化碳。

复合膨松剂在食品中的加入量（以面粉计），糕点一般为 1%～3%，馒头、包子等面食为 0.7%～2%。不同面制品因其大小、形状、组织不同，加热的温度、时间也不同，所以应按产品的特点选用合适的膨松剂。

复合膨松剂在冷水中即可分解，产生二氧化碳，因而在使用时应尽量避免与水过早接触，以保证正常的发酵力。

（二）增稠剂

增稠剂又称为糊料，是一种改善食品物理性质、增加食品的黏度、赋予食品以黏滑适口的感觉的食品添加剂。增稠剂兼有乳化、稳定作用。

增稠剂的种类很多，主要有以下三类：从含有淀粉的粮食、蔬菜或含有海藻多糖的海藻中制取的，这一类占多数，如淀粉、果胶、琼脂等；从含有胶原蛋白的动物性原料制取的，如明胶、酪蛋白等；由多糖进一步加工而成的，如改性淀粉、羧甲基纤维素钠盐、羧甲基淀粉钠盐、淀粉磷酸酯钠盐等。

1. 琼脂

琼脂又称洋粉、冻粉、琼胶。它是以海藻类植物石花菜等为原料，浸制、干燥制成。其主要成分为多糖类物质。琼脂有条状、片状和粉状。品质优良的琼脂质地柔软、无臭、无味，呈无色或淡黄色，半透明状，纯净干燥、无杂质。

琼脂不溶于冷水，可溶于沸水，熔点为 80～90 ℃，加热煮沸时分散为溶胶，凝固温度为 32～42 ℃，冷却后可成为凝胶，凝胶易使食品上色。由于琼脂溶胶的凝固温度较高，在夏季室温条件下也可凝固，因而不必特别进行冷冻，使用极为方便。琼脂的吸水性和持水性高，干燥琼脂在冷水中浸泡时，缓慢吸水膨润软化，可以吸收 20 多倍的水。琼脂凝胶含水量可高达 99%，有较强的持水性。琼脂凝胶的耐热性也较强，因此热加工很方便。琼脂在使用过程中可反复溶化、反复凝胶。

面点工艺中常用琼脂制作果冻等，以及制作一些风味小吃，如小豆羹、芸豆糕等夏令应时凉点；还可将琼脂与糖液混合后作为萨其马等点心的糖衣，增强风味特色。

2. 明胶

明胶又称食用明胶、鱼胶。它是动物胶原蛋白部分水解的衍生物，以动物的皮、骨、软骨、韧带和鱼鳞为原料制成。吉利丁为商业明胶产品，分为吉利丁片和吉利丁粉。

明胶为白色或浅黄褐色、半透明、微带光泽的脆片或粉末，几乎无臭、无味，不溶于冷水，但能吸收5倍量的冷水而膨胀软化。明胶溶于热水，冷却后形成胶冻。

明胶本身具有起泡性，也有稳定泡沫的作用，尤其接近凝固温度时，起泡性更强。使用时应先在冷水中浸泡，再加热溶解，或直接加入热水中高速搅拌。

3. 羧甲基纤维素钠

羧甲基纤维素钠是一种变性纤维素，将纤维素用氢氧化钠溶解后，再用一氯醋酸醇溶液处理、用盐酸中和，再经洗涤、分离、粉碎、干燥而制得。羧甲基纤维素钠为白色纤维状或颗粒状粉末，有吸湿性，易分散于水中成为胶体，水溶液的黏度因pH、聚合度而异，黏度随葡萄糖的聚合度增大而增加。其水溶液对热不稳定，黏度随温度升高而降低。

羧甲基纤维素钠对速煮面条起凝胶作用，应用在糕点中还具有防止水分蒸发和淀粉老化的作用。

（三）乳化剂

乳化剂又称面坯改良剂、抗老化剂、柔软剂、发泡剂等，是一种多功能的表面活性剂。在面点工艺中，乳化剂是促进水与油脂融合的一种添加剂，其作用是使油脂乳化分散，使制品体积膨大、柔软疏松。

馒头、蛋糕等放置一段时间后，水分就会减少，内瓤由软变硬，硬化掉渣，组织松散，失去光泽，弹性和风味消失，这种现象就是面食品的老化现象。乳化剂是最理想的抗老化剂，面点工艺中使用乳化剂可以推迟面点的老化，延长成品的货架期。

乳化剂的种类很多，有天然乳化剂和合成乳化剂两大类，常见的乳化剂有卵磷脂、脂肪酸甘油酯、山梨脂肪酸酯、蔗糖脂肪酸酯、硬脂酸乳酸钠、硬脂酸乳酸钙等。

使用乳化剂时，要根据工艺要求选用适宜的品种。如果添加乳化剂的主要目的是防止食品老化，应选用脂肪酸甘油酯等与直链淀粉复合率高的乳化剂，添加量通常为0.3%～0.5%；如果主要目的是乳化，则配方中油脂含量以2%～4%为宜。在实际应用时，为增加制品乳化液的稳定性，可采用几种不同乳化剂混合使用的方法，以增强乳化效果。

目前，中式面点工艺中常使用的乳化剂产品主要是蛋糕油和起酥油（将在油脂中具体介绍）。

蛋糕油又称蛋糕乳化剂或蛋糕起泡剂，呈乳白色膏状，它在海绵蛋糕的制作中起着重要的作用，被烘焙界称为是乳化剂在蛋糕生产工艺上的一场革命，是近百年的传统海绵蛋糕生产工艺的一次重大技术创新。蛋糕油的主要成分是多种成分复合的乳化剂，包含分子蒸馏单甘酯、蔗糖脂肪酸脂、山梨醇等。

在制作蛋糕搅打面糊时加入蛋糕油，蛋糕油可吸附在液体界面上，能使界面张力降低，液体和气体的接触面积增大，液膜的机械强度增加，有利于浆料的发泡和

泡沫的稳定；使面糊的比重和密度降低，烘出的成品体积增加，提高出品率；同时还能够使面糊中的气泡分布均匀，大气泡减少，使成品的组织结构变得更加细腻、均匀。另外，蛋糕油还可缩短打蛋时间，延长蛋糕保鲜期。

蛋糕油的添加量一般是鸡蛋的3%～5%。蛋糕油一定要保证在面糊搅拌完成之前能充分溶解，否则会出现沉淀结块；面糊中若添加了蛋糕油则不能长时间搅拌，因为过度的搅拌会拌入太多空气，反而不能够稳定气泡，导致气泡破裂，最终造成成品凹陷，组织变成棉花状。

五、水

水是面点生产的重要原料，在面点生产中起着重要作用。

（一）水在面点制作中的作用

在面点制作中，水可以溶解干性原料，使其充分混合，成为均匀一体的面坯；调节和控制面坯的黏稠度（软硬度）；调节和控制面坯温度；使面粉中的面筋蛋白吸水胀润形成面筋网络，构成制品的骨架；使淀粉在适当温度下（60～80 ℃）吸水糊化，形成具有加工性能的面坯；促进酵母生长繁殖及促进酶对蛋白质和淀粉的水解；还可作为烘焙、蒸制的传热介质。

（二）水质对面点制品品质的影响

在面点生产中，水质的好坏直接影响产品的质量和卫生。面点生产用水必须符合我国《生活饮用水卫生标准》（GB 5749—2022）要求，水质必须透明、无色、无异味、无有害微生物。水质中含有适量的矿物质，不但可以提供给酵母营养，而且可增强面筋韧性，对制品品质起到良好的促进作用。但如果使用矿物质含量过高的硬水，会导致面筋韧性太强，反而抑制酵母发酵，与添加过多面坯改良剂呈现的现象相似。在面点制作中，宜选用中等硬度的水。

酵母最适生长 pH 为 5.2～5.6，所以水呈微酸性有助于酵母的发酵作用。但若水的酸性过高，则会使发酵速度太快，并软化面筋，导致面坯的持气性差，影响成品的体积，酸味重，口感不佳，品质差；若水呈碱性，则水中的碱性物质会中和面坯的酸度，使面坯达不到需要的 pH，抑制了酶的活性，影响面筋成熟，延缓发酵，使面坯变软；如果碱性过高，还会溶解部分面筋，使面筋发软，面坯缺乏弹性，降低了面坯的持气性，面点制品颜色发黄，内部组织不均匀，并有异味。酸性过高的水可通过加石灰水中和后过滤的方法处理；碱性水可通过加入少量食用醋、乳酸等有机酸来中和，或增加酵母用量的方法处理。自来水属微碱性水（pH 为 7.2～8.5），因此，用自来水调制面坯时应先进行酸化处理。

六、油脂

油脂是面点制作中的重要辅助原料。油脂既能拌制面点馅心，又能加入坯皮、改善面坯性能，还是面点成熟的传热介质。

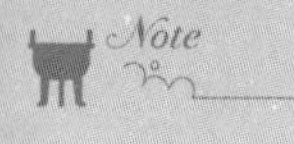

（一）油脂的分类

油脂的分类方法很多，主要包括以下几类：按来源可分为植物油脂、动物油脂和食用油脂；按形态可分为液体油脂和固体油脂；按加工方法可分为生油脂和熟油脂；按加工程度可分为毛油、过滤油、精炼油等；按消化率（熔点越低消化率越高）可分为熔点低于 37 ℃的油脂（如各种植物油、精炼猪油、乳油、禽类和鱼类脂肪等，消化率达 97%～98%）、熔点在 37 ℃以上的油脂（如牛、羊脂肪，消化率为 90%左右）、熔点在 50～60 ℃的不易消化油脂；按性质，根据油脂碘值的高低分为干性油脂、半干性油脂和不干性油脂。

1. 植物油脂

1）豆油

豆油是从大豆中压榨出来的植物油脂，大豆的含油量一般为 15%～26%。按加工程度的不同，豆油可分为粗制豆油（黄褐色）、过滤豆油（黄色）、精制豆油（淡黄色）。豆油属于半干性及干性油脂（碘值为 128～134），性硬，具有豆油香味和豆腥味。豆油中以亚油酸为主的不饱和脂肪酸含量很高，富含卵磷脂、维生素 A 和维生素 D，营养价值很高。由于豆油含磷脂多，在高温下，油会起泡沫，磷脂受热分解成黑色物质，容易发黑，所以一般不适宜作炸油使用。

2）菜油

菜油又名菜籽油，是用油菜和芥菜等的菜籽加工榨出的植物油脂，油菜籽的含油量为 38%～45%。根据加工程度的不同，可分成粗菜油（黑褐色）、普通菜油（深黄色）及精炼菜油（淡金黄色）。菜油含有菜籽的特殊气味，有微涩味，必须清除后才能使用，属于半干性油脂（碘值为 101～105），性硬。菜油因含有芥酸而有一种辣嗓子的气味，炸过一次食品或放进少量的花生米或黄豆炸焦，可除去此味。使用菜油炸制的面点较豆油好，但由于菜油色泽黄亮，在制作白色菜点时不宜使用。

3）花生油

花生油是用花生的种子加工榨出的植物油脂，花生含油量为 40%～50%。根据加工程度不同，也可分为毛花生油（金黄色，含杂质多，水分大，混浊不透明）、过滤花生油（黄白色，酸价较高，不宜长期储存）和精炼花生油（澄清透明，水分与杂质少，酸价低，可储存，不易酸败）。花生油在夏季多为透明液体，冬季稠厚混浊，温度越低，凝固越坚固，含有较少的磷脂的其他非脂成分，具有花生特有的香气和滋味。因冷却时“花生硬脂酸”从油中结晶出来，所以花生油是人造奶油的最好原料，属于不干性油脂（碘值为 98～100），性软，油炸面点呈鹅黄色，容易回软，但它是植物性油脂中起酥性较好的一种油，面点工艺中使用较广。

4）芝麻油

芝麻油又称麻油、香油，是用芝麻种子加工榨出的植物油脂。按加工方法不同，可分为冷压麻油、大槽麻油与小磨麻油。冷压麻油无香味，色泽金黄，多供出口；大槽麻油是以冷冻的方法制取的，色金黄，香气不浓，不宜生食；小磨麻油是用炒熟的芝麻加工而成，呈红褐色，有浓郁的芝麻香味。香油的香味，是由于芝麻中的芝麻酚素在高温下水解为芝麻酚，芝麻酚不仅香，而且有较强的抗氧化作用，因而使香油储存期较长，不易酸败。香油属于半干性油脂，适用于制馅或凉拌，能保持浓郁的香气。芝麻油适合用来炸制食品，成品色泽金黄、香气浓，并且放置较长时间不易回软，但炸过食品后的芝麻油不宜再用来调制凉拌菜。

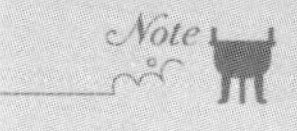

5)棕榈油

棕榈油是用热带植物油棕的果实外层果肉(中层果皮)榨出的一种植物油脂。棕榈油因含有胡萝卜素,故油的色泽深黄至深红,略带甜味,具有一种令人愉快的紫罗兰香味。在阳光和空气的作用下,棕榈油会逐渐脱色,但其稳定性较好,不容易发生氧化酸败。棕榈油中饱和脂肪酸含量低于猪油,但高于花生油,除了含有一定量的亚油酸外,还含有较丰富的维生素 A 和维生素 E。棕榈油在世界上被广泛用于食品制造业和烹调业。亚油酸含量较高的油脂都不宜用来煎炸,棕榈油含有较多的油酸、微量的亚油酸和多量的天然抗氧化剂,烟点较高,具有抗氧化及抗聚合作用,所以非常适合作煎炸油;另外,棕榈油含有微量亚油酸,因此在煎炸时,不会出现难闻的气味。棕榈油也适合作为糕点、面包的辅助用油。如果将棕榈油进一步分离提取,使棕榈油中的固体脂肪与液体油分开,得到的固体脂肪可用于制作人造奶油和起酥油。

6)椰子油

椰子油是从椰子果实中提取的植物油脂,椰子肉中含脂肪量为 70%。椰子油为白色或淡黄色油脂,饱和脂肪酸含量高,熔点为 20~28 ℃,室温下为固态。椰子油含有较多的低级脂肪酸,容易氧化酸败,发出令人不愉快的气味,不宜长期保存。椰子油属于不干性油脂,性软,除制作面点外,加工后可涂抹在糕点上,还可用于制作人造奶油。

7)可可脂

可可脂又称可可油、可可白脱,是从可可豆、可可胚乳或可可浆中提取出来的油脂,可可豆含油量为 53%~58%。可可脂是熔点为 30~36 ℃的固体脂,呈象牙黄色或乳白色,有可可的芳香,不易变质腐败,也不易散失其特有的芳香味,属于不干性油脂。可可脂中的脂肪组成以饱和脂肪酸较多,占到 70%~80%,主要有硬脂酸、棕榈酸等;不饱和脂肪酸以油酸为多,其次为亚油酸。可可脂有良好的氧化稳定性,并具有低于熔点脆硬、到熔点迅速熔化的特性,入口易溶化且没有油腻感,可用于一些风味独特的糕点的制作中,风味和口感均很好,也常用于面点纹样装饰。

8)色拉油

色拉油是植物毛油经脱胶、脱酸、脱色、脱臭,必要时经脱蜡冬化工序精制而成的高级食用油。国外色拉油从棉籽油、玉米油、红花油、葵花油中提炼较多,国内目前大多从菜油和豆油中提取。色拉油油色较淡,滋味和气味良好。属半干性油脂,性硬,酸价低(要求在 0.6 以下),稳定性好,储存过程中不易变质,在 0 ℃保存5.5 h后仍能保持透明状,长期在 5~8 ℃时不失流动性,炒菜和煎炸时不易氧化、热分解、热聚合等。色拉油除了可以制作面点,还可生吃,是用于凉拌和家庭手工调制沙拉的上乘油脂,此外,也可用于油炸即食食品。

植物油中还有米糠油、红花油、玉米油、葵花油、橄榄油、茶油、核桃油等,由于目前在面点中使用不多,这里就不一一详述了。

2. 动物油脂

1)猪油

猪油又称猪脂,是从健康猪新鲜而洁净的脂肪组织中提取的油脂。猪油色泽洁白，呈软膏状，含磷脂少，色素更少，起酥性好，有猪脂香味。猪油熔点为25～50℃，属于不干性油脂(碘值为50～90)，所含的脂肪酸不饱和程度低，所以炸出的成品只能热吃，冷后猪油会凝固、发白、回软。猪油是中式面点制作使用较多的一种动物油脂。制作白色或浅色的面点时，宜选用猪油；在制作酥脆面点时，也常将猪油作为起酥油，以便形成酥脆可口的品质；在制作某些馅心时，用猪油来调馅，不但馅心油亮滋润，而且香气浓郁，诱人食欲。

2)牛油

牛油常称为牛脂，是从牛的脂肪组织中提取出来的油脂。牛油色泽淡黄或黄色，属于不干性油脂(碘值为30～60)，熔点为45℃左右，故常温下呈硬块状，食用口感不太好，人体的消化吸收率也较低，一般较少直接食用，制皂较多，可用作人造奶油和起酥油的原料。

3)羊油

羊油又称羊脂，是从羊的脂肪组织中提取出来的油脂。羊油色泽较白，属于不干性油脂(碘值为30～60)，熔点是45～55℃，常温下呈极硬块状，食用时口感更差，消化率仅为81%，是几种动物油脂中最低的，并有膻味，一般不直接食用，制皂较多。但在烹饪以羊肉为主的菜点时，在其中适量添加一点羊油，以增加羊肉的风味。羊油也是制作人造奶油和起酥油的原料。

4)鸡油

鸡油是由鸡腹内脂肪经加工而成的油脂。鸡油色泽金黄，熔点是30℃左右，常温下为固态，品质优良无异味，有鲜香味。鸡油中的不饱和脂肪酸是动物油脂中最高的，营养丰富。鸡油除用于白汁菜肴中增加菜肴的油润感和香味外，也常用于面条、水饺、锅贴、馄饨等面点的调味。

5)骨脂

骨脂是牛骨髓中提炼出来的一种脂肪，经过精炼以后色泽浅黄，具有独特的醇厚香味，可代替奶油用于炒面。

6)鲜奶油

鲜奶油又称淡奶油，或简称鲜奶、淡奶，音译作忌廉，是从牛奶中提取的脂肪。色洁白，味清香，营养价值较高。它是面点制作中不可缺少的加工油脂之一，除直接和其他原料混合使用外，也常打发成浆状之后在蛋糕上裱花，还可以加在点心上，甚至直接食用。但由于鲜奶油含水量较高，不易在常温下储存，须放入冰箱。

7)奶油

奶油又称黄油、乳脂、白脱油，是以牛乳中的脂肪为主要成分的油脂，由牛乳中脂肪分离加工后得到。奶油的种类很多，有用乳油发酵后制成的发酵奶油，有不进行发酵制成的无酵母奶油；有加盐奶油和不加盐奶油等。优质奶油色泽为淡黄色，用刀切开时，切面光滑，不出水滴，入口即化，并且舌头察觉不到粗糙感。奶油中含有蛋白质、乳糖、多种维生素等营养成分，是一种营养丰富的动物油脂。由于含有少量而多种类的低分子量脂肪酸，特别是酪酸、乙酸等，所以奶油香味浓、亲水性较其他油脂强，容易乳化，容易被人体消化吸收。乳化性、起酥性、可塑性均较好，口感光滑细腻，滋味肥润，是制作西式面点和糕点的主要原料。

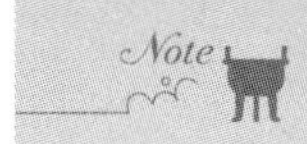

3. 食用油脂制品

1)植脂鲜奶油

植脂鲜奶油是以植物脂肪(主要是氢化棕榈仁油)为主要原料,添加乳化剂(如硬脂酰乳酸钠等)、增稠稳定剂(如羟基丙基纤维素、羧甲基纤维素、黄原胶等)、蛋白质原料(如酪蛋白酸钠等)、防腐剂(如山梨酸酯等)、品质改良剂(如磷酸二氢钾等)、香精香料(如奶油香精、白脱香精等)、色素(如β-胡萝卜素等)、糖、玉米糖浆、盐、水,通过改变原辅料的种类和配比而成的油脂。

植脂鲜奶油在风味和物理状态上与动物鲜奶油相似,其优点是打发用于裱花时表面洁白如玉,有光泽,图案不干裂、不塌陷、不变形、不返砂。在使用时应注意使用前必须首先完全解冻,不能采用微波和热水解冻,解冻完成后先摇匀再开盒使用,最好选用高速搅拌机,保持2~7 ℃的温度搅打。

2)人造奶油

人造奶油又称麦淇淋,是由各种动植物油或氢化油添加水及其他辅料(如乳化剂、维生素、色素、食盐、防腐剂、着香剂及其他调味料等),经乳化、急冷捏合成具有天然奶油特色的可塑性制品。

人造奶油为白色或奶黄色,外观与奶油相似,但营养价值、色、香、味均不如奶油。人造奶油具有保形性(置于室温时不融化,不改变形态;在外力作用下,易变形,可做成各种花样)、延展性(放在低温处,仍易于往面包上涂抹)、口溶性(放入口中能迅速溶化)和较高的营养价值(人造奶油在制成硬化油时,还需要配合适当的含亚油酸高的植物油,以提高营养价值)。

人造奶油在面点工艺中主要用来制作糕点,也可将其涂抹在面包上食用,以增加风味和丰富口感。

3)起酥油

起酥油是指以精炼的动物油、氢化油或这些油脂的混合物,经混合、冷却、塑化加工出来的,具有可塑性、乳化性等加工性能的固态或液态的油脂产品。

起酥油种类很多,有高效稳定型起酥油、溶解型起酥油、流动起酥油、装饰起酥油等,除具有可塑性、乳化性外,还具有起酥性、酪化性、吸水性、氧化稳定性和油炸性,其中,可塑性是最基本的特性。

起酥油一般不直接食用,是食品加工的原料油脂,主要用于制作糕点、面包等面点制品。使用时应根据产品需求,选择对应的起酥油。

(二)油脂的作用

1. 增加营养

油脂中的脂肪进入人体能产生一定热量,且产能系数高于蛋白质及碳水化合物,还能提供必需脂肪酸,促进脂溶性维生素的吸收,并且还是磷脂、胆固醇的良好来源。

2. 赋香增味

由于各类油脂都有独特香味,加入其他辅料后,不仅能保持原有风味,还能溶解其他很多香味物质。所以,凡是在制馅或制坯皮时有油脂存在,就能保持一定的香味。如熬葱油,葱香能特别体现;熬蟹黄油,蟹味也能始终存在。制作坯皮时,鸡

蛋或其他芳香物质的香味也能保持。特别在烘烤、高温及缺空气条件下，油脂必然有少量会分解成甘油和脂肪酸，脂肪酸在醇存在的情况下，会发生再酯化，产生乙酸乙酯的香蕉香味、丁酸乙酯的菠萝香味等，从而使面点具有浓郁的香味与滋味。

3. 润滑分层

油脂比较润滑，能减少面坯间的黏性，起到分层的作用。油脂可增加面包制品表面的光洁度和口感，制馅时能增加原料的润滑与光泽，在面点制作时，为了防止粘连，在使用的容器、模具、用具表面都需涂抹一层油脂。

4. 保软乳化

由于油脂在有磷脂存在的情况下，能产生良好的乳化作用，所以当与有磷脂的原料混合时，油脂即成为一种乳化剂，使成品光滑、油亮、色泽均匀。特别是粉料中加入油脂，油被面筋膜吸附后，便以薄层状覆盖其上，成为柔软而有弹力的面筋膜，脆度得到改善。而且在烘烤时，能够防止淀粉从面筋内夺取水分而发硬，这样便能制出内层细而柔软的面点。

5. 起酥发松

面点之所以吃起来感觉酥松，主要是由于油脂的作用，由于面粉中的面筋质和淀粉被油膜破坏了连续性，油包裹在面粉分子周围，阻断了粉粒间的联系，防止了面筋与淀粉的凝结，加热后，制成品组织脆弱、容易粉碎，组织中间距增大又使面坯的空气均匀分布其间，使其涨发、丰满、酥松。

由于油脂的表面张力强，不易化开，须经过反复搓擦，才能扩大油脂与面粉颗粒的接触，增强油脂的黏性，从而与面粉结合成团。

6. 传热成熟

油脂的沸点较高，传热速度快，加热后易得到相对稳定的温度，因此还是面点成熟的传热介质，通过油脂的传热成熟，才能使成品达到香、脆、酥、松的效果。

（三）油脂的运用

1. 合理选用油脂

使用油脂的面点品种繁多，为能保证成品质量，反映出一定的独特风味，就必须根据不同品种油脂的特点来合理选择使用。

滋味好、香味浓的油脂，一般大都用于调制面点的馅料；不干性油脂一般用于起酥、制作坯皮；半干性油脂一般作为成熟的加热介质；需存放较久的面点，可选用碘值、酸价低，较新鲜或加有抗氧化剂的油脂。

油炸糕点可选择烟点高、热稳定性好的油脂，如大豆油、菜籽油、棕榈油、米糠油、氢化起酥油等。尤其是棕榈油，饱和脂肪酸多，烟点和稳定性较高，目前使用较广泛。

酥类糕点可选择起酥性好、充气性强、稳定性高的油脂，如猪油和氢化起酥油等。

主食面包一般不长期储存，随生产随销售，油脂的使用量一般为5%～6%。油脂在面包生产中的作用主要是润滑面筋，增强面坯的持气性和增加制品的柔软性。所以，在选择面包用油时，应着重考虑油脂的味感和起酥性，稳定性次之，可选择猪油、乳化起酥油、人造奶油、液体起酥油等油脂。制作甜面包时，油脂使用量一般为

面粉的10%左右。为增加面包风味及柔软性，最好选择含有乳化剂的油脂，如奶油、氢化油脂等。

重奶油蛋糕含有较多的糖、牛奶、鸡蛋、水分，应选用含有高比例乳化剂的高级人造奶油或起酥油。

2. 正确掌握油温

不同面点品种，成熟时所需的油温不同，必须根据成品的需要正确掌握，特别是油脂的烟点、沸点、燃点的温度，以便在使用中控制油温。油脂的烟点与油脂的精炼程度是成正比的，精炼程度越高，油脂的烟点越高，一般在240 ℃左右。未精炼的油脂，一般烟点为160～170 ℃。油脂如果长时间加热，由于油内杂质增多，油脂的烟点要下降。

3. 严格控制油质

油脂作为传热介质，必须油质澄清，才能保证面点成熟后的质量，使用过程中必须注意以下几个方面。

当油温升到200 ℃以上时，就会与空气接触发生热氧化，产生各种分解生成物和氧化聚合物，致使油脂黏度增加，并发黑，这种现象又称为炸油的"疲劳"，油温越高，"疲劳"越快。过分加热是无益的，不要轻易反复将油加热。

面点制品在炸制时容易有干淀粉掉入油内，淀粉受高温焦化，油质易发黑；面粉蛋白质中的氨基酸与油脂经热氧化后发生羰基反应，生成物也易使油质发黑。如果油脂中混入铁、铜等金属，也容易使油氧化而"疲劳"，特别是铜对油的损坏更大。

油脂使用时间过长会起泡。特别是油脂内混入卵磷脂后，油脂表面的小泡将逐步遍及油面，油中氧化聚合物积聚，油的黏度增加，含水量增大，营养价值降低，并产生对人体有害的毒性成分，有损人体健康。所以必须严格控制，使油质澄清，保持油脂的稳定性，当油脂发黑不纯时，要少用或不用。

七、其他

(一)乳品

乳品是面点制作中常用的原料。根据产乳动物不同，乳品一般有牛乳、羊乳、马乳、鹿乳等。

1. 常用类别

面点中常用的乳品是牛乳及其乳制品，如鲜牛乳、乳粉和炼乳等。

1)鲜牛乳

正常的鲜牛乳呈乳白色或白中带浅黄色，微甜，有乳香味。鲜牛乳营养丰富，水分含量高，在温度适宜时细菌繁殖较快，不易储存。

2)乳粉

乳粉是以鲜乳为原料，浓缩后采用喷雾干燥等脱水方式制成的，通常呈极淡的黄色的粉末状。作为面点制品的原料乳粉，主要有全脂乳粉和脱脂乳粉，脱脂乳粉脂肪含量较低。在乳粉生产中，除抗坏血酸有损失外，其他成分变化不大，因此，乳粉仍具有很高的营养价值。乳粉由于含水量低，便于保存，食用方便，得到了广泛

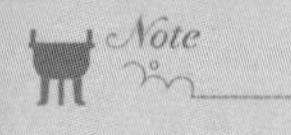

应用。

3）炼乳

炼乳又称浓缩牛奶，分为甜炼乳和淡炼乳两种。甜炼乳是在鲜牛乳中加入15%～16%的蔗糖，然后将牛乳中的水分加热蒸发，真空浓缩至原体积的40%左右的一种浓缩乳制品。浓缩至原体积的50%而不加糖者为淡炼乳。炼乳具有纯净的甜味和浓厚的乳香味，是高档面点制作的理想原料。

2. 作用

1）提升产品营养价值

乳及乳制品中含有丰富的蛋白质，必需氨基酸种类齐全且比例恰当；所含的脂肪颗粒小，熔点低，人体必需脂肪酸含量高；还含有乳糖及多种维生素、矿物质等营养成分，营养价值很高。将乳品加入面点制品中可以增加成品的营养成分，提升产品的营养价值。

2）改善色泽与风味

在面点中加入乳或乳制品，能使成品颜色增白，并具有一定的奶香味，尤其是成品经高温烘烤后低分子的脂肪酸挥发，香味就更浓郁了，可达到促进食欲、提高成品食用质量的作用。

3）改进面坯性能

乳具有良好的乳化性能，在面点中能改进面坯的胶体性能，促进面坯中油和水乳化；由于油与水的融合，乳能降低面粉中蛋白质淀粉相互的结合力。乳又有调节面筋胀润度的作用，能增加其保持气体的能力，使成品的发酵力增强，并能使其表面光洁，不易收缩变形，延迟成品的老化期。

（二）蛋品

蛋品也是面点生产的重要原料之一，在蛋糕、高档饼干、面包等的制作中用量较大。

1. 常用类别

面点制作中常用的蛋品有鲜蛋、冰蛋、蛋粉三类。

1）鲜蛋

面点生产中所用的鲜蛋有鸡蛋、鸭蛋、鹅蛋，但由于鲜鸡蛋具有凝胶性强、起发力大、味道香美的特点，因此面点制作中常用鸡蛋。

使用时要注意其新鲜度，需进行一定的检验后方可使用。打发蛋白时，将蛋黄、蛋白分离，先将蛋白充分搅拌到起泡后，再和蛋黄混合使用。

2）冰蛋

冰蛋是将鲜蛋去壳后，将蛋液搅拌均匀，经低温冻结而成。冰蛋有冰全蛋、冰蛋白和冰蛋黄三种。冰蛋既保持了鲜蛋原有的营养物质和滋味，又能延长存放时间，使用时只需将其解冻，即可同鲜蛋一样使用，且冰蛋白解冻后比鲜蛋白更容易起泡。

3）蛋粉

蛋粉是将鲜蛋去壳后，经喷雾高温干燥而成。蛋粉主要有全蛋粉、蛋白粉和蛋黄粉三种，此外还有速溶蛋粉，速溶蛋粉是用鸡蛋、蔗糖、牛乳加工而成，保持了鲜

蛋的理化性状。由于蛋粉在生产时要经过温度较高(大于 120 ℃)的喷雾干燥,使得蛋白质和脂肪等发生了一定的变化,从而使蛋粉的发泡性和乳化性降低,其工艺性能远不如鲜蛋,使用时应加以注意。

2. 作用

1)营养丰富

蛋品具有较高的营养价值,含有丰富的优质蛋白;脂肪也多由不饱和脂肪酸构成,特别是蛋黄中的磷脂,对促进人体生长发育有重要作用;含有磷、铁、钾、钠等多种矿物质和维生素 A 等多种维生素。所以面点中加入蛋品能提高面点产品的营养价值。

2)增香添味

由于各类蛋品中都具有一定的蛋香味,加入面点制品中,更能引起食欲,特别是经过再制加工过的蛋,更别有风味。

3)上光着色

由于蛋比其他原料吸热性强,所以经烘烤或油炸后,表面易呈金黄色,特别是将蛋液涂于成品表面,能改善成品外观,使之更有光泽。

4)粘接凝固

由于蛋液有一定的黏稠性,所以能利用蛋液,粘接面坯,起封口接缝的粘接作用。蛋品还因其所含的蛋白质具有受热凝固的性能,可增强制品的可塑性,分别制作出需要的成品。

5)起泡发松

由于蛋品中的蛋白质是亲水胶体,具有一定的黏度和发泡性。快速震荡搅拌能改变蛋白质的组织结构,使之包裹住气体,达到迅速起泡膨发的作用,成品经过加热后,气体膨胀使制品膨松体大。

6)乳化起酥

蛋品中含有较高的磷脂成分,所以能与糖、油结合产生乳化作用,经烘烤炸制后,能使成品更酥松。

(三)茶

茶在我国食用历史悠久,虽然近年来人们对茶的应用是以饮用为主,但随着人们对健康饮食的需求越来越高,以及对茶的利用的综合研究的深入,茶被广泛应用到各种食品的加工中,面点制作中也广泛用到了茶。比如添加茶粉制作的茶味鸡粥、茶香面条,各种含茶的饼干、面包、蛋糕、月饼更是常见,也可将茶叶调入馅心。

1. 常用类别

1)茶的类别

六大茶类分类法是茶的常见分类方式,按照茶的加工方式和品质特征,茶可分为绿茶、青茶、红茶、白茶、黄茶和黑茶。不同类别的茶具有不同的色泽、口味和成分,但均可运用于面点制作中。

2)茶的形式

茶在面点中的应用形式有茶粉、茶汁、茶汤等。茶粉多运用超微粉碎技术制成的茶制品,这种方式得到的茶粉口感细腻,其所含的营养物质也更容易被消化吸

收。而抹茶是一类有特殊要求的超微茶粉，也是茶粉中应用最为广泛的。茶汁是以茶叶为主要原料经水提取或者利用茶鲜叶榨汁后得到的液态产品。茶汤和茶汁虽有着相似之处，但茶汤和茶汁还是有一定区别的，茶汤是以茶为原料，以特定的技术制成茶汤，制作上更多偏重烹煮。

2. 作用

1)提高营养价值

茶叶中含有多种营养成分，蛋白质含量为25%～30%，糖类含量为20%～25%、脂肪化合物的含量为10%，有机酸的含量为3%，同时茶叶还富含多种维生素和微量元素以及茶多酚、茶氨酸、茶多糖等功能性成分。这些营养成分随茶叶加入面点中，能提高面点的营养价值及保健功能。

2)改善产品色泽

不同类别的茶具有不同的颜色，加入面点中可以赋予面点相应的色泽，如不同浓度的抹茶可以赋予面点淡绿色至墨绿色。

3)去腥增香

茶叶有明显的去腥作用，其原因是茶叶中有能够明显抑制腥味的儿茶素、儿茶酚等。同时，茶叶中还含有黄酮类物质，对各种异味也有一定的消除作用。另外，茶叶含有丰富的香气物质，不同的茶有不同的特征香气，有清香、栗香、花香、果香等，有的香气细腻柔和，有的香气浓郁锐气，有的香气清爽持久，有的香气深沉悠远，有的香气变化丰富。在面点中加入茶可以赋予产品一定的香气，添加量越多茶香味就越明显。

4)调味解腻

在面点中加入茶可以赋予产品茶的滋味，添加量越多茶味就越明显，但是需要注意的是，并不是添加量越多越好，添加过多蛋糕口感会比较粗糙，而且蛋糕还会出现茶的苦涩感。此外，茶叶能够解油腻，主要原因是所含的碱性物质能够将油脂中的酯类化合物分解成简单的化合物，从而降解油脂以消除食用者感觉上的油腻感。

5)提升储存性能

茶中所含的茶多酚是一种很好的天然抗氧化剂，对延长食品的保质期能起到明显的作用。将茶添加到面点中可以抑制菌群繁殖，增强抗大肠菌群污染的能力，推迟面点的霉变时间。

本章小结

几乎所有的烹饪原料都可以用来制作面点，且同一种原料采用不同的加工方法，可制成不同的面点，这就造就了面点品种的多样性。面点原料根据其在面点中的用途及地位，可分为坯皮原料、制馅原料和调辅原料。

坯皮原料是面点制作中最主要的原料，常用面粉、米及米粉，其他富含淀粉的谷类、豆类、薯类及淀粉制品均可用于制作面点坯皮，偶有用到猪肉等动物性原料。

制馅原料用于调制面点馅心，主要有畜禽类、水产类、蔬菜类、果品类和粮食类原料等，理论上来讲，制作菜肴的原料均可制作馅心，可根据面点的品种合理选择。

调辅原料可分为调味料、调香料、调色料、调质料和辅料，种类多，且对面点的制作及制品的色、香、味、形、组织结构及储存性能等起到很重要的作用，有些调辅料还能提高制品的营养价值。但在使用时应注意不能一味追求上述功能，应合理选择类别和用量。

核心关键词

面筋蛋白；灰分；直链淀粉；支链淀粉

思考与练习

1. 简述面粉的分类及适用范围。
2. 什么是面筋蛋白？它对面坯的形成具有什么作用？
3. 简述大米分类及特点。
4. 简述各类米粉的特点及应用。
5. 制馅原料包含哪几类？
6. 简述五仁馅所用的干果种类及其各自的特点。
7. 简述食盐在面点制作中的作用。
8. 面点制作中常用的糖类主要有哪些？
9. 简述食品香精的概念及在面制品中的作用。
10. 简述食用天然色素和食用合成色素各自的优缺点。
11. 发酵面坯常使用的酵母有哪几种？各有何特点？
12. 简述常用的增稠剂类别。
13. 简述乳化剂的作用。
14. 简述水在面点制作中的作用。
15. 水质对面制品品质有何影响？
16. 简述油脂在面点制作中的作用。
17. 面点制作中应如何选择油脂？
18. 简述乳品在面点制作中的作用。
19. 简述蛋品在面点制作中的作用。
20. 简述茶在面点中的应用形式及作用。

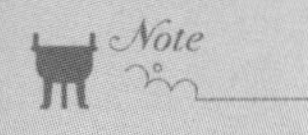

第三章　面点加工器具与设备

学习目标

• 了解常见面点加工器具与设备的主要类别，用科学发展观去认知和理解面点加工器具与设备的发展创新对面点生产技术的影响。

• 熟悉常用面点加工器具与设备的适用范围和保养方法，奠定严谨、踏实、细致、负责的职业素养。

• 熟记常见厨房面点加工设备的安全使用注意事项，具备安全意识。

教学导入

为响应国家"一带一路"倡议，兰州新区积极打造中亚粮油加工基地，致力于引进中亚农产品进行深加工，助阵粮食"引进来""走出去"，将相继建设面条厂、方便面厂等。那么，一个现代化的面条加工厂与传统手工面条制作加工作坊所须配备的加工器具与设备有哪些不同？

面点制作工具与设备是实现面点制作工艺过程的重要保障条件。在面点发展史上，面点制作技术每一次进步都离不开面点制作工具的发明创造、改良创新和普及运用。人类对粮食原料的加工利用，最初经历过漫长的粒食阶段，直到战国之前，杵臼、石碾棒、石碾盘等简单工具的应用，使得粮食原料逐渐摆脱了最初单一的粒食状态，出现了一些简单粗制的粮食粉料。战国初期，旋转石磨出现，后期石磨功能不断完善和提升，再加上粉料分离工具"绢罗"的出现和应用，使得粮食原料能

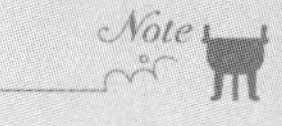

被加工得更为细碎，极大丰富了面点制作工艺类型，提升了面点制作的精细度。面点熟制工艺是以人类对火的认识和利用为起点。虽然人类最初用火实现的烧、烤熟制技术主要应用于动物性原料，但是借助具有蒸、煮功能的陶器，人类实现了对粮食原料的最初熟制利用。青铜、铁等金属烹饪器具的出现、普及和发展，烤、煎、烙、炸等熟制工艺技术在面点制作中得以应用，面点的品种类型得到进一步扩充。明清时期，面点手工加工工具，如河漏床、铁漏、印模等成形工具，以及烘盘、饼鏊等熟制工具，普遍使用。及至近现代，新材料、新器具、新能源的开发与利用，新的面点加工器具与设备不断运用于面点生产制作工艺环节，面点生产步入了手工生产与机械化生产并举的新阶段。手工生产与机械化生产看似独立，但两者在面点制作的原料配方、工艺流程、工艺品质上相互融合统一，使得面点加工技术逐渐形成了厨房生产和工业生产两大模式。面点器具与设备的广泛使用，为面点制作工艺流程的顺利实施提供了重要保障，并且能提高效率、稳定品质、丰富品种、促进创新。本章讲授的面点加工器具设备主要为面点厨房生产过程中所使用的加工器具与设备。

第一节　面点加工器具

面点加工器具是指面点在生产过程中，配合操作环节使用的各类器具。面点加工器具灵活实用，不仅仅能广泛应用于传统的小规模面点生产加工，甚至在面点工业化生产的某些环节，会根据面点加工工艺的需要，将面点加工器具与面点工业机械化、自动化生产设备配合使用。除烹调使用的一些通用器具外，面点加工器具还包括案台及盛装器具、称量及清洁器具、面坯制作器具、馅心制作器具、熟制辅助器具等。

一、案台及盛装器具

（一）案台

案台又称为面案、案板、面台、面板等，是面点制作中面团调制、馅料调制、擀皮成形等工序的操作台面。案台的加工台面要求平整、光滑、无缝，其材料通常为木质、石质及金属。案台的大小可以根据面点操作间的环境空间大小而定制。较为常见的台面大小为 90 cm×180 cm。案台的加工台面应安放在牢固平稳的支架上，也可以放置于具有储物空间的桌柜上方。用于安放案板台面的支架可以是铁架、木架，还可以用砖砌而成。案板台面的搁置高度为距地面 75 cm 左右。案台下方具有储物空间的桌柜可以选配制冷装置，使其具有冷储功能。如今，许多案台被设计为带轮可移动式，以便于面点操作间地面的日常清洁。

1. 木质案台

木质案台的台面大多由 6 cm 左右厚的木板制成。台面的材料以枣木为最佳，其质地紧密不易变形。木质案台相对于石质案台和金属案台来说摩擦系数相对较高，具有一定的透气性和柔韧性。木质案台多用于调制中高黏度面团，其不仅能提高面团调制的效率和质量，还能提升操作者的舒适度。如果木质案台的台面选材、使用、保养不当，就极易出现裂纹、缝隙，给操作和清洁带来不利。

2. 石质案台

石质案台的台面以大理石台面为佳，也有使用人造石台面的。大理石台面一般厚度约为 4 cm。由于大理石台面较重，因此其底部支架要求特别结实、稳固、承重能力强。石质案台比木质案台平整、光滑、凉爽。一些油性较大的面团、需要迅速降温的面团适合在此类案台上进行操作。石质案台是糖沾工艺、巧克力制作的必备工具。

3. 金属案台

最常见的金属案台是不锈钢案台。不锈钢案台多用不锈钢钢板包木板制成。金属案台表面光滑，不吸水、不吸油，适用于在制作过程中要大量用油的面点制品（如油饼、千层饼等）的制作。金属案台结实耐用、易于清洗，除用作部分面点制品加工的操作台面外，也常用来做备用工作台，方便于面点生产制作的原料、半成品和成品的摆放与制作。

（二）盛装器具

盛装器具主要是指用于盛装、储存面点生产制作过程中原料、半成品和成品的器具，如面粉桶、面团周转箱、馅盆等。盛装器具通常要求坚固、耐磨、耐腐蚀且易于清洁，不锈钢、玻璃、陶瓷、聚丙烯塑料等材质的盛装器具最为常见。盛装器具的器型多为桶钵、箱盒、缸盆、碗碟、盘盏等，有大有小，可带盖或不带盖。盛装器具一旦出现破损、裂纹或渗漏等，一般就不建议再使用。

二、称量及清洁器具

面点制作的最初阶段通常要进行原料、工具设备的准备工作。这些准备工作离不开称量器具及清洁器具。

（一）称量器具

在面点加工制作中，曾经广泛使用的称量器具有很多类别，如杆秤、天平、弹簧秤、电子秤等，但部分称量器具因操作不便，或精度不够，而逐渐被厨房生产所弃用。如今较为常用的称量器具主要有弹簧盘秤、电子台秤、量杯与量勺。称量器具使用前后必须仔细擦拭干净，放在固定、平稳处。

1. 弹簧盘秤

弹簧盘秤是弹簧秤的一个类别，因其盛物器皿为盘状，故称为弹簧盘秤。弹簧盘秤是以弹簧来进行机械测力，并且通过指针配合刻度盘来显示测力结果。使用弹簧盘秤前应先进行调零修正，使指针正对零刻度线，并注意弹簧盘秤的测量范围和最小刻度值。称重时，弹簧盘秤应水平放稳，避免猛烈冲击和抖动，注意弹簧盘秤的中轴线应与被称重物品的重力作用线尽量一致。读数时，视线应正对刻度面。注意称重若超过弹簧盘秤测量范围，容易造成弹簧盘秤损坏。高频率、长时间负载接近量程的操作会使指针无法归零。

2. 电子台秤

电子台秤又称为电子天平，其通过称重传感器，将作用在被测物体上的重力按一定比例转换成可计量的输出信号，其信号输出单位可以为克(g)、升(L)等。厨房常用的电子台秤的最大量程多根据生产需要进行选择，一般以高于称量原料和其盛装容器总重量的最大值来进行选择。厨房电子台秤常选择 1 g/0.5 g/0.1 g/0.01 g 的称量精度。电子台秤使用时要水平放置，避免在高温、高湿和空气过于流动的环境中称量。电子台秤的称量数据读取直观方便，其常设置的一键归零、去皮功能，使得混合称重变得更加简便。

3. 量杯与量勺

量杯与量勺是西式面点和我国港台地区面点制作中常用的称量器具。量杯与量勺本质上是原料体积称量容器，常用的有 cup、tablespoon 和 teaspoon 这三种型制。cup，中文单位为“杯”，简写为 c，其体积容量约为 240 mL；tablespoon，中文单位为“餐匙”或“汤匙”，简写为 tbsp，其体积容量约为 15 mL；teaspoon，中文单位为“茶匙”，简写为 tsp，其体积容量约为 5 mL。

（二）清洁器具

1. 面刮板

面刮板又称面刮刀，其主体是由铜片、铝片、铁片、塑料、不锈钢片等制成的，形状有长方形、梯形和圆弧形等。面刮板主要用于清洁面案、混合物料、辅助和面、分割面团等操作，是面点制作中的常备工具。

2. 粉帚

粉帚多以猪鬃、羊毛或棕等为原料制成，主要用于案台或面团上多余粉料的清扫。

3. 面粉铲

面粉铲多由塑料、金属等制成，有大有小。面粉铲可在扫粉时配合盛粉使用，但更多作为面点加工操作前从存储面粉的容器中取用面粉的工具。

三、面坯制作器具

面坯制作器具根据使用的范围不同，主要有原料筛分器具、面皮擀制工具、面坯成形器具等类别。

（一）原料筛分器具

原料筛分器具主要是粉筛，又称筛箩、筛网。根据制作材料的不同，粉筛有棕制、马尾制、铜丝制、铁丝制、不锈钢制等几种。目前厨房使用的原料筛分器具以不锈钢制最为常见。原料筛分器具可用作筛分、除杂、松散物料等用途，如过筛粮食粉料、擦洗豆沙皮蓉、分离果蔬汁渣、过筛装点粉料等。大部分面点在调制面团前都应将粉料过筛，以确保产品质量。用于面粉筛分的筛网多为 60 目的规格。“目”即指 1 英寸(25.4 mm)的长度上，有多少个孔目。目数越大，说明被筛分的物料粒度越小；目数越小，说明被筛分的物料粒度越大。

（二）面皮擀制工具

面杖又称为擀面杖，是用来手工辊压面片的一类滚筒状或棒状工具。面杖作为面点工艺中最常用的手工操作工具，除了用来碾压面片外，还可用来碾碎辅料。面杖多由不易变形的细韧材料制成，以枣木或檀木为好，质地结实，表面光滑整洁。根据形状构造的不同，常见的面杖分为直擀杖、通心槌、橄榄杖等。

1. 直擀杖

直擀杖光滑笔直、粗细均匀，根据尺寸可分为大、中、小三种。大直擀杖长约 80 cm，主要用于擀制面条、馄饨皮等；中直擀杖长约 45 cm，适合擀制大饼、花卷等。小直擀杖长约 30 cm，多用于擀制饺子皮、包子皮、小包酥等。

2. 通心槌

通心槌又称为走槌，主体部分呈圆柱形或鼓形，中间空，供插入细棍作为轴心。使用时，操作者在细棍轴上施力，通过细棍轴，将力传递给通心槌主体部分，从而实现对物料的擀压。通心槌分大、小两种，大的通心槌主体部分多呈圆柱形，主要用于将面积较大的面皮擀至平整均匀，如层酥面坯的开酥，制作花卷等；小的通心槌主体部分多为鼓形，多用于擀制烧卖皮等，擀出的面皮呈荷叶边状。

3. 橄榄杖

橄榄杖又称枣核杖、橄榄棍，其形似橄榄或枣核，中间粗、两头细，主要用于擀制水饺皮或烧卖皮等。橄榄杖根据使用方式分为单杖和双杖两类。

单杖，又称为小面杖，是单独的一根面杖，长 25～35 cm，光滑笔直，两端比中间略粗，是擀饺子皮的常备工具。使用时，既可以一只手拿住面剂，另一只手推擀单杖，又可以双手放在单杖两端，左右手配合用力，擀压位于单杖下方的面剂。

双杖，又称为双手杖，也是擀制面皮的专用工具。双杖大小均有，两头稍细，中间稍粗，双手杖比单手杖略细，擀皮时两根并用，双手同时配合进行，出品速度较快。使用双手持杖时，要注意用力均匀，以保持面杖的相对平衡。

面皮制作的主要工具除面杖之外，拍皮刀也是面皮制作的主要工具之一。拍皮刀外形与普通切片刀相似，但刀口不开刃。拍皮刀主要适用于筋性低，但又具有一定黏性的面剂，如虾饺面皮。

（三）面坯成形器具

1. 面坯成形模具

面坯成形模具是在面点生产过程中，用按压、浇注或挤注等方法对面点进行造型美化的操作器具。根据材料质地的不同，面坯成形模具主要有木制模具、金属模具、塑料模具和硅胶模具等；根据功能用途的不同，面坯成形模具主要有印模、卡模、胎模、内模等。

1）不同材料质地的面点成形模具

（1）木制模具。

木制模具，是制作传统中式面点常用的一类模具，通常以红木、枣木、樱桃木等材料制作为佳，质地细密结实，经久耐用。木制模具多用于生坯或熟坯的印模成形，成形的坯子会带上木模内框的纹路和形态。木制模具禁止用水浸泡且须远离暖气，使用后擦拭干净，定期涂抹食用油保养，防止干裂。

（2）金属模具。

金属模具，有铁、铜、铝、合金铝、不锈钢等多种材质，可以制成各种用途的面点

成形模具，如印模、卡模、套模、内模等。铁、铜材质的模具使用年代较早，由于容易氧化变色，现在已经较少使用。合金铝和不锈钢是目前使用较多的模具材质。尤其是不锈钢模具，因其使用清洁卫生、操作安全方便，而被广泛使用。金属模具耐温范围较大，用途广泛，适用于生坯成形、加热成形、熟坯成形、冷却成形等多种模具成形方法。

(3)塑料模具。

塑料模具，耐温范围较小，在常温下为硬质。塑料模具和木制模具的应用范围相似，多用于生坯或熟坯印模成形。常见的一种塑料质地的月饼模具搭配脱模推杆，使用这种塑料模具成形操作更加便捷。

(4)硅胶模具。

硅胶模具，是一类新型材料模具。其耐温范围大、质地柔软、有一定的弹性，因此较为适合加热成形和冷冻成形的面点加工。

2)不同功能用途的面点成形模具

(1)印模。

印模，又称为印板，通常是由不易变形、有一定厚度的硬木制成，也有由硬质塑料或金属制成的印模。印模上有不同形状的凹陷，其外框形状有方形、三角形、圆饼形等，印模底面通常刻有各种花纹或文字图案。根据制品的不同，印模成形工艺环节有时会安排在成熟环节之前，也有安排在成熟环节之后的。印模成形在中式面点中的应用历史悠久，坯料通过印模成形，可形成具有图案的、规格一致的面点制品，如制作传统的绿豆糕、定胜糕、广式月饼等。印模有单眼模、双眼模和多眼模等种类，其图案、形态、式样很多，大小各异，可按照品种制作的特色需要选用。传统印模是带有纹路固定底部凹陷的一体式模具，成形后的面剂与模具分离须用力敲击模具。而如今许多印模被设计成带有可替换活动底板的手推式印模。使用手推式印模不仅底板花纹可以按需替换，而且只需推动连接活动底板的推杆，即可将成形面剂从印模中推出分离。

(2)卡模。

卡模又称套模、花戳，是一种用硬质塑料或金属材料制成的两面镂空、有立体模孔的成形模具。卡模内圈形状有圆形、梅花形、心形、方形等，每种形状都可制成由小到大的一组。在实际运用时，可根据制品的需要，选择合适的大小。卡模使用时，先将已经滚压成一定厚度的片状坯料铺在平铺的案板上，然后一手持模具上端，用力在面皮上垂直压下，再提起，使模具卡出的面片与整个面皮分离，即可得到具有卡模内圈形状的面片。卡模常用于制作酥皮类面点及小饼干等。

(3)胎模。

胎模也称盒模，与印模一样具有不同形状的凹陷。但印模与胎模也有明显的区别：印模基本都是由硬木或硬质的塑料制成，而胎模的选材较多，可以使用金属、纸、锡箔、硅胶等材料来制作；印模边缘比较厚大，以防变形，而胎模边缘较薄，有利于通过温度的改变实现成形；印模成形操作时间较短，而胎模成形所需要的时间较长，既有通过加热成熟成形的，又有通过降温冷凝成形的；印模一般只用于含水量不多的面团成形，而胎模则可用于含水、含油量比较多的面团的成形，如蛋糕、蛋

挞、米糕、布丁、慕司等的制作。

（4）内模。

内模，通常是由金属材料制成，用于支撑成品、半成品外部形态，使其在加热熟制的过程中定形的一类成形模具。根据面点制品成形的特征要求，内模的规格、样式会相应发生变化。但在成形过程中，内模的功能作用区域大多位于面坯内凹处，形成一定的造型空间，如螺旋转、冰淇淋筒等，后期再配合填入馅心或装饰点缀后出品。

知识链接

于小菓——掀起一场中式点心复兴

"民以食为天"，中国的饮食文化博大精深，其中中式点心不但包含丰富的食材、精良的制作工艺，更通过特制的点心模具与中国节日节气、祭祀、祝福、养生、地方民俗、日常生活等相融合，形成图案精美多样、寓意吉祥、口味丰富、南北各具特色的中式点心及文化。出于对中国传统文化的喜爱，于进江先生开始研究中式点心，希望通过研究更深刻地了解中式点心的历史、发展脉络、美学与生活民俗的关系。

一次偶然的机缘，于进江先生收到了朋友从日本带回来的一盒精美别致的传统和菓子。其实日本和菓子是受中国传统点心文化影响才有了现在的发展，这彻底激发了他探寻中国传统点心文化的决心。于是他开始探寻中国几千年文明孕育下的中国传统点心不为人知的故事。我们该如何还原中国传统点心背后的历史文化、生活习惯、风俗礼仪，以及如何用当代人易于接受的方式展现其魅力，并将其融入现代生活。

于进江先生用了四年时间，行程 10 万公里，从北京民风民俗的礼仪习惯到江浙地区的节庆糕点，从山西平遥的深宅大院到福建百年宗族祠堂，走访了各地区众多特色点心老店和传统风俗博物馆。同时，他还从全国各地收集了 7000 余个中国传统点心模具，这些模具从唐代到近现代，跨越千年，成为研究中国传统点心文化的素材。2017 年国庆期间，于进江先生在北京 798 艺术区隆重举办了中国首次以当代艺术手法解读古代点心模具的艺术展览，赢得了各界名士的一致好评，引起了文化界、艺术界、收藏界的高度关注，引发了中式点心行业的深度思考。

（资料来源：https://mp.weixin.qq.com/s/KW1 EsBhzADUiSia-hVszkg）

2. 面坯成形装点手工工具

1）花镊子

花镊子又称为花车，一般由铁、铜、不锈钢等材料制成。花镊子一头是扁嘴带齿纹的镊子，另一头是带波浪的滚刀，主要用于特殊形状面点的成形、切割等工艺，比如水晶包花瓣就是用花镊子制作的。

2）小梳子

小梳子一般是木质或塑料制品，其梳齿有细密之分，用来制作各种平行花纹或

点线花纹。

3)小剪刀

小剪刀主要用来修剪花样点心用。如剪花包的花瓣,苏州船点中的小鸡、小鸭、小鹅的翅膀、羽毛等。

4)尖锥小竹片

尖锥小竹片,一头尖一头扁,体积较小,一般长 7～8 cm,扁头宽 1 cm 左右。尖头用来锥各式造型动物的眼睛,扁头用来揿制条印(如压制蒜瓣、玉米棒体等)。

5)量尺

量尺是长度测量工具,有竹木、塑料或金属不同材质。制作面点时,可根据面点制作工艺的需要,使用量尺,对面片、生坯或半成品按一定的规格要求进行切分或装点,如牛角包、切糕等的制作。

6)抹刀

抹刀是涂抹工具,有竹木、金属、硅胶等不同材质,刀身平直,或带有规律齿纹。面点制作时,抹刀常被用于软质坯料和馅料的填充涂抹、饰面原料的平整和造型等操作。

7)软毛刷

软毛刷多由羊毛制成,质地柔软,主要用于面团、半成品或成品抹油,也用于面点生坯顶面涂刷饴糖或蛋液,如花卷、面包等的制作。

8)裱花嘴

裱花嘴,有塑料、铜皮或不锈钢材质,有圆头、尖齿、尖舌、鸭嘴等形状,一套数件,主要用于裱花蛋糕的饰面操作。

9)踩方

踩方形如一方枕木,背部有便于操作的手抓凸棱,大小依盆而定,主要用于将糕坯踩紧压实,使之成形。

10)喷壶与喷枪

喷壶主要用于面团发酵过程中增加水分、调整湿度。在西式面点的装饰工艺中,还常使用一种类似喷壶的工具——喷枪。喷枪一般通过外接加压设备,将液体加压雾化均匀喷出,其喷出的液体颗粒细腻均匀,常用于西式面点出品前的装饰环节。

四、馅心制作器具

面点制作中需要使用的馅心制作器具几乎包括菜肴烹制加工中所须使用的所有器具类型,如切配加工器具、烹调加工器具等,除此之外,面点馅心调制工艺常备的专用器具还有以下几款。

(一)馅碟

馅碟是盛放各式馅心的专用器具,一般由不锈钢制成。馅碟碟口光滑,不宜太深。实际使用时,也可将浅口碗或盘碟作为馅碟来使用。

(二)馅盆

馅盆有玻璃、陶瓷、搪瓷、不锈钢等不同材质,规格大小多样。在面点馅心制作

中，应根据实际需要，各种规格多备一些，以便调制分量不同的各式馅心时使用，如拌制生肉馅、菜馅、菜肉馅等。此外，馅盆还可以盛装各种馅心或储存其他物品。

（三）馅挑

馅挑又称为尺板、馅刮、包挑，多为木制、竹制、不锈钢制薄形条板，主要用于各式点心上馅或拌馅操作。

（四）蛋甩帚

蛋甩帚俗称抽子，有竹制和钢丝制两种，主要用于混合粉料或稀糊、搅打蛋液或奶油，也可用于制馅操作等。

（五）软刮

软刮又称为刮刀，多采用食品级硅胶材料制作，其强度高、韧性好、耐磨、耐用，在－40～220 ℃的温度中能安全使用。软刮刮头通常设计成末端带有直角和圆弧边界的厚片状，使用时能充分能贴合容器内壁。在面点制作中，软刮常用来取用或混合中低黏度物料，如稀面糊、奶油、巧克力等，也可以在需要某些稀糊状馅料制作加热工艺环节中使用，以防止馅料在加热过程中煳底，如制作果酱、卡仕达酱等。

五、熟制辅助器具

与面点馅心调制器具相似，面点熟制工艺中所需的辅助器具几乎包括菜肴烹制热加工环节中所须使用的所有器具类型。其中，有些器具在面点的熟制工艺中有特定的用途和方法，具体情况如下。

（一）漏勺

漏勺是带有很多均匀的孔的铁制带柄的勺。根据用途不同，漏勺分为大、小两种，主要用于淋沥食物中的油或水等。

（二）网罩、笊篱

网罩、笊篱有不锈钢制和铁制的，是用不锈钢或铁线编成的凹形网罩，通常带有竹制长柄，主要用于油炸食物沥油、捞饭等。

（三）长筷子

长筷子由两根竹木细长棍制成，多用于从蒸煮锅中捞取成熟的面条或在油炸食物时用来翻动半成品或钳取成品。

（四）铲子

铲子由铁片制成，带有柄，用以翻动馅饼、锅贴等煎烙制品。

（五）高沿平锅

高沿平锅是制作锅贴、生煎包子、烙饼等的工具。高沿平锅规格、种类很多，常由生铁制成，部分配有不粘涂层；一般有柄，便于端拿；常配有锅盖，便于加热。

（六）平锅

平锅又叫饼铛，常由生铁制成，厚平板状，可以用来制作烙饼、摊春卷皮、摊煎饼等。

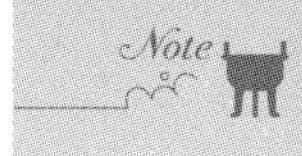

(七)蒸煮锅

蒸煮锅,又称为水锅,通常为金属材质。在蒸煮锅中加水配合适当的热源可以直接熬煮食物,组合蒸笼、蒸垫等也可用于蒸制成熟加工,如熬果酱、煮面条、煮水饺、蒸包子等。蒸煮锅容量有大有小,适合不同分量物料的蒸煮工艺需要。可与蒸煮锅配合的热源有燃气、电、蒸汽等。如今蒸煮锅还有加压、旋转、可倾等不同的功能,如蒸汽压力锅等。

(八)蒸笼与蒸盘

蒸笼与蒸盘均为面点蒸制成熟的辅助器具。蒸笼又称为笼屉,多为竹木、金属材质,形状主要有圆形或方形,其直径或边长一般从十几厘米至几十厘米不等。蒸笼多与蒸煮锅组合使用,下设笼座或水圈,以防止沸水浸没制品。蒸笼的顶部笼盖通常设计成圆弧面或圆锥形,以防止蒸汽冷凝滴落制品表面。蒸盘通常配合蒸柜使用,多为金属多孔的平面,尺寸大小与蒸柜相匹配。蒸笼和蒸盘在使用时通常要刷油或配合笼垫。笼垫有棕垫、草垫、布垫或硅胶垫等材料类型。

(九)烤盘

烤盘是配合面点烤制成熟的辅助器具,多为金属材质,部分带有不粘涂层。没有不粘涂层的烤盘在使用前一般需要刷油或垫上烤纸,以防制品粘底。标准商用烤盘的尺寸为 60 cm×40 cm,也有配合烤箱内框大小设计的不同尺寸烤盘。

第二节　面点加工设备

随着技术的不断进步,在面点加工的各个环节,越来越多的机械设备得以运用。与传统纯手工生产相比,面点加工机器设备的使用,在方便生产的同时,稳定了出品质量,提升了生产效率,使得面点工业化生产领域不断扩大。目前面点加工机械设备种类繁多,根据其在面点加工中的主要功能和用途,可分为初加工机械设备、成形机械设备和加热设备。本节主要从用途、工作原理和操作要求等方面介绍不同类别的常用面点加工机械设备。

一、面点初加工机械设备

面点初加工机械设备是运用于面点初加工环节的机械设备,如原料处理环节的磨浆机、绞肉机、斩拌机、料理机等;面团调制环节的和面机、辊压机、搅拌机、均质机等。

(一)磨浆机

磨浆机在饮食行业使用广泛,主要用于米、面、豆、花生、芝麻、杏仁等物料的湿磨浆。磨浆机根据碾磨方式分为单式碾磨和复式碾磨两种,其区别在于旋转磨盘数量;根据渣浆分离状况,又有纯磨浆和渣浆分离式磨浆两类。

磨浆机是利用物料的自身重量进料,在上下砂轮之间进行磨浆。为了控制磨

浆浆液的粗细，可通过螺母和弹簧对两砂轮之间距离和弹性进行调整。符合质量要求的浆液因高速旋转的离心作用，被甩向倒锥形滤网内侧壁上，浆液通过筛孔被过滤出来，浆渣则慢慢堆积，直至堆积至顶部出渣口后被排出。

磨浆机须按说明书进行调试运行正常后方可使用。使用时要根据浆液的粗细要求调节两磨盘的间距。磨浆时若加水不足或因两磨盘间隙调节过小都会出现"烧浆"的现象。每次工作完毕后，应及时清除浆渣、拧紧调节螺母、打开视孔盖板、清洗干净，保持机器内部干燥、通风。

（二）绞肉机

绞肉机是在肉类原料处理中使用最为普遍的一种机器，在面点加工中主要用于馅心原料中的肉料制糜加工需要。根据结构特征，绞肉机可分为单级绞肉机、双级绞肉机和多级绞肉机。在普通分量及粗细要求的面点肉类馅心原料的绞制加工中，单级绞肉机使用较多。如果加工量大、肉糜要求特别细，则可以选择双级绞肉机或多级绞肉机。

绞肉机使用时，肉料送入物料斗后，通过螺旋送料辊，不断推送到绞肉筒内的绞切系统，利用绞切系统中的不锈钢格板和十字切刀的相互作用，肉料被切碎、绞细形成肉糜。调换绞肉机配套的不同孔径的绞肉格板可以实现肉糜粗细调节。

绞肉机使用前要检查锁紧螺母是否拧紧，确认所有零部件安装正确完整，设备能正常运转后再使用。使用时要注意投料安全，使用送料棒向物料斗推送肉料。肉料要剔尽骨刺筋膜，以免伤刀或堵塞通道。要注意保持刀口锋利，否则影响工效，甚至出现事故。每次使用完绞肉机要及时清洗干净。

知识链接

绞肉机再现"吞"手事故

2017年3月11日下午，徐州仁慈医院急诊室送来一个患者陈先生，他的右手带着一圈铁质东西，原来是被卡进了绞肉机里。由于陈先生手部卡着绞肉机，医生无法对伤口进行治疗，需要119来帮助破除绞肉机。消防员到达后，用专业器械对绞肉机零件进行切割，在四名消防员的相互配合下，十几分钟后，陈先生的手掌终于从绞肉机中取出。经检查，陈先生右手示指、中指、环指不全离断，血管神经肌腱受到严重损伤，经过几个小时的手术，陈先生的三根手指被成功接上。陈先生介绍，本来是在家中使用绞肉机绞肉，突然绞肉机停止了转动，于是就将手伸进去想把卡住的肉取出来，结果绞肉机突然开始了转动，手就被绞了进去，陈先生忍着剧痛关闭了绞肉机开关，才避免了整个胳膊被绞进去。

（资料来源：https://m.sohu.com/a/129151585_554538）

（三）斩拌机

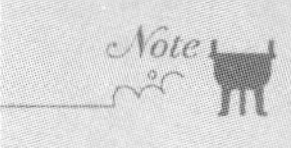

斩拌机是集切、绞、搅、斩、拌于一体的原料加工机械。斩拌机能将去皮骨的新鲜肉块进行切、剁、搅拌、破碎、拌匀等操作，进而制成肉糜；还可在斩拌过程中加入

其他的配料和调辅料等，从而制得肉馅或菜肉馅；亦可只处理蔬菜原料，从而获得蔬菜末。

根据斩拌刀轴的方向，斩拌机分为立式斩拌机和卧式斩拌机。立式斩拌机的物料斩拌盘较小，通常适合少量生产，如家用或实验教学；卧式斩拌机的物料斩拌盘相对较大，适用于有一定加工规模需要的面点制作厨房。以卧式斩拌机为例，工作时，放置在圆环形斩拌盘内的原料会随着斩拌盘一起水平旋转，当原料转到斩拌刀下部，则会被高速旋转的刀片斩碎。这个过程随着斩拌盘的旋转不断往复循环。斩拌时间长短将决定被斩拌物料最终粗细度。

斩拌机使用前要检查零部件是否安装正确牢固，通电试机，确认正常工作后再开始使用。物料要去除皮骨，分切成合适的大小后，才能添加到斩拌盘内。在工作状态时，不可用手触碰刀盖下的斩拌刀工作空间。使用完毕后，应及时清洗干净。

（四）料理机

料理机主要用于制作果汁、豆浆、果酱、干粉、刨冰、切片、切丝、制肉馅等多种食品。近年来，随着料理机功能及部件的不断升级，料理机的应用领域已不仅仅局限于家庭烹饪加工需要，也开始在中小规模专业厨房生产中逐渐推广使用。

市面上常见的料理机分为手持式料理机与台式料理机两种。相对而言，台式料理机功能更加全面。手持式料理机又称为料理棒，携带方便、易清洗，受容器形状限制相对较小。料理机通常配有十字刀座和一字刀座。十字刀座主要用于加工流体或块状食物，如各种蔬果块；一字刀座主要用于加工干果类食物，如米粒、豆类、干辣椒等。

料理机使用前要检查零部件是否安装正确、牢固，通电试机，确认正常工作后再开始使用。料理机须根据不同的加工需要选择合适的刀座。用于加工的原料应剔除骨头或硬质籽粒，以免损伤刀刃及器皿。料理机一般设计有过热保护装置，且通常不允许空转或超载运行。加工完后，需等刀片的旋转完全停止后方可将杯体从主机上取下，随后及时清洁，擦干放置。

（五）和面机

和面机又称为调粉机、搅拌机等，其主要用于面粉、糖、水、油、乳等原料的混合、搅拌等操作，并以此调节面团面筋的胀润度，控制面团的可塑性、韧性，使原料混合均匀分散。使用和面机调制的面团一般黏性强、流变性小，因此和面机的各部件结构强度大，而工作轴的转速相对较低，一般为 20～80 r/min。和面机广泛应用于面包、饼干、面条等面点品种制作生产。根据搅拌轴的位置和角度，和面机分为卧式和面机和立式和面机两大类。

根据和面斗的安装形式，卧式和面机分为固定式和可倾式两种。根据调制物料的黏度和面团的性质，卧式和面机工作时会选择不同形状的搅拌器，如“S”形搅拌器能增加物料轴向和径向流动率，促进物料混合，适用于高黏度物料的搅拌；桨叶式搅拌器对面团的剪切力强、拉伸作用弱，比较适宜于油酥面团的调制；直辊笼式搅拌器有利于面团调制时的轴向流变，对面团实现压、揉、拉、延，有利于面筋网络形成，适用于面包、饺子、馒头等面团的调制。立式和面机的搅拌器主要是扭环形、蛇形、

钩形等，其对面团作用力大，可以促进面筋生成，比较适用于韧性面团、发酵面团的调制。立式和面机的和面功能也常被设计成多功能搅拌机的其中一项功能应用。

使用和面机前，应检查零部件安装及电路是否正确，进而接通电源试机检查工作状态是否正常。和面机在使用时，物料投入量应根据型号规定进行，不得超载。在主轴旋转时，严禁卸料，更不能将手伸入料斗内，以免受伤。使用完毕后，应及时清洁干净。

（六）辊压机

辊压机又称为压皮机、压延机等，其功能是将和面机调拌好的面团，通过一组或多组压辊的作用，压薄成为面皮、面片。根据压辊对数的多少，辊压机分为双辊辊压机和多辊辊压机；根据压辊的安装形式，辊压机又分为立式辊压机和卧式辊压机两种。

立式辊压机常被称为压面机，其占地面积小、操作灵活方便、进料容易，主要用于单一面片的辊压操作。立式辊压机在操作中主要依靠面团的重量和喂料装置的作用进行垂直供料，直接进入压辊之间进行辊压，辊压厚度可通过调节压辊的间隙进行控制。立式辊压机适用于麦粉类水调面团和麦粉类发酵面团的辊压操作。如果组配切面刀零件，立式辊压机还可以实现面条生坯成形。卧式辊压机因适合起酥面皮的辊压操作，故而常被称为起酥机。卧式辊压机主要是通过对辊或辊与平面之间的对压作用来对面团进行压扁与压延。面团放置在卧式辊压机的工作台上，工作台常被设计成皮带输送。通过皮带输送，工作台上的面团被上下压辊往复碾压，逐步调整上下辊的间距，以适应逐渐变薄的面片，并最终得到相应厚度的面带。

辊压机使用前应通电检查其工作是否正常，确认压辊间距是否符合工艺需求。使用辊压机，要特别注意供料安全，切忌用手送料。立式辊压机主要通过物料自身重量送入压辊间隙，卧式压面机则主要通过皮带输送进入压辊间隙。使用完毕后，应及时清洁干净。

知识链接

压面机事故不容忽视　几乎每天都会发生

2014年，昆明某家糕点店铺的糕点师曹女士像往常一样工作着，没想到手指跟着面饼一起卷入轧面机的轧辊中，鲜血也随之流了出来。消防员赶到事发现场后用液压钳将压面机的轧辊顶开，曹女士被成功救出送往医院。值得庆幸的是曹女士并没有伤到骨头，但是软组织与血管受挫，需要进行手术治疗。

（资料来源：根据网络资料整理。）

（七）搅拌机

搅拌机又称为多功能搅拌机，在面点制作中主要用于液体面糊、蛋白液等黏稠物料的搅拌，如蛋泡面糊、奶油霜、奶酪等物料的混合、搅拌与充气。多功能搅拌机可以分为立式和卧式两种，在面点厨房生产中，以使用立式搅拌机为主。

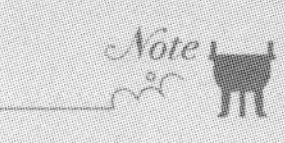

搅拌机在工作时，搅拌头往往在高速自转的同时公转，对物料进行强制搅拌，使物料充分摩擦，实现物料的混匀、乳化和充气。目前立式搅拌机的搅拌头常有三种形式：花蕾式搅拌头，有利于空气的混入，适宜高速运转下低黏度液体物料的搅拌，如蛋面糊的搅拌；扇形搅拌头，又称为拍形搅拌头，其强度高、作用面较大，适宜中速运转下中等黏度糊状物料的搅拌，如黄油、肉馅等的搅拌；钩形搅拌头或蛇形搅拌头，与立式和面机的功能相似，适合低速运转下高黏度物料的拌打，如糖浆、麦粉类发酵面团等的拌打。

使用搅拌机前，应检查零部件安装及电路是否正确及正常，进而接通电源试机检查工作状态是否正常，确保搅拌头的运动轨迹没有与容器壁产生碰撞或摩擦。使用时要注意选择与原料加工相适应的搅拌头和搅拌速度，以免机器负载过大，造成损坏。在使用过程中，不能用手或其他工具触碰正处于工作状态中的转动搅拌头，以免发生危险。使用完毕，应及时清洁干净。

(八)均质机

均质机是使食品物料粉碎、细腻、均质的设备，广泛应用在食品、饮料加工等领域。在食品加工中，均质机将物料的料液在挤压、强冲击与失压膨胀的三重作用下细化，从而使物料能更均匀地混合，整个产品体系更加稳定。厨房生产中使用高剪切均质机，能使固体、液体、气体的多相混合物料受到强烈的机械及液力剪切、离心挤压、液层摩擦、撞击撕裂等综合作用，形成悬乳液、乳液和泡沫，从而使不相容的固相、液相、气相在相应熟制工艺和适量添加剂的共同作用下，瞬间均匀精细地分散乳化，经高频的循环往复，最终得到液滴更细腻、粒径分布更窄的稳定高品质物料。在面点制作中，可以使用均质机处理以满足稀面糊或蛋奶液的均质工艺需要。

二、面点成形机械设备

面点成形机械设备是将预处理好的原料按产品的形状、尺寸、重量大小要求进行成形操作的机械设备。根据面点成形的常用方式，面点成形机械设备主要有以下几类。

(1)辊压模印成形类，如圆馒头成形机、年糕成形机等。

(2)包馅成形类，如饺子成形机、月饼成形机、包子成形机等。

(3)浇注成形类，如蛋糕成形机、蒸糕成形机等。

(4)挤压成形类，如粉丝成形机、米线成形机等。

(5)切割成形类，如切面机、刀切馒头成形机等。

(6)其他成形类，如蛋卷机、膨化机等。

大多数面点成形机械设备既可设计为面点工业自动化生产流水线的一部分，又可在面点厨房生产中单独运用，以下选取几款面点厨房常见的成形机械设备进行简要介绍。

(一)馒头成形机

馒头是主食产品之一，社会需求量较大，生产加工的工业化程度较高。按照馒头成形方式的不同，馒头成形机主要有辊压成形和刀切成形两类。辊压成形的馒头形似半圆球，刀切馒头外形上保留有切面，形状近似于立方体。

刀切式馒头成形机常与压面机、传送带、辊卷装置相连，通过成形切刀有节奏的分割，获得不同规格大小的馒头生坯。辊压式馒头成形机是将软硬适度的面团投入料斗，供料系统将面团推至锥形出面嘴挤出，经由出口处的切刀周期切割成定量面块，然后进入成形对辊中。成形对辊相向旋转，面块逐渐被成形对辊搓圆，并最终从另一端输出成为圆馒头生坯。通过更换对辊表面成形槽可改变馒头的外形。因成形方式的不同，目前刀切式馒头成形机的出品率要高于辊压式馒头成形机。

（二）饺子成形机

饺子成形机通过机械装置，高效地完成饺子的包馅成形操作，适用于工业化速冻饺子的生产需要，也适用于饺子产品需求量较大的食堂及社会餐饮的生产加工。目前国内的饺子成形机主要以灌肠辊切成形为主。

饺子成形机工作时，首先是由输馅机构通过输馅管将馅料定量输入输面机构制成的空心面管内形成含馅面柱，当含馅面柱经过成形辊与底辊之间时，面柱内的馅料先在饺子模的感应和诱导下，逐渐被挤压至饺子模中心位置，然后在旋转过程中同时辊切捏合成形为饺子生坯，最后从振动的出料板输出。目前饺子成形机的成形辊同其辊上饺子模有不同纹理并独立设置。现场根据实际需要进行装配，可获得不同外形的饺子生坯。

（三）月饼成形机

月饼成形机适用于月饼成形操作环节，月饼的生坯经过月饼成形机的印模上下冲压即可成为所需的几何形状的月饼。月饼成形机可与月饼包馅机、自动排盘机等组合使用，使月饼生产自动化。月饼成形机可灵活更换大小、花纹不同模具，以便做出各种月饼。

月饼成形机通常由擀面加馅机、捏花成形机两部分组成。面皮经过压面轮和擀面装置的碾压延展，通过输送带达到加馅部件完成卷辊加馅，最后经捏花成形机收口、分团及印模冲压成形，成为外观平整、花纹美观的月饼生坯。部分月饼成形机的擀面加馅装置也可设计为面筒灌肠加馅装置。月饼成形机开机前应检查机器的清洁卫生状况及各运转部位是否灵活可靠。生产前按不同产品的特点，根据生产工艺的要求，选择适当成形模，调节成形模升降高度及成形时间的长短，待调整参数达到工艺要求后，方可进行生产。设备运转中严禁把手伸入成形模下方。

（四）滚圆机

滚圆机是生产球状产品的成形设备，适合元宵、鱼皮花生、小丸饼等产品的成形制作。使用滚圆机时，将定量处理好的小坯料装入滚圆机转鼓内，电机通过皮带传动带动转鼓旋转，小坯料在鼓内经过一段时间的滚动，逐渐粘裹上具有一定黏附力的粉料，形成球状产品。比如元宵的制作，首先是将元宵馅心加工成大小相同的圆粒，沾水后倒入装有糯米粉的摇盘（转鼓）内，开机使摇盘摇动。待馅心粘满米粉后，停机喷水到圆粒上，再开机，往复数次即可得到所需大小的元宵。滚圆机转鼓的倾斜角度、工作转速和工作时长，对坯料滚圆成形的质量都会有一定的影响。

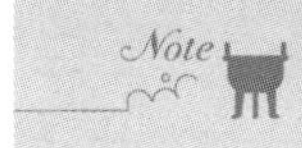

(五)搓圆机

搓圆机是将面团分割机切割的形状不规则的小面团进行搓圆处理的设备。目前以伞形搓圆机最为常见,广泛应用于面包成形操作环节。伞形搓圆机面团的入口在转体底部,出口在转体上部,由于锥体旋转及固定导板的圆弧形状,使面块与导板及伞形转体表面产生摩擦力,加上旋转离心力的作用,面团由下向上运动,既有公转又有自转,从而形成球体。

三、面点加热设备

面点制作的熟制工艺环节需要的加热设备种类繁多:根据熟制方法可以分为烤箱、蒸箱、炸炉等;根据热源可分为燃气炉灶、燃油炉灶、电磁炉灶、电陶炉灶等。在此仅选择应用较为普遍的面点加热设备做简介。

(一)明火炉灶

明火炉灶是可以直观看到明火的加热设备。随着人类对能源的开发利用,明火炉灶的燃料选择范围不断扩大。如今常见的明火炉灶主要有三种:燃煤炉灶、柴油炉灶和燃气炉灶。其中燃煤炉灶和柴油炉灶的操作场所环境卫生较难保持,因此燃气炉灶是目前市场上最常见的明火炉灶。

燃气炉灶是一种以天然气、液化气等气体作为燃料的加热设备,其由可以释放可燃气体的喷嘴,通过点火,释放出的燃气不断燃烧,配合不同灶具和传热介质,能实现蒸、煮、煎、炸、烤、烙等不同加热成熟方式。燃气炉灶使用便捷,但也存在一定的安全隐患。使用前要检查设备管道及压力是否正常,按正确的操作方式使用设备,避免出现燃气泄漏、不完全燃烧等使用安全事故。目前许多城市商业区禁止使用明火炉灶,在一定程度上推动了新能源炉灶(如电磁炉灶、电陶炉灶等)的开发和应用。

(二)电磁炉灶

电磁炉灶是利用电流通过线圈产生高频交变磁场,导磁锅具触碰磁场时,电磁力线被切断,从而产生小涡流,使得锅具内部原子高速旋转并发生碰撞,产生热量,从而实现食物加热熟制的设备。电磁炉灶在使用过程中不使用燃气、不产生明火,极大地避免了使用燃气的安全隐患;电磁炉灶工作时本身并不发热,不产生有毒气体;电磁炉灶高效节能、控温准确、操作简便,且适应各种场所。电磁炉灶通常设计为平板状,为满足传统中式烹饪加热习惯,电磁炉灶还设计有圆底电磁大炉灶等。

电磁炉灶升温很快,开炉之前应做好准备工作,否则容易发生空锅干烧;电磁炉灶对烹饪锅材质的要求较高,所用应选用具有良好导磁性能的烹饪锅,如铁锅、不锈钢锅等。电磁炉工作时,锅底与锅身的温度相差较大,使用时,如果不及时翻动锅底容易烧焦。此外,电磁炉灶会产生辐射。使用辐射超标的电磁炉灶对人体会产生一定的危害。

(三)电陶炉灶

电陶炉灶是利用电流热效应将电能转化为热能的一种炉灶设备。电陶炉灶通过内部的电阻丝插电发热变红,产生热量透过锅具传达给食物。电陶炉灶的优点包括以下几方面：渐进式温升，无局部高温，控温范围大，加热温度可达 700 ℃，能实现真正的爆炒；不易出现糊底盘、假沸腾等现象；可煎炸、炒烙、蒸煮等，还能配套烤盘、烤网进行烧烤；对锅具材质无特殊要求，无明火，无电磁辐射危害，不产生一氧化碳，使用较为安全。

电陶炉灶的加热速度较慢，需要等待电阻丝加热，再将热量传导至锅体；电陶炉灶的热效率虽然略高于明火炉灶，但与电磁炉灶相比，其热效率偏低，只有电磁炉灶热效率的七成左右；电陶炉灶使用后需要较长时间冷却面板，存在烫伤的安全隐患；电陶炉灶经常产生高热，其内部电子元器件老化较快，一般只有 3 年左右的使用寿命。

（四）蒸箱

蒸箱又称为蒸柜，是利用蒸汽传导热能将食品直接蒸熟的一种设备，具有操作方便、使用安全、劳动强度低、清洁卫生、热效率高等优点。蒸箱根据蒸汽来源的不同，分为自热式蒸箱和导入式蒸箱。自热式蒸箱自带热源装置，通过燃气、燃油或电热不同途径加热蒸箱中的水，产生蒸汽，来实现加热成熟。导入式蒸箱，通常要配合外设锅炉，通过将外设锅炉产生的蒸汽导入加热食物的箱柜，使面点或其他食物的蒸制成熟。

蒸箱使用前应先启动设备，运行至蒸汽产生，而后才将原料、生坯等摆屉后推入箱内，将门关闭，拧紧安全阀后，打开蒸汽阀。根据熟制材料及成品质量的要求，通过蒸汽阀门调节蒸汽的大小。制品成熟后，先关闭蒸汽阀门，待箱内、外压力一致时，打开箱门取出屉。蒸箱使用后，要将箱内外清洗打扫干净。在蒸箱工作运行中，要确保蒸汽产生装置的进水阀处于开启状态。在蒸箱中取放物品时，要关闭蒸汽阀，否则蒸汽喷出，造成烫伤。自热式蒸箱，每天工作结束后应将水箱中的水排尽，以免产生水垢或异味。

（五）发酵箱

发酵箱又名醒发箱，大多数是由不锈钢制成。发酵箱型号很多，大小也不尽相同。发酵箱工作时能给箱内空间相对稳定的温度与湿度，适合发酵面团的发酵环节。

发酵箱是靠电热管将水槽内的水加热蒸发，使发酵面团在一定温度和湿度下充分地发酵、膨胀。不同的发酵面团制品所需要的发酵环境温度与湿度不尽相同。湿度和温度的调节应根据制品的需要和环境温度做调整。

使用发酵箱必须先确认水槽是否已加满水，检测设备是否全部运转正常后，再设定发酵箱的温度与湿度。使用发酵箱时，一般是先将发酵箱调节到设定的温度和湿度后，再放入面团进行发酵。使用完毕后，必须关闭电源，检查箱体内有无残留面团，用干毛巾擦拭机器，保持发酵箱整机清洁。

（六）电热烤箱

电热烤箱又称为烤炉、烤箱、远红外线烤箱，是一种用途广泛的加热成熟设备。与电陶炉灶相似，电热烤箱也是利用电阻发热丝的红外线来加热食物。但是，电陶炉灶是开放式发热，需要配合锅具将热传递给食物，而电热烤箱无须搭配锅具，即可通过辐射、热空气对流等途径实现对食物的加热成熟操作。

电热烤箱按工作方式的不同分为间歇式电热烤箱和连续式电热烤箱；按控温方式的不同分为机械控温电热烤箱和电子控温电热烤箱；按适用范围的不同分为家用电热烤箱和商用电热烤箱；按加工能力大小分为小型电热烤箱、中型电热烤箱和大型电热烤箱。其中大型电热烤箱又有落地分层式、大型箱柜式、旋转连续式、连续运输式等不同类型。电热烤箱一般结构较为简单，使用和维修方便，具有自动恒温、自动定时和上下火控温选择开关，部分电热烤箱还具有强制对流装置，能使箱体内的温度更加均匀。

电热烤箱的电压有两种不同选择配置，通常家用电热烤箱或中、小型电热烤箱的电压配置为220 V，而商用电热烤箱或中、大型电热烤箱的电压配置为380 V。使用前，要确认电压是否匹配，并根据加热食物的要求设定预热温度。达到预热温度后，将摆放好生坯的烤盘放入炉内并关闭炉门加热食物。加热过程中的温度控制和加热时间长短应根据制品加热熟制要求选择确定。从电热烤箱中取放烤盘，要戴上隔热手套，做好防护。使用完毕后，要做好清洁，以免腐蚀生锈。

随着工艺技术的不断进步，烤箱的复合功能不断开发应用，万能蒸烤箱应运而生。万能蒸烤箱不仅具备烤箱的基本功能，还增加配置有水路、中央控制仪、智能传感器等装置，能够更加精准地实现烘焙、烧烤、蒸煮、自洁等功能，即可单独使用热风加热、蒸汽加热，又可将热风和蒸汽组合加热。

（七）电炸炉

电炸炉又称为电炸锅，是专门用于食品油炸加热的设备。根据油炸压力的不同，电炸炉分为常温油炸炉、真空油炸炉和高压油炸炉。目前餐饮厨房使用较多的是常温油炸炉。

电炸炉主要由油槽、炸筛、温控器及发热电管组成，由不锈钢材料制成。电炸炉的操作比较方便安全，可根据炸制的点心品种、数量自由调节温控器，安全性能好。电炸炉油槽较深，食物可通过炸筛实现浸炸，炸出的成品受热均匀、色泽美观。油炸产生的碎屑经炸筛落入油炸炉底层。此时，若为油水混合式电炸炉，只需将底部的放水阀打开，即可排出食物碎屑；而非油水混合式电炸炉，则需将使用过几次的炸油过滤后再回流使用，以免食物碎屑焦煳碳化，影响油炸食品出品质量。

（八）电饼铛

电饼铛也称为烤饼机，可以灵活采用烤、烙、煎等烹饪方法来制作面点。电饼铛有家用电饼铛和商用电饼铛两种。餐饮行业厨房使用较多的是商用电饼铛。商用电饼铛具有上下火调温和自动控温功能，可单面或者上下两面同时加热食物，不仅适用于馅饼、杂粮饼、千层饼、葱油饼、煎饺、烧卖等面点产品的制作，也可用来炒花生米、烤鸡翅和煎鱼等。电饼铛发热盘均采用一次压铸成形、密度高、强度大，不变形，受热均匀。

电饼铛使用前，要先用湿布将发热盘擦拭干净，上下发热盘擦上少量食用油；设定上下发热盘的加热温度，接通电源，完成预热；放入将要加热的食材后，将上下发热盘合拢，根据被加热食材性质特征选择加热时间，结合实际情况灵活调整。电饼铛使用完毕，断电后稍等几分钟，用湿抹布擦拭即可，长期存放时应使用清洁剂

进行清洗。电饼铛不得用水直接冲洗，以免引起电路故障。电饼铛不宜长时间空烧，连续工作时间不得超过 24 h。在使用中，操作人员不可远离，不要让儿童接近使用中的电饼铛，不要在易燃、易爆的物品周围及潮湿的场所使用电饼铛。

第三节　面点加工器具与设备的日常管理

面点加工器具与设备种类繁多、型号功能各异。为充分发挥面点加工器具与设备的工艺性能，提高生产效率，就需要重视和加强面点加工器具与设备的日常管理工作。

一、编号登记、专人保管

面点加工器具与设备的类别和数量较多。在采购配置完成后，应当建立相应的器具设备档案，做好分类编号和储存保管的工作，以保证器具与设备的正常使用。器具设备档案的建设可以积累设备运行的原始资料，给器具与设备的维护保养及修理带来方便。

器具设备档案资料除了要登记器具与设备的名称、型号、数量、出入库日期等信息外，还应收集设备使用说明书、设备基础安装施工图纸、水电气管线图等。器具设备档案资料的内容应详细和准确，专人管理、定期清点、核实检查、资料备份。原始资料原则上不外借，如需借阅必须如实登记并按时归还，以保证档案资料的完整性。

二、熟悉性能、安全操作

在使用面点加工器具与设备前，应熟悉各种加工器具与设备的性能，才能做到正确使用，发挥其最大效用，提高工作效率。面点制作人员在岗前培训期间，要进行有关设备结构功能、使用方法、注意事项、技术维护方面的学习培训。培训合格后方能开始上岗操作，以免产生操作事故或损坏机件。

在面点加工器具与设备的使用过程中，面点制作人员要牢记设备正确的操作方法和要领，熟悉设备的主要性能和最大功率。操作时集中精力，严禁谈笑操作，在设备使用过程中，不得离岗。停机或能源供应中断时，应立即切断各类开关阀门，使设备返回非工作的初始状态。要注意设备清洁、润滑、检查和维护保养的方法和要求。设备关键部位的保护罩、保护网等装置不得随意拆除。严格按照设备使用手册进行安全操作。熟悉人身安全注意事项和紧急情况下的应急步骤。

三、清洁卫生、维护保养

面点加工器具与设备的卫生和工作状况直接影响面点制品的卫生和出品效果。在面点加工器具与设备的日常管理中要做到三干净、四不漏、五良好。三干净，即器具设备干净、机房干净、工作场地干净；四不漏，即不漏电、不漏油、不漏水、

不漏气；五良好，即使用性能良好、密封性能良好、润滑性能良好、紧固良好、调整良好。

面点加工器具与设备使用一段时间后，必然会出现磨损，因此维护保养及修理贯穿于器具与设备的整个使用周期，以保证其正常使用。器具与设备的维护与保养主要包括以下方面：清洁，器具设备的内外清洁，做到整洁、无尘、无虫害，保持良好的工作环境；安全，设备各项功能及保护装置正常，定期检查四不漏，保证不出事故；整齐，各种工具、附件放置整齐，管路线完整、各种标志醒目美观；润滑，对设备定时、定点、定量加油，保证运转顺畅；防腐，设备及金属器具要防锈和保新。针对不同设备，分别采用定期维修、状态检测维修和事后（故障）维修。为保证设备正常运转及即时维修，应备有一定数量的备件，方便更换易损件。不能满足加工需要的器具与设备要及时进行改造更新。

本章小结

面点器具与设备的使用为面点制作工艺流程的顺利实施提供了重要保障，能提高效率、稳定品质、丰富品种、促进创新。

面点加工器具是指面点在生产过程中，配合手工操作环节使用的各类器具。除烹调使用的一些通用器具外，面点加工器具还包括案台及盛装器具、称量及清洁器具、面坯制作器具、馅心制作器具、熟制辅助器具等。面点加工机械设备种类繁多，根据其在面点加工中的主要功能用途，可分为面点初加工机械设备、面点成形机械设备和面点加热设备。与传统纯手工生产相比，面点加工机器设备的使用，在方便生产的同时，稳定了出品质量，提升了生产效率，进而使面点工业化生产领域不断扩大。

为充分发挥面点加工器具与设备的工艺性能、提高生产效率，就须重视和加强面点加工器具与设备的日常管理工作：编号登记、专人保管；熟悉性能、安全操作；清洁卫生、维护保养。

核心关键词

面点加工器具；面点初加工机械设备；面点成形机械设备；面点加热设备

思考与练习

1. 举例说明面点加工器具与设备的发展对面点技术的影响。
2. 举例说明不同功能用途的面点成形模具的使用方法。
3. 简述面点初加工机械设备和成形机械设备的使用安全注意事项。
4. 选择某一烤制面点，分析其所使用加热设备的使用特征和注意事项。
5. 面点加工器具与设备的日常管理需要做好哪几个方面的工作？
6. 实践操作：独立完成一份制作水调面团原料的称量、备料。
7. 实践操作：使用压面机压制面坯制得一块形态规整、表皮光滑、一定厚度的面片。

8. 实践操作：使用电热烤箱，用低温将 500 g 生面粉烤熟、晾凉，备用。

第四章　制坯工艺

学习目标

·了解面坯的作用及分类，理解和掌握各类面坯的工艺性质特点及用途。

·掌握制坯工艺的基础技法，关注细节、勤于练习、夯实基础，锻炼实践动手能力，培养勤劳踏实、认真专注的劳动品质。

·理解各类面坯的形成原理，能用科学理论知识指导制坯工艺操作，践行实事求是的科学精神。

·熟悉各类面坯调制的一般工艺流程，了解流程控制的关键点，能根据实际情况对制坯配方及工艺进行适当调整。结合原料和器具知识，培养制坯工艺的创新设计能力。

教学导入

中国传统医学典籍《黄帝内经》中提出了“五谷为养”的食养理论。“五谷”指的是粮食性原料，是中国人的传统主食，也是面坯制作选择最多的原料类型。粮稳则民安，食安即民福。在面点制作中，我们要科学健康地创新设计、细致严谨地生产加工，自觉做勤俭节约的践行者，为中国“饭碗”盛满中国粮食贡献力量。

第一节　面坯概述

无论中式面点还是西式面点，又或是面点工业化生产与手工生产，绝大多数面点产品制作工艺主线都是根据面坯制作和运用来逐步设计规划的。面坯是面点产品的特征构成板块，制坯是面点制作工艺的关键环节。

一、面坯的概念

面坯，又称为面团、面皮、坯皮、皮坯，通常是指以各种粮食及其粉料为主料，以油、糖、蛋、乳、水、果蔬汁等为配料，经过手工或机械调制，使各类原料充分混合、相互粘连而形成的均匀混合的坯体的总称。面坯在面点制作流程中的进一步运用，主要有两种方式：一种是单独使用，直接进入成形熟制环节，实现出品；另一种方式是与各类馅料配合使用，通过上馅成形熟制等工艺环节，完成生产加工。

制坯工艺中，不同主料、配料、调制方法的选择和搭配可形成不同性质特征的各类面坯。此外，原料的搭配比例、原料预处理方法以及面坯调制方法细节的不同，又使得各类不同性质的面坯呈现出颜色、滋味、质地（弹性、韧性、延伸性、可塑性等）诸多方面的细节差异，以适应不同面点制品加工对面坯的个性化要求。

根据面坯用料及面坯特性的差异，行业上常将面坯分为五大类，即麦粉类水调面坯、麦粉类膨松面坯、麦粉类油酥面坯、米及米粉类面坯和其他面坯。本章将以此分类为依据，分类阐述这五大类面坯的性质特点、调制工艺及其形成原理。

二、制坯工艺的基础技法

制坯是实现面坯原材料均匀混合的操作过程，是面点制作工艺的基础、核心和特征环节，是影响面点制品质量的重要因素。制坯之前，要进行原材料与工具设备的准备。面坯制作时，根据制品质量要求，将各种原料按一定比例数量准备好，一次投料或分次投料，再进行混合调制。如果是分次投料，就要注意把握好投料的次序和时机。无论是一次投料还是分次投料，制坯工艺通常要求各种原材料均匀混合，形成各项成分均匀分布的面坯。制坯工艺采用的基础工艺技法主要有和面和揉面。

（一）和面

和面又称调面，是指将粉料与其他辅料（如水、油、蛋、添加剂等）掺和并调制成面坯的工艺过程。和面是整个面点工艺制作中最初的一道工序，是制作点心的重要环节。和面质量的好坏，直接影响着点心工艺程序能否顺利进行和成品的质量。

1. 和面的基本站姿

在调制面坯时，需用一定强度的臂力和腕力。为了便于用力，正确的和面基本站姿如下。

（1）身体离案板边缘 8 cm 左右，不要将身体紧贴案板边侧站立。这样的距离

能使操作空间角度变大，身体也更加灵敏。

（2）两脚稍分开，与肩同宽，也可以调整宽窄，使手及手腕的操作区间基本适应案台台面的高度。

（3）上身，尤其是肩肘区，微微前倾，使身体重心从两脚区间前移到台面的近身操作区间。这样一方面可以减轻长时间站立对脚部的压迫感，另一方面可以借助身体重心前移带来的重力作用促进制坯用料的充分混合，节省和面时的手部力量。

2. 和面的常用手法

和面有手工和面和机器和面两类。在此，以手工和面来讲解和面的常用手法。和面的常用手法有三种，即抄拌法、调和法、搅和法。

1）抄拌法

将面粉放在案板上或盆中，在中间推开一个凹坑，加入皮坯原料配方中的75%的水，用手反复抄拌至呈雪花片状，再加入余下的水，继续抄拌成结块状，然后揉搓成团。使用抄拌法调制麦粉类冷水面坯、麦粉类发酵面坯、麦粉类油酥面坯的水油面坯时，用力要均匀适当，手不沾水，以粉推水，促使粉、水充分混合。还有一些对筋性要求不高的面坯，如麦粉类油酥面坯的混酥面坯和部分米粉面坯，和面时只需要简单地将物料抄拌混匀即可。此时无须揉搓成团，后期在揉面时再用擦、叠、堆的手法实现均匀的团块状。

2）调和法

将面粉放在案板上，推开成环形凹坑，中间可露出案板。将水及其他需要先与水混合的固、液态原料倒入凹坑内混合均匀，然后从面粉内圈与水接触的区域开始，由内向外逐渐将面粉慢慢与中间液态材料混合，直至将全部原料调混呈雪花片状后再搓揉成团。调和法适用于分量较少的麦粉类温、热水面坯及麦粉类油酥面坯等。调制麦粉类温、热水面坯时可使用筷子或擀面杖调和。此时动作要快，以免水温下降，影响面坯性质。

3）搅和法

搅和法可分为盆内搅和法与锅内搅和法。

盆内搅和法通常是将面粉放入盆内，一边加沸水一边搅和，直至搅匀成团。还有一类特殊的盆内搅和方式，即以蛋液、黄油、白糖等为搅和介质及配料，经过工具的高速搅打拌和、吸入空气、体积膨大，最后低速加入面坯混合均匀即可。盆内搅和法适用于麦粉类热水面坯、麦粉类水调面坯的浆面坯、麦粉类物理膨松面坯以及一些稀浆糊状面坯的调制。

锅内搅和法是先在锅中加水煮沸后调小火力，然后将面粉慢慢倒入沸水锅中，边倒边用擀面杖或其他工具将沸水和面粉快速搅拌混合，直至全部面粉和沸水混匀烫熟、团块水气收干为止。锅内搅和法适合对成熟度要求较高的面坯，如麦粉类沸水面坯（烫面坯）。也有将面坯调制所有原料一次性加入混合，其中液态材料所占比重较大，然后慢慢加热混合物料并不断搅拌直至成熟起稠的操作方式，如豌豆黄、椰丝小方等的制作。

3. 和面的操作要领

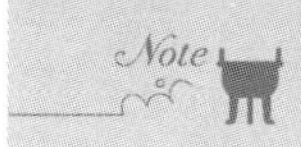

（1）和面掺水量要适当，水量应根据不同的品种、不同季节等因素而定。

(2)大多根据面点制品加工需要和粉料吸水情况分次掺水,以保证面坯工艺性质。

(3)动作要迅速、干净利落,特别是对水温有较高要求的面坯。

(4)无论哪种和面手法,都要求投料、吃水均匀,符合面坯的工艺性质要求。

(5)和面操作结束后,通常要求做到"三光",即手光、面光、工具(盆、案)光。

(二)揉面

揉面是在面粉颗粒吸水发生粘连的基础上,通过反复揉搓,使各种粉料充分吸收水分、混合均匀、形成面坯的工艺过程。揉面可以使面坯进一步增劲、柔润、光滑,是制坯工艺的关键,也是面点制作后续加工环节的基础。揉面的站姿与和面的站姿基本相似,故下面主要介绍揉面的常用手法和揉面的一般要求。

1.揉面的常用手法

揉面的常用手法有揉、捣、揣、摔、擦、叠等。

1)揉

揉包括单手揉和双手揉。无论是哪种揉,其动作一般都是用掌跟压住面坯,向外用力压推摊开,再顺势收卷、拢回。在掌跟附近将收拢的面块接口叠压紧实,再次压推、卷拢、叠压,反复多次,直至整个面坯揉匀揉透为止。揉面的手法适用于麦粉类水调面坯、麦粉类生物膨松面坯和麦粉类水油面坯等。揉制时要顺着一个方向,有规律地用力揉搓。对于质地紧实的面坯,要求用力揉面,揉制时间也相对要求更长一些。

2)捣

捣是在面坯成团后,将面坯放在缸盆内,双手握紧呈拳头状,拳面向下,用力在面坯各处向下捣压,也可以借助工具进行捣的操作。由于容器的限制,捣压面坯时,一部分面坯会被挤压、推向容器的侧壁,接下来将这部分面坯往中间叠拢、捣压,盆中各处反复多次,直至面坯捣匀捣透为止。捣的手法适用于调制筋力大的面坯,如制作油条的麦粉类矾碱盐化学膨松面坯、制作面条的麦粉类水调面坯等。捣的时候用力要均匀,要保证面坯的每一处都得到充分的捣压。捣的力量要大,以使面坯产生更好的筋性。

3)揣

揣是双手握紧拳头,交叉在面坯上揣压,边揣、边压、边摊,把面坯向外揣开,再把面坯卷拢再揣。揣较适用于抻面面坯的调制。揣的时候常常会将拳面沾水再揣,这样揣出来的面坯更加柔顺、均匀、有力。

4)摔

摔的技术动作,有两种手法。一种是手拿摔,这种手法适用于中等偏软面团的摔揉,具体操作是手拿面坯举起,手不离面,将面坯的一部分摔在案板上,进而卷拢面团拿起再摔,直至摔匀为止,麦粉类水油面坯的调制就可采用此法。另一种是脱手摔,这种手法适用于稀软面坯的摔揉,具体操作是手拿起面坯,将其脱手甩摔在盆内,摔下、拿起、再摔下,反复多次,直至将面坯摔均匀,麦粉类水调面坯中制作春卷的浆面坯就可采用这种方法调制。摔的力量越大对面筋的形成越有利,但要注意操作安全,以免伤手。

5)擦

擦是用手掌将放置在案板上的面坯一层一层向前推擦的动作。面坯推擦至台面操作区的远端后,用面刮刀将其收拢,回堆于台面操作区的近端,再次向前推,反复数次,擦匀擦透即可。擦适用于调制麦粉类油酥面坯、麦粉类开水面坯和部分米粉面坯。擦制麦粉类油酥面坯的干油酥时,动作要适度,使油粉混合均匀、能够相互粘连即可。

6)叠

叠是将各种原料拌匀后,用双手按压摊开,再将摊开的面坯叠向中间,再按压,再叠压,反复多次,直至面坯叠压均匀即可。叠适用于麦粉类油酥面坯,能有效限制面坯产生筋性。在叠制时,粉料和面坯的其他材料混匀即可,不需要太多叠压,以免产生筋性,影响面坯性质。

2. 揉面的操作要领

(1)揉面时要用巧劲,既要用力,又要揉活,多为手腕着力,而且力度要适当。

(2)揉面过程中若加入少许辅料、配料,要注意加入的次序和方法。

(3)揉面要选择恰当的手法并控制好揉面程度。调制筋性要求较高的面坯时多选择揉、捣、揣、摔等;调制筋性要求较低的面坯时则多选择擦和叠。无论采用何种手法,最后都要求整块面坯质地均匀,不夹粉茬。

(4)揉面结束后,一般要将面坯静置一段时间。这个过程叫饧面。麦粉类水调面坯通过饧面操作能使面粉充分吸水,面坯内水分分布更加均匀,面筋得到松弛,质地变得柔软。

第二节　麦粉类水调面坯

北方水饺

一、麦粉类水调面坯概述

(一)麦粉类水调面坯的概念与分类

麦粉类水调面坯常被称为水面、呆面、实面、死面等,是将面粉与水直接拌和、揉制而成的组织较为密实的面坯。麦粉类水调面坯有时也会根据品种需求加入少量的其他配料,如盐、碱、油等,但只要加入的其他配料没有根本改变面坯的组织结构和质感,面坯依然称为麦粉类水调面坯。

根据调制面坯水温的不同,麦粉类水调面坯可分为麦粉类冷水面坯、麦粉类温水面坯、麦粉类热水面坯三种。

(二)麦粉类水调面坯的特性与应用

由于调制麦粉类水调面坯的水温和手法不同,面粉中的淀粉和蛋白质表现出工艺特性的差异,影响其具体的运用。

麦粉类冷水面坯的筋力足、韧性好、延伸性强、质地坚实，其颜色洁白、爽滑筋道。麦粉类冷水面坯一般适宜制作煮制成熟制品，如面条、水饺、馄饨、刀削面等；若选择炸制或煎制成熟，则成品口感香脆，如春卷、馅饼等。

麦粉类热水面坯本身的黏性大、可塑性强、制品不易走样、易成熟，但面坯本色偏暗、韧性和延伸性弱、柔软无筋、质地黏实、细腻回甜，易于人体消化吸收。麦粉类热水面坯一般适宜制作煎、炸品种，如锅贴、炸糕，另外烫面饺、烧卖也可用热水面坯制作。

麦粉类温水面坯颜色较白，面筋组织较丰富，有一定韧性和延伸性，可塑性较好，便于包捏，制品不易走样变形，但较松软，筋力比冷水面坯稍差。麦粉类温水面坯适合制作花式蒸饺、烙饼等品种。

二、麦粉类水调面坯的制作工艺

（一）麦粉类冷水面坯制作工艺

冷水面坯通常是指用面粉和 30 ℃左右的水调制而成的面坯。根据所加水量的不同，冷水面坯又分为硬面坯、软面坯和浆面坯。

1. 配方及工艺流程

麦粉类冷水面坯配方举例见表 4-1。

表 4-1　麦粉类冷水面坯配方举例　（单位：g）

面坯	面粉	水	用途
硬面坯	500	175～225	面条、水饺、馄饨等
软面坯	500	250～300	抻面、馅饼等
浆面坯	500	350～450	春卷皮、拨鱼面等

在表 4-1 所示的麦粉类冷水面坯配方中，还可根据需要加入适量的盐、碱、鸡蛋、蔬菜汁等配料以改变面坯的质地、颜色等特性。盐或碱可以先溶于水中，再和水一起加入。少量的盐和碱不仅可以增强面坯的筋力，而且面坯的色泽也会变得较白。

麦粉类冷水面坯制作工艺流程如下。

备料备具→下粉→掺水→和面→揉面→饧面→成团（备用）

2. 制作方法

调制麦粉类冷水面坯的硬面坯或软面坯时，首先应将过筛后的面粉倒在案板上（或和面盆里），中间推拨出一小窝，分次加入冷水，用手从四周向中心抄拌，使粉水相互混合，待形成雪花片状（有的也称麦穗面、葡萄面）后，再用力揉成面坯。揉至面坯表面光滑、质地均匀时，盖上干净湿布或塑料膜，静置饧面，备用。使用前，再次稍揉即可。

调制麦粉类冷水面坯的浆面坯时，将面粉放入盆中，加入绝大部分配方中的液态原料，将二者慢慢调和均匀。适当饧面后，再逐步加入剩下的液态原料，边加边用捣、揣、摔等揉面方法反复揉面，直至面坯质地均匀，表层光滑、柔软劲道后，即可进行饧面，成团备用。

3. 工艺要点

1）水温适当

面粉中的蛋白质在 30 ℃条件下能充分形成面筋网络，所以水温对水调面坯的筋力影响明显。冬季调制面坯时可用稍温的水，但一般不超过 30 ℃；春秋季则选用常温水；夏季调制时不仅要用冷水，甚至用冰水。

2）掺水准确

掺水量直接影响面坯质地，也会影响后续成形操作。掺水过多或过少，都会给面点制作带来不便。影响面坯掺水量的因素很多，除了面点品种的差异决定掺水比例外，气候的冷暖、空气的湿度和面粉的质量等都对掺水量有影响。一般来说，天气热、空气湿度大，掺水要少一些；天气冷、空气湿度小，掺水可多一些。需要注意的是，如果加入鸡蛋、蔬菜汁等液态材料，面坯原配方中的加水量应酌情减少。

3）揉匀揉透

冷水面坯中致密的面筋网络主要靠揉的力量形成。揉得越透，面坯的筋性越强，面筋越能较多地吸收水分，其延伸性能和弹性越好。在揉制的同时，结合揣、捣、摔等操作，可以增强面坯筋力。在揉制拉面面坯时，还需有规律、讲次序，使面筋网络变成方向一致的有序整体。

4）静置饧面

饧面，也被称为醒面，是指在揉好的面坯上盖上湿布静置一段时间的过程。饧面主要是使面坯中的粉粒充分吸收水分。饧面能促进面筋网络形成，避免制品成熟加工后出现夹生、枯皮等现象。饧面通常须加盖干净的湿布或蒙上塑料膜以隔离流动空气，以免面坯表层出现结皮现象，影响后续操作。

知识链接

高品质鲜湿面加工工艺优化

鲜湿面是经过和面、熟化（饧面）、复合压延、切条、蒸煮、酸浸包装等工艺，形成的高水分、不经油炸或干燥的方便食品，其具有口感滑爽、耐嚼、弹性好的食用特性。在鲜湿面的制作过程中，和面、饧面工艺是面条制作的基础工艺，对面条最终品质有很大的影响。使用响应面方法可优化鲜湿面的加工工艺和二次饧面在鲜湿面加工中的应用效果。结果表明：当加水量为 33.5%、饧面温度为 24 ℃、饧面时间为 36 min 时鲜湿面的综合评价值最高。此时鲜湿面不仅口感好，也具有较好的质地。同时，采用二次饧面的方法，鲜湿面的蒸煮特性得到明显提升，其溶出率在二次饧面 15 min 的条件下达到最低（4.17%）。二次饧面显著提高了鲜湿面的硬度、弹性，并提高了面条的拉伸特性，在二次饧面 15 min 时拉断力和拉断距离达到最大。经过工艺优化研究，鲜湿面品质总体提升明显，优于市售产品。

（资料来源：任元元，孟资宽，王波，等. 高品质鲜湿面加工工艺优化[J]. 食品与发酵科技，2019，55(4)：46-51.）

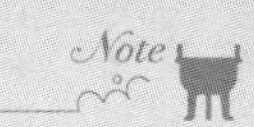

（二）麦粉类热水面坯制作工艺

麦粉类热水面坯又称为烫面、开水面坯等，通常指的是面粉与 90 ℃以上的热水调制而成的面坯。根据制作方法的不同，麦粉类热水面坯分为水烫面和锅烫面两类。

1. 配方及工艺流程

麦粉类热水面坯配方举例如表 4-2 所示。

表 4-2　麦粉类热水面坯配方举例　（单位：g）

面坯	面粉	水	用途
水烫面	500	300～400	烧卖、烫面饺等
锅烫面	500	450～600	炸糕等

水烫面制作工艺流程如下。

备料备具→下粉→加沸水于面粉中→搅拌→散热→撒冷水→揉和→饧面→成团（备用）

锅烫面制作工艺流程如下。

备料备具→烧沸水→加面粉于锅中→搅拌→散热→撒冷水→揉和→饧面→成团（备用）

2. 制作方法

水烫面制作方法是将过筛后的面粉放在面缸内，中间推开一个凹坑，先倒入沸水，边加水边用工具搅拌均匀，和成雪花片状。锅烫面制作方法是将过筛后的面粉倒入烧开水的锅中，边加热边搅拌均匀。无论采用哪种方式制作的麦粉类热水面坯，当面粉与沸水混合均匀后，都要迅速将团块在案板上摊开，晾凉后淋少许冷水，揉成面坯。其后再盖上一块湿布或塑料膜，饧面、成团、备用。制作锅烫面时，面粉与沸水的混合始终在锅中进行，锅不离火（小火），较好保证了混合搅拌过程的温度，所制面坯成熟度要明显高于水烫面，且质地更软糯、可塑性更强。根据制品不同特点，有时会将麦粉类热水面坯与冷水面坯按一定比例揉和制作“三生面”等。

3. 工艺要点

1）掺水准确

调制热水面坯时，水最好一次加足，不宜在成团后再掺水。如果水掺少了，则面粉烫不匀、烫不透，面坯干硬；如果水掺多了，面坯太软，不利于成形，若再加面粉，既不易调匀又影响质量。受淀粉糊化的影响，热水面坯在麦粉类水调面坯中的加水比例是最高的。

2）烫匀烫透

调制热水面坯时要快速将面粉和水搅拌混匀，做到料加完、即混匀、面成团。这样操作一方面可促使面粉中的淀粉均匀吸水、充分糊化、产生黏性；另一方面可使蛋白质热变性，避免产生筋力。冬季制作麦粉类热水面坯时，搅拌混合的速度要快，以保证面坯均匀烫熟。面粉使用前务必先过筛，以使物料搅拌混合后不会夹有生粉粒，制品成熟后的内里也不会有白茬，表面光滑、质量好。

3)散尽热气

调制热水面坯的原料经初步搅拌混合均匀后,要立即将其分成小块,推薄摊开呈薄片状,以便尽早散去热气。否则,面坯表层会结皮、粗糙、开裂。晾凉后,可在小面片上淋洒少量冷水后再揉成团。这样制作的产品坯皮吃口软糯爽口、不粘牙。揉搓热水面坯时,揉匀、揉透即可,不可过度,以防面坯筋力过大,影响品质。

(三)麦粉类温水面坯制作工艺

麦粉类温水面坯通常指的是用面粉与 60 ℃左右的水调制而成的面坯。根据具体制作方法的不同,麦粉类温水面坯可分为全温水面坯与组合式温水面坯。

1. 配方及工艺流程

麦粉类温水面坯配方举例如表 4-3 所示。

表 4-3　麦粉类温水面坯配方举例　(单位:g)

面坯		面粉	水	用途
全温水面坯		500	温水 225～300	花式蒸饺、小笼、饼类
组合式温水面坯	三生面	150	冷水 75	
		350	热水 200	
	四生面	200	冷水 100	
		300	热水 160	

全温水面坯制作工艺流程如下。

备料备具→下粉→掺温水→拌和→散热→(撒冷水→)揉和→饧面→成团(备用)

组合式温水面坯制作工艺流程如下。

备料备具→下粉→分别制冷水面坯和热水面坯→合揉→饧面→成团(备用)

2. 制作方法

全温水面坯的制作方法:首先将面粉过筛后放于案板上,中间推开一凹坑,掺入适量的温水,并迅速调和、抄拌至呈雪花片状,再加入余下的温水,拌和均匀、揉和成团。接下来立即将面坯分成小块,推薄摊开散热。晾凉后,再将散开的面片揉成团(可适量撒冷水),盖上湿布或塑料膜,静置饧面备用。

组合式温水面坯的制作方法:按一定比例将面粉分别与冷水、热水各调制成冷水面坯与热水面坯,进而将这两块面坯合揉在一起,盖上湿布,静置饧面备用。冷水面坯与热水面坯的制作方法在对应的板块已有介绍,可参考借鉴。

3. 工艺要点

1)水温灵活

冬天操作环境温度和面粉温度都低,热量易散发,故水温可相应高一点;夏天可相应低一点。水温高低会影响温水面坯的工艺性质的表现。温度越高,面坯的可塑性越强,延伸性越差。操作时要根据具体制品的加工需要,灵活地选择水温。

2)水量准确

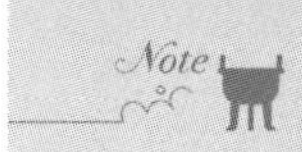

加水量不仅要根据品种要求来确定,也要考虑操作环境的温度和湿度,和面所

用水的温度的影响。一般来说，要达到同样的软硬度，和面水温越高，所需掺水的比例越高。

3)动作迅速

为了保证和面操作时的水温能稳定处于合理的范围内，和面操作动作要迅速。掺水后，物料要迅速混匀，以免水温受环境温度和面粉温度影响而下降。

4)散尽热气

与热水面坯相似，温水面坯初步成团后，面坯的温度一般会高于环境温度。面坯表层极易失水。此时要将面坯立即拆分成片状，摊开晾凉，将面坯中热气散尽，再揉匀，然后盖上湿布备用。若面坯热气尚未散尽就饧面，则会出现面坯表层起干壳、面坯内部过度糊化而变得稀软粘手的情况，进而影响出品质量。

5)适当饧面

温水面坯是具有一定弹性、韧性、延伸性的面坯。通过饧面可以使温水面坯中尚未变性的面筋蛋白质进一步吸水形成面筋，通过揉面，使面坯更加光滑紧实。

三、麦粉类水调面坯的形成

制作麦粉类水调面坯的主要原料是面粉和水。面粉中淀粉、蛋白质的工艺性质随着水温条件的改变而发生变化，从而形成不同性质的面坯。

(一)淀粉与水温对麦粉类水调面坯工艺性质的影响

淀粉是小麦粉最主要的组成成分，占比达到 70%以上。在小麦淀粉中，直链淀粉约占 1/4，支链淀粉约占 3/4。常温下，直链淀粉和支链淀粉遇水几乎不发生变化，吸水率低，不溶于冷水；用 30 ℃左右的水和面时，淀粉结合少量水，但淀粉颗粒没有明显变化，仍为硬粒状态；用 30～60 ℃的水和面时，淀粉颗粒随和面水温的升高，吸水和膨胀率逐渐增大；当水温达到 60 ℃时，淀粉颗粒吸水率增强、膨大溶胀、黏性增强，进入糊化阶段；当水温达到 70～80 ℃时，直链淀粉大量溶于水，形成有一定黏性的溶胶体；当水温接近 100 ℃时，支链淀粉与水形成黏性极强的稳定溶胶体。

淀粉在较高温度条件下，与水发生溶胀、形成具有一定黏性的溶胶，这一过程称为淀粉的糊化。淀粉糊化表现出的黏性随水温升高而增强，对麦粉类水调面坯的黏性和可塑性有决定性的影响。

(二)蛋白质与水温对麦粉类水调面坯工艺性质的影响

蛋白质是小麦粉的第二大主要组成成分，占比达到 10%以上。小麦粉中的麦胶蛋白和麦谷蛋白能与水结合形成面筋。面筋富有弹性、韧性和延伸性，在面坯调制的过程中能形成具有包裹能力的网状结构。用 10～30 ℃的水和面时，面筋蛋白质的吸水能力逐渐增强；当水温达到 30 ℃时，面筋蛋白质与水结合的能力最强，经过揉搓可形成柔软而富有弹性的面筋；当水温达到 60 ℃时，面筋蛋白质开始发生热变性并逐渐凝固变硬，弹性、韧性、延伸性减退。随着温度的不断升高，面筋蛋白质的热变性表现越明显。当水温达到 80 ℃，面筋蛋白质几乎完全变性。

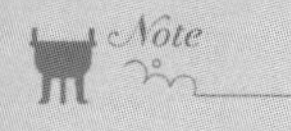

面粉中的面筋蛋白质对麦粉类水调面坯的弹性、韧性、延伸性产生决定性的影

响。而这些工艺性质的表现根据麦粉类水调面坯制作选择水温的不同而相应变化。

(三)麦粉类水调面坯的形成原理

根据调制麦粉类水调面坯用水温度的不同，面坯形成原理有一定的区别与联系。

冷水面坯制作时选择的水温为 10～30 ℃。在这个温度条件下，面粉中淀粉基本上不发生改变，而面筋蛋白质能吸水溶胀，形成柔软而有弹性的面筋。通过揉搓，面筋网络作用增强，将其他物质包裹，进而形成洁白光滑，具有一定弹性、韧性和延伸性的面坯。

热水面坯制作时选择的水温接近 100 ℃。在这个温度条件下，面粉中淀粉基本完全糊化，形成强烈的黏性和可塑性；蛋白质已完全热变性并变硬，失去弹性、韧性和延伸性。因此，热水面坯主要是通过淀粉糊化形成的黏性将物料相互粘连、粘裹，进而形成无筋、色暗，但黏实、可塑性好的面坯。

温水面坯制作时选择的水温为 60 ℃左右。在这个温度条件下，面粉中淀粉开始进入糊化阶段，可塑性开始显现，并以糊化产生的黏性形成局部面坯；面筋蛋白质开始出现热变性，筋力下降、弹性和延伸性减退。也有温水面坯是由冷水面坯与热水面坯按照一定比例混合揉匀而得。因此温水面坯的形成是淀粉和蛋白质共同作用的结果。没有发生热变性的局部面筋网络将部分物料包裹，同时又借助部分淀粉糊化产生的黏性相互粘连，最终形成既有一定弹性、韧性、延伸性，又有一定可塑性的面坯。

第三节　麦粉类膨松面坯

麦粉类膨松面坯是以小麦粉为主要原料，搭配膨松剂或运用特殊的工艺方法，通过生物、化学或物理的反应、变化，改变面坯性状，最终形成体积膨胀、疏松多孔的面坯。根据面坯膨松的方法路径差异，麦粉类膨松面坯分为麦粉类生物膨松面坯、麦粉类物理膨松面坯和麦粉类化学膨松面坯。

不同的麦粉类膨松面坯制作工艺均要处理好面坯的产气能力与持气能力之间的关系。产气能力根据面坯膨松的方法路径不同而有一定的差异。麦粉类生物膨松面坯中的生物膨松剂具有持续且相对稳定的产气能力；麦粉类物理膨松面坯本身不产生新的气体，而主要是通过机械混合包裹气体或通过热气膨胀实现体积变大；麦粉类化学膨松面坯使用化学膨松剂，随温度升高，产气能力逐渐增强。麦粉类膨松面坯的持气能力主要是通过麦粉中的面筋蛋白质在面坯调制过程中所形成的面筋网络对气体实现包裹和保持。影响麦粉类膨松面坯产气能力与持气能力的因素有很多，如原料选择、制坯方式、操作时长、熟制工艺等。通常情况下，面坯的产气能力与面坯持气能力呈正相关性。面坯的产气能力越强，所需要与之匹配的面坯持气能力的要求就越高，如面包、油条需选择高筋面粉。

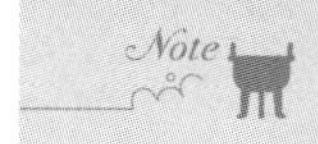

奶白馒头

一、麦粉类生物膨松面坯

(一)麦粉类生物膨松面坯概述

1. 麦粉类生物膨松面坯的概念与分类

麦粉类生物膨松面坯又称为发酵面坯,是用面粉与生物膨松剂、水等物质混合、揉搓而成的面坯。在适当的温度和湿度条件下,麦粉类生物膨松面坯中的生物膨松剂通过发酵作用产生的气体被面筋网络包裹,进一步形成均匀、细密的海绵状组织结构。

根据面坯调制时所用生物膨松剂来源不同,麦粉类生物膨松面坯分为酵母发酵面坯和酵种发酵面坯,其面坯的调制方法分别称为酵母发酵法和酵种发酵法。

根据面坯发酵程度和调制方法的不同,生物膨松面坯又分为大酵面、嫩酵面、戗酵面、碰酵面、开花酵面和烫酵面等。其中大酵面最为普遍,如无特殊说明的酵面均属此类。

2. 麦粉类生物膨松面坯的特性与应用

麦粉类生物膨松面坯通常体积膨大、质地细密暄软、组织结构呈海绵状,成品香醇适口。常见麦粉类生物膨松面坯的发酵程度、特点与应用如表 4-4 所示。

表 4-4　常见麦粉类生物膨松面坯的发酵程度、特点与应用

类别	发酵程度	特点	品种应用
大酵面	正常、充足	膨松度好、质地柔软	馒头、花卷、大包等
嫩酵面	不足	略带韧性,有一定的膨松度和弹性	汤包、小笼包
戗酵面	正常、充足	膨松、有层次、口感绵韧	高桩馍馍、千层馒头等
碰酵面	等同于正常	膨松度较好、质地柔软	馒头、花卷、大包等
开花酵面	稍过头	膨松暄软,熟后表层自然开裂	开花馒头、叉烧包等
烫酵面	不足	组织紧密、偶有微孔、皮韧质软、略带糯性	生煎馒头等

(二)酵母发酵面坯制作工艺

1. 配方及工艺流程

酵母发酵面坯配方举例见表 4-5。

表 4-5　酵母发酵面坯配方举例　(单位:g)

面坯	面粉	水	酵母	白糖	蛋液	奶粉	黄油	盐	改良剂	用途
普通酵面	500	250	3～4	25～50						包子、馒头等
甜酵面	500	230	5	80～100	60	15	50	4	0～1.5	甜面包等

普通酵面制作工艺流程如下。

备料备具→和面→(松弛饧面→)压揉→成形→发酵饧点→生坯成团

甜酵面制作工艺流程如下。

备料备具→分段投料,搅拌揉和→松弛饧面→分割整形→松弛饧面→成形→发酵饧点→生坯成团

2. 制作方法

酵母发酵面坯的和面可以采用手工和面、机器和面或两种和面方式组合运用。普通酵面的原料组成简单，可一次性投料完成面坯调制；而甜酵面的原料组成较为复杂，大多数情况下需要分阶段或分批次投料来进行面坯调制。

酵母发酵面坯制作时，首先根据配方及工艺要求备料备具，确定和面方法和投料方式后，再将原料通过调和、搅拌的方法反复揉匀揉透，使面坯均匀光滑，然后盖上湿布或塑料膜，进行松弛饧面。普通酵面经过松弛饧面后，可直接压揉面坯至紧致光洁，进而分坯上馅（或不上馅）成形。而甜酵面经过松弛饧面后，需根据制品分量标准要求分割面坯并再次松弛饧面，而后才进行上馅（或不上馅）成形。生坯成形后的酵母发酵面坯经过发酵饧点后即可进行熟制。发酵饧点是将成形的发酵面坯放置在适宜温度（30～40 ℃）和适宜湿度（70%～75%）的环境中静置发酵的操作过程。在经过了发酵饧点的面坯中，面筋网络分布均匀、柔韧性好，酵母活性高，生坯会出现明显的膨大变化，其最终的形态与酵母发酵面坯制品熟制出品形态较为接近。发酵面坯松弛饧面的过程伴随着面筋吸水胀润和酵母菌发酵产气的变化，面坯也会随之出现变软和膨胀。通常制作甜酵面会比普通酵面多1～2次松弛饧面的操作，所得面坯也会更加膨松柔软。

3. 工艺要点

1）面粉恰当

根据制品的特点不同，酵母发酵面坯对面粉的要求也有差异。制作馒头、包子、花卷等的普通酵面面坯多选用中筋面粉，而制作甜面包的甜酵面面坯则多选择高筋面粉。

2）水量适度

酵母发酵面坯的含水量主要取决于添加配方中液态材料的分量，如水、牛奶、蛋液等。液态原料的加入量对面坯的软硬度会产生明显影响，同时也会影响发酵面坯的发酵效果。对同一发酵面坯制品而言，通常制作时的加水量在冬季比在夏季要略多一些。

3）水温适宜

水温是影响面坯温度的重要因素之一。发酵面坯最适宜的发酵温度为28～30 ℃，要使面坯达到这个温度，在面坯调制过程中需要结合水温、面粉温度和环境温度等因素综合考虑。一般，在冬季和面比在夏季和面所需要的水温就要高一些。

4）揉面充分

酵母发酵面坯无论是手工和面还是机器和面，都要求要揉面充分，即要反复揉搓、搅拌、揣捽或碾压，使面坯表皮光滑、质地均匀、富有弹性。通过充分揉面，发酵面坯面筋蛋白质可表现出更好的工艺性质，具有更好的持气能力，有利于发酵面坯膨胀。

5）饧发有度

发酵面坯生坯成团即将进入熟制环节之前的工艺步骤为发酵饧点。发酵饧点，也可以简称为饧点。经过发酵饧点后，面坯会发生几个明显的变化，如体积膨大、质地变软、棱角模糊、表皮起干膜等。发酵饧点是控制面坯发酵膨松程度

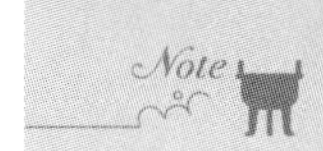

的重要一环。如果饧点的温度低、时间短，面坯往往发酵不足，成品紧结、不松泡。如果饧点的温度高、时间长，则面坯往往发酵过头。此时，如果饧点时的环境湿度偏低，则制品表层干硬发裂；如果饧点的环境湿度过高，则制品稀软变形、内部孔隙巨大。

知识链接

甜面包常用发酵方法

甜面包是面包市场上较常见的一类面包，多以面粉、酵母、盐、水等为基本原料，以白砂糖、黄油、鸡蛋、乳制品等为辅料制成。甜面包口感香甜松软，质地细腻，组织均匀，造型多变，口味繁多，深受消费者的喜爱。

甜面包常用发酵方法如下。快速一次发酵法是制作甜面包最常用的发酵方法。这种发酵方法发酵周期短，效率高，产量高，但是面包风味较差，老化快，储存期短。快速二次发酵法的主要特点是两次搅拌，两次发酵。相较于快速一次发酵法，快速二次发酵法能使面包口感更柔软，保存期更长。

（资料来源：尤香玲，徐向波. 甜面包制作工艺研究[J]. 江苏调味副食品，2018(3):25-27.）

（三）酵种发酵面坯制作工艺

1. 配方及工艺流程

酵种发酵面坯的配方举例见表 4-6。

表 4-6　酵种发酵面坯配方举例　（单位：g）

面坯	面粉	水	酵种	白糖	碱	用途
普通酵面	500	250	50			包子、馒头等
碰酵面	350	175	280			包子、馒头等
开花酵面	250		500	75		开花馒头等

酵种发酵面坯工艺流程如下。

备料备具→和面→面坯发酵→兑碱→成形→发酵饧点→生坯成团

2. 制作方法

酵种发酵面坯多采用手工和面。首先根据配方及工艺要求备料备具，然后将面粉过筛后放于案板上，中间推开一凹坑，在其中加入酵种和水。抓散后，将所加入的原料抄拌均匀，采用揉和的方法将其调制成为表层光滑、质地均匀的面坯，而后盖上湿布或塑料膜，在适宜的环境中静置发酵。待面坯发酵程度达到制品加工需要时，在面坯中加入适量碱剂，揉和均匀后即可上馅（或不上馅）成形，成形后的发酵面坯再经过发酵饧点工艺环节，体积进一步膨大至接近出品形态大小，即完成酵种发酵面坯制作主要环节。制作碰酵面时，酵种用量大，面坯发酵时间短，常会省去面坯发酵环节。而开花酵面往往需要通过发酵获得更多气体，因此加入酵种

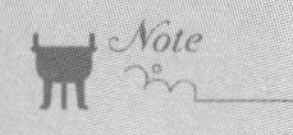

的比例相对更大，并且还会在面坯调制兑碱工艺环节加入白糖。白糖的加入有利于酵母菌有氧呼吸产生更多气体，最终促成面坯成熟开裂。

酵种发酵面坯与酵母发酵面坯最大的不同在兑碱工艺环节。兑碱又称为对碱、扎碱、加碱、下碱、吃碱等，是酵种发酵面坯的关键工艺环节。由于酵种不仅含有酵母菌，还含有产酸微生物。在酵母菌发酵产气的同时，杂菌也会同时繁殖生成酸性物质，因此酵种发酵面坯在面坯发酵结束后要进行兑碱。兑碱常用的碱剂为小苏打或纯碱，利用酸碱中和的原理，中和了酵种发酵面坯中杂菌繁殖产生的酸，并产生二氧化碳气体。碱剂的加入还能增加酵种发酵面坯的筋性，使其具备更好的持气能力。

3. 工艺要点

制作酵种发酵面坯的面粉选择、水温水量、发酵饧点，这几个方面的工艺要点与制作酵母发酵面坯相似。此外酵种发酵面坯制作还需要关注以下几个方面。

1）酵种来源

酵种发酵面坯的生物膨松剂主要来自酵种。酵种又称为面肥、老面、老肥、面种、酵头、酵子、起子、老酵面、酸面坯等，一般是指上次酵种发酵面坯制作的剩余面坯。如果没有发酵面坯，就需要自行培养酵种，利用培养基质表面附着的野生酵母和乳酸菌培养起始菌种，加入面粉和水混合，经长时间发酵培养即可。水果表皮、各式酒酿等带有天然酵母，均可作为培养基质。培养酵种的温度大约为 30 ℃，弱酸环境，其培养过程是连续喂料发酵培养，每天翻新保持微生物处于活性状态，即高的代谢活性和发酵能力。目前酵种有液体状、糊状、粉末状、或硬或软的团块状等不同性状。酵种的含水量对酵种发酵面坯的软硬度也会产生影响。

酵种发酵属于多菌种混合发酵，除了酵母菌外，还含有一定数量和种类的其他微生物种群。酵种发酵面坯制作过程中发挥的是多种微生物共生的优势，是多种微生物糖化、发酵、酯化的协同进行，其发酵生成醇、酯、醛、酮等多种物质，出品风味一般要比酵母发酵面坯更加复杂。虽然酵种能给发酵面坯带来更多风味物质，但由于酵种培养条件不稳定，菌种质量波动，加工及储存过程品质变化明显，所以酵种发酵面坯出品品质控制的难度较大。

2）发酵程度

酵种发酵面坯制作工艺流程中的面坯发酵过程，是微生物生长繁殖的过程。其发酵程度常分为发酵不足、发酵正常和发酵过头三种情况，不同发酵程度酵种发酵面坯的感官性状如表 4-7 所示。

表 4-7　不同发酵程度酵种发酵面坯的感官性状

发酵程度	典型面坯	生面坯感官性状
不足	嫩酵面	弹、韧性较好，微膨，孔小而少且分布不均匀，无明显酒香或酸味
正常	大酵面	膨松、柔软，孔多而匀且大小近似于蜂窝孔，有酒香和酸味
过头	开花酵面	先膨后塌，孔多而长且被气体撑大或撑破，面筋部分断裂，有较重酸味和酒味

掌握酵种发酵面坯发酵程度的判断方法，能较好地指导兑碱工艺环节。随着发酵程度的递增，面坯中微生物产生的酸性物质变多，在兑碱工艺环节中用碱量也应逐渐增加。

3)兑碱与验碱

兑碱是将碱剂加入完成面坯发酵环节的酵种发酵面坯的操作过程。兑碱操作要掌握好兑碱量。兑碱量适中，则最终酵种发酵面坯的出品色泽洁白、质地松泡；若兑碱量偏多，则出品色泽发黄、气味苦涩、质地松泡；若兑碱量偏少，则出品颜色发暗、气味发酸、质地硬实。兑碱量受环境温度影响较大，环境温度越高，面坯发酵产酸就越多，所需要的碱量就要相应增加。以 1000 g 大酵面坯为例，添加小苏打的量通常为：春秋季 10 g 左右，夏季 14 g 左右，冬季 8 g 左右。若选择碱性更强的食碱，则碱剂的用量要相应减少。兑碱后的面坯因温度和时间等因素影响，常会出现“跑碱”现象。当环境和面坯温度较高或兑碱后至熟制前的操作时间相对较长时，面坯中的产酸菌在温度和时间的影响下，会产生出更多的酸，使得之前因为加入碱剂兑碱呈中性的面坯，又慢慢显出酸性，就好像之前加入的碱剂“跑”掉了一样。温度越高、操作时间越长，酵种发酵面坯的加碱量就相对需要更多一点。

发酵面坯碱剂加入的方式有两种：加干碱和加水碱。加干碱是将干燥的粉末状碱剂直接撒在酵种发酵面坯上揉匀；加水碱则是将碱剂加水溶成碱水，再将碱水抹在酵种发酵面坯上揉匀。无论选择哪种加碱方式，面坯加碱后要立即揉、揣，让碱剂与面坯充分、均匀地混合。如果加碱后，没有将面坯揉匀，最后的出品就会出现白一块、黄一块、灰一块的花斑，这种现象称为“花碱”。为了避免面坯出现“跑碱”“花碱”的现象，加碱后的面坯要快速用力反复揉匀，并在揉的过程中就可以开始检验判断酵种发酵面坯兑碱量是否合适。

验碱是对面坯兑入碱量多少的检验判断。酵种发酵面坯兑碱正常，则称为正碱；兑碱偏少，则称为小碱；兑碱偏多，则称为大碱。验碱之前要将加入面坯的碱剂充分揉匀，使其真实呈现兑碱后的感官性状。兑碱揉面时就可以开始感受加碱带来的手感差异。接下来，将面坯揉成团块后拍打听音；用利刃将面坯左右对剖，查看剖面孔洞性状，低头闻面坯的气味；随机取一小团面剂尝其滋味。进一步确认验碱判断，还可以随机抓取同一面坯不同部位小面块查验，不同的兑碱量，抓取面块的手感也是不同的。揉匀抓取的小面块后，再进行分坯，随机取一坯剂，蒸熟验碱或在明火上完全烧熟验碱。根据以上验碱常规操作方法的先后次序，酵种发酵面坯不同验碱方法下的兑碱结果的感官性状如表 4-8 所示。

表 4-8　酵种发酵面坯不同验碱方法下的兑碱结果的感官性状

验碱方法	兑碱结果的感官性状		
	小碱	正碱	大碱
揉	松软、粘手、发虚	软硬适当、不粘手、带弹性	劲大、顶手、打滑
听	音空而虚，似“噗噗”声	音弹悦耳，似“嘭嘭”声	音实而脆，似“叭叭”声
看	剖面孔多且不匀，多蜂窝大小	剖面孔匀，多芝麻粒大小	剖面孔少，多针尖大小
闻	气味发酸	有面香和酒香	有碱的气味

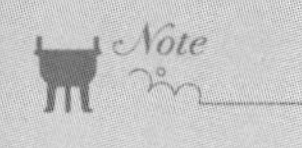

续表

验碱方法	兑碱结果的感官性状		
	小碱	正碱	大碱
尝	有酸味、粘牙	无酸无碱味，咀嚼后带甜味	有碱味、涩口
抓	粘手不易断、无良好韧性和筋性	筋性适中、不粘手、有弹性	筋性大、韧性大、易断
蒸	皮皱色暗、质结、发酸、粘牙	皮光色白、饱满松泡，有面香	（色黄）皮裂、松泡、发涩
烧	敲打不裂，质结、发酸、粘牙	敲打裂开，色白松泡，有面香	烧即裂，（色黄）松泡、发涩

蒸和烧是两种将兑碱的酵种发酵面团熟制后再进行验碱的方法，其兑碱结果感官性状表现最接近实际情况。一般情况下，制作酵种发酵面坯制品须兑碱正常，但是有时因温度高和成形加工时间长等因素，酵种发酵面坯须兑碱至轻微大碱。轻微大碱的面剂在采用蒸、烧的方法验碱时，内部颜色不发黄，质地松泡，表皮会出现轻度皮裂，以面香为主，略带涩味。

如果验碱的结果为正碱或轻微大碱，基本就可以进行下一个操作环节；如果验碱结果是小碱，则需要在面坯中继续加入适量的碱剂，直至达到要求为止。如果验碱结果是明显大碱，则需要在面坯中加入适合的酸性物质，最好是发酵充分但尚未兑碱的发酵面坯，也可以加入老面等，通过新加入面坯中存留的酸去中和之前兑碱环节多加入的那部分碱。

（四）麦粉类生物膨松面坯的形成

1. 麦粉类生物膨松面坯的基本原理

麦粉类生物膨松面坯有酵母发酵面坯和酵种发酵面坯两类，在其制作时均会加入生物膨松剂——酵母菌，通过酵母菌发酵产生的气体使面坯体积膨大。在酵种发酵面坯选用的酵种中，随酵母菌一并加入面坯中的还有乳酸菌、醋酸菌等其他微生物。这些微生物在面坯中的生长繁殖过程比较复杂，所涉及的生化反应主要包括以下四个方面。

1）淀粉水解

小麦粉中主要的糖类有淀粉。淀粉不能被酵母菌直接利用，需要通过不同酶的作用逐级转化，以获得酵母菌发酵所需要的单糖。其过程主要有以下两个步骤。

（1）淀粉酶作用于淀粉使之转化为双糖。小麦粉中天然存在的 α-淀粉酶作用于损伤淀粉，使之变成小分子糊精。接下来 β-淀粉酶则将糊精转化为麦芽糖，反应过程如下。

$$\underset{\text{损伤淀粉粒}}{(C_6H_{10}O_5)_m} \xrightarrow[\text{面粉中}]{\alpha\text{-淀粉酶}} \underset{\text{糊精}}{(C_6H_{10}O_5)_n} \xrightarrow[\text{面粉中}]{\beta\text{-淀粉酶}} \underset{\text{麦芽糖}}{C_{12}H_{22}O_{11}}$$

（2）酵母分泌的糖酶将双糖转化为单糖。面粉中天然存在少量的双糖（麦芽糖和蔗糖），再加上淀粉水解转化的麦芽糖、操作过程中添加的蔗糖，这些双糖在酵母分泌的糖酶（麦芽糖酶和蔗糖酶）的作用下水解生成单糖。反应过程如下。

$$\underset{\text{麦芽糖}}{C_{12}H_{22}O_{11}} + H_2O \xrightarrow[\text{酵母中}]{\text{麦芽糖酶}} \underset{\text{葡萄糖}}{2C_6H_{12}O_6}$$

$$\underset{\text{蔗糖}}{C_{12}H_{22}O_{11}}+H_2O\xrightarrow[\text{酵母中}]{\text{蔗糖酶}}\underset{\text{葡萄糖}}{C_6H_{12}O_6}+\underset{\text{果糖}}{C_6H_{12}O_6}$$

葡萄糖可作为酵母生长繁殖所必需的养料，有了葡萄糖的供应，酵母菌就会吸收养料，开始生长繁殖。

2)酵母繁殖

酵母菌获得养料后，首先利用面坯中的氧气进行呼吸作用，将葡萄糖进一步分解为 CO_2 和 H_2O，并释放出热。

$$C_6H_{12}O_6+6O_2\xrightarrow[\text{酵母酶}]{\text{有氧呼吸}}6CO_2\uparrow+6H_2O+287\ kJ$$

随呼吸作用的进行，面坯部分区域中的氧气逐渐减少，酵母菌有氧呼吸作用逐渐减弱，无氧呼吸作用则逐渐增强。此时酵母菌就会将单糖分解成 C_2H_5OH 和 CO_2，放出少量的热。

$$C_6H_{12}O_6\xrightarrow[\text{酵母酶}]{\text{无氧呼吸}}2C_2H_5OH+2CO_2\uparrow+100\ kJ$$

无论是酵母菌的有氧呼吸还是酵母菌的无氧呼吸，都会生成 CO_2。这些 CO_2 被发酵面坯中的面筋蛋白质包裹，使面坯体积膨大。酵母菌有氧呼吸阶段产生的 CO_2 和热量比无氧呼吸阶段产生的多。因此，要使发酵面坯膨松，一方面要高效地获得酵母菌繁殖产生的气体，利用面坯调制过程中松弛饧面等手法，给面坯补充氧气，使酵母菌更多地处于有氧呼吸状态；另一方面要给发酵面坯选择合适面筋蛋白质的小麦粉，使酵母菌发酵产生的气体能充斥于面筋网络结构中，使面坯膨松。当发酵产生气体的分量与面坯的面筋力搭配合适时，气体能被面筋网络包裹并撑大面筋网络结构空间，面筋网络柔软而完整，面坯质地膨松；当面筋力过大，发酵产生的气体相对较少时，气体无力撑大面筋网络空间，面筋表现出较强的弹性和韧性，面坯质地紧结；当面筋力过小，发酵产生的气体相对较多时，面筋可能会被气体撑破，面筋网络结构空间逐渐被破坏，面坯质地慢慢变得柔软而松散。

3)杂菌繁殖

自然界中，微生物无处不在。除酵母菌外，还有许多微生物都会对麦粉类生物膨松面坯产生影响，这一部分微生物常称为麦粉类生物膨松面坯的杂菌。在酵母发酵面坯中，由于添加的是纯酵母菌，只要发酵时间控制合适，基本上可以忽略自然环境中杂菌繁殖较短时间内在对面坯的影响。但是在酵种发酵面坯中，酵种(老面)中除含有酵母菌外，还含有如乳酸菌、醋酸菌等杂菌。特别是当酵母菌进入无氧呼吸阶段后，乳酸菌和醋酸菌大量繁殖，生成乳酸和醋酸，使面坯产生酸味。面坯发酵时间越长，面坯中杂菌产酸就越多，酸味就会越明显。因此酵种发酵面坯需要兑碱中和杂菌繁殖产生的酸。

4)兑碱中和

麦粉类生物膨松面坯中，酵种发酵面坯会因老面中带有的醋酸菌、乳酸菌等杂菌繁殖产生醋酸、乳酸等，使发酵面坯带有强烈的酸味。同时，醋酸、乳酸等弱酸能使面粉中蛋白质部分溶解，面筋力(弹性、韧性)减退，逐渐失去持气能力。向酵种发酵面坯中兑碱能中和杂菌产生的酸并产生气体，食碱与醋酸的反应如下所示。

$$Na_2CO_3+2CH_3COOH\longrightarrow 2CH_3COONa+CO_2\uparrow+H_2O$$

因此，酵种发酵面坯兑碱有三方面的作用：一是中和去酸；二是增加面坯中二氧化碳气体量，促进膨松；三是强化面坯的面筋力，提高面坯持气能力。

2. 麦粉类生物膨松面坯的形成原理

麦粉类生物膨松面坯中，酵母与淀粉酶共同作用将淀粉分解，得到的单糖（葡萄糖）作为酵母繁殖的养分。酵母在适当条件下迅速生长繁殖，分泌出复杂的有机化合物——酶。有了酶的协助，酵母菌能够利用单糖在有氧条件下产生水、二氧化碳气体及热量；在无氧条件下，则生成乙醇、二氧化碳气体及相对较少的热量。随着酵母菌不断繁殖，二氧化碳气体逐渐大量生成。气体被面坯中的面筋网络包住不能逸出，充斥于面筋构成的网络结构空间中，形成许多二氧化碳的气室，从而使面坯出现了蜂窝组织，变得膨大、松软。面坯中，酵母菌无氧呼吸产生的乙醇使面坯带有酒香味，其与酵母菌有氧呼吸产生的水分共同作用使面坯软化。随着发酵时间的延长，微生物发酵过程产生的热量使得发酵面坯温度升高，更加有利于杂菌繁殖产生乳酸、醋酸等。发酵面坯，尤其是含杂菌较多的酵种发酵面坯因为杂菌的大量繁殖而带有酸味，影响感官性状，需要兑碱中和多余的酸。碱剂的加入中和了酸，强化了面筋，同时产生了更多的气体，促进了面坯进一步膨松。

3. 影响麦粉类生物膨松面坯质量的主要因素

麦粉类生物膨松面坯发酵膨松的效果一方面取决于面坯内部产生的二氧化碳气体，另一方面取决于面坯内部持气能力。影响这两方面性能发挥的因素有以下几点。

1）面粉

面粉对生物膨松的影响主要体现在以下两个方面。

（1）面粉中高活性淀粉酶和单糖的含量。

淀粉中的淀粉酶能把部分淀粉分解为单糖提供给酵母作为养分，促进酵母生长繁殖，以及产生气体。如果面粉经过长时间储存或高温处理，那么淀粉酶的转化能力就会受到破坏、活性降低，不能迅速提供酵母需要的糖，影响到酵母繁殖，进而抑制酵母产生气体的能力。遇到这种情况，可在发酵初期向面粉中加入少量的糖。

（2）面粉中蛋白质含量与质量。

面粉中蛋白质在 30 ℃左右时形成面筋网络的数量多、质量好，能够保持气体，促进面坯的胀大。但是如果面筋蛋白质过多、筋力过强，就可能抑制气体生成，对面坯发酵不利。所以面粉中蛋白质含量与质量适当为好。

2）酵母

麦粉类生物膨松面坯中，酵母菌主要来自添加到面坯中的纯酵母或老面。在一定范围内，加入酵母菌数量越多，面坯发酵产气越多，所需发酵时间越短。但是酵母菌数量也不能无限制地增加，超过了一定的限度，反而会抑制酵母菌活力。以高活性干酵母为例，其添加量一般以占面粉的 0.5%～1% 为宜。饮食行业中，用酵种（老面）作生物膨松剂，用量一般不超过面粉的 20%。酵种（老面）比例过大，会产生明显的异味，影响出品质量。酵母菌的发酵能力也直接影响面坯膨松的效果：酵母菌发酵能力强，面坯发酵速度快，膨松效果好；酵母发酵能力弱，则面坯发酵速度慢，膨松效果相对差一些。

3)水

调制麦粉类生物膨松面坯时,掺水量不同,形成面坯的软硬程度不同。面坯的软硬程度与面坯产生和保持气体的性能密切相关。掺水量多则面坯偏软,发酵速度较快,发酵时易产生二氧化碳气体,发酵时间也较短,但气体易散失;掺水量少则面坯偏硬,产气后面坯体积膨大的阻力较大,发酵时间长,但面筋网络紧密,保持气体的性能良好。根据实验,麦粉类发酵面坯的掺水量一般为面粉的40%以上。具体调制面坯时,还应根据气温高低、面粉性质、其他调辅材料、制作出品要求等因素来确定掺水量。

高筋面粉中的面筋蛋白质含量高、粉粒细腻、颜色白净,具有良好的吸水性,掺水量可适当多一些,而低筋面粉、标准面粉掺水量则可相应少一些。新面粉或面粉中水分含量高时,掺水量须酌情减少;如粉质比较干燥,掺水量就应多一些。若天气潮湿、气温高,掺水量相应少一些;气温低、天气干燥,掺水量可略多一些。由于油、蛋、奶本身为液体,面粉的吸水能力也因此受到影响,所以有这些配方成分时的掺水量要酌情减少。

4)温度

因为酵母菌和淀粉酶的活力对温度较为敏感,所以温度也是影响麦粉类生物膨松面坯膨松效果的主要因素。温度适宜,酵母菌繁殖迅速、发酵快,膨松效果好。

面坯发酵温度一般来源于三个方面:一是环境及原料温度;二是酵母菌繁殖过程中所释放出的热量;三是水温。因此在发酵时要充分考虑操作环境及原料温度条件,结合调制所用水温来调节面坯发酵温度。夏季水温要偏冷,冬季水温要偏暖。酵母菌最适宜的发酵温度一般在30 ℃左右,此时酵母菌繁殖速度最快,在单位时间内,产生的气体最多。又由于淀粉酶在40～50 ℃时水解作用最强,低于或高于这个温度,便逐步下降,因此发酵温度可适当提高。但是发酵温度也不能过高,否则不仅产气过多,而且面坯中产酸杂菌大量滋生,很快就会产生强烈的酸味,面坯发酵容易发过头,形如棉絮渣状,甚至无法使用。如果发酵温度偏低,发酵产气速度缓慢,面坯不易发起,需要将发酵时间适当延长。

5)时间

通常情况下,发酵时间越长,产生气体越多。但时间过长,则面坯发酵过度,产生的酸味太大,面坯弹性差,熟制时易软塌,不成形。发酵时间短,则产生气体少,面坯胀发率小,色暗质差。因此,掌握发酵时间是十分重要的,但又不能对发酵时间做出绝对统一的划定,而应当综合制品要求、发酵温度,以及面粉、酵母、水的用量等诸多因素来控制和调节发酵时间。如酵母多,则发酵时间短;反之,时间就长。温度适当,发酵就快;反之,发酵就慢。掺水量多、面坯软,发酵快、时间短;反之则时间长。

二、麦粉类物理膨松面坯

(一)麦粉类物理膨松面坯概述

1. 麦粉类物理膨松面坯的概念与分类

麦粉类物理膨松面坯是指通过物理作用,如机械搅拌、水蒸气膨胀等,使最终制品获得多孔、疏松性状的面坯。根据物理作用和调搅介质的不同，麦粉类物理膨松面坯可分为蛋泡膨松面坯、蛋油膨松面坯和汽鼓膨松面坯。

2. 麦粉类物理膨松面坯的特性与应用

蛋泡膨松面坯，是以鲜蛋液为调搅介质，经高速搅打后，加入面粉等原料，调制而成的一种稀糊状面坯。其制成品体积膨大、质地暄软、富有弹性，口感较为清淡，代表品种有海绵蛋糕、戚风蛋糕等。

蛋油膨松面坯，是以某些油脂为调搅介质，通过高速搅拌后加入鸡蛋、面粉等原料调制而成的一种糊状面坯。其制成品质地膨松厚重，滋润柔软，口感相对较为浓郁，代表品种有玛德琳蛋糕、磅蛋糕等。

汽鼓膨松面坯，主要是利用焙烤过程中的高温使面坯中油脂和水分离所产生的爆发性蒸汽压力实现制品膨松的一种稠糊状面坯。其制成品外酥内软、口感松泡、内部能形成较大、单一的孔洞结构，代表品种为泡芙。

蛋泡膨松面坯、蛋油膨松面坯和汽鼓膨松面坯不仅是麦粉类物理膨松面坯的三大类别，也是西式面点代表面坯，其适用范围、制作配方、工艺流程和制作方法复杂而多样。以下选取其制作工艺中较为常见的基础配方和制法，来学习有关麦粉类物理膨松面坯的知识。

（二）蛋泡膨松面坯制作工艺

戚风蛋糕

蛋泡膨松面坯根据蛋液搅打方式的差异，主要有全蛋打发蛋泡面坯、分蛋打发蛋泡面坯和乳化打发蛋泡面坯等类别。

1. 配方及工艺流程

蛋泡膨松面坯配方举例如表 4-9 所示。

表 4-9　蛋泡膨松面坯配方举例　（单位：g）

面坯	低筋面粉	鸡蛋	白糖	乳化剂	盐	水	油	应用
全蛋打发蛋泡面坯	500	800	500				150	海绵蛋糕等
分蛋打发蛋泡面坯	500	800	500					手指饼干等
乳化打发蛋泡面坯	500	900	450	45	3	200	100	海绵蛋糕等

全蛋打发蛋泡面坯工艺流程如下。

全蛋液和白糖混合→调温→打发→拌入面粉→淋入黄油快速拌匀

分蛋打发蛋泡面坯工艺流程如下。

蛋清、蛋黄分别与白糖打发→在打发蛋黄中逐步加入打发蛋清混匀→拌入面粉调匀

乳化打发蛋泡面坯工艺流程如下。

糖、蛋、盐搅匀至糖化→加入面粉、乳化剂等材料→慢速拌粉→快速搅拌打发→逐步加入水、油等材料，慢速搅匀

2. 制作方法

全蛋打发蛋泡面坯的制作方法又称为糖蛋搅拌法，是在全蛋液中加入白糖，将二者搅拌混匀并调温至 36 ℃左右，快速搅拌打发，使糖蛋液逐渐由深黄色变成浅棕黄色、淡黄色、乳黄色，体积胀发至最初的 3 倍左右，成为有一定稠度、光洁而细

腻的泡沫膏状后，分次慢慢拌入低筋面粉，最后拌入液态黄油，快速混合均匀即成生坯。

分蛋打发蛋泡面坯是将蛋清与蛋黄分开，分别加入一定的细砂糖搅打起泡，然后分次将打发好的蛋清泡加入蛋黄泡中，最后分次拌入面粉，混合拌匀即成生坯。

乳化打发蛋泡面坯的制作方法也称为一步法，由于添加了蛋糕乳化剂，所有原料基本是在同一阶段搅拌混合在一起即成生坯。此法满足工业化生产的需要，其搅拌所得面糊均匀细腻，可制作出组织结构细腻柔软的海绵蛋糕。

3. 工艺要点

1）原料选择

蛋泡面坯的产气能力主要是指搅打介质对周围空气的包裹能力。这样的产气能力相对较弱，所选面粉的持气能力则相对较小。蛋泡面坯多选用低筋面粉，合适的筋力，一方面能包裹通过蛋液搅打进入坯料的气体；另一方面能在高温烘烤熟制过程中，使坯体中的气孔更容易膨胀变大，获得膨松柔软的质地。市售的蛋糕粉就属于这个类别。

鸡蛋蛋清是影响蛋泡面坯膨松的主要因素之一。随储藏时间的延长，蛋清液起泡性与泡沫稳定性的变化趋势相反。蛋清液起泡性随储存时间的延长逐渐增强，而泡沫稳定性逐渐降低。有研究得出：综合考虑感官品质、起泡性和泡沫稳定性等指标，建议在使用鸡蛋生产焙烤食品时，选用 4 ℃储存 2 周或 25 ℃储存 1 周的鸡蛋为宜。

糖应选择无杂质、颗粒细的白砂糖，糖的用量对面坯的膨松程度影响明显。打蛋过程中加入糖能够提高蛋液的黏稠度和气泡的稳定性，使之包裹更多的气体。通常糖蛋比例为 1∶1 时效果最佳。当糖蛋比例小于 1∶1 时，形成的蛋白泡沫不牢固、易消失，搅拌时间长，蛋糕体积小，口感坚韧；糖蛋比例大于 1∶1 时，蛋液黏稠度过大，形成的泡沫黏稠度过大，不能吸入充足的气体，蛋糕组织不均匀不紧密。

蛋泡面坯制作会选用少许油脂。油脂可以造就蛋泡面坯膨胀且柔软的口感。油脂多选择色拉油或液态黄油。添加色拉油的海绵蛋糕质感更加轻柔，选用黄油则会给制品带来更加浓郁的风味。但油脂会阻碍蛋清起泡，因此油脂应在蛋泡面坯制作的最后混合环节添加。

2）温度控制

全蛋液最佳搅打温度为 25～30 ℃。高温会使泡沫加速产生，但稳定性差；温度过低则泡沫产生速度慢，且孔洞偏小。搅打初期，如果环境温度较低，搅打会使蛋液温度降低，因此全蛋液的调温应略高一些，约为 35 ℃。如果是乳化打发蛋泡面坯，因为选择加入了蛋糕乳化剂，则可忽略温度对打发效果的影响。

3）打发程度

蛋液打发时，随着气泡逐渐增加，浆料体积和稠度逐渐增加，直到最大体积。继续搅打，气泡则开始破裂，浆料体积反而会减小。因此，制作蛋泡面坯时，对蛋液打发程度的判断十分重要。当搅打接近所需的体积大小时，应停止搅拌，否则影响出品感官性状。

全蛋液完全打发状态的表现为用刮刀或搅拌器舀起打发全蛋液时，会像缎带

般流向打蛋盆，在盆内的蛋液上形成堆叠状态，再缓缓没入蛋液中。也可以在打发全蛋液中插入一根牙签(约 1.5 cm 深)，牙签不倒，即为全蛋液的完全打发状态。

分蛋打发法的蛋清打发程度可以通过搅拌工具提起打发蛋清所呈现的纹理状态来判断。当打发蛋清表现为纹理细致、光洁顺滑，呈现软质长尾状尖角时，代表着其打发程度为湿性发泡。继续搅打，打发的蛋清纹理逐渐清晰，光亮紧实，之前湿性发泡的软质长尾尖角也慢慢转变为硬挺直立的短尖角时，其打发程度为干性发泡，也称为硬性发泡，是蛋清完全打发的最佳状态。湿性发泡和干性发泡分别适合不同感官性状要求的蛋泡面坯制品。但在达成干性发泡后如果继续搅打蛋清，就会表现为过度打发，蛋清光泽逐渐消失，气泡崩塌，渗出水分，表面粗糙断裂，质地松散。使用过度打发蛋清制作蛋泡面坯，出品的感官性状会明显变差。采用分蛋打发法时蛋清与蛋黄分开打发，二者相互混合时，质感越相近，越容易混匀。与蛋清打发相比，蛋黄液打发包裹的空气量往往要少得多，比重也要略大一些。因此，两者混合时的蛋黄液打发状态以包含空气、颜色变浅、体积微膨的糊状表现为佳。

此外，白砂糖添加方式的不同，对蛋液打发效果也有影响。大多数情况下会分多次加入白砂糖。一次性全部加入白砂糖搅打蛋液的气泡相对更细小，体积变化要小一些。

4)拌粉手法

全蛋打发的蛋泡比分蛋打发的更为柔软，是有流动性的打发状态。往其中加入面粉的混拌操作，是以刮刀直立方向探入面糊底部，翻转刮刀，顺搅拌容器底部轮廓划出圆形路线翻动舀起蛋泡使其自行流动下落并混入面粉，反复快速将面糊翻拌均匀为止。分蛋打发呈干性发泡的蛋清较硬且流动性较小，混合加入打发蛋黄和面粉时，主要以切拌的方式进行混合。拌粉要把握好度，一般混合至看不到面粉后再混拌几下即可。拌粉过度，会促进面粉中的面筋产生，使部分气泡被破坏掉，影响烘烤出品效果。

5)配方调整

在蛋泡面坯配方中，适量增加液态材料可以烘烤出更加润泽细致的成品。液态材料首选牛奶，其次可以选择果汁、茶汤等。这些材料在增加水分的同时，还给制品带来新的风味。全蛋打发蛋泡面坯中新增的液态材料可以在最后与液态黄油一并加入，分蛋打发蛋泡面坯则可将这些新增的液态材料一并加入打发的蛋黄中混合均匀，再分次加入打发蛋清中。

蛋泡面坯制作时使用的面粉均为低筋面粉，如果想获得更加膨松软绵的口感，降低成熟面坯的弹力，可以将一部分低筋面粉用澄粉、玉米粉、米粉等来替换，以在一定程度上降低粉料中面筋蛋白质的含量，提升淀粉的比例，丰富制品的口感。有时还可以在面粉中掺入少量的抹茶粉、杏仁粉、可可粉、开心果泥等特殊材料，来获得风味的改变。

(三)蛋油膨松面坯制作工艺

蛋油膨松面坯因其调搅介质多为黄油等油脂，故而常被称为黄油面糊或油脂面糊。蛋油膨松面坯制作最常用的方法是糖油搅拌法。

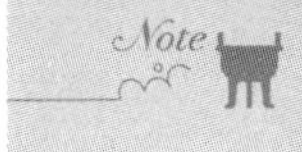

1. 配方及工艺流程

蛋油膨松面坯配方举例如表 4-10 所示。

表 4-10 蛋油膨松面坯配方举例 (单位:g)

面坯	低筋面粉	黄油	白糖	鸡蛋	盐	应用
黄油面糊	500	500	500	500	5	磅蛋糕等

蛋油膨松面坯工艺流程如下。

油、糖、盐混合打发→分次加入鸡蛋液搅拌均匀→分次加入面粉低速拌匀

2. 制作方法

糖油搅拌法又称为传统乳化法,首先将油、糖、盐倒入搅拌缸中用中速搅拌,使其充分乳化并充入空气,直至呈绒毛状。再将搅匀的蛋液分多次加入已打发的糖油中,进一步搅拌,使蛋液与糖油充分乳化呈均匀细腻微膨的状态。最后将过筛后的面粉分多次加入打发好的混合物料中,低速搅拌均匀细腻即可。

蛋油膨松面坯除了使用糖油搅拌法来制作,根据制品选料和工艺特点的不同,还可采用糖油搅拌分蛋法、粉油搅拌法、糖水搅拌法、分步搅拌法和直接搅拌法等,区别主要在于物料混合搅拌的先后次序不同。

3. 工艺要点

1)原料选择

制作蛋油膨松面坯的油脂应具有良好的融合性和可塑性。油脂的融合性使油脂在搅拌时易于拌入空气,而油脂的可塑性则使其易于保存空气。兼具这两种性质的天然油脂只有黄油。此外,加工油脂中的人造黄油、氢化油、起酥油也适用于蛋油膨松面坯制作加工需要。

糖油搅拌法选用糖的颗粒大小,影响着油脂结合空气的能力。糖的颗粒越小,油脂结合空气能力越强,糖油搅打所需时间越短。

面粉应选用低筋面粉或蛋糕专用粉,在一定程度上能控制面筋对面坯膨松的不利影响。

2)拌料方式

糖油搅拌法的拌料方式需要控制好糖油混拌、蛋液混拌和面粉混拌这几个环节。

在糖油混拌中,细砂糖分次加入黄油中,使空气逐步充入其中。每次加入白砂糖后都必须使用搅拌器以摩擦的方式充分地将糖油混拌均匀。没有搅拌的黄油最初颜色是黄色。当黄油中充入空气后,颜色逐渐变浅发白,体积微微膨胀。

黄油面糊中的蛋液通常在油脂打发后分次加入,边加边搅打至油、蛋完全融合。加入蛋液不能过早或过急,否则影响油脂打发,并出现油水分离。每次加入蛋液要将原料刮拌混匀,并充分与糖油乳化至细腻状态。

采用糖油搅拌法时面粉通常在最后一个环节加入。面粉分次加入油、糖、蛋的混合物料中,首先切拌,逐步使物料混合均匀,然后再结合翻拌动作使面糊顺滑略带光泽即可。面粉的加入会吸收蛋液中的部分水分形成面筋,使最终的出品柔软而有弹性。但如果加粉搅拌过度,生成过多的面筋,则会限制面坯膨胀。

3)温度控制

温度的高低影响油脂的打发性。温度低,油脂硬,就不易打发,需要搅打的时间长。必要时可用水浴的方法来调整油脂的软硬度。但是如果温度过高,油脂融化,糖油混合打发很难使空气充入并保存其中。融化后的黄油即使再次降温凝固,其分子结晶状态已经发生不可逆转的改变,不易打发且质地粗糙,失去顺滑感。最适宜制作油脂面糊的黄油,其最佳软硬度状态应是以手指按压,不需用力也可以轻易插入,而搅拌器搅打时仍稍有抵抗力,此时黄油的温度是 20～23 ℃。

搅拌后的油脂面糊温度与烘烤蛋糕的体积、组织和品质关系密切。油脂面糊温度过高,在装盘入炉前显得稀薄,烤出的蛋糕体积偏小,且组织粗糙、外表色深、质地松散干燥;油脂面糊温度过低,显得浓稠,流动性差,烤出的蛋糕体积小、组织紧密。影响油脂面糊温度最主要的因素是环境温度,其次是原料温度、操作方法等。标准油脂蛋糕面糊的温度应为 22 ℃左右,这个温度的油脂面糊烘烤出来的蛋糕膨胀性好、体积大、内部组织细腻。

4)配方调整

传统黄油面糊基本是以黄油、鸡蛋、砂糖和面粉这四种材料,以相同分量比例配制而成。以此为基础,可以适当改变用料分量或加入其他材料对油脂面糊进行配方调整。

基础配方中如果提升面粉的用量、控制黄油的用量,则应同步适当增加蛋液的使用量或添加牛奶等液态材料,又或在面粉中混合加入泡打粉等,利用机械力膨胀、水蒸气膨胀或化学膨胀,以实现面坯最终所需的膨胀程度。

如果要在基础配方中加入少量增加风味的干性粉末状原料,如杏仁粉、可可粉、抹茶粉等,则应适当减少面粉的使用量。

油脂面糊常被用来制作水果蛋糕,需要在其基础配方上添加不超过面粉重量的糖渍水果或干燥水果。糖渍水果或干燥水果在添加到面糊之前,应使用酒精饮料浸渍,以增加风味和水分,并可避免其吸收面糊中的水分而影响膨胀。

(四)汽鼓膨松面坯制作工艺

泡芙

汽鼓膨松面坯常用于制作泡芙,故又称为泡芙面糊。汽鼓膨松面坯最大的特征是面糊在成熟过程中会膨胀形成明显的空洞。

1. 配方及工艺流程

汽鼓膨松面坯配方举例如表 4-11 所示。

表 4-11　汽鼓膨松面坯配方举例　(单位:g)

面坯	低筋面粉	黄油	水	鸡蛋	盐	应用
泡芙面糊	500	375	835	900	6	泡芙等

汽鼓膨松面坯工艺流程如下。

油、盐、水混合→煮沸→加入面粉→快速搅匀→烫熟→离火→分次加入蛋液→搅拌面糊至均匀细腻

2. 制作方法

汽鼓膨松面坯的制作可分为烫面和搅糊两个步骤。

烫面是将水、油、盐等原料放入容器中，中火煮沸，待黄油完全融化后，在其中加入过筛面粉，用木勺快速搅拌，直至面坯烫熟、烫透，形成胶凝状态后撤离火源。

搅糊是搅打烫熟降温后的面糊。烫熟的面糊离火后可放入搅拌缸内，待面糊温度降至 60 ℃左右时，分多次、由多至少，边搅打边加入蛋液。每次加入蛋液都须充分搅拌至蛋液与面糊完全融合后再加下一次蛋液，直至面糊黏稠适度、细腻顺滑并略带光泽即可。

3. 工艺要点

1)原料选用

面粉、油脂、鸡蛋和水是泡芙的四种基本制作原料。

制作泡芙时，面粉中的面筋含量对泡芙的品质产生不同的影响。一般情况下，面粉中面筋含量越高，泡芙面糊在烘烤时表层爆裂颗粒较小，更容易向上膨胀直立，皮薄空心；面粉中面筋含量越低，泡芙面糊在烘烤时表皮爆裂颗粒较大，更易向四周膨胀，壳壁较厚。

油脂的起酥性可使烘烤后的泡芙外表松脆，油脂的润滑作用可促进泡芙面糊性质柔软，易于延伸，促进泡芙面糊加热膨胀。可以用于制作泡芙的油脂很多，色拉油、黄油、猪油、人造奶油等均可选用。不同油脂制作的泡芙风味、品质略有不同。色拉油容易与其他材料混合均匀，操作简单，但风味相对较淡，产品易老化；黄油、猪油或人造奶油制作的泡芙别具风味、外壳坚挺，但水、油不易混合。

鸡蛋蛋清起泡性好，与烫制降温后的面糊一起搅打，能使泡芙面糊具有延伸性，增强面糊在受热气体膨胀时的承受力。蛋白质的热凝固性，能使增大的体积固定。鸡蛋蛋黄的乳化性能使面糊变得柔软、顺滑，有利于泡芙加热膨胀。

水是烫制面糊的关键原料，是淀粉糊化的必要条件。在烘烤过程中，面糊中的水分蒸发形成水汽促使制品体积膨大。一般情况下，蛋和水的使用量不宜超过面粉量的 3.5 倍。

2)烫面程度

烫制面糊是要将油水充分煮至沸腾，待油脂完全融化分散于水中后，才往其中加入过筛面粉。面粉加入后，水油混合物的温度会降低，应用木勺快速搅拌，且边混拌面糊边适度加热，均匀提升面糊整体温度，以保证淀粉颗粒充分吸水膨胀糊化，达到柔软黏稠的状态。待面糊达到胶凝状态、不黏附于容器、锅底出现薄膜状时，即为烫面完成的程度。

3)搅糊程度

搅打面糊要分次加入鸡蛋液。第一次加入鸡蛋液时的面糊温度应该在 60 ℃左右。如果第一次加入的蛋液量偏少而面糊温度偏高，则蛋液容易被烫熟，影响乳化膨胀；而如果第一次加入的蛋液量偏少而蛋液和面糊的温度整体偏低，则面糊偏硬，搅打混匀不易，挤注造型困难并影响最终的加热膨胀效果。因此要保证搅打面糊程度适宜须控制好面糊和蛋液的温度，蛋液应由多至少逐次加入。每次加入蛋液后用中速搅打至鸡蛋完全融入面坯，直至蛋液全部加完。面糊搅打的最终状态应呈温热状，顺滑而有光泽，软硬适度，用木勺挑起少量面糊呈倒三角形下垂，用手

指划过面糊其痕迹会缓慢变窄闭合。

(五)麦粉类物理膨松面坯的形成

麦粉类物理膨松面坯主要利用油脂或蛋液在机械搅打下胀发以及面糊中的水分在成形加热环节的热气膨胀来获得孔状结构。由于调搅介质和制作方式的不同,麦粉类物理膨松面坯中最为常见的蛋泡膨松面坯、蛋油膨松面坯和汽鼓膨松面坯的形成原理存在一定差异。

蛋泡膨松面坯的形成主要依赖于鸡蛋蛋清的起泡性。蛋液是具有黏性的胶体物质,其中含有蛋白质而具有起泡性,在高速的机械打发的物理作用下,大量空气被蛋白质膜包裹形成气泡。再加上添加其中的白糖和面粉,加强了蛋液的黏性,提高了蛋清液持泡的稳定性。当面坯加热时,气泡内的空气及面坯中水分形成的水蒸气受热膨胀,使蛋白膜继续膨胀扩展。当温度升高时蛋白质受热变性凝固、淀粉糊化,蛋泡膨松面坯最终实现稳定的膨松性状。

蛋油膨松面坯的形成依靠油脂在机械打发过程中能充入气体的性能。具有良好可塑性和融合性的可塑脂在空气中经高速搅拌起泡时,空气中的细小气泡被油脂吸入并保存在油脂中。打发油脂过程中加入的细砂糖能促进油脂吸入并保存空气。油脂和细砂糖初步打发后,分次加入其中调搅的蛋液使介质进一步充气微膨松,蛋黄的卵磷脂促使介质中的水油充分乳化。在熟制工艺环节,和蛋泡面坯相似,蛋油面糊中的气体受热膨胀,其中的水分汽化膨胀,蛋白质受热变性凝固、淀粉糊化,蛋油膨松面坯最终实现稳定的膨松性状。

汽鼓膨松面坯的水分在烘烤过程中发生物理性状变化,产生蒸汽膨胀,形成明显的孔洞结构。因此汽鼓膨松面坯的形成,一方面需要通过烫制面糊过程中淀粉充分糊化结合大量水分,以确保在最终制品成熟成形工艺中产生充足的蒸汽膨胀力;另一方面汽鼓膨松面坯中的油脂在鸡蛋蛋黄乳化作用下,均匀而稳定地分散于面糊中,使面糊柔软黏稠、具有更好的延展性,以利于包裹住在高温熟制环节剧烈产生的水蒸气。

三、麦粉类化学膨松面坯

(一)麦粉类化学膨松面坯概述

1. 麦粉类化学膨松面坯的概念与分类

麦粉类化学膨松面坯是在面粉中加入化学膨松剂调制,利用化学反应产生的气体来实现膨胀酥松出品性状的面坯。根据使用的化学膨松剂的不同,麦粉类化学膨松面坯分为发粉膨松面坯和矾碱盐膨松面坯。

2. 麦粉类化学膨松面坯的特性与应用

发粉膨松面坯的制作往往要添加一些辅料,如蛋、糖、油等。此类面坯具有疏松、酥脆、不分层的特点,如桃酥、甘露酥等的制作。

矾碱盐膨松面坯是我国传统化学膨松面坯,具有很强的膨松性,出品孔洞较大,短时间内具有明显酥脆感,是制作传统油条的代表面坯。

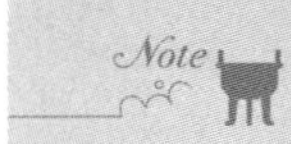

(二)麦粉类化学膨松面坯制作工艺

1. 麦粉类化学膨松面坯配方及工艺流程

发粉膨松面坯配方举例如表 4-12 所示。

表 4-12 发粉膨松面坯配方举例 (单位:g)

面坯	面粉	猪油	白糖	鸡蛋	发粉	小苏打	臭粉	应用
桃酥面坯	500	250	250	130	7	5	2	桃酥
甘露酥面坯	500	220	220	150	10		5	甘露酥

发粉膨松面坯工艺流程如下。

面粉及膨松剂混匀→加入拌匀成乳化状蛋、糖、油混合物→拌和均匀→发粉膨松面坯

矾碱盐膨松面坯配方举例如表 4-13 所示。

表 4-13 矾碱盐膨松面坯配方举例 (单位:g)

面坯	面粉	明矾	小苏打	食盐	水	应用
矾碱盐面坯(常温)	500	11	11	7	300	油条

矾碱盐膨松面坯工艺流程如下。

矾碱盐加水→检验"矾花"→加入面粉拌匀→反复捣揣、饧面→矾碱盐膨松面坯

2. 麦粉类化学膨松面坯制作方法

发粉膨松面坯的制作:首先将对应比例的面粉和化学膨松剂(发粉、小苏打、臭粉等)过筛混匀后放在案板上开一凹坑;然后将蛋、糖、油、乳等原料搅拌混合一并倒入面粉中;最后用擦、叠、切、拌等方法将所有原料混合均匀即成。

矾碱盐膨松面坯的制作:选择碾成细末的明矾,与小苏打、食盐一起投入适量的水中,搅拌至矾碱盐溶化并起"矾花"后,迅速拌入面粉,将面粉与水调拌均匀;经饧面后采用捣揣和面的方法,一边沾水一边捣揣,反复捣揣、饧面,直至面坯光滑;出品前通常要将面坯搓拉成扁平长条状,静置于桌面上进行饧面,以利于油条的成形熟制加工。

3. 麦粉类化学膨松面坯工艺要点

发粉膨松面坯制作应使用低筋面粉,以利于制品酥松。油、糖、蛋、奶等原料通常要先充分调匀乳化后再与面粉拌匀,以免面粉吸水形成面筋影响口感。发粉膨松面坯调制的温度以 22～30 ℃为宜。温度太高,面粉粒间黏结力减弱,面坯松散较难成形,且温度较高会使部分化学膨松剂在面坯成形熟制前发生分解反应,影响面坯出品的膨松效果;温度太低,油脂变硬,阻力加大,物料之间不易出现乳化等现象,不利于物料混匀。发粉膨松面坯调面动作要快,以切拌、擦拌、叠拌的手法为主,否则面坯容易生成面筋,影响酥松的效果。为保证化学膨松效果,发粉膨松面坯一般都是随调随用,调制好的面坯不宜久存。

矾碱盐膨松面坯的制作关键要掌握好明矾、纯碱的比例。一般矾与碱的比例为 1∶1,具体的使用量还须根据季节变化适当调整。一般情况下,夏季明矾与碱的

用量略大；冬季明矾与碱的用量略小。配制矾碱盐水溶液时会有“矾花”生成，“矾花”的质量将影响成品的质量。检验“矾花”质量的方法有三种。一是听声，调成溶液后，若有泡沫声，即为正常；如无泡沫声，就是矾轻。二是看水溶液的颜色，呈粉白色为正常。三是将水溶液滴入油内，若水滴成珠并带“白帽”，则为正常；若“白帽”多，而水珠小于“白帽”的为碱轻；水滴于油内摆动，水珠结实、不呈长方形的为碱重。矾碱盐面坯在和面过程中要快速使劲抄拌，使面粉尽快吸收水分。成团后要有规律地反复捣揣、饧面四五次，每捣揣一次，要饧面 20～30 min，每次捣揣要有规律、有秩序地将面坯揣匀、揣透。

（三）麦粉类化学膨松面坯的形成原理

虽然不同类别的麦粉类化学膨松面坯在主配料的选择、面坯调制、成形熟制等制作环节上存在一定的差异，但这类面坯膨松的基本原理相似。化学膨松剂、面粉及其他配料按一定比例混合后，在加热环节中，膨松剂发生分解、中和等化学反应产生气体。这些气体在面坯加热初期被生坯内蛋白质形成的湿面筋包裹。随着加热温度的增加、加热时间的延长，气体生成量增大，湿面筋所持有的对气体的抗胀力，在突然形成的强大气体压力下，生坯体积明显膨大。随着加热时间的延续，膨松剂分解完毕，加热的温度促使蛋白质热变性凝固，使得面坯最终成形，形成具有蜂窝状或海绵状结构的成品。

在麦粉类化学膨松面坯形成过程中，常用化学膨松剂发生的化学反应如下。

小苏打加热分解。

$$\underset{\text{小苏打}}{NaHCO_3} \xrightarrow{\text{加热}} \underset{\text{食碱}}{Na_2CO_3} + \underset{\text{二氧化碳}}{CO_2\uparrow} + \underset{\text{水}}{H_2O}$$

臭粉（碳酸氢铵）加热分解。

$$\underset{\text{碳酸氢铵}}{NH_4HCO_3} \xrightarrow{\text{加热}} \underset{\text{二氧化碳}}{CO_2\uparrow} + \underset{\text{氨气}}{NH_3\uparrow} + \underset{\text{水}}{H_2O\uparrow}$$

泡打粉中含有酸剂和碱剂，其遇水会产生气体。

$$\underset{\text{小苏打}}{2NaHCO_3} + \underset{\text{酒石酸氢钾}}{HOOC(CHOH)_2COOK} \xrightarrow{\text{加热}} \underset{\text{酒石酸氢钠}}{NaOOC(CHOH)_2COOH} + \underset{\text{二氧化碳}}{CO_2\uparrow} + \underset{\text{水}}{H_2O}$$

$$\underset{\text{小苏打}}{2NaHCO_3} + \underset{\text{磷酸钙}}{CaH_4(PO_4)_2} \longrightarrow \underset{\text{磷酸二氢钠}}{Na_2CaH_2(PO_4)_2} + \underset{\text{二氧化碳}}{CO_2\uparrow} + \underset{\text{水}}{H_2O}$$

矾碱盐面坯中，矾与碱发生化学反应，产生气体，使面坯膨松胀大，面粉、食盐不参与反应，但实验提高了面粉中面筋蛋白质的工艺性能，增强了面坯保持气体的能力。

$$\underset{\text{明矾}}{2KAl(SO_4)_2} + \underset{\text{食碱}}{3Na_2CO_3} + 3H_2O \longrightarrow \underset{\text{氢氧化铝}}{2Al(OH)_3} + \underset{\text{二氧化碳}}{3CO_2\uparrow} + \underset{\text{硫酸钾}}{K_2SO_4} + \underset{\text{硫酸钠}}{3Na_2SO_4}$$

第四节　麦粉类油酥面坯

桃酥

麦粉类油酥面坯是指用小麦粉等粮食粉料与各类油脂及其他材料调制而成的面坯。在麦粉类油酥面坯调制过程中加入合适的油脂、选择特定的调制方法，可使

面坯内部结构由紧实变为松散，再配合恰当的熟制方法，使得最终麦粉类油酥面坯的出品具有酥松的质地。根据调制方法和面坯特征的不同，麦粉类油酥面坯常见有层酥面坯、混酥面坯和浆皮面坯。

麦粉类油酥面坯的主要类别如表4-14所示。

表4-14 麦粉类油酥面坯的主要类别

主要类别	主要原料	成团原理	面坯特点	应用
层酥面坯	面粉、油、水	蛋白质溶胀作用、黏结作用	酥皮与酥心层层相隔，酥皮细腻、光滑、有韧性，酥心可塑性很好、几乎没有弹韧性	荷花酥等
混酥面坯	面粉、糖、蛋、油、膨松剂	黏结作用	可塑性很好、几乎没有弹韧性	桃酥等
浆皮面坯	面粉、糖浆、油、膨松剂	黏结作用	可塑性很好、几乎没有弹韧性	广式月饼等

麦粉类油酥面坯中的混酥面坯与麦粉类化学膨松面坯中的发粉膨松面坯在配方、制法等方面非常相似，故而本节主要学习麦粉类油酥面坯的层酥面坯和浆皮面坯的制坯工艺。

一、麦粉类层酥面坯

（一）麦粉类层酥面坯概述

1. 麦粉类层酥面坯的概念与分类

麦粉类层酥面坯是以面粉和油脂作为主要原料，首先调制酥皮与酥心两种不同性状的坯皮，再通过一定的方式将这两种面坯组合起来，经多次擀、叠、卷后，最后形成有层次的酥性面坯。根据用料及调制方法的不同，麦粉类层酥面坯可分为水油酥层酥面坯、蛋（水）面层酥面坯和酵面层酥面坯三类。

2. 麦粉类层酥面坯的特性与应用

在加热环节，由于油脂的隔离作用，使得麦粉类层酥面坯中两种不同性状的坯皮出现分层，并形成酥松香脆的口感。不同类别的麦粉类层酥面坯的特点及应用有一定的差异。

水油酥层酥面坯，是以水油面坯为酥皮、干油酥面坯为酥心制作的层酥面坯，是中式传统层酥面坯的代表。水油酥层酥面坯细腻、光滑、柔软、有一定的延展性和可塑性，出品层次清晰、松化酥香，适合制作龙眼酥、荷花酥等品种。

蛋（水）面层酥面坯，是由蛋（水）面坯和黄油酥层组合而成，即可选择蛋（水）面坯作为酥皮，也可选择黄油酥层作为酥皮。蛋（水）层酥面坯起源于西式面点，在广式面点中演变为擘酥面坯。蛋（水）层酥面坯细腻光滑、延展性好、层次清晰丰富，其出品松化酥脆、香味浓郁适合制作蝴蝶酥、叉烧酥、拿破仑酥等品种。

酵面层酥面坯，是以发酵面坯为酥皮、干油酥面坯为酥心制作的层酥面坯。酵面层酥面坯较为松软、有一定的弹性和韧性、可塑性较差，其出品疏松多孔、富有层次感，口感松软酥香，适合制作蟹壳黄、丹麦包等品种。

（二）麦粉类层酥面坯的制作工艺

1. 配方及工艺流程

麦粉类层酥面坯配方举例如表 4-15 所示。

表 4-15　麦粉类层酥面坯配方举例　（单位：g）

类别	面坯构成	面粉	水	鸡蛋	猪油	黄油	酵母	应用
水油酥层酥面坯	水油面坯	500	275		100			荷花酥等
	干油酥	500			300			
蛋（水）面层酥面坯	蛋（水）面坯	500	150	150				蝴蝶酥等
	干油酥	200				600		
酵面层酥面坯	发酵面坯	500	300				5	蟹壳黄等
	干油酥	500			275			

麦粉类层酥面坯制作工艺流程如下。

调制酥皮面坯与酥心面坯→（冷藏→）包酥→开酥→成团备用

2. 制作方法

1）调制酥皮面坯与酥心面坯

不同麦粉类层酥面坯的酥皮与酥心的制作方法有一定的差异。

调制水油面坯时，先将面粉置于案板上，中间开一凹坑，在其中加入油脂和水适当搅拌，使其产生乳化现象后，再与面粉混合，用调和法和面，用搓、揉、摔、打等手法将面坯调制成为柔软而有筋力、光滑而不粘手的面坯，即可盖上湿布备用。

调制蛋（水）面坯时，先将面粉置于案板上，加入蛋液、水等材料后用调和法和面，采用搓、揉、摔、打等手法将面坯调制成为光滑、均匀的状态，然后将面坯整理成方形，放入平盘中进冰箱冷藏保存待用。

调制用作酥皮的发酵面坯可参考本章第三节麦粉类生物膨松面坯的制作方法。

根据选用油脂的不同，调制油酥面坯干油酥的方法存在一定差别。传统中式面点干油酥常选用猪油，具体方法是将面粉置于案板上，加入猪油，采用擦制方法将坯料反复调匀即可。使用植物油调制干油酥面坯时，可以将植物油加热至 200 ℃以上，再倒入面粉中调制成较稀软的面坯。使用黄油调制干油酥面坯时，油脂所占比重通常较大，操作时先将面粉与黄油搓擦均匀成柔软的黄油酥面坯，然后整理成长方形，放入平盘中覆膜冷藏降温至合适软硬度待用。

2）包酥

包酥是使用酥皮包住酥心的操作过程。不同类型的层酥面坯使用酥皮与酥心的包酥比例各有不同。水油酥层酥面坯是水油面做酥皮、干油酥做酥心，酥皮与酥心比例大约为 3∶2 或 1∶1；蛋（水）面层酥面坯是用蛋（水）面做酥皮、黄油酥做酥心，也有用黄油酥做酥皮、蛋（水）面做酥心，其酥皮与酥心比例大约为 1∶1；酵面层

酥面坯是用发酵面坯做酥皮、干油酥做酥心，酥皮与酥心比例大约为 3∶2 或 2∶1。

根据操作方法不同，包酥主要分为大包酥和小包酥两种。大包酥操作方法是先将酥皮面坯擀压成长方形或圆形薄坯，然后将酥心面坯放在薄坯中间，用酥皮薄坯收紧边口包住酥心即可。大包酥使用的面坯单个分量较大，包酥开酥完成后可以一次性做出十几个甚至上百个坯剂，具有生产量大、速度快、效率高的特点。小包酥操作方法则是先将酥皮面坯和酥心面坯分别下剂，然后将酥皮面剂按压成圆形薄坯，将酥心面剂放在圆形薄坯的中心，再将圆形薄坯的四周拢上收口包住酥心面剂即可。小包酥开酥后的酥层清晰均匀，适合制作暗酥制品及部分花式层酥制品。小包酥使用的面坯单个分量较小，操作方法相对容易掌握，适合初学者，但其制作速度慢、效率低。

3）开酥

开酥也称为起酥、起层，是将完成包酥后的面坯，通过擀卷或擀叠操作形成有层次结构的操作过程。擀卷起酥和擀叠起酥的操作根据制品的差异，可以单独选择使用，也可以搭配组合使用。具体方法如下。

擀卷起酥，首先将包酥后的面坯按扁，将其擀压成长方形的薄面片，然后可将面片对叠再擀开，最后去掉边缘不整齐的地方，将面片从一端卷到另一端成圆柱状的层酥面坯。

擀叠起酥，首先也是将包酥后的面坯擀压成长方形的薄面片，然后将两边的面片向中间折叠成三层或四层并压平压实，继续擀开擀薄，重复相同的方式折叠擀制，最后修齐面皮边缘，再层叠成厚实的方块状层酥面坯。擀叠起酥的最后一步，也可以选择与擀卷工艺组合，从而获得圆柱状层酥面坯。

4）酥纹类别

为适应不同层酥制品的特色要求，制作麦粉类层酥面坯在包酥开酥完成后，通过组合不同的加工手法，可以获得带有不同类别酥纹层次的面坯。根据酥纹类别的不同，麦粉类层酥面坯制品可分为暗酥、明酥和半暗酥三类。

暗酥出品的酥层在坯料里面，外表层看不到层次。其坯料在擀叠或擀卷起酥后经过直切或手揪、平放、按剂、包馅而成，适用于大众品种，如老婆饼、萝卜丝酥饼、蟹壳黄等。

明酥出品的酥层可以在成品的表面明显看到。明酥的坯料通常都会用刀切剂，刀口处呈现清晰平整的酥层。常见的明酥类别有圆酥、直酥等。圆酥为擀卷起酥的圆柱形面坯横切后，将刀口切面贴案板竖放，擀压成厚薄适中的面剂，然后将面剂刀口呈现的圆形螺旋状酥纹露在外面，包捏成形即成生坯，如龙眼酥、酥盒等。直酥制品外层会有水平直线形酥纹，有两种不同的制作方式。直酥制品可以将擀卷起酥的圆柱形面坯横切成段后，再顺圆柱形方向对剖成两个坯剂，对剖面会呈现出直线形酥纹，以对剖面为面子进行擀压包捏成形即成生坯，如玉带酥、蚕茧酥、燕窝酥等。除了以上常规方法能使酥层显露外，还可以使用排丝酥、叠酥、剖酥等方法使酥层显露。直酥制品也可以用擀叠起酥的面片，采用排丝酥的方法处理酥纹。具体的做法是首先将擀叠起酥后的方形酥皮切成大小相同的几块长方形面片，在面片上薄抹蛋清或清水，层层对齐压叠紧实，冷藏至合适的软硬度后，取出修齐边缘后，在垂直于酥层方向用刀切成大小厚薄适中的面皮，然后顺纹理适当擀压成适

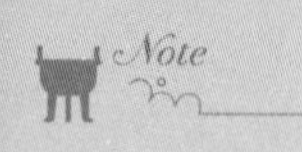

用的大小，最后在一面薄抹蛋清后包馅成形即成生坯，如榴莲酥、枇杷酥、莲藕酥等。叠酥的制作是将擀叠起酥的面坯直接切成一定形状的坯剂，再通过夹馅成形或直接成形后成熟制而成，如玉兰酥、风车酥、牛角酥等。剖酥的制作通常是在暗酥生坯制作的基础上，在平整光滑一面划刀，在熟制工艺环节，剖酥制作生坯受热后酥层开口露酥，如菊花酥、荷花酥等。

半暗酥的酥层一部分露在制品外表面，一部分藏在制品的内部。其坯料多为擀卷起酥的面坯，将其横切后，酥层向上，使用与桌面夹角为45°的力将其按扁擀薄后再包馅成形即为生坯，适宜制作果类花色酥点，如苹果酥等。

3. 工艺要点

1)关注选料

麦粉类层酥面坯制作中的关键选料主要有面粉和油脂。低筋面粉适合干油酥的调制。调制层酥面坯中的水油面坯多选择中筋面粉，而蛋(水)面坯和发酵面坯则多选择中高筋面粉。不同油脂调制成的干油酥面坯性质不同。动物油脂熔点高，常温下为固态，凝结性好，润滑面积较大，结合空气量较多，起酥性好，是调制麦粉类层酥面坯常用的油脂类型。植物油脂常温下为液态，润滑面积较小，结合空气量较少，起酥性稍差，多用于一些特色层酥制品。

麦粉类层酥面坯调制还需要注意控制好选料比例分量。调制干油酥面坯的用油量越大，面坯酥性越强，包酥开酥难度随之增加，成品酥层易碎；用油量越少，油脂对面粉润滑和黏结的影响减少，面坯质地偏硬甚至不易成形。调制水油面坯则需要掌握好粉、水、油三者的比例，以保证面坯拥有合适的延伸性和酥性。如果水量多而油量少，成品就会偏硬，延伸性良好而酥性不足；如果油量多水量少，则面坯延伸性差、酥性过强而操作困难。蛋(水)面坯和发酵面坯的用料等工艺要点可参考麦粉类水调面坯和麦粉类生物膨松面坯的相关内容。

2)注意温度

调制麦粉类层酥面坯需要注意保证原料中的水、油温度合适，以及操作环境温度合适。调制水油面坯时，水、油温度的控制应根据成品要求而定。一般来说，若成品要求酥性大，则调制水油面坯的水温可略高一些，如苏式月饼的水油面坯可以用开水调制；若成品要求酥层完整清晰，则调制水油面坯的水温可略低一些，控制在30～40 ℃为佳。水温的高低直接影响面粉中的蛋白质和淀粉的工艺性能。温度越高，淀粉糊化程度越高、面坯黏性变强，面筋蛋白质热变性程度越高，面坯弹性、韧性、延伸性等工艺性能逐渐降低；而水温过低也会影响面筋的胀润度，使面坯筋性过强，延伸性降低，造成起酥困难。麦粉类层酥面坯包酥与开酥过程中使用的皮面和酥心这两块面坯要求软硬度一致。干油酥的用油量较大，因此油脂的温度对面坯性质影响较大。动物油脂在常温下为固态，调制干油酥时容易与面粉推擦均匀，形成软硬适度、起酥性好的面坯。除了原料的选择对面坯软硬度有直接影响外，干油酥面坯的油脂和操作环境的温度，以及操作方法对干油酥面坯的软硬度都会产生影响。如果油脂、面粉及操作环境的整体温度偏低，则油脂偏硬，不易推开，物料较难混匀，或面坯偏硬，后期开酥时较难擀开擀薄；如果油脂、面粉及操作环境的整体温度偏高，则油脂偏软且极易液化，使得干油酥面坯质地偏软、粘手且难以成形。一般来说，调制干油酥的推擦手法会使面坯温度升高、质地变软，冷藏冷冻

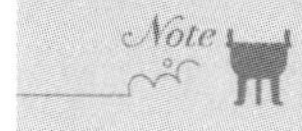

又会使干油酥面坯变硬。因此，可以通过推擦或冷藏（冻）的方法，调整干油酥面坯的软硬度，以利于层酥面坯的调制。

3）适当包酥

麦粉类层酥面坯的包酥环节要注意包酥比例恰当、软硬恰当和位置恰当。包酥的酥皮与酥心的比例是否适当直接影响成品外形和口感。若干油酥面坯过多，则开酥擀制困难，且易破酥、露馅，成熟时易碎裂；若水油面坯、蛋（水）面坯或发酵面坯过多，则易出现酥层不清、成品不酥松等结果。包酥前要将酥皮与酥心软硬度调整一致，以利于开酥的操作。如果干油酥面坯偏硬，则干油酥在开酥擀制过程中不易被擀开，而导致酥层不匀、甚至破酥；如果干油酥面坯偏软，则其在开酥擀制过程中极易被擀至边缘堆积，同样会导致酥层不匀、甚至破酥。包酥后，酥心面坯应居于面坯正中，酥皮面坯的四周应厚薄均匀一致，酥皮与酥心紧密贴合，不夹杂空气。

4）合理开酥

开酥擀制时用力要均匀，力轻而稳，使酥皮厚薄一致。擀制不宜太薄，避免产生破酥、乱酥、并酥的现象。开酥擀制使用干面粉可以防止面坯粘黏擀面杖或面案，避免破酥。但干面粉要尽量少用。干面粉使用越多，一方面会使酥皮面坯因与干面粉接触而加速变硬，不利于开酥延展；另一方面会导致出品酥层粗糙不清晰，甚至会在油炸熟制过程中出现散架、破碎的现象。开酥擀制的坯皮要厚薄适当且均匀，卷、叠要紧实，否则酥层之间黏结不牢，易造成酥皮分离、脱壳。

（三）麦粉类层酥面坯的形成原理

麦粉类层酥面坯通常是由干油酥面坯与水油面坯或蛋（水）面坯或发酵面坯等两块不同性质的面坯组成。

干油酥是由面粉和油脂调制而成的。油脂掺入面粉中，经过搓擦扩大了油脂与面粉的接触面，面粉颗粒被油脂包裹，依靠油脂的黏着性，将物料黏合在一起。在水油面坯、蛋（水）面坯、发酵面坯配方中均含有水分，面粉中的蛋白质在室温条件下与水分相互结合，使面坯具有一定的弹性、韧性和延伸性。在包酥开酥过程中，具有延伸性的面坯在经过包、擀、叠、卷等操作后，被延展而不破碎，最终两块不同性质的面坯相互分隔，形成分层结构。在成形后的熟制环节，由于油脂的隔离作用和离散特性，使得干油酥面坯层在高温作用下逐渐消失，皮坯出现层次，同时也形成了酥松、香脆的口感。

二、麦粉类浆皮面坯

（一）麦粉类浆皮面坯概述

1. 麦粉类浆皮面坯的概念

麦粉类浆皮面坯又称为提浆面坯、糖皮面坯、糖浆面坯等，是将蔗糖、柠檬和水首先熬制水解成转化糖浆，再加入油脂、少量的膨松剂和其他配料，搅拌乳化成乳浊液后加入面粉调制而成的面坯。

2. 麦粉类浆皮面坯的特性与应用

麦粉类浆皮面坯是制作传统广式月饼的面坯。麦粉类浆皮面坯组织质地细腻，具有良好的可塑性，出品外表光洁、纹理清晰、饼皮松软。

（二）麦粉类浆皮面坯的制作工艺

1. 配方及工艺流程

麦粉类浆皮面坯配方举例如表 4-16 所示。

表 4-16　麦粉类浆皮面坯配方举例　　（单位：g）

类别	面粉	花生油	白糖	水	柠檬酸	枧水	应用
麦粉类浆皮面坯	500	125	350	135	0.9	10	广式月饼等

麦粉类浆皮面坯制作工艺流程如下。

熬制糖浆→（液态原料）混合乳化→加入面粉→调匀成团

2. 制作方法

1）熬制糖浆

将水和白糖倒入锅中加热，待其沸腾 10 min 左右加入柠檬酸，用中小火熬煮 40 min，糖浆的温度达到 113～114 ℃、糖度为 78 ℃即可。熬好的糖浆通常需要放置 15 天后使用。

2）混合乳化

将广式月饼饼坯配方中的糖浆、花生油和枧水放入容器中搅拌均匀，使之充分乳化形成均匀的乳浊液。

3）调匀成团

将面粉过筛后放在案板上，中间开一环状凹坑，在其中加入混合乳化好的糖浆、花生油和枧水，抄拌均匀，翻叠切拌均匀成团。

3. 工艺要点

1）充分乳化

调制麦粉类浆皮面坯首先要将糖浆、油脂和枧水等充分搅拌乳化。若搅拌的时间较短，乳化不充分，会导致调制出的面坯弹性和韧性不均，外观粗糙、结构松散，甚至会走油生筋。

2）适度拌粉

面粉与混合的乳浊液调拌时，要控制拌粉的程度。不可反复搅拌，以免面坯生筋。

3）控制软硬

麦粉类浆皮面坯的软硬度应与其包馅的软硬度相似，面坯的软硬度可以通过增减糖浆用量或者分次投料拌粉的方式进行调整。

4）即调即用

麦粉类浆皮面坯调好后放置时间不宜太长，多为即调即用。可以先拌入配方中 2/3 分量的面粉，调制成软面糊状，待使用前再即时加入剩余的面粉调整至合适的软硬度。用多少拌多少，从而保证面坯质量。

（三）麦粉类浆皮面坯的形成原理

转化糖浆是调制浆皮面坯的主要原料，可以使用蔗糖、水和柠檬酸熬制而成。在加热、酸性条件和水的作用下，蔗糖发生水解生成葡萄糖或果糖，这一变化过程

称为转化，葡萄糖和果糖统称为转化糖。熬好的转化糖浆要待其自然冷却并放置一段时间后使用，目的是促进蔗糖继续转化，提高糖浆中转化糖含量，防止蔗糖重结晶返砂；使调制的面坯质地更加柔软，延伸性更好；使制品外表光洁、不收缩，花纹清晰；使饼皮能较长时间保持湿润绵软。

浆皮面坯中加入转化糖浆，限制了水分向面粉颗粒内部扩散，阻碍了蛋白质吸水形成面筋。同时加入面坯中的油脂均匀地分散在面坯中，也限制了面筋形成。从而使得调制的面坯弹性、韧性降低，可塑性增强。此外，糖浆中的部分转化糖使面坯具有保潮防干、吸湿回润的特点，成品饼皮口感湿润绵软，水分不易散失。

知识链接

超微豆渣部分替代面粉对广式月饼品质的影响

豆渣作为一种功能性食品辅料在食品加工中广泛应用。广式月饼作为我国传统的节日食品有着广阔的市场，开发营养健康的广式月饼是各大月饼企业的研发目标。将豆渣这种价格低廉、营养丰富的功能性食品原料添加到广式月饼中，加工成部分豆渣替代面粉的新型广式月饼，不仅能丰富广式月饼的品种更能为豆渣的深加工拓宽思路。

将豆渣应用到焙烤食品时，首先需要考虑其粉碎程度对产品感官特性的影响。由超微豆渣替代制成的月饼在成形和口感上优于由普通粉碎豆渣替代制成的月饼。高风超微豆渣与低风超微豆渣之间无明显差异，选取高风超微粉碎作为豆渣的粉碎方法，随着高风超微豆渣的替代量的增加（8%增加至24%），月饼色泽有改善，油腻感下降，先呈现豆香味而后呈现豆腥味，当添加量超过16%时，豆香味最浓郁，月饼的硬度、凝聚性、胶黏性、咀嚼性以及回复性先增加后下降。在既需要增加膳食纤维含量，又要保证产品品质的前提下，综合考虑选取最适替代量为16%。高风超微豆渣的替代量为24%时，饼皮除了不易成形、豆腥味重这两个缺点外，其他指标均表现良好，若要进一步提高饼皮中超微豆渣的替代量，可以从豆渣脱腥和食用胶辅助成形的角度考虑，以制备出高膳食纤维的广式月饼。

（资料来源：叶韬，陈志娜，尹琳琳，等．超微豆渣部分替代面粉对广式月饼品质的影响[J]．食品工业科技，2017，38(6)：256-260.）

驴打滚

第五节　米及米粉面坯制作工艺

一、米及米粉面坯概述

（一）米及米粉面坯的概念与分类

米及米粉面坯是选择米或米粉为主要原料，加入水等其他原料调制而成的面坯。米及米粉的颗粒大小不同会导致调制方法、成团效果、出品口感等存在差异。因此根据选料加工特性的不同，米及米粉面坯主要有米类面坯、米粉水调面坯和米粉膨松面坯三大类别。根据所调面坯性状的不同，米类面坯又分为米类粒状面坯和米类泥状面坯；米粉水调面坯又分为米粉水调糕团状面坯和米粉水调浆糊状面坯；米粉膨松面坯又分为米粉生物膨松面坯和米粉物理膨松面坯。

（二）米及米粉面坯的特性与应用

根据原料来源不同，米及米粉面坯特性差异较大。糯米的黏性大、硬度低，成品口感黏糯，成熟后的形态轮廓容易坍塌。籼米黏性小、硬度大，成品吃口硬实。粳米的软、硬、糯的程度居于糯米和籼米的性状的中间区域。为了适应不同制品的面坯性状特征要求，在调制米粉面坯时，常常将几种粉料按不同比例掺合成混合粉料使用。

根据选料和工艺性状的不同，米及米粉面坯种类繁多，应用面广。米类面坯通常可见大米的粒状或糜状，其制品可硬、可软，可干、可稀，可松散、可黏糯，种类十分丰富。其中，米类粒状面坯主要应用于饭、粥、粽子等制品；米类泥状面坯主要应用于糍粑、艾窝窝等制品。米粉水调面坯制品软糯润滑、黏实耐饥。其中的米粉水调糕团状面坯主要应用于汤圆、年糕、团子、米饺等制品；米粉水调浆糊状面坯主要应用于肠粉、米粉、米线、面窝等制品。米粉膨松面坯制品质地微膨，口感微松。其中的米粉生物膨松面坯主要应用于米发糕类制品；而米粉物理膨松面坯则主要应用于白松糕、定胜糕等制品。

二、米及米粉面坯的制作工艺

（一）米类粒状面坯

1. 配方及工艺流程

米类粒状基础面坯配方举例如表 4-17 所示。

表 4-17　米类粒状基础面坯配方举例　（单位：g）

类别	大米	水	油	应用
米饭	500	400	适量	八宝饭、蛋炒饭等
米粥	100	1000	20	白粥、鱼片粥等

米类粒状基础面坯制作工艺流程如下。

洗米→浸泡→沥水→蒸煮制得米类粒状基础面坯（→搭配馅料及调辅料→综合应用）

2. 制作方法

将大米淘洗干净，经过洗米、浸泡、沥水等操作后，根据制品的需要，选择蒸或煮的方式使之成熟，获得软硬、干稀符合需要的米类粒状基础面坯。

不同的饭、粥制品需要搭配的馅料及调辅料各有不同。一般是先制作好米类粒状的基础面坯后，再加入适当的馅料及调辅料，使用包夹、抄拌等手法，或再进一步结合蒸、煮、炒等熟制工艺综合应用，实现最终出品。

3. 工艺要点

1)原料选择合理

米类粒状基础面坯的制作首先要根据制品的需要选择合适的大米。一般来说制作八宝饭、八宝粥、粽子选择糯米,制作蛋炒饭、鱼片粥等则多选择粳米。

2)浸米时间恰当

浸米是为了使米粒吸收一定的水分、颗粒自然膨胀。浸米的时间通常为1～8 h。一般夏季浸米时间可短些,冬季时间可长一些;蒸饭之前浸米的时间相对较短,煲粥之前浸米的时间则相对较长。如果浸米的时间过长,则成熟后的米粒会发糊软烂;如果浸米时间过短,则米粒不易成熟,会发硬夹生。

3)掺水及火候准确

制作不同米粒状类制品的基础面坯,在熟制过程掺水量存在差异。炒饭类制品的基础面坯蒸制时的掺水量最少,其次是蒸制饭类制品,而粥品的加水量最大。

蒸制米类粒状基础面坯应用旺火一次性蒸熟。蒸制过程中适当淋水以促进米粒吸水,有助于成熟,但淋水次数应根据制品的要求和米粒浸泡程度而定。若选择煮制成熟方式,则加水要在最初一次性加足,煮制开始用旺火烧开,至锅中米粒沸腾并吸收水分时改用小火熬煮。

(二)米类泥状面坯

1. 配方及工艺流程

米类泥状面坯配方举例如表4-18所示。

表4-18　米类泥状面坯配方举例　(单位:g)

类别	糯米	水	白糖	凉白开	豆沙馅	熟黄豆粉	应用
米类泥状面坯	500	450	150	适量	适量	适量	凉糍粑等

米类泥状面坯制作工艺流程如下。

洗米→浸泡→沥水→带水蒸(或焖煮)→捣成泥→成团

2. 制作方法

大米淘洗干净,放入盆中加清水浸泡,然后取出沥水,放入盘中加清水(占米量1/4),上笼蒸制。蒸45 min至1 h,待米粒成熟后取出,倒在干净的布上包起,趁热采用揉、捣等调面方法,可加入白糖或少许冷开水,反复调制至饭粒成糊糜状、表皮光洁即成面坯。

3. 工艺要点

1)掺水量要准确

蒸煮后的饭粒一般要求不干硬、不软烂,这就需要控制加水量。一般籼糯米掺水量多,粳糯米掺水量较少。在将饭粒捣制成泥的过程中,饭粒容易粘裹在工具上,此时可以让工具先蘸少许冷开水后,再捣饭成泥。需要注意,冷开水虽然能有一定的防止粘黏的作用,但使用过多,会使饭糜软烂,不易成形。

2)米粒成熟恰当

米粒要蒸煮熟透,不能出现硬心。过长的加热时间,会使饭粒吸入更多的水汽,导致其质地软烂,不易成形且影响口感。

3）及时捣揉，讲究卫生

要趁热捣揉成团，否则饭粒不易捣烂、黏性变差。饭粒捣揉成团后一般不再加热，因此在操作中要格外讲究卫生。

（三）米粉水调糕团状面坯

米粉水调糕团状面坯是主要选择米粉与水为原料，通过烫粉法、熟芡法或烫蒸全熟法等工艺调制而成的具有糕团块状形态特征的面坯。根据成熟程度的不同，通常烫蒸全熟的米粉水调糕团状面坯称为熟粉糕团，而尚未完全成熟的米粉水调糕团状面坯称为生粉糕团。

1. 配方及工艺流程

米粉水调糕团状面坯配方举例如表4-19所示。

表4-19　米粉水调糕团状面坯配方举例　（单位:g）

类别	糯米粉	籼米粉	水	熟澄粉	盐	糖	臭粉	猪油	应用
生粉糕团	500		275	150		125	1	125	咸水饺
熟粉糕团		500	800		3				米饺

米粉水调糕团状面坯制作工艺流程如下。

选料掺粉→加入水及调辅料→烫粉（或熟芡或烫蒸等）→调面→成团

2. 制作方法

米粉类水调糕团状面坯的制作，如果全部使用常温水直接调制，则会获得质地相对松散的面坯；如果在调制过程中使用烫粉法、熟芡法或烫蒸全熟法的加工方式，则可以获得不同黏性、不同成熟度的面坯。

烫粉法，又称为泡心法，具体加工方式是将粉料放入盆中或案板上，中间开一凹坑，将适量的沸水冲入其中，使中间部分米粉糊化（称为熟粉心子），再加入适量的冷水将四周其余的干粉与熟粉心子一起揉擦至光滑、细腻即成。

熟芡法，因较常使用煮制成芡的方法，故而也常称为煮芡法。具体的操作方法是先取1/3的干米粉用适量冷水拌和成团后压成饼或直接将潮湿的水磨粉块压成饼，投入沸水中煮熟或放入蒸笼中蒸熟成芡，然后将熟芡加入余下的粉料或粉块，边揉擦边加适量的冷水，将面坯调制光滑、细腻、不粘手即成。

烫蒸全熟法，又称为熟粉法。调制时，首先将选择搭配好的粉料在锅中加水烫至全熟或先将适量的水拌粉调成粉粒、团块后再蒸制全熟。然后趁热将全熟的粉团不断搓揉捣揣，直至面坯表面光滑、质地细腻即成。用这样的方式制作出的面坯具有良好的可塑性，配合不同着色剂可制成不同颜色的熟粉团子，可用于制作船点、面塑等造型面点。

3. 工艺要点

1）掺粉比例恰当

米粉水调糕团状面坯可以使用多种粉料掺兑搭配而成，以获得不同的质地及口感，因此调制时一定要正确掌握好掺粉的比例。如果制品要求糯性大，则糯米粉的比例可以多一些，反之则少一些。

2)水量控制准确

粉料本身含水量、调制方法、面坯成熟度以及成品质地口感等方面的差异,对调制米粉水调糕团状面坯加水量会产生不同要求。相同软硬度的面坯,干磨粉加水量稍多一些,而水磨粉块加水量则少一些。制作熟粉糕团时,如果选择先加水拌制再蒸熟揉揣的调制方法,蒸制过程中蒸汽会使面坯含水量增加,因此其拌粉加水不宜太多。加水拌制后的粉料呈现出"手握成团、团推即散"的状态。如果拌粉太干,则不易蒸熟;如果拌粉太湿,则蒸熟后的面坯软烂,不易成形。若原料中有糖、盐等调辅料,先将糖、盐溶于水,再一并加入粉料中。

3)掌握成熟程度

使用烫粉法调制面坯时,沸水与冷水的掺入比例应准确:沸水多了,粉团黏性大,不易操作成形;沸水少了,则制品易开裂。熟芡在生粉糕团中主要起黏结作用。如果熟芡比例过高则面坯粘手,不易成形;如果熟芡比例过低则制品容易开裂。熟芡比例还需要考虑气候环境因素。一般来说,环境温度较高,容易出现脱芡,熟芡比例可以略高一些,反之则略低。

4)面坯调制适度

调制米粉水调糕团状面坯一定要调匀、揉透。在烫粉、煮芡操作环节结束后或蒸煮全熟的操作过程中,要趁热将物料快速搅拌、混合均匀。利用淀粉加热过程中糊化形成的黏性使面坯粘连起来,直到面坯温度接近常温、质地细腻均匀。面坯调制要充分,但不能过度。米粉水调糕团状面坯极易失水,影响其软硬度,并降低其包捏性能。调面过程中,面坯的温度不断向常温靠拢,而面坯的水分在逐渐散失,因此米粉水调糕团状面坯调匀揉透即可,不可过度。初步调制好的面坯一般需要用湿毛巾盖上,以保证面坯的柔韧性,便于后续下剂制皮、包馅成形等操作。

(四)米粉水调浆糊状面坯

1. 配方及工艺流程

米粉水调浆糊状面坯配方举例如表 4-20 所示。

表 4-20 米粉水调浆糊状面坯配方举例 (单位:g)

类别	糯米粉	籼米粉	水	牛奶	椰肉	白糖	花生油	应用
米粉水调浆糊	250	250	250	80	100	80		椰子糕
	50	450	900				5	米粉皮

米粉水调浆糊状面坯制作工艺流程如下。

选料掺粉→加入水及调辅料→混合调匀→制成浆糊状面坯(→熟制→出品综合应用)

2. 制作方法

米粉水调浆糊状面坯应根据制品的需要选择粉料,再配合适当比例的水和其他调辅料,直接混合拌匀或制成部分成熟的芡糊后再与其他配料混合拌匀,从而制成浆糊状面坯。米粉水调浆糊状面坯在制成浆糊状面坯后,还须经过熟制操作,然后直接出品(如椰子糕、萝卜糕、面窝等)或作为某些面点的制作原材料被综合运用(如米粉、米线等)。

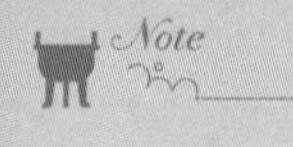

3. 工艺要点

1)正确选搭原料

米粉水调浆糊状面坯通常选择糯米粉和籼米粉进行搭配。糯米粉带给制品软糯Q弹的质感,而籼米粉则带给制品软嫩爽口的质感。为适应不同制品质地口感要求,糯米粉与籼米粉的搭配比例会有一定差异。通常来说,如果米粉水调浆糊状面坯制品最终为冷食,则糯米粉与籼米粉的比例建议为1∶1;如果米粉水调浆糊状面坯制品最终为热食,则糯米粉的占比要大大降低,通常仅为所有粉料分量的10%~20%。无论选择何种粉料制作米粉水调浆糊状面坯,选用粉料颗粒均要求越细越好。

2)控制浆糊黏稠度

调制米粉水调浆糊状面坯既可以使用粉料、水和其他调辅料直接生料均匀混拌制作,也可以将粉料与水加热调制成部分成熟的芡糊后再和余下原料混合拌匀制作。生粉浆糊状面坯调成后,在静置备用的过程中,米粉颗粒会沉降。在后续成熟时,要将稀糊搅匀后加以熟制运用,如炸面窝、摊粉皮等。而部分成熟的浆糊状面坯,因淀粉糊化形成黏性,使浆糊具有一定的包裹能力和黏性,适合在浆糊中搭配其他风味材料的制品,如椰子糕、萝卜糕等。

3)后续熟制有度

初步调制好的米粉水调浆糊状面坯要进行最终的熟制后方可出品或作为烹饪原材料被综合应用。后续的熟制方式主要有蒸煮和油炸。熟制时,一方面要充分熟制,否则,制品稀软、粘牙且不易成形;另一方面加热熟制不可过度,要控制好时间和火候。长时间蒸煮会使过多的水分进入面坯,导致制品软烂;长时间油炸会使制品焦煳,而较高油温的成熟方式,往往导致外熟内生、表皮焦黄而内里稀软。

(五)米粉生物膨松面坯

米粉生物膨松面坯,又称为发酵米粉面坯,是籼米粉加水、糖、生物膨松剂等经发酵等工艺制成的面坯。广东的棉花糕、伦教糕,江苏的米摊饼,湖北的汽水粑都属于此类。

1. 配方及工艺流程

米粉生物膨松面坯配方举例如表4-21所示。

表4-21　米粉生物膨松面坯配方举例　(单位:g)

类别	籼米粉	白糖	糕肥	泡打粉	水	枧水	应用
发酵米粉面坯	500	200	50	6	200	适量	棉花糕
	500	350	150		400	适量	伦教糕

米粉生物膨松面坯制作工艺流程如下。

部分米粉加水制成熟芡→晾凉→加入余下米粉、糕肥和水→调和均匀→发酵→加入白糖、枧水、泡打粉→成团

2. 制作方法

发酵米粉面坯具体制法是先取籼米粉米浆的10%~20%加水调成稀糊,蒸熟

晾凉后与剩余的生米浆糊混合均匀，再加入生物膨松剂（糕肥、或面肥、或酵母等）搅拌均匀，放置在合适的温度下进行发酵（发酵时间一般夏季为6～8 h，冬季为10～12 h），待面坯起泡带酒香后再放入糖拌和，糖粒溶化后加入泡打粉和适量的碱剂搅拌均匀即可使用。

3. 工艺要点

1）准确选择粉料

调制发酵米粉面坯粉料的选择通常以籼米粉为主体。支链淀粉在籼米粉中的含量占比要低于其在其他米粉中的含量占比。支链淀粉的淀粉酶活性较低，分解淀粉为单糖的能力较差，供给酵母繁殖的养分少，酵母繁殖缓慢，缺乏发酵产气的能力。籼米粉中含有相对更多的直链淀粉，因此籼米粉比其他米粉拥有相对更好的发酵产气能力。

2）控制粉浆稀稠

发酵米粉面坯体积膨大，内有蜂窝状组织。拥有合适稀稠度的发酵米粉团能更好地保存发酵产生的气体，从而使面坯膨松。如果发酵米粉团过稀，则面坯不能很好地保存发酵产生的气体；如果发酵米粉团过稠，又会影响产气膨松的效果。发酵米粉面坯的稀稠度主要通过熟芡加入的比例来进行控制，并还需要考虑面坯发酵能力、发酵温度、生物膨松剂性能等影响因素。一般会将10%～20%的籼米粉加水制成熟芡。

3）注意影响发酵因素

影响发酵米粉团发酵效果的因素诸多，如生物膨松剂的种类、发酵的时长与温度等。发酵时应加盖；要确保发酵环境温度；若使用面粉制得的老面做生物膨松剂，使用前应调散成稀浆后再加入，以便生物膨松剂能均匀分布在米粉糊中；若使用纯酵母做生物膨松剂，则可以通过短时间发酵产气进行熟制，无须加入碱剂。

（六）米粉物理膨松面坯

米粉物理膨松面坯又称为松质糕面坯，因其面坯制作工艺中筛粉颗粒间隙受热膨胀而形成质松微膨的特征。根据拌粉添加清水或糖浆的不同，松质糕面坯又分为两种。用清水拌和的称为白糕粉团；用糖浆拌和的称为糖糕粉团。根据颜色分为本色糕粉团和有色糕粉团（如用红糖浆拌和的糕粉团称为黄色糕粉团，加入红曲粉调制的糕粉团则称为红色糕粉团）。

1. 配方及工艺流程

米粉物理膨松面坯配方举例如表4-22所示。

表4-22　米粉物理膨松面坯配方举例　（单位：g）

类别	糯米粉	粳米粉	细砂糖	水	玫瑰酱	红曲米	辅料	应用
松质糕面坯	500	350	375	150	199	5	适量	定胜糕
	500	500	250	250				白松糕

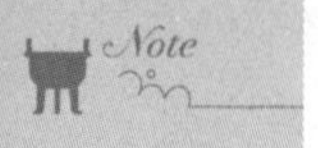

米粉物理膨松面坯制作工艺流程如下。

米粉加水（或糖浆）拌粉→静置→筛粉装模→蒸制成熟→成品

2. 制作方法

米粉物理膨松面坯的调制有拌粉、静置、筛粉装模等工艺流程。拌粉是指将水或糖浆与掺和的米粉拌匀的过程。将掺和的米粉放于大盆中，加入占米粉分量30%左右的水或糖浆，采用拌和的手法调制。拌粉时，水或糖浆要分次加入，边加边拌直至拌匀。将拌匀的米粉静置一定时间后（一般冬季 2 h，夏季 0.5 h，如采用糖浆拌粉则静置的时间要延长一些），再将粉团放入网筛（12～14 目粗粉筛）中，对准屉模或直接在案板上，边擦边筛，使粉粒自然落下成形，并用尺板刮平余粉（这一操作过程也称为夹粉）。最后，将入模的松质糕生坯连同模具一起放入笼屉中，或将生坯扣在笼屉蒸格垫板上，用旺火沸水蒸熟蒸透即可。

糖浆制法：在锅中放入 1000 g 糖、500 g 清水，在火上熬制并不断搅动，待糖溶化泛起大泡，即可离火。稍冷却后，用纱布滤去杂质即成调制糖糕粉团所需的糖浆。

3. 工艺要点

1）掌握粉料掺和比例

米粉物理膨松面坯粉料掺和比例主要是根据制品的要求来确定。一般情况下，以糯米粉为主的掺粉会给松质糕带来黏软、糯滑的口感，而以粳米粉为主的掺粉则会给松质糕带来硬而不糯、略有弹性的口感。

2）严格控制掺水量

松质糕拌粉一定要控制好水或糖浆的加入量。如果加入的水或糖浆的量偏少，则拌粉太干无黏性，蒸制时糕粉会被蒸汽冲散，影响成形；如果加入过多，则拌粉太潮、黏糯无空隙，蒸制时蒸汽不易通过，易造成夹生且不松发。

3）拌粉均匀且适当静置

拌粉时要边拌边搓，使所有的粉粒都能吸收水分或糖分，尽可能地使各项原材料能分散均匀。由于常温下淀粉吸水缓慢，而加入糖浆拌制的粉料吸水更加困难，因此加入水（或糖浆）拌粉均匀后还需要将粉料静置一段时间，静置能使粉粒均匀、充分地吸收水分。静置时间的长短应根据粉质、季节和制品的差异而不同。静置的时间不是越长越好，时间太长，静置的糕粉会返潮结块，给下一步操作带来困难。

4）筛粉粗细均匀入模

静置后的糕粉一般不太均匀，须过筛后方可使用。若不过筛，粉粒粗细不匀，蒸制时就不易成熟。而过筛后糕粉粗细均匀，既容易成熟又细腻柔软。筛粉要选择合适目数的粉筛，粉筛的目数一般要小于 30 目。筛粉时，先将糕粉进一步搓散，入筛后用力推擦，使粉料均匀自由落下，形成较松散的粉团，并保证过筛后的糕粉在模具中平整均匀。粉料入模后直至熟制出品均不可按压，以免板结且不易蒸透。

三、米及米粉面坯的形成原理

（一）米类蛋白质的性质

米类原料中蛋白质含量约为 7%。米类蛋白质主要是谷蛋白和谷胶蛋白，吸水后无限膨胀形成蛋白质溶胶，无法形成类似于面筋蛋白质的柔软胶体。因此米及

米粉面坯没有很好的弹性、韧性和延伸性，不具备保持气体的性能。

（二）米类淀粉的性质

米类淀粉含量在78%左右，由直链淀粉和支链淀粉组成，其中又以支链淀粉为主。支链淀粉糊化温度低，稍微加热即有较强的黏性，所以成熟后的米粉面坯具有一定的黏性。米类原料中的淀粉酶含量少、活力弱，且支链淀粉酵解能力差，很难分解成单糖，进而为酵母菌繁殖提供的养分少，因此米及米粉面坯的产气能力差。

（三）米及米粉面坯的成团原理

由于米及米粉中所含的蛋白质不能产生面筋，用冷水调制时，淀粉也没有糊化产生黏性，因此用冷水调制的米粉面坯无劲、松散、筋性差，不易制皮及包捏成形。若要形成黏结的团块状面坯，就需要在制坯工艺或在熟制工艺中，利用高温使面坯中的淀粉发生糊化作用。如果在制坯过程中使部分或全部的米或米粉类原料遇水受热，则原料中的淀粉就能吸水膨胀糊化而产生黏性，这种黏性比小麦淀粉吸水糊化产生的黏性更强。此时可调制出具有一定黏性、可塑性、结构较紧密的米类面坯。

由于米类淀粉所含的粉酶活性弱，很难将支链淀粉分解成为单糖，供给酵母作养料。特别是糯米中所含淀粉全部为支链淀粉，单独使用时的发酵产气能力最弱。此外还由于米粉中蛋白质不能形成面筋网络，缺少保持气体的能力。因此，纯糯米粉一般不单独用来制作发酵面坯。但籼米粉中所含淀粉的30%为直链淀粉，具有一定产气能力，用熟芡法制得具有一定持气能力、黏稠适度的面坯，则可使用以籼米粉为主的米粉原料制作米粉发酵面坯。

第六节　其他面坯制作工艺

一、澄粉面坯

（一）澄粉面坯概述

澄粉面坯是澄粉加沸水调和制成的面坯。面坯色泽洁白，呈半透明状，口感细腻、嫩滑、爽口，无弹性、韧性、延伸性，具有良好的可塑性，适合制作虾饺、粉果等。

（二）澄粉面坯制作工艺

1. 配方及工艺流程

澄粉面坯配方举例如表4-23所示。

表4-23　澄粉面坯配方举例　（单位：g）

类别	澄粉	生粉	沸水	猪油	盐或糖	应用
澄粉面坯	500	100	700～750	20	适量	虾饺等

澄粉面坯制作工艺流程如下。

澄粉和生粉混合均匀→加入沸水和面→焖制→加入猪油及辅料擦揉均匀→成团

2. 制作方法

将澄粉和生粉在盆中混合均匀，水中加少许盐烧沸后冲入澄粉中，采用搅和法的和面方法，迅速在盆中用小擀面杖快速将粉料和沸水搅拌均匀，随后立即加盖焖制 5～8 min，而后取出团块，加入猪油，用擦揉的手法将面坯调至均匀、光滑、细腻，即成澄粉面坯。

3. 工艺要点

1）选料搭配准确

澄粉面坯中的粉料选择通常是以澄粉为主，搭配澄粉分量 10%～30%的生粉。只有澄粉和生粉比例恰当，才能使面坯既有较好的可塑性，又有一定的韧性，便于成形。

澄粉面坯中一般都会加入澄粉分量 3%～5%的油脂。油脂多选用猪油。猪油能使澄粉面坯更加光滑、细腻、洁白，制品成熟后光泽度更好，口感更加软嫩滋润。

根据面点品种的不同要求，还可在调制粉料的沸水中加入少量盐或糖。

2）水温水量恰当

调制澄粉面坯一定要加入沸水，让澄粉能充分糊化，使面坯拥有良好的黏性，同时还需要控制好水量，以使澄粉能充分吸水，达到全熟的效果。冬季调制澄粉面坯时，粉料和环境温度较低，比较适合用锅烫面的方法调制澄粉面坯（具体操作请参考本章麦粉类热水面坯的调制方法）。调制澄粉面坯一定要烫熟，否则面坯难以操作成形，且蒸制成熟的出品会出现不爽口和粘牙的现象。

3）趁热充分揉面

澄粉用沸水调制时动作要快，焖制后要立即趁热将面坯揉匀、揉透，使面坯光滑、细腻、柔软，以便于成形，防止面坯出现白色斑点。调制澄粉面坯在加入猪油揉搓光滑成团后、制作成形之前，面坯要散尽热气，并盖上半潮湿洁净的白布（或在面坯的表面刷上一层油），保持水分，以免风干结皮。

二、杂粮面坯

（一）杂粮面坯概述

1. 杂粮面坯的概念与分类

杂粮面坯是指将谷类（除稻谷、小麦）、豆类（除大豆）、薯类磨成粉或蒸煮成熟后加工成泥蓉，添加米粉、淀粉和其他辅助原料调制的面坯。杂粮面坯的种类较多，根据原料选择的不同，主要有谷物杂粮面坯、豆类杂粮面坯和薯类杂粮面坯三大类。

2. 杂粮面坯的特性与应用

杂粮面坯的营养素种类和含量比麦粉类面坯或米及米粉类面坯更加丰富。许多杂粮面坯因其选用的杂粮原料品种类别及其种植技术的影响，往往带有相对明显的原料自身风味特色，具有一定的季节性和地域性特征。三大类杂粮面坯的特

性与应用见表4-24。

表4-24　三大类杂粮面坯的特性与应用

主要类别	选料范围	面坯特点	应用
谷物杂粮面坯	玉米、莜麦等	色彩多样、营养丰富、风味独特	窝窝头、栲栳栳等
豆类杂粮面坯	绿豆、豌豆等	无筋可塑、绵软爽口、豆香浓郁	绿豆糕、豌豆黄等
薯类杂粮面坯	红薯、土豆等	面坯松散带黏、制品软嫩细腻	红薯饼、土豆饼等

(二)谷物杂粮面坯制作工艺

1. 配方及工艺流程

谷物杂粮面坯配方举例如表4-25所示。

表4-25　谷物杂粮面坯配方举例　(单位:g)

类别	玉米粉	莜麦粉	黄豆粉	水	糖	小苏打	应用
玉米面坯	400		100	400	200	0.5	窝窝头等
莜麦面坯		500		500			栲栳栳等

谷物杂粮面坯选料十分广泛,原料所含成分的工艺性质各有不用,因此谷物杂粮面坯的制作工艺差异较大。但总体来看,谷物杂粮面坯调制工艺流程大体上有选料及初加工、加水和面、调匀成团等基础工艺环节。

2. 制作方法

谷物杂粮面坯因选料及工艺性质的不同,其具体的制作方法各有不同,以下以玉米面坯、莜麦面坯为例来介绍谷物杂粮面坯的制作方法。

调制玉米面坯:将玉米粉倒入盆中,根据品种的需要,分次加入适量的热水、温水或凉水,静置一段时间使其充分吸水,再经成形、熟制工艺即成。

调制莜麦面坯:将莜麦面倒入盆内,冲入沸水,边冲边用面杖将其搅和均匀成团,再将面坯取出放在案板上,搓擦成光滑滋润的面坯。

3. 工艺要点

1)用料合理

调制谷物杂粮面坯需要注意面坯选料搭配及原料初加工方法的合理性。有的面坯在加工时要适当添加一定比例的面粉或黄豆粉等,而有些面坯在加水调制之前,原料要先进行熟处理。比如,莜麦面坯制品加工必须经过"三熟",即磨粉前要炒熟、和面时要烫熟、制坯后要蒸熟。否则,未经"三熟"工艺处理的莜麦面坯制品不易消化,易引起腹痛或腹泻。

2)水温恰当

调制谷物杂粮面坯所用的水温,对面坯性质影响较大。因在大多数杂粮原料中,面筋蛋白质含量很低甚至没有,所以用冷水调制的杂粮面坯质地相对松散;而用热水或温水调制杂粮面坯,不仅有利于增加面坯黏性,还有利于制品的成熟。

3)揉匀擦透

调制谷物杂粮面坯较常使用揉、擦的手法。调制时,要将面坯揉匀擦透,以确保成品外表光滑平顺。

绿豆糕

（三）豆类杂粮面坯制作工艺

1. 配方及工艺流程

豆类杂粮面坯配方举例如表 4-26 所示。

表 4-26　豆类杂粮面坯配方举例　（单位：g）

类别	绿豆	豌豆	白糖	水	黄油	食碱	应用
绿豆面坯	500		100	1000	150～180		绿豆糕等
豌豆面坯		500	250	1500		适量	豌豆黄等

豆类杂粮面坯制作工艺流程如下。

泡豆去皮→蒸煮取泥→炒（煮）熟制→入模定形→成团出品

2. 制作方法

将豆类拣去杂质，加水蒸烂或煮烂，过箩、去皮、澄沙（去掉水分），再根据制品特点选择不同的熟制方式，在熟制过程中加入油、糖等配料，待面坯质地均匀、黏稠适度时，就可入模成形，脱模后即可出品。

3. 工艺要点

1）豆泥加工细腻

煮豆时水要一次加足，万一中途需要加水，也一定要加热水，否则豆不易煮烂。未煮烂的豆子会有生硬的小颗粒，影响成品质量。煮烂的熟豆过箩取泥时，可加少量水。但是如果水加得过多，会使面坯太软且粘手，影响成形工艺。

2）面坯软硬适度

豆类杂粮面坯软硬度会影响面坯入模成形的效果和出品口感。面坯质地偏硬，则不易入模成形，且口感偏干；面坯质地偏软，则不易脱模且容易变形，口感稀软。影响豆类杂粮面坯软硬度的因素有豆泥的含水量、油脂的类别、加热时间长短、面坯的温度等。以绿豆糕的制作为例，若豆泥含水量越低、选择黄油、加热时间越长、面坯温度越低，则面坯质地越硬；反之，则面坯质低越软。

（四）薯类杂粮面坯制作工艺

1. 配方及工艺流程

薯类杂粮面坯配方举例如表 4-27 所示。

表 4-27　薯类杂粮面坯配方举例　（单位：g）

类别	红薯	土豆	澄粉	糯米粉	盐	胡椒	火腿	葱花	应用
红薯面坯	350		30	120					红薯饼等
土豆面坯		500			4	2	20	5	土豆饼等

薯类杂粮面坯制作工艺流程如下。

原料带皮蒸熟→去皮去筋取泥→加入其他材料→调匀成团备用

2. 制作方法

将薯类带皮切成大块蒸熟后取出，去皮、压烂、去筋，趁热加入添加料（米粉、澄粉、糖、油等），揉搓均匀即成。制作点心时，一般以手按皮或捏皮包馅，成熟时或蒸

或炸，炸制前，还可以将生坯沾裹蛋液、滚沾面包糠。薯类面坯无弹性、韧性、延伸性，虽可塑性强，但流散性大。薯类面坯制作的点心，成品松软香嫩，具有薯类原料特殊的味道。

3. 工艺要点

1)薯类原料蒸熟蒸透即可

薯类原料蒸制时的块体不宜太小，建议带皮蒸制，蒸熟即可。薯块偏小且不带皮或蒸制时间过长，都会导致薯泥吸水过多，制得的面坯太稀，难以进行成形操作。

2)控制面坯合适的软硬度

薯类品种、产地和加工方式不同，都会影响制取所得薯泥的软硬度。为了获得软硬适度的薯类面坯，可以在薯泥中加入澄粉、糯米粉、熟面粉、鸡蛋、牛奶、黄油等来进行调整。

三、果蔬面坯

(一)果蔬面坯概述

果蔬面坯指以含淀粉较多的根茎类蔬菜或水果为主要原料，掺入适当的淀粉类物质和其他辅料，经特殊加工制成的面坯。果蔬面坯常选用的主要原料有胡萝卜、豌豆、莲藕、板栗、马蹄等。果蔬面坯制成品往往都具有制坯原料本身特有的滋味和天然色泽。以下以马蹄粉面坯的制作工艺为例来讲解果蔬面坯制作工艺。

(二)果蔬面坯制作工艺

1. 配方及工艺流程

果蔬类面坯配方举例如表 4-28 所示。

表 4-28 果蔬类面坯配方举例 (单位:g)

类别	马蹄粉	白糖	去皮碎马蹄	清水	色拉油	应用
马蹄粉面坯	250	500	100	1300	5	马蹄糕

果蔬(马蹄粉)面坯制作工艺流程，举例如下。

调制马蹄粉浆和糖水→调制马蹄粉浆糊→加入碎马蹄拌匀→入模→蒸制→成熟出品

2. 制作方法

将马蹄粉加入清水 500 g 搅匀后用细筛箩过滤成稀马蹄粉浆，将过滤后的马蹄粉浆分成相同的两份备用。再将 800 g 清水倒入锅中，加入白糖煮沸化开过滤后制成糖水，将煮沸的糖水倒入其中一盆马蹄粉浆中搅匀成厚糊状，稍冷却后再将另一盆马蹄粉浆倒入厚糊中搅拌均匀，然后将碎马蹄肉拌入马蹄粉糊中。选择一个大小合适的方形蒸糕盘，在其内壁上涂抹少许色拉油，倒入混有马蹄碎的半熟马蹄粉糊，蒸 20 min 左右成熟即成。

3. 工艺要点

1)控制好马蹄粉糊的软硬度

马蹄粉糊的软硬度与粉水比例、调制粉糊的温度、搅拌粉糊的手法相关。一般，加水量相对越少、调制粉糊的温度越高、搅拌混合的手法快而匀，则马蹄粉糊的质地越稠。马蹄粉糊的软硬度要适中，若粉糊太稀，则马蹄颗粒下沉且不易脱模成形；若粉糊太稠，则物料不易拌和均匀且入模困难。

2）掌握好熟制时间

马蹄粉糊入模后，即进入成熟环节。此时，要掌握好蒸制的时间，蒸制时间不足，则糕坯不熟；而蒸制时间太长，则制品不爽口。

四、动物糜类面坯

（一）动物糜类面坯概述

动物糜类面坯是指以新鲜动物性原料为主要原料，适当加入淀粉类物质和调辅料制成的面坯。动物糜类面坯既无弹性也无可塑性，有一定的韧性。使用动物糜类面坯制作的成品，具有爽滑、味鲜、软硬适度的特点，其中最为常见的动物性原料是鱼、虾。下面以鱼蓉面坯为例，讲解动物糜类面坯的制作工艺。

（二）动物糜类面坯制作工艺

1. 配方及工艺流程

动物糜类面坯配方举例如表 4-29 所示。

表 4-29　动物糜类面坯配方举例　（单位：g）

类别	净鱼肉	水	澄粉	盐	应用
鱼蓉面坯	200	50	180	8	鱼皮鸡粒饺

动物糜类面坯（鱼蓉面坯）制作工艺流程如下。

鱼肉制蓉→加盐调味→加水搅打上劲→下剂分坯→于澄粉中轻敲成形备用

2. 制作方法

鲜鱼去皮、去骨（刺）后，用刀背将鱼肉斩烂成蓉。将鱼蓉放入盆内加盐调味，分次加水用力搅打，直至鱼蓉发黏起胶，根据加工需要可以选择加入其他调味品，如味精、胡椒粉、香油、生粉等。使用鱼蓉胶制作包馅面点的单张坯皮时，首先要将制好的鱼蓉胶挤捏成大小相同、重 10～13 g 的小球状坯剂。擀制坯剂时，先取坯剂裹上一层澄粉，然后将其放在铺有澄粉的面案上压薄，制成面点制品坯皮，即可用于包馅制品成形熟制。

3. 工艺要点

1）选料新鲜

应选用皮、骨（刺）的比例较小的新鲜动物性原料。如果动物性原料不新鲜，则面坯发绵不爽。原料初加工时通常需要将皮、骨（刺）完全去除。

2）肉糜搅打上劲

搅拌动物糜类原料时要始终顺着一个方向用力，不可倒搅或乱搅。否则动物肉糜不能很快发黏起胶，质地松散无劲，从而影响造形和上馅。

3）注意除腥

动物性原料制作的面点皮坯，往往会带有一定的腥味，加工时要注意除腥。传

统工艺一般是通过添加葱姜水来除腥，也可以添加牛奶除腥，或使用其他的除腥技术手段。

五、凝冻类面坯

(一)凝冻类面坯概述

凝冻类面坯是指用蛋、奶、淀粉或琼脂、明胶等材料，搭配糖、果汁、茶粉、可可粉等风味物质而制成的常温下凝固的膏冻状的面坯。凝冻类面坯主要是利用蛋白质加热变性凝固，或淀粉糊化后冷凝，或明胶类物质热熔冷凝的性质，来制作各种凝冻状食品，如芝士蛋糕、椰丝小方、杏仁豆腐等。此类面坯因凝固方式和添加的风味物质不同，而拥有不同的特色，比较适合制作夏季冷食。下面以琼脂冻面坯为例，讲解凝冻类面坯的制作工艺。

(二)凝冻类面坯制作工艺

1. 配方及工艺流程

凝冻类面坯配方举例如表 4-30 所示。

表 4-30　凝冻类面坯配方举例　　(单位:g)

类别	琼脂	清水	牛奶	杏仁	糖浆	用途
琼脂冻面坯	25	2000	25	100	1000	杏仁豆腐

凝冻类面坯制作工艺流程如下。

杏仁去皮、加水磨成细浆(备用)→琼脂泡发、加水熬煮、降温→加入牛奶、杏仁汁，混匀→入模、降温、凝结→脱模、改刀、装盘、淋糖浆→出品

2. 制作方法

先将杏仁用开水浸泡，盖盖焖透，去掉仁衣，洗净后加冷开水一起磨成细浆，用细筛箩将细浆过滤成杏仁汁备用。另将琼脂洗净，用水略泡发回软后放入锅中加入清水煮至琼脂完全溶化，离火放置稍稍降温(此时不可凝结)，再加入牛奶、杏仁汁混合搅拌均匀，倒入洁净的方形盘中，自然冷却后，再放入冰箱冷藏 2 h 后基本凝结成为团块。食用时，将凝冻脱模取出，根据出品要求改刀切成要求的形状大小，最后淋上适量的糖浆，即可出品。

3. 工艺要点

1)选料合理

杏仁可以选择甜杏仁或苦杏仁，上面的配方选用的是甜杏仁，如果选择苦杏仁，则用量要减少。苦杏仁风味浓郁且所含的有毒物质氢氰酸远高于甜杏仁，所以其用量通常不足甜杏仁用量的 1/3，且食用量也不要太多。杏仁浆磨得越细越好，可用细筛箩过滤，以保证口感细腻。

2)比例准确

琼脂与水的比例要恰当。水太少则制品偏硬，水太多则制品太嫩。

3)熬煮充分

琼脂要熬煮至完全融化，否则凝冻质地会表现得老嫩不一。

本章小结

面坯是面点产品的特征构成板块，制坯工艺是面点制品生产加工的关键工序。制坯工艺采用的基础工艺技法主要有和面和揉面。

根据面坯的原料及其特性的差异，行业上常将面坯分为五大类，即麦粉类水调面坯、麦粉类膨松面坯、麦粉类油酥面坯、米及米粉类面坯和其他面坯。这五大面坯根据其自身配料、工艺的差异，会进一步产生类别、特征与应用差异。麦粉类水调面坯可分为麦粉类冷水面坯、麦粉类热水面坯、麦粉类温水面坯三种；麦粉类膨松面坯又分为麦粉类生物膨松面坯、麦粉类物理膨松面坯和麦粉类化学膨松面坯；麦粉类油酥面坯常见的有麦粉类层酥面坯、麦粉类混酥面坯和麦粉类浆皮面坯；米及米粉面坯主要有米类面坯、米粉水调面坯和米粉膨松面坯；其他面坯种类繁多，常见的主要有澄粉面坯、杂粮面坯、果蔬面坯、动物糜类面坯、凝冻类面坯等。各类面坯制作的工艺流程、方法、要点和原理，是学习面点制坯工艺的基础，能指导制坯工艺的实践应用与创新设计。

核心关键词

面坯制作工艺；麦粉类水调面坯；麦粉类膨松面坯；麦粉类油酥面坯；米及米粉面坯；澄粉面坯；杂粮面坯

思考与练习

1. 举例说明和面的常用手法及应用。

2. 分类说明麦粉类水调面坯的特性、应用与形成原理。

3. 举例说明麦粉类膨松面坯的产气能力与持气能力之间的关系应当如何处理。

4. 简述酵种发酵面坯兑碱的作用和验碱的方法。

5. 比较麦粉类生物膨松面坯、麦粉类物理膨松面坯和麦粉类化学膨松面坯的形成原理及影响因素。

6. 分类说明麦粉类油酥面坯的特性与应用。

7. 简述包酥与开酥的手法及注意事项。

8. 分类说明米及米粉面坯的特性与应用。

9. 分析澄粉面坯、杂粮面坯、果蔬面坯、动物糜类面坯和凝冻类面坯的制作工艺要点。

10. 请根据本章讲授知识，查阅相关资料，设计实验方案、独立完成下列面点产品实践操作：西红柿鸡蛋面、煎包、蛋炒饭、椰丝小方等。

Chapter 5

第五章　制馅工艺

学习目标

• 了解馅的概念、作用，掌握制馅工艺要求，融会贯通烹饪专业其他相关知识技能，理解体会不同加工技术在面点制作工艺中的差异化应用。

• 熟悉馅的分类及包馅比例运用。通过包馅设计，实现面点皮馅平衡协调之美。

• 正确加工处理制馅原料，熟悉不同类别馅的制作方法和工艺要领，感受味的传承，领悟中华美食的魅力，培养一丝不苟、精益求精的工匠精神。

• 能独立制备各类馅的典型代表品种并合理运用，逐步培养乐于探究的思维品质和勇于创新的实践能力。

教学导入

中国传统饮食中，有许多带馅面点制品，如包子、饺子、馄饨、馅饼、烧卖、春卷等。这些产品风格多样、造型各异，但大多数带馅面点都是淀粉类面坯与各式馅料的组合搭配。带馅面点往往具有一定地域风味特色，颇受消费者喜爱。但是要想将带馅面点做得营养美味也是有许多讲究的。那么，结合相关学科知识，请同学们系统地思考一下，带馅面点要实现风味特色和营养均衡需要注意的内容主要有哪些？

第一节 馅的概述

一、馅的概念及作用

(一)馅的概念

馅又称馅子,是指使用各种制馅原材料加工调制而成的,具有一定色、香、味、质的带馅面点重要组成部分。馅与坯共同组成了带馅面点,但二者的加工制作又相对独立。制成的馅通过包夹、填镶或铺摆等方式与坯组合成形,进而加工制作成带馅面点产品。

馅的种类繁多、口味多样,其质量、口味的好坏直接影响面点品种的风味特色。通过配馅变化,可以丰富面点品种,更好地表现出不同地域面点的风格特点。

(二)馅的作用

面点的馅与面点产品的色、香、味、形、质等多个方面都有着紧密的联系。馅的作用具体表现在以下几个方面。

1. 影响面点形态

馅与面点制品的形态表现关系密切。有些面点制品的馅整体或部分外露,其馅本身就具有装饰美化面点外观的作用。制作时,通过填镶、铺摆等方法,充分利用外露馅的色彩、形态等元素,使面点成品丰富多彩、造型别致,如四喜蒸饺、蟹黄烧卖、比萨、八宝饭等。还有些面点制品的馅几乎全部包入坯皮内,此时馅的粗细、软硬、生熟等因素对面点形态会产生不同的影响。一般情况下,外观饱满圆润的包馅面点要求馅料形态细小、均匀,其原料多加工成泥蓉、细丝或小丁等。馅中如果出现大块原料,虽然在风味上能凸显原料特色,但在面点成形的操作中,容易导致面坯变形、破裂,影响面点形态。包馅面点成形工艺操作需要皮与馅的软硬度相互匹配。皮坯性质柔软的,馅也应相对柔软,以利于制品的包捏成形。造型面点一般情况下应选择干一些、硬一些的馅。这样的馅才能够支撑皮坯和半成品的造型,在成形成熟出品时保持造型的稳定。皮薄馅大或油酥制品一般应选择熟馅,以防面点内外成熟程度不一致而影响形态。

2. 形成面点特色

各种面点的特色虽与所用坯料、形态及成熟方法等有关,但其所搭配选用的馅往往会对面点风味特色的表现起到衬托甚至决定性的作用。不同地域流派的面点,皮坯的选料侧重虽略有区别,但选择范围没有显著差异。因此大多数带馅面点的风味特色主要通过馅来体现。在带馅面点中,馅在整个制品中占有一定比重。而面点制馅选料讲究、加工精细、巧用调味,进而能形成浓郁的地方特色与差异。例如:广式面点的馅用料广泛、制作精细、口味清淡,通常具有鲜、爽、滑、嫩、香等特色,如虾饺、烧卖、叉烧包、粉果等带馅面点别具风味;苏式面点的馅调味重、口味

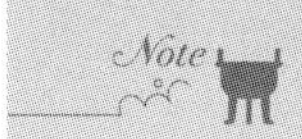

浓、喜用酱色，肉馅多掺皮冻，如苏式汤包馅在每斤鲜肉馅中掺入大约 6 两的皮冻，出品时馅味浓醇、汁多味美；京式面点的馅调味以咸鲜为主，常用葱、姜、蒜、酱和芝麻油为调辅料，采用水打馅的制作工艺，出品具有皮薄馅大、口感细嫩的特点。

3. 丰富面点品种

面点制品之所以品种繁多，除了面坯、成形、熟制的组合差异外，还得益于馅的变化。馅在选料、调味及加工方式等方面的差异，使其表现得花色繁多、富于变化。原料的改变，可以出现荤馅、素馅和荤素馅的变化；调味的设计，可以延伸出咸甜差异；甚至原料初加工的丝、丁、片、粒、蓉的区别，也会造就不同形态、质地、口感的馅。水饺因馅的选料不同，常见的有韭菜猪肉水饺、鲜笋虾仁水饺、大葱羊肉水饺、番茄牛肉水饺、马蹄鱼肉水饺、菌菇鸡肉水饺等。包子根据馅的选料、调味及加工方式不同，常见的有三丁包、叉烧包、鲜肉包、酱肉包、牛肉包、粉丝包、青菜包、腌菜包、豆沙包、奶黄包、莲蓉包等。

二、馅的分类与制作要求

（一）馅的分类

馅的主要类别及代表品种如表 5-1 所示。

表 5-1　馅的主要类别及代表品种

主要类别				代表品种
馅心	甜馅	泥蓉馅		豆沙馅、莲蓉馅、枣泥馅、薯泥馅等
		果仁蜜饯馅		五仁馅、百果馅、什锦馅等
		糖馅		白糖馅、水晶馅、椰蓉馅、奶黄馅、玫瑰馅等
		酱膏馅及其他		草莓酱馅、奶油馅、卡仕达馅等
	咸馅	荤馅	生荤馅	猪肉馅、牛肉馅、鸡肉馅、鱼肉馅、虾肉馅等
			熟荤馅	卤肉馅、叉烧馅、酱肉馅等
		素馅	生素馅	萝卜丝馅、青菜馅、素三丝馅等
			熟素馅	藕丁馅、芹菜香干馅、雪菜冬笋馅等
			生熟素馅	韭菜鸡蛋馅等
		荤素馅	生荤素馅	大葱猪肉馅、胡萝卜羊肉馅、荠菜猪肉馅等
			熟荤素馅	三丁馅、雪菜肉丝馅、肉末粉丝馅等
			生熟荤素馅	虾仁冬笋馅、豆瓣猪肉馅等
面臊	汤汁面臊		汤水面臊	鱼汤、大骨浓汤、煎蛋汤、酸汤等
			拌汁面臊	麻酱汁、酸辣汁、番茄酱汁、蘸面汁等
	烹汁面臊		烧烩面臊	红烧牛肉面臊、番茄鸡蛋打卤等
			煎炒面臊	炸酱面臊、意式肉酱面臊等
	煸炸面臊及其他			担担面脆臊、鸡排面臊等

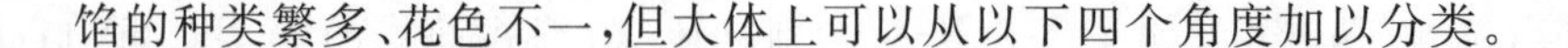

馅的种类繁多、花色不一，但大体上可以从以下四个角度加以分类。

1. 按馅位置分类

按馅在面点制品中所处的位置分类，有馅心和面臊两大类。馅心一般呈固态或软膏状，大多处于面坯的内部，故常称为馅心；面臊常称为打卤或浇头，有固态、液态、半流体或固液混合的多种状态，大多铺摆覆盖于制品坯皮的表面或将制品坯皮浸泡于其中。

2. 按馅口味分类

按馅口味分类，主要有咸馅和甜馅两大类。咸馅是各种以咸味为基础风味的馅，通常以肉、菜为原料，使用油、盐等调味品烹制或调拌而成。甜馅是各种以甜味为基础风味的馅，一般是以糖为基本原料，再辅以各种干果、蜜饯、果仁以及含淀粉的原料经加工而成。

3. 按制馅原料分类

按制作原料分类，咸馅可分为荤馅、素馅和荤素馅。荤馅多以畜禽肉及水产原料为主，口味咸淡适宜、鲜香松嫩、汁多味美。素馅多以蔬菜为主料，再配以粮豆、禽蛋等原料制成，口味上多表现为清香爽口。荤素馅同时选择有荤、素原料，风格富于变化。根据原料加工方式和选料侧重不同，甜馅也可以进一步划分为泥蓉馅、果仁蜜饯馅、糖馅等。

4. 按制馅方法分类

按制馅方法分类，咸馅可分为生馅、熟馅和生熟馅。生馅是将原料经刀工处理后，直接调味拌制而成。熟馅的制作需要将刀工处理后的原料经烹调加热熟制而成。生熟馅则是将生料与熟料按一定方式搭配组合而成。面臊的制作也表现有兑汤、烧烩、煎炒、干煵等方法选择上的不同。

（二）馅的制作要求

馅的制作是将各种原料制成馅的过程，主要包括选料、初加工、调味、拌制或熟制等工序。馅种类繁多、制作方法虽有一定的区别，但其制作的基本要求相似。下面主要从选料与初加工、干湿度、调味等方面来叙述。

1. 馅的选料与初加工

制馅选料范围非常广泛，但也要遵循一定的原则。首先，要尽量多地选择本地优质特产原料。本地优质特产原料不仅新鲜味美、特色鲜明，而且通常产量高、成本低，极具应用推广价值。其次，制馅原料选择多样。组合搭配营养平衡、互补的原料，可以提高面点制品的营养价值。最后，要注意选用适宜发挥面坯工艺特性、易于加工处理的原料，带有骨刺的原料要慎选或合理加工运用。

馅的初加工主要指的是对制馅原料进行刀工处理。馅料刀工处理的形态多为泥蓉、细丝、小丁、碎末等。无论是肉类原料、蔬菜、豆制品，还是其他材料，其在初加工时的形态要求均以细小为好，不宜过于粗大。因为面点坯皮通常比较柔软，加之面点制品通常比较小。如果馅料初加工的形态过于粗大，不仅会影响面点的成形操作，还会导致馅料不易成熟，影响出品。但是，在个别要凸显某种原料特色的馅中，原料往往会保留较大形态规格，如蛋黄莲蓉馅的蛋黄、虾仁馅中的虾仁等。馅的初加工不仅是对原料进行刀工处理，还涉及部分原料的预熟加工处理，如面粉制熟、蔬菜焯水、皮冻预制等。

2. 馅的干湿度

馅的干湿度对带馅面点制品的成形及口感影响较大。馅的干湿度主要指的是馅的含水量和黏性。通常来说，馅含水量大、黏性差，不利于包捏成形，且口感稀软无劲；而如果馅含水量少、黏性强，则会相对较为易包捏成形，但口感易表现为老而硬、缺少新鲜软嫩的质地，也同样会影响面点出品品质。

制馅时，如果需要增加馅的含水量、降低馅的黏性，通常可以通过加入液态原料（如水、奶、油、汤、冻等）或提高馅的温度等途径来进行调整。如果需要降低馅的含水量、增加馅的黏性，则不同类型馅的处理方式各有不同。

生咸馅中如果选用了新鲜蔬菜，会因新鲜蔬菜中所含大量水分而使得馅的黏性降低。因此制作这类馅时通常要注意减少新鲜蔬菜中的水分并增加黏性。减少新鲜蔬菜中的水分，可以通过切碎挤压、焯水挤压或加盐挤压的方式实现。此外还可以通过添加干性原料吸水或添加油脂、酱料、面粉、鸡蛋等原材料来增加馅的黏性。

生荤馅的制作原料主要为动物性原料，其蛋白质含量较高、水分相对较少，如果不加入其他原材料，则会显得黏性过强。因此生荤馅调制的重点应该是补充水分、降低黏性。然而生荤馅经过打水、掺冻的方式处理后，有时又会出现馅的质地偏软不利于包捏的情况。此时可以通过冷藏冷冻馅的方式来调整馅的黏性以适应不同面点制品的加工需要。

熟咸馅的原料经过加热制熟后，其馅往往表现得较为松散、黏性较差。此时则可以在制馅时进行勾芡或拌芡，加入的粉芡既可以吸收原料因加热析出的多余水分，还可以让调味汁附着于物料表面，增加馅的黏性和风味。炒制成熟的甜馅可以通过延长加热时间、加入糖油、冷却降温等途径来增加黏性；拌制成熟的甜馅则可以添加油、糖、熟面粉等来增加黏性。

3. 馅的调味

不同地域的气候环境、饮食习惯等因素会造成人们在食物口味偏好上的差异。比如，京式面点口味偏重；广式面点口味较为清淡；而苏式面点调味偏甜。咸馅在口味上的要求与菜肴的调味一样，都要求咸淡适宜、五味调和、鲜美可口。带馅面点在包馅、夹馅或将馅填镶入坯成形后，大多还要经过生坯加热熟制方可出品。如果选择蒸、烙、煎、烤、炸等熟制方式，制品在加热过程中，水分蒸发，卤汁变浓，馅味加重。馅对重馅制品的出品风格影响尤其明显。因此选择以上成熟方式或按重馅比例设计的面点制品时，无论是在拌制生馅或烹调熟馅时，馅的口味应比一般菜肴稍淡一些，以免制品成熟后，因馅的滋味过咸而失去鲜味。即使面点的馅过于清淡，也可以在后期出品时通过搭配调味汁予以修正调整。

三、包馅比例及要求

包馅比例是指带馅面点皮与馅的比例关系。包馅比例不仅影响面点的色、香、味、形、质，以及面点的成形及熟制工艺，还与面点的生产成本关系密切。在饮食行业中，根据包馅比例，带馅面点品种分为轻馅、重馅和半皮半馅三大类型。

Note

（一）轻馅面点品种

轻馅面点品种一般坯皮占60%～90%，馅占10%～40%。轻馅主要适用于以下两类面点。一类是面点坯皮具有显著特点，馅仅起到辅助作用的品种。如叉烧包的坯皮膨松、暄软并有规则地绽裂花形；蟹壳黄的坯皮层次清晰均匀，外香脆、内暄软；盘香饼的坯皮是暄软、柔嫩、香甜且粗细均匀的细面丝；绉纱馄饨的坯皮轻薄透明，成熟后质地轻盈、形如绉纱。另一类是馅具有浓郁香甜味，不宜多放。这类产品如果多放馅，不仅破坏口味，还易使坯皮穿底露馅，如水晶包、鸽蛋圆子以及果仁蜜饯馅的面点品种等。

（二）重馅面点品种

重馅面点品种一般坯皮占10%～40%，馅占60%～90%。重馅主要适用于以下两类面点。一类是馅具有显著特征的面点品种。如广式月饼皮薄馅大，且选馅富于变化，常见的广式月饼馅就有豆沙馅、莲蓉馅、椰蓉馅、玫瑰馅、枣泥馅等。另一类是坯皮具有较好的韧性，适于包住大量的馅。如水饺、汤包、烧卖、锅贴、馅饼等，以韧性较大的水调面坯或嫩酵面作为坯皮，具有良好的延伸性，适合包捏成形操作。

（三）半皮半馅面点品种

半皮半馅面点品种属于馅和坯皮各具特色，且两个板块的特色都需要表现的一系列制品。在包馅配方比例设计时，半皮半馅品种的坯皮与馅约各占50%，如各式甜、咸大包，其坯皮发酵充分、质地膨松，而馅花色繁多、特色鲜明；又如各式酥饼，与大包相似，也具备松酥分层的坯皮与特色鲜明的馅。

在实际生产中，带馅面点包馅比例并非绝对地一成不变。操作者不仅仅要考虑面点品种的风格特点、皮馅性质等因素，还需要考虑面点品种的成本因素以及消费者的实际需求去设计包馅比例。

第二节　甜馅制作工艺

甜馅是各种以甜味为主的馅，其大多是以糖为基础原料，配以各种豆类、果仁、蜜饯、干果、熟粉、脂油以及新鲜蔬菜、瓜果、花卉、蛋乳等，有的还加入一些香料等其他物质，经过如浸泡、切碎、预熟、去衣、研烂、过筛、挤水、炒拌、熬制等加工工序制作而成的馅心。甜馅按选料主体和制作特点又可分为泥蓉馅、果仁蜜饯馅、糖馅、酱膏馅四类。

一、泥蓉馅制作工艺

老婆饼

（一）泥蓉馅的概念

泥蓉馅是以植物的果实、种子、根茎（如豆类、莲子、红枣、山药、冬瓜、红薯、芋艿等）等为主要原料，经过去皮、去核，采用蒸、煮等方法加工成泥蓉，再用糖、油炒

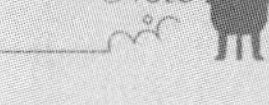

制或直接调味简单拌制而成的一种甜馅。

(二)泥蓉馅的特点与应用

泥蓉馅绵软细腻、甜而不腻,带有选用的植物性原料的特征香味。常见的泥蓉馅有豆沙馅、枣泥馅、莲蓉馅、薯泥馅、冬蓉馅等。泥蓉馅应用十分广泛,常见用于制作各类发酵面坯和油酥面坯带馅面点品种,如豆沙包、枣泥发糕、蛋黄莲蓉月饼、老婆饼等。

(三)泥蓉馅配方举例

泥蓉馅配方举例如表 5-2 所示。

表 5-2　泥蓉馅配方举例　(单位:g)

馅的种类	配方						
	赤豆	红枣	白莲子	白糖	红糖	植物油	猪油
豆沙馅	500			300	75	125	125
枣泥馅		500		250		50	50
白莲蓉馅			500	300		75	150

(四)泥蓉馅工艺流程和制作方法

1. 泥蓉馅工艺流程

泥蓉馅工艺流程如下。

选料→去皮、去核→蒸、煮预熟→制泥取蓉→炒拌调味→成馅备用

2. 泥蓉馅制作方法

1)选料

泥蓉馅主料多为植物的果实、种子、根茎等,应选择外形饱满完整、无病虫害,且皮薄核小、肉质细腻、出沙出泥率高的原料来加工制作。此外,在制作泥蓉馅使用的调辅料中,糖、油比例较大,但具体需根据泥蓉馅出品特征来进行选料。豆沙馅呈棕黑色,可选择部分红糖,不仅可以加深馅心颜色,还能丰富馅心的滋味;而白莲蓉馅呈浅黄色,只能选择颜色较浅的白糖或其他浅色甜味剂来制作,以保证其出品特征。不同类型油脂制作的泥蓉馅各具特色:选择植物油脂制作泥蓉馅,质地相对较软,清爽油亮;而选择动物油脂制作泥蓉馅,冷却后质地会增稠变硬,滋润浓郁。

2)去皮、去核

植物的果实、种子、根茎一般带有皮核。制馅时一般需要将其去除干净,如杏仁去皮、红枣去皮核、莲子去皮衣和莲心。有些皮核,经过简单的刮、削、剥,比较容易去掉,但有些皮核须采用浸泡、水煮的方法才能去掉。

3)蒸煮预熟

制作泥蓉馅选择的植物性原料多为新鲜的根茎或果实、干果蜜饯、充分泡涨吸水后的某些植物的种子,如薯类、干枣、莲子等。这些原料在蒸煮预熟的加热过程中充分吸收水分,淀粉发生糊化,质地变得细腻柔软,适用于制馅加工。选择蒸制预熟的原料一般含水量相对较低,后期可灵活调控所制馅心的软硬度。蒸制预熟

操作要求火旺气足，一次蒸好。对于大多数种子类的制馅原料，即使长时间用水浸泡，其质地依然干硬，如花生、豆类、栗子等。因此这类原料适合选择煮制预熟。煮制一般为冷水下锅，用旺火烧开后，再改用小火焖煮，直至原料软烂透心为止。煮制预熟的原料含水量较高，后续加工应注意去除多余水分。

4）制取泥蓉

制取泥蓉的方法主要有三种。第一种方法是采用细网筛搓擦、加水过滤，滤除皮核，同时获得含水较高的细砂状泥蓉。静置沉淀后，撇去上层水分，将湿泥蓉装入布袋内挤压去除多余水分。第二种方法主要用于蒸制预熟的根茎类原料，将其去皮后，用刀、勺、面杖等工具，用压、搋、碾等手法，使预熟的原料细腻且不含颗粒感。第三种方法是使用粉碎机搅碎原料，使原料成泥蓉状。使用这种方法制取的泥蓉比较粗糙，果皮、豆皮等纤维含在其中，但速度快、产量高。

5）炒拌调味

将初步制取的泥蓉加糖油调味拌制，或在加热同时分次加入糖油炒制即可制得泥蓉馅。一般来说，拌制调味制得的泥蓉馅，含水量相对较高，风味较为清爽，但不耐储存；而炒制调味制得的泥蓉馅，含水量相对较低，风味较为浓郁，且较耐储存。

炒制的泥蓉馅色泽有两种，一种是要求保持本色，另一种是要求转色。两种炒制方法有所不同。

本色炒法是将锅烧热，放入油脂，油热下糖，糖稍微溶化后即可倒入初步制取的泥蓉，不断翻炒。待泥蓉质地起稠时，再加入少量油脂推炒均匀即可出锅。

转色炒法有两种处理方式，一种与本色炒法基本类似，通过延长炒制时间而使馅心转色。另一种方法是将锅烧热，用一部分油糖一起加热炒出焦糖色后再加入初步制取的泥蓉，选择中火加热炒制泥蓉至浓稠状，第二次加入糖油，继续翻炒，直至水分渐干，最后加入余下糖油直至三不粘（不粘锅、不粘铲、不粘牙）即可出锅。这种转色炒法得到的泥蓉馅颜色较深，糖油分三次加入，第一次加糖主要为了炒糖色，第二次加糖侧重于转色，最后一次加糖则是调味。

（五）泥蓉馅制作工艺要领

1. 器具选择

炒制泥蓉馅尽量选择不锈钢锅或不粘锅配合硅胶软刮紧贴锅底翻炒原料，以免炒制时馅心受铁锅影响变色，特别是需要本色炒制的泥蓉馅心。

2. 用料比例

为了保证泥蓉的制作质量，需将原料的皮核去掉，有些是生料去皮核，也有些是在熟制后去皮核。去皮核的同时，要尽可能保留肉质，减少浪费。去皮核时可带少量水操作，但水量不能太多，否则会延长熬制时间，影响馅心质量。制作泥蓉馅时使用的糖油比例应根据泥蓉原料特征差异而有所区别。如果使用的泥蓉原料本身不甜，如莲子、山药、马铃薯及各种豆类，则须加入相对较多的糖油；而如果使用的泥蓉原料本身甜度较高，如红枣、蜜枣、红薯等，则加入糖油的量就相对较少。

3. 加热程度

馅心的加热程度直接影响馅心的含水量从而导致馅心品质性状的差异。一方

面，馅心在炒制加热过程中须蒸发掉多余的水分，否则馅心容易因含水偏高而变质不易保存。给油较多的馅心在炒至水分快要变干时，馅心在锅中翻炒时基本不粘锅、不粘铲，整个馅心可以在锅内灵活挪动旋转。另一方面，如若馅心加热程度过重，则容易产生焦煳味，从而出现质地板结、滋味带苦的情况。因此炒制馅心时要控制好火候，开始可以短时大火，而后改用中火，最后再改小火。在炒制过程中要勤于翻动，锅铲紧贴锅底，对原料充分翻炒，以使馅的整体加热程度一致。

4. 口味特色

在炒制好的馅内加入玫瑰酱、桂花酱或熟芝麻仁、花生仁、松子仁等风味原料，可以丰富馅的风味特色。风味原料的加入时机一般选择在馅心炒制出锅晾凉后，以免具有挥发性的香气成分受加热的影响而使风味变淡。

二、果仁蜜饯馅制作工艺

（一）果仁蜜饯馅的概念

果仁蜜饯馅是以蜜饯和炒熟的果仁为主料，加入糖、油、熟粉调制而成的一种甜馅。常用的果仁有瓜子、花生、核桃、松子、榛子、杏仁、巴旦木、芝麻等；常用的蜜饯则有桂花、瓜条、蜜枣、青红丝、桃脯、杏脯、蔓越莓干等。

（二）果仁蜜饯馅的特点与应用

果仁蜜饯馅具有松爽香甜、果香浓郁的特点。由于各地物产特色和口味偏好的差异，使果仁蜜饯馅用料选择不同，如广东多用杏仁、橄榄仁，江苏多用松子仁，北京多用果脯、京糕，四川多用花生和内江蜜饯，福建多用桂圆肉，东北多用松子仁和榛子仁。

（三）果仁蜜饯馅配方举例

果仁蜜饯馅种类众多，常见的有五仁馅、什锦果脯馅、冰橘馅等。下面以五仁馅配方为代表举例（表 5-3）。

表 5-3 果仁蜜饯馅配方举例 （单位：g）

馅的种类	配方						
	核桃仁	瓜子仁	花生仁	杏仁	橄榄仁	板油丁	白糖
五仁馅	250	150	250	150	250	1250	1250

（四）果仁蜜饯馅工艺流程和制作方法

1. 果仁蜜饯馅工艺流程

果仁蜜饯馅工艺流程如下。

选料→初加工→配料→加糖、油拌和→成馅

2. 果仁蜜饯馅制作方法

1）选料

果仁蜜饯馅选料占比较大的通常是干果仁、果脯、蜜饯等，由于不同地域特产的差异，会更多地倾向选择本地果仁蜜饯类特产原料。除了产地因素外，原料本身的品质对果仁蜜饯馅质量影响明显。多数果仁质地干燥但含有较多脂肪，短时间

内储存的质量变化不大，但如果储存时间偏长或受到储存环境温度和湿度的不良影响，果仁容易因吸湿回潮霉变或因氧化产生油哈味。因此在选料时应注意以下几点：果仁要选择新鲜、饱满、色亮、味正的；蜜饯和果脯品类众多，大多数蜜饯的糖蜜含量较高、黏性较大，果脯相对较为干爽，但存放过久会出现结晶、返砂或干硬回缩的现象，因此制馅前应选择新鲜、色亮、柔软、味纯的蜜饯果脯。

2）初加工

果仁蜜饯馅原料的初加工主要指的是果仁熟制、去皮及破碎等操作。大多数果仁原料都已经去除了坚硬的果壳，其中部分果仁还带有口感粗糙、滋味苦涩的外皮，在制馅前通常要将这层外皮去除干净。如花生、核桃、松子的果仁要经过烘烤或泡水油炸成熟后搓去外皮，再用擀面杖、刀、杵臼等工具加工成碎粒状。熟制果仁时要注意对火候的控制，适当翻动果仁，特别是颗粒较小的果仁（如芝麻）要勤于翻动，以使果仁均匀受热，成熟充分适度。

3）配料

制作果仁蜜饯馅，既可以是在果仁、蜜饯或果脯原料中单独选择一款，也可以在其中选择搭配多款，再与糖油搭配成馅，风味各不相同。制作果仁蜜饯馅的甜味剂可选择白砂糖、麦芽糖或蜂蜜；油脂可选择动物油脂或植物油脂；还可以搭配一定比例的熟面粉或水来调整馅心质地，以适应不同面点制品包捏成形的需要。熟粉在果仁蜜饯馅中与糖、油、水结合，能进一步促进果料之间相互黏结，使馅心容易定形，面点熟制后不流糖、不穿底。

4）拌和

将经过选择搭配、熟制、破碎的各种原料拌和在一起，搓匀擦透，使各种原料混合均匀、融为一体，成为软硬适度的馅心。

（五）果仁蜜饯馅制作工艺要领

1. 颗粒大小恰当

果仁经过加热熟制后，其特征香气会逐渐显现出来。特别是将其破碎后，果仁香气能充分释放。果仁蜜饯的颗粒大小应当是在能保证风味呈现的同时，又不影响口感和包捏成形等工艺操作的需要。一般硬性的果仁蜜饯原料的颗粒建议小一些，而软性的果仁蜜饯原料的颗粒可以相对大一些。体现馅心风味特征的果仁蜜饯原料颗粒相对于其他原料较大一些。

2. 质地干湿适度

馅心的质地干湿对面点制品的包捏成形影响较大。为使馅心质地干湿适度，各类制馅原料都要注意正确选择、运用。果仁蜜饯馅最主要的特征原料是果仁蜜饯，其次是糖、油，此外还会根据情况添加熟粉或水。一般来说，干果仁碎粒、果脯干粒、熟面粉则会降低馅心黏性，使馅心质地松散干硬；蜜饯、糖浆、油脂和水能增加馅心的黏性，或使其质地柔软。如果用水调节馅心软硬度，要特别注意水不可加入过多，否则在成熟时，水分受热产生的蒸汽会使制品出现破裂流糖的现象。原料拌和均匀成馅后，以既不干也不湿、手抓能成团、手推能散开的状态为佳。

3. 拌料顺序合理

原料混合拌制时，通常先混合质地干硬的原料，如花生碎粒、白砂糖等。质地

脆嫩的原料要相对较晚加入其中拌和，如瓜子仁、橄榄仁等，以免拌碎成屑。

知识链接

由全国焙烤制品标准化技术委员会糕点分技术委员会、中国商业联合会商业标准中心、全国多家知名酒店和糕点生产企业、国家食品质量监督检验中心等单位联合编写的国家标准《月饼》(GB/T 19855—2015)于2015年5月15日发布，同年12月1日开始实施。国标给出的月饼定义为：月饼(mooncake)是使用小麦粉等谷物粉或植物粉、油、糖(或不加糖)等为主要原料制成饼皮，包裹各种馅料，经加工而成，在中秋节食用为主的传统节日食品。其中在广式月饼馅料类型中的果仁类规定：包裹以核桃仁、瓜子仁等果仁为主要原料加工成馅的月饼，馅中果仁含量的质量分数应不低于20%，其中使用核桃仁、杏仁、橄榄仁、瓜子仁、芝麻仁等五种主要原料加工成馅的月饼可称为五仁月饼。

(资料来源：中华人民共和国国家质量监督检验检疫总局，中国国家标准化管理委员会. 月饼：GB/T 19855—2015[S]. 2015.)

三、糖馅制作工艺

(一)糖馅的概念

糖馅是以白糖或红糖为主料，再通过掺粉或加入油脂，亦可搭配某些能呈现特殊风味的原料而制成的一类甜馅，如白糖馅、水晶馅、玫瑰糖馅等。如果制作糖馅的特殊风味原料为果仁、蜜饯或果脯，则这种糖馅也同时属于果仁蜜饯馅，如冰橘馅等。

(二)糖馅特点与应用

制作糖馅需要选用的原料相对较少，其中占比最多的原料就是糖。因此糖馅制作工艺简单、成本低廉、使用方便。根据是否添加风味原料及添加风味原料的不同，糖馅具有甜味突出或兼有某类原料特殊风味的特点。由于糖馅甜味突出，因此其较为适合应用于轻馅制品或部分半皮半馅制品，如汤圆、水晶饼、糖包子等。

(三)糖馅配方举例

糖馅配方举例如表5-4所示。

表5-4　糖馅配方举例　(单位：g)

馅的种类	配方								
	白糖	熟面粉	猪油	猪板油	青红丝	干桂花	熟芝麻	蜜玫瑰	食用红色素
桂花糖馅	500	50			25	25			
水晶馅	500	50	50	250					
麻仁馅	500	50		250			250		
玫瑰糖馅	500	100		150				50	少量

(四)糖馅工艺流程和制作方法

1. 糖馅工艺流程

糖馅工艺流程如下。

选料→初加工→配料→拌和→成馅

2. 糖馅制作方法

1)选料

制作糖馅多选用细白砂糖或绵白糖,也可以选择红砂糖。此外,糖馅制作中油脂用量较大,既可以选择动物油脂,也可以选择植物油脂。动物油脂中常用的包括生猪板油、熟猪油、黄油,植物油脂则常选用芝麻油、胡麻油、豆油等。不同的油脂赋予糖馅不同的风味特质。糖馅还常搭配一定比例的特殊香味材料,如芝麻、玫瑰酱、桂花等。

2)初加工

糖馅原料的初加工主要有面粉、米粉的熟制过筛,生猪板油撕去油膜切成小粒,坚果仁熟制破碎等操作。

3)配料

糖馅中的共性原料有糖、粉和油,在此基础上搭配不同的风味材料制成各式糖馅。在糖馅的所用原料中,糖的用量比例最大。

4)拌和

将糖、粉拌和均匀后开窝,中间放油脂及调味料,搅匀后搓擦均匀。根据原料搓擦混合后的状况,可以选择适当掺粉、点水或加油等手段,调整糖馅的干湿度及软硬度。

(五)糖馅制作工艺要领

1. 原料粗细得当

制作糖馅的原料大多要求颗粒细小,从而保证最后制得的馅口感细腻。存放过久的白、红砂糖容易受潮结块且质地坚硬。此时,可用微波加热几秒,并擀压细碎后再使用。原料中的面粉、米粉在使用前须加热熟制过筛。糖馅中搭配的风味材料初加工方式与果仁蜜饯馅中相同材料初加工方式相似,其颗粒比糖馅中使用的细砂糖颗粒略大一点,以突出其风味特色。

2. 质地软硬合理

加粉,又称为擦糖,是糖馅制作的一个关键环节,是指在制作糖馅时在白砂糖或红砂糖中搭配一定比例的熟面粉或熟米粉。加粉有利于面点熟制加热时糖的缓慢熔化,避免出现因以纯糖作馅心,加热时糖突然受热膨胀,使面皮爆裂穿底、食时烫嘴等问题出现。面粉或米粉的熟制方式可以炒、烤、蒸等,要注意粉料不可过度加热上色或太潮且发黏。擦糖制馅时,要用力多次推擦,使其上劲至用手抓能成团状即可。如糖及粉料太过干燥,馅无法抓捏成团,则可适当加点水或油;如果馅整体太潮,则可通过添加干面粉(或干米粉)、砂糖等相对较为干燥的原材料,来调整馅的软硬质地,以适应于面点制品的加工需要。

3. 风味特色恰当

为了增加糖馅的风味特色和花色品种,除了最基础的糖、油、粉的用料外,还可

加入其他配料制成花色糖馅，使得糖馅风味甜柔，更加别致。如加入猪油丁，即为糖猪油馅，俗称水晶馅；加入芝麻，即为白糖芝麻馅，俗称麻仁馅；加入薄荷、玫瑰、桂花、香蕉或橘子等不同味型的香精，即成各种口味的糖馅，但要注意香精的使用量，不可多放，否则会破坏风味。

流沙包

四、酱膏馅制作工艺

（一）酱膏馅的概念

酱膏馅通常以白砂糖与新鲜水果、牛奶、鸡蛋、奶油等为主要原料，或再搭配巧克力、抹茶粉等，经加热搅拌或直接搅打拌和等方法制成的一类甜馅，如果酱馅、卡仕达奶油馅、奶油馅等。

（二）酱膏馅特点与应用

酱膏馅具有口感甜柔、质地软嫩的特点，在西式面点中应用较多。酱膏馅常用在蛋糕、泡芙、饼干等已完成熟制的西式面点半成品上，通过涂抹、灌填、夹镶、点缀等手法，以馅或装饰料的形式与西式面点坯料有机地组合在一起。

（三）酱膏馅配方举例

酱膏馅配方举例如表 5-5 所示。

表 5-5　酱膏馅配方举例　（单位：g）

馅的种类	配方							
	细砂糖	草莓	柠檬汁	香草籽	奶油	牛奶	蛋黄	淀粉
草莓果酱馅	200	500	25	1				
香草奶油馅	50		5	1	500			
卡仕达奶油馅	100			2	360	500	100	40

（四）酱膏馅工艺流程和制作方法

酱膏馅选料范围较广，原料特征差异较大，制作方法存在一定的差异。其中果酱馅和奶油馅的制法相对较为简单。果酱馅是将水果切成小丁与糖混合腌渍后再加热熬制起胶而成。奶油馅是在低温奶油中分次加入细砂糖打发制成的微膨可塑的轻柔膏状体。卡仕达奶油馅制法相对较为复杂，下面以卡仕达奶油馅为例来介绍酱膏馅制作的流程和方法。

1. 酱膏馅工艺流程

卡仕达奶油馅工艺流程如下。

配料混合→加热搅拌→晾凉→翻拌混匀→成馅

2. 酱膏馅制作方法

1）配料混合

将称量好的牛奶、糖和香草条（香草条切开，刮出香草籽）加热烧开，之后继续小火加热或相对较长时间浸泡，使香草味融入牛奶中。在淀粉中加入蛋黄，搅拌均匀。取 1/2 热香草牛奶倒入蛋黄糊中搅匀后再倒入余下的香草牛奶中。

2)加热搅拌

将混合均匀的原料用中火加热并同步快速搅拌,混合溶液煮沸后微微调小火力且持续快速搅拌 3～5 min,直至面糊由黏稠变稀且有光泽时离火,取出放入大盆中。

3)晾凉翻拌

将大盆隔水,使卡仕达酱快速降温晾凉。在卡仕达酱降温时,将原料中的奶油低温搅打起膨备用。而后将冷却的卡仕达酱搅打至光滑柔顺,将奶油分 3～4 次与搅打柔顺的卡仕达酱拌匀即成。

(五)酱膏馅制作工艺要领

1. 选料新鲜

制作酱膏馅常会使用各种水果、牛奶、鸡蛋、奶油等原材料,应选择新鲜的原料,以保证酱膏馅的出品品质。

2. 加工有度

制作酱膏馅时常会有搅打、加热、搅拌等加工环节。这些环节的加工程度需要合理控制。搅打蛋白或搅打奶油如果超过一定程度,就会出现水体分离、形态崩散等问题。加热熬制果酱或加热制作卡仕达酱时,不要使用大火,通常使用中小火即可。在加热过程中,一方面要充分刮底搅拌以防粘锅,另一方面不可加热过度,否则酱膏质地会变干变硬且粗糙。

3. 注意温度

酱膏馅对温度较为敏感。在酱膏馅制作过程中如果长时间高温加热,会使馅失去水分,从而出现质地变硬或结块的现象,在应用时较难挤注或涂抹等。高温还会改变油脂的物理性状,使得奶油馅、卡仕达奶油馅等油脂含量较大的酱膏馅的质地变软变稀,影响使用。因此酱膏馅在使用时多为常温或略低于常温。

第三节　咸馅制作工艺

咸馅是各种以咸味为主的馅,在中式面点中应用较为广泛。咸馅选料广、类别多,根据选料的差异可分为荤馅、素馅和荤素馅三类;根据加工方式的不同又可分为生馅、熟馅和生熟馅三类。

一、荤馅制作工艺

鲜肉包

荤馅是以畜、禽、水产及其制品为主要原料,经加工制作而成。根据加工处理方式的不同又可进一步分为生荤馅和熟荤馅。

(一)生荤馅制作工艺

1. 生荤馅的概念、特点及应用

生荤馅是用新鲜畜、禽、水产等动物性原料,经刀工处理后,再调味、打水(或掺

冻)拌和而成。生荤馅具有咸鲜、松嫩、多汁的特点,适用于包子、饺子、馄饨、烧卖等品种。

2. 生荤馅配方举例

生荤馅配方举例如表 5-6 所示。

表 5-6　生荤馅配方举例　　(单位:g)

馅的种类	配方														
	猪肉	牛肉	虾仁	盐	水	葱	姜	味精	酱油	蛋清	胡椒粉	花椒	淀粉	肥膘	油
猪肉馅	500			8	250	10	25	5	15-25		2		5		25
牛肉馅		500		10	300		25	3	25			3			75
虾仁馅			500	7		30	50	5		150	2		50	100	60

3. 生荤馅工艺流程和制作方法

生荤馅的制作方法因荤料选择的不同而略有差异,下面主要以猪肉馅为例介绍生荤馅工艺流程和制作方法。

1)生荤馅工艺流程

生荤馅工艺流程如下。

选料加工→调味→打水(或掺冻)调搅→成馅

2)生荤馅制作方法

(1)选料加工。

生荤馅的制作多选用畜肉、禽肉、水产及其加工品。选料应考虑不同原料以及同一原料的不同部位工艺特性的差异。畜肉宜选用吸水性强、黏性大、肥瘦比例恰当的部位;禽肉宜选用肉质细嫩的脯肉;水产则应选择优质的鲜品或干货。生荤馅松嫩且滋润多汁的口感取决于馅中的含水量和含油量。以猪肉为例,用猪前夹肉制馅时的吸水性强、黏性大;而用猪里脊肉制馅时的吸水性相对较弱、黏性相对较小。

大多数生荤馅选用的新鲜肉料要先加工成泥蓉状,以增加肉料表面积,促进蛋白质的水化作用,提升肉料的吸水能力,增强生荤馅的黏性。加工时先去除肉料皮骨(刺),然后用刀切成小块,用刀背将肉料捶制、剔除粗老的筋皮,再用刀切剁成细小的粒状或蓉状。在剁馅时可以淋一些花椒水或葱姜水,以去膻除腥、增加馅心鲜味。大批制作生荤馅时,肉料可以选择用绞肉机来初加工,但应注意粗细,根据实际情况绞切一次或多次。

(2)基础调味。

调味是使馅的滋味咸淡适宜、鲜美可口的加工环节。制作生荤馅常选用的调味料主要有盐、味精、酱油、料酒、胡椒粉、姜、葱、白糖、猪油、香油等。调味料的添加应遵循一定的规律。制作猪肉馅时,一般有色、含盐调味料(如老抽、生抽等)和去腥膻的材料(如料酒、姜末等)多在打水掺冻之前添加,增鲜香的材料(如胡椒粉、味精、白糖、葱、香油等)则多在打水掺冻之后添加。盐加入馅的顺序和分量对其风味影响较大。盐在馅中不仅起调味作用,同时还能增加水打馅的黏性和吸水性。

鲜肉中构成胶原纤维蛋白质的主要是肌球蛋白、肌动蛋白和肌动球蛋白。这些蛋

白质都具有盐溶性而微溶于水，形成具有一定黏性的溶胶或凝胶。因此制作水打馅时加入合适的盐，可以促进肌肉中的蛋白质吸水溶出，使肉馅黏度增加、质地细嫩。

（3）打水（或掺冻）调搅。

制作猪肉馅在完成基础调味后，通常要进行打水调搅操作。有些地区特别是江南一带，制作生荤馅时还会在打水调搅后再掺冻。打水（或掺冻）调搅后的生荤馅不仅黏性足、质松嫩，且因加水掺冻的比例差异会有不同的软硬度，适合不同面点制品包捏的需要。

打水，又称为加水、吃水，是将葱姜水、清汤、鸡汤等液体材料，分次加入进行了基础调味的新鲜肉末中搅打拌制，最终形成具有一定黏性的胶状混合物。制作生荤馅时加水可以使调味后的肉末黏度降低，调节馅中的水油比例，使肉馅松嫩多汁、鲜嫩爽滑。打水操作完成后，可将馅放入冰箱冷藏 1～2 h，以利于馅心形成更好的黏性。包馅前再加入味精、香油、葱花等材料拌匀，以使馅鲜香。

掺冻，是指在肉馅中掺入“冻”进行调搅的操作。“冻”有皮冻和粉冻之分。皮冻是以鲜猪肉皮为主要原料，首先将大块煮制熟烂后剁碎，再用小火熬煮成糊状，最后冷却凝结而成。根据需要，可以制成不同软硬度的皮冻。通常每 1000 g 肉皮加 1.5～2 倍的水均可制成皮冻，根据加水量的不同，可制得硬冻、软冻、半硬冻等。掺冻前，生荤馅的制作已经完成了基础调味或是调味打水操作，然后再将皮冻切成粒状拌入其中。生荤馅掺冻可以增加馅的稠厚度，便于包捏成形；在熟制过程中皮冻融化，生荤馅则表现出汤汁浓稠、味道鲜美的特征。粉冻是将水淀粉上火熬制成冻状，晾凉后掺入馅心中，除了能使馅口感松嫩外，还能在成形时利用粉冻黏性将拢起的皮褶粘住。

4. 生荤馅制作工艺要领

1）选料与调味

制作生荤馅时，最重要的选料是新鲜的动物性原料。不同选料的初加工、调味等加工环节的制作要求存在一定的差异。大多数生荤馅调制时选择在肉料完成基础调味后加水。加盐有利于增加肉料吸水性和黏性，不仅能增加馅含水量，还能渗透入味，使馅肉嫩味美。但如果选用肉质粗老的牛羊肉则建议先加水后调味，否则肉料遇盐紧缩、肉质老韧。

猪肉最好用猪前腿肉，也叫夹心肉、前夹肉或蝴蝶肉。猪前腿肉肥瘦比例恰当，其肌肉纤维较短、肉质嫩、易吸水。猪肉的脂肪、含水量较多，若在加水之后再调味，则不易入味。用猪前腿肉调制生荤馅时建议先调色调味，再分次加水搅打（或掺冻），冷藏备用，在使用前加入味精、葱花、香油等拌匀使用。

牛肉肌纤维长而粗糙，肌间筋膜等结缔组织较多，肉质老韧。牛腰板肉、颈头肉的肌肉纤维相对较短，肉质较嫩，水分较多，相对更适合制作生荤馅。调制牛肉馅时建议在打水之后加盐，否则加盐过早会因盐的渗透作用使肉中的蛋白质变性、凝固而不利于水分的吸收和调料的渗入，甚至使肉馅口感干硬发柴。如果牛肉十分粗老，则可选择添加小苏打或嫩肉粉等碱性原料，以促进肉料吸水起胶、致嫩起弹。用新鲜牛肉末调制生荤馅时，先加（花椒）水搅打至肉质松嫩、有黏性时再加

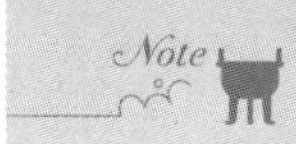

姜、酱油等调料搅匀，然后加盐搅打上劲，冷藏备用，在使用前加入味精、葱花、香油等拌匀使用。牛肉膻味较重，不仅可以用花椒水解膻，还可配洋葱、胡萝卜、西芹、大葱、青蒜等配料去膻增香。

不同品种羊的肉质差异较大，一般选用膻味较小的腰板肉、肋条肉等来制作生肉馅。羊肉肌纤维的粗细介于牛肉和猪肉之间。调制羊肉馅加盐与打水的先后根据肉质粗细而定。肉质较粗的羊肉先打水后调味，肉质较细的羊肉则可以先调味后打水。羊肉和牛肉一样都有膻味，也可以通过加入花椒水、香菜、大葱等原料去膻增香。

制作鸡肉生荤馅时应选用肉质细嫩、吃水多的鸡脯肉。鸡脯肉的肌纤维细嫩，脂肪含量低。制馅的方法与猪肉类似，但需要适当增加油脂的用量。

制作以水产类动物性原料为主的生荤馅时常选择出肉率高的原料，如鲅鱼、草鱼、对虾等，要求原料新鲜、无异味。水产类动物性原料肉质极为细嫩，含水量高而含脂量极低，制馅时吃水量较少，常用蛋清代替水来调整馅的含水量及黏性，同时还须补充一定的油脂。由于原料本身鲜味很足，本色很浅，因此调制馅心时，很少使用有色调味料(如酱油)，味精、鸡精等鲜味剂也要控制用量。水产类动物性原料通常带有一定的腥味，制馅时可以通过漂水或加入柠檬汁、葱姜水、胡椒粉等原料来去腥增鲜。

2)打水与掺冻

生荤馅打水操作时的加水量应根据肉质特征和制品需求来确定。一般牛肉馅的加水量要高于猪肉馅、鱼肉馅等。调制包子、饺子、烧卖肉馅的加水量逐渐减少，从而制得肉馅的黏性逐渐变强、质地逐渐变硬，以适应于不同面点制品的加工需要。此外，在生荤料选用的肉料中，通常脂肪含量多的肉料比脂肪含量少的肉料加水应当少一些，否则容易出现油水分离的情况。生荤馅打水操作一定要分次加水，每次加水后都要由慢至快、顺一个方向拌和搅打，使肉料充分吸水，形成带有黏性的上劲状态。一次性加水太多或搅打不充分，则会出现肉料泄劲、吐水的现象。

掺冻所选皮冻通常是由动物性原料的皮、鳞等部位制得。这些部位含有大量的胶原蛋白，加热后能水解生成明胶，冷却后能凝成胶冻状。传统的皮冻大多选用猪肉皮来制作。在制作皮冻时，如果只用清水熬制肉皮，则制得的为普通皮冻；若加入用火腿、母鸡、干贝等熬制的汤汁制成的肉皮冻则鲜味浓郁、品质上乘。生荤馅中的掺冻比例要根据产品的特点、冻的软硬度等因素来确定。一般是每 500 g 馅掺冻 300 g 左右。若包馅面坯是组织结构相对较为致密的水调面坯、嫩酵面坯等，则肉馅的掺冻量可以多一些，如水饺、汤包等；若是组织结构较为酥松多孔的层酥面坯、发酵面坯等，则掺冻量应该少一些，如鲜肉月饼、鲜肉包等。

知识链接

猪肉皮冻的制法

将鲜猪肉皮 500 g 刮洗干净，与猪腿骨 500 g 一同放入沸水中稍烫，捞出沥干后入锅，另舀清水 2500 g，加姜 50 g、葱 100 g 煮至肉皮酥烂，取出肉皮绞成

茸状，另取锅一口，加入原汤 750 g，投入肉皮茸烧沸，然后加入白胡椒粉 0.5 g、绍酒 0.5 g、酱油 50 g、绵白糖 25 g、精盐 25 g、香葱末 25 g 烧沸，撇去浮沫，熬至黏稠时离火，倒入钵中，冷却后装入冰箱凝结成冻即成。用时取出改成条，用绞肉机搅碎即可。

（资料来源：周三保，等. 传统与新潮特色面点[M]. 北京：农村读物出版社，2002.）

鱼鳞冻的制作原理和方法

首先将新鲜的大片鱼鳞彻底清洗，去黏液、杂质；再将鱼鳞在白醋溶液中浸泡以脱腥，取出后洗净、沥水；放入沸水锅内焯水后，取出、漂清、沥水，然后放入锅内，加适量清水、黄酒、葱、姜，熬煮，待汤汁略黏，鱼鳞变成不规则碎片状时，即起锅用纱布滤去残渣，将滤液倒入容器中晾凉，置于冰箱中冷藏，待其成冻，即成。

（资料来源：董道顺. 鱼鳞冻在淮安汤包馅心制作中的应用[J]. 扬州大学烹饪学报，2011，28(3)：26-29.）

（二）熟荤馅制作工艺

1. 熟荤馅的概念、特点及应用

熟荤馅是选用动物性生料经刀工处理后烹制调味，或将预熟处理后的动物性原料经刀工处理后再调拌而成的馅。熟荤馅具有汁稠油重、鲜香醇厚、吃口爽的特点，适用于发酵面坯制品、油酥面坯制品以及花式造型面点。

2. 熟荤馅配方举例

熟荤馅配方举例如表 5-7 所示。

表 5-7　熟荤馅配方举例　　（单位：g）

馅的种类	配方															
	猪肉	叉烧	盐	猪油	葱	姜	味精	酱油	面酱	料酒	胡椒	面粉	淀粉	蚝油	水	白糖
叉烧馅		500	2	50	50	25	5	50			2	30	30	40	150	75
酱肉馅	500		2	30	5	10	2	100	100	10	1		10			30

3. 熟荤馅工艺流程和制作方法

1）熟荤馅工艺流程

熟荤馅工艺流程如下。

选料→刀工处理→烹制（或拌制）→成馅

2）熟荤馅制作方法

（1）选料。

制作熟荤馅的主要原料可以是新鲜的动物性原料，也可以是经过熟制加工处理过后的动物性原料。熟荤馅的调辅料除了选择能展现馅调味风格的材料外，通常还会选搭动物油脂及含有淀粉的原材料，如猪油、甜面酱、生粉、面粉等，以增强馅的黏性。

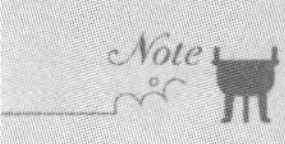

(2)刀工处理。

熟荤馅主要原料无论是选择生荤料还是熟荤料，在烹制(或拌制)成馅操作前，均应进行刀工处理。熟荤馅原料加工的形态通常为小块状或颗粒状，有时也会处理成细丝状或碎片状等。其中熟荤料如果切配得过于细碎，则会影响原料风味特色的呈现。因此熟荤馅原料刀工处理的形状大小都要以不影响成形和呈味效果为标准。

(3)烹制(或拌制)成馅。

熟荤馅烹制成馅的操作类似于菜肴烹制，如煸、炒、焖、烧等，其烹调技法复杂，味型变化多样。烹制时应根据原料性状特征、风味要求依次投料。为了便于制品包捏成形，减少馅心水分，增加馅心的黏性，荤料烹制调味后、出锅前，可以进行勾芡，使味汁收稠、与荤料混匀。熟荤馅拌制中如果要使用芡汁，通常须预先制好调味熟芡，然后将熟芡与熟荤料按比例拌和均匀即可。对于一些不需要芡汁的熟荤馅，通常会使用动物油脂进行烹制或拌制，调味拌匀冷却后，馅会因油脂凝固而黏性增强，便于包捏。

4. 熟荤馅制作工艺要领

1)选料讲究

烹制成馅的熟荤馅原料既可以是动物性生料也可以是动物性熟料，而拌制成馅的熟荤馅选用的制馅原材料一定是动物性熟料。制作熟荤馅的动物性生料除了要求原料新鲜质优外，还应根据馅的加工风味特色要求选择不同部位和质地特征的动物性原料。熟荤料通常会选择具有一定特色的材料，如叉烧、卤肉、烧鹅肉、烤鸭肉等。

2)形态恰当

熟荤馅原料的形态处理要符合烹调要求，便于调味和成熟，还要突出馅的风味特色，符合面点包捏和造型的需要。在烹制或拌制熟荤馅时，如果原材料过大，则难入味。选择特色材料制馅时，如果材料过于细碎，则不易显现其风味特点。此外，在原材料进行刀工处理前，需要考虑不同性质的荤料受热后会发生收缩变形的程度，以保证成馅材料形态规格均匀。

3)用芡合理

熟荤馅常在制作中加入芡汁或其他含有淀粉的材料进行烹制，也可以选择熟芡进行拌制。淀粉遇水加热会糊化形成黏性极强的颗粒，从而使调味汁附着在馅上，同时增强馅的黏性、提高包捏性能。在操作时，无论是勾芡烹制还是熟芡拌制，均是将材料混合拌匀即可，不可过度搅拌，否则芡汁稀澥，不利于成形。

知识链接

面捞芡的制作

面捞芡是广式面点各类芡类中最常用的芡料，醇滑成甜；加之蚝油鲜香异常，搭配广州传统叉烧肉片制成的蚝油叉烧馅，鲜甜、香滑、爽口。

制作面捞芡的制作方法如下。首先将粟粉 20 g、生粉 15 g、面粉 15 g 一同

过筛，加清水 100 g 调成稀浆。生油 25 g 倒入锅中烧热，下入洋葱末炸香捞出，舀出一半葱油备用。再将清水 150 g 及生抽 20 g、老抽 10 g、白糖 5 g、精盐 5 g、香油 5 g 一同投入葱油锅中煮沸，暂离火，冲入已调好的稀浆搅匀后上火加热。待芡煮至起大泡时下蚝油 35 g、味精 3.5 g 和之前舀出的葱油搅匀即成。

（资料来源：周三保，等. 传统与新潮特色面点[M]. 北京：农村读物出版社，2002.）

二、素馅制作工艺

素馅是以新鲜蔬菜、蔬菜制品或粮食制品等为主料，经加工制作而成的咸馅。素馅根据调拌所用油脂的不同以及是否加入禽蛋，分为清油素馅、荤油素馅和花素馅。其中清油素馅是用植物油脂调制的素馅，荤油素馅是用动物油脂调制的素馅，而花素馅又称为蛋素馅，是选择了熟制禽蛋原材料的素馅。根据加工方式的不同，素馅分为生素馅、熟素馅和生熟素馅。

（一）生素馅制作工艺

1. 生素馅的概念、特点及应用

生素馅通常是以新鲜蔬菜、干菜等为主要原料，经初加工、调味拌制而得的素馅。由于生素馅的制作没有进行高温熟制处理，故而能较多地保留原料本身所含有的香味和营养成分，具有鲜嫩爽口、清香滋润的特点，适用于包子、饺子、春卷等面点产品。

2. 生素馅配方举例

生素馅配方举例如表 5-8 所示。

表 5-8　生素馅配方举例　（单位：g）

馅的种类	配方							
	白萝卜	胡萝卜	莴苣	香油	小葱	盐	味精	白糖
萝卜丝馅	500			25	10	10	5	3
素三丝馅	300	100	200	30		15	6	5

3. 生素馅工艺流程和制作方法

1）生素馅工艺流程

生素馅工艺流程如下。

选料→初加工处理→调味拌制→成馅

2）生素馅制作方法

首先将原料择洗，去掉原料中不适合食用的部分和去除个别原料中所带有的不良气味；然后将原料切配成合适的形状和大小，进一步调整馅中的含水量，最后加入调味料拌和均匀即成。

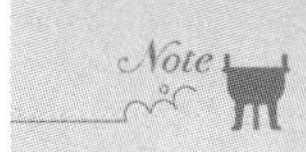

4. 生素馅制作工艺要领

1)精心选料

制作生素馅应根据馅风味要求选择新鲜蔬菜或干菜等。择洗新鲜蔬菜时,要去除不适合食用的粗皮、须根、蒂梗及不良(如黄、老、枯、虫等)叶片等部位,然后用清水洗净备用。择洗干菜时,一般是先用清水清洗、温水浸泡,待干菜泡涨回软后,再去除干菜中不适合食用的部位。

2)合理初加工

生素馅原料初加工主要包括刀工处理、去除异味等。

在进行刀工处理时,应根据原料性质和制品要求,采用切、擦、剁等方法,将蔬菜原料加工成丝、丁、粒、末等形态。原料质地的老嫩、所含纤维的多少都会影响刀工处理的形态大小。质地越老或纤维含量越多,刀工处理的形态就要求越为细小。

有些蔬菜,如萝卜、白菜、菠菜、芥菜,会有令人明显感觉苦涩或辣口的成分。这些成分在盐渍挤压去水后,可以被部分去除。有些蔬菜,如红薯、莲藕、土豆、马蹄、茄子等,含有单宁,不仅带有淡淡的苦涩味,还会在加工时因与铁器接触而在有氧条件下发生褐变,影响原料感官形状。单宁易溶于水且易被盐析出。为了防止这类原料变色,应将其刀工处理后就马上浸泡在清水或淡盐水中。待制馅调味拌制时,再用清水漂洗干净,沥干水分后使用。

3)调整水分

新鲜蔬菜中所含水分较多,在制作生素馅时一定要去掉多余水分,控制含水量,使生素馅的软硬度和黏性适用于面点产品包捏成形加工的需要。去除新鲜蔬菜原料中多余水分的方法,通常是在原料刀工处理后直接挤压去水,或者短暂盐渍后挤去多余水分。部分生素馅会搭配干制蔬菜。干制蔬菜中所含水分极少,口感粗韧,不能直接使用,需要用温水充分涨发再去除多余水分后再进一步加工。充分涨发的干制蔬菜具有微孔结构,能吸附味汁,使馅更易入味。

4)适度调味

生素馅调味只需将调味料与完成初加工处理后的材料拌匀即可。生素馅不宜久存,建议现拌现用,否则容易出水失鲜。生素馅调味一般较为清淡,调味不能抑制蔬菜原料自身特征风味。如果鲜菜去除水分采用的是加盐挤压的方法,那么在调味拌制时,就要酌情减少咸味调味料(如盐、酱油、酱料等)的用量。调味料的加入顺序一般是先加油后加盐,最后加入鲜香味调料(如味精、葱花、香油等),以更多保留馅中水分和鲜香风味。

制作生素馅的蔬菜原料质地状态相对较为松散,给成形加工带来一定的困难。可以选用具有一定黏性的材料(如猪油、黄豆酱、蛋液等)调整成馅质地。

(二)熟素馅制作工艺

1. 熟素馅的概念、特点及应用

熟素馅是以新鲜蔬菜、蔬菜制品以及粮豆制品等为主料,经过初加工熟处理后再调味、拌制或烹制,也有原料经刀工处理后直接烹制调味而成的一类素馅。熟素馅具有柔软滋润、素爽利口的特点,适用于包子、饺子、烧卖等面点产品。

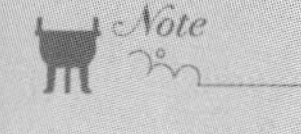

2. 熟素馅配方举例

熟素馅配方举例如表 5-9 所示。

表 5-9　熟素馅配方举例　　（单位：g）

馅的种类	配方													
	莲藕	青菜	香菇	冬笋	雪菜	辣椒	生姜	小葱	盐	味精	白糖	生抽	素油	猪油
藕丁馅	500					3	5	10	5	5	5	10	30	
青菜冬菇馅		450	50				5		3	5				30
雪菜冬笋馅				100	400	5		5	2	5	10	5		50

3. 熟素馅工艺流程和制作方法

1）熟素馅工艺流程

熟素馅工艺流程如下。

选料→初加工→烹制（或拌制）→成馅

2）熟素馅制作方法

首先将选用的原料择洗，或泡发或预熟处理及刀工处理成合适的大小、形状和质地；最后加入调味料烹制或拌制均匀即成。

4. 熟素馅制作工艺要领

1）选料多样

制作熟素馅的选料类型多样，虽与制作生素馅的选料范围和要求基本相同，但熟素馅还会使用一些粮豆制品，如米线、面筋、粉丝、粉皮和豆制品等。因为在制备这些粮豆制品的过程中，粮豆原料通常会被加热熟制，所以粮豆制品属于熟料。

2）合理初加工

为了更好体现原料馅味特征，各类原料初加工方式及要求不尽相同。新鲜蔬菜原料的初加工是在选料择洗后刀工处理成需要的形状和大小。如果其后期加工制作熟素馅是调味拌制（非加热调味烹制）成馅，则原料应在初加工阶段通过蒸煮等加热方式进行初步熟制并去除多余的水分。这样的初加工，能软化粗纤维，去除不良气味，使熟素馅更加柔软、滋润。对于干菜和部分粮豆制品的初加工则主要是干料泡发。通常选择温水或热水将原料充分浸泡，直至原料完全泡透、充分回软，再捞出进行刀工切配或初步熟制处理。制作熟素馅还会选择腌菜。由于制作腌菜的原料和来源途径不同，其风味存在一定差异。而且在腌菜的制作和保存过程中，常会带有老叶、虫洞、霉烂或泥沙等情况。因此腌菜的初加工应先去除原料中不适合食用的部分，再短期浸漂以去除多余咸味并保留腌菜原料的特征风味。

3）控制水分黏性

在原料熟处理和烹制调味的高温加热成馅过程中，会失去部分水分，从而使熟素馅变得较为味浓爽口。如果要提高熟素馅的黏性，可在调味烹制时勾芡或使用熟芡直接调味拌制，还可以使用饱和度较高的油脂制馅。

4）适度调味烹制

熟素馅整体调味通常会略比生素馅浓郁。但是也仍然要注意，如果使用了腌制蔬菜原料，则调味时要注意控制咸味调味料用量，并适当加糖来平衡咸味。熟素

馅原料熟处理及调味烹制时要把握好度，过度加热会因失水导致焦煳，影响出品质量。如果使用新鲜绿叶蔬菜制作熟素馅，一方面要特别注意绿叶蔬菜原料熟处理时间要短，以免蔬菜原料变色影响出品质量；另一方面也建议选择调味拌制方式成馅。

(三)生熟素馅制作工艺

1. 生熟素馅的概念、特点及应用

生熟素馅通常以新鲜蔬菜等为生料、以熟制的禽蛋或粮豆等为熟料，经过初加工处理后再调味拌制而成的一类素馅。生熟素馅兼具生素馅鲜嫩清香和熟素馅素爽利口的特点，适用于各类包子、饺子等面点产品。

2. 生熟素馅配方举例

生熟素馅配方举例如表 5-10 所示。

表 5-10　生熟素馅配方举例　（单位：g）

馅的种类	配方											
	韭黄	蛋黄	韭菜	香干	盐	味精	白糖	胡椒	生抽	粉芡	香油	猪油
韭黄鸡蛋馅	150	350			4	4		1			10	10
韭菜香干馅			300	200	4	5	2	2	5	50	10	10

3. 生熟素馅工艺流程和制作方法

1)生熟素馅工艺流程

生熟素馅工艺流程如下。

选料→原料熟处理及切配→调味拌制→成馅

2)生熟素馅制作方法

首先要进行选料搭配、择洗；然后根据不同原料的特点分别进行调整原料水分、预熟处理与切配；最后加入调味料拌匀成馅。

4. 生熟素馅制作工艺要领

生熟素馅的品种不多，其选料范围相对较为局限，多选择禽蛋、粮食、豆薯类原料（如鸡蛋、皮蛋、糯米、土豆、豆制品、粉丝、面筋等）以及风味较为突出的蔬菜（如干菌、韭菜、芹菜等）。将原料择洗后，禽蛋、粮食、豆薯类原料先以蒸煮、炒炸等方式进行预熟处理，然后所有原料根据生、熟不同分类加工成丝、丁、粒、片、泥等细碎状态。在生熟素馅原料的混合过程中通常不用再次加热烹炒，而只需加入调味料拌匀即成。和其他素馅相似，为了增加馅的黏性，通常会在拌馅时加入猪油或熟芡。

三、荤素馅制作工艺

荤素馅是同时选择荤料（畜、禽及水产等原料）与素料（粮食及蔬菜等原料），经初加工、调味、拌制或烹制而成的咸馅。荤素馅原料选择多样，经组合搭配后，综合利用了荤、素原料的优点，在营养上互为补充、风格上彼此协调，适用于多种面点产品加工需要，应用范围广泛。荤素馅根据成熟状况不同，可进一步划分为生荤素馅、熟荤素馅和生熟荤素馅。

(一)生荤素馅制作工艺

1. 生荤素馅的概念、特点及应用

生荤素馅是将生荤料进行基础调味拌制，掺入初加工后的新鲜蔬菜，再进一步调味拌制而成的咸馅。生荤素馅具有营养丰富、清香鲜美、质嫩爽口的特点，在面点中应用十分广泛，特别适合饺子、包子、馄饨、春卷、馅饼等产品。

2. 生荤素馅配方举例

生荤素馅配方举例如表 5-10 所示。

表 5-10　生荤素馅配方举例　(单位：g)

馅的种类	配方															
	韭菜	猪肉	羊肉	萝卜	鸡蛋	水	生姜	大葱	盐	白糖	胡椒	生抽	老抽	味精	淀粉	香油
猪肉韭菜馅	200	300			50	100	10		6.5	5	2	5	2	3	5	40
羊肉萝卜馅			300	200		100	10	20	7	3	3	5	3	3	5	30

3. 生荤素馅工艺流程和制作方法

1)生荤素馅工艺流程

生荤素馅工艺流程如下。

选料→初加工→荤料基础调味搅拌→材料混合调味拌制→成馅

2)生荤素馅制作方法

首先应根据成馅风味和原料特征选择搭配荤料与素料，去除原料中不适合食用的部分；再将原料切配成丝、丁、片、粒、泥等细碎小料状，有些生素料会被挤压去除多余的水分；然后在生荤料中加入盐、酱油等基础调味料，与水搅打拌和均匀；最后按一定比例掺入蔬菜原料和鲜香调味料拌匀，即成生荤素馅。

4. 生荤素馅制作工艺要领

1)选料加工有讲究

生荤素馅选料广泛、组配多样、富于变化，如猪肉韭菜馅、羊肉萝卜馅、牛肉大葱馅、荠菜虾仁馅等。荤料与素原料的搭配比例一般会根据面点产品风味要求来确定。馅心风味若是要求荤素平衡，则其中生荤料的分量往往要大于生素料。由于原料中的蔬菜不含油脂，故而推荐选用的荤料肥瘦比大约为 4∶6 或 5∶5。如果荤料的肥瘦比为 3∶7，或荤料本身脂肪含量不高，如牛肉、虾仁等，则要注意在馅料中补充更多的油脂。

生荤素馅与生荤馅、生素馅的选料初加工方式相似。选用的荤料(畜、禽及水产等原料)在初加工阶段常被刀工处理成肉泥、细丝或颗粒状。素料多选择新鲜蔬菜，择洗后经刀工处理成细碎小料。新鲜蔬菜含水量较高，其中香辛类叶菜一般不去除水分以保留原料本身更多的风味。风味较淡、水分含量较多的新鲜蔬菜(如萝卜、白菜等)一般会在刀工处理后直接挤去多余水分，或是加盐短时腌渍后再挤去多余水分。

生荤素馅中的生素料若仅选用了香辛类叶菜，当香辛类叶菜用量较多且风味在成品中表现突出时，则馅心属于生荤素馅，如牛肉大葱馅；但当香辛类叶菜用量极少，其作用主要是去腥、增香、点缀时，则馅心会被划分为生荤馅，如鲜肉馅。

2）调味拌制分先后

生荤素馅的制作过程没有热加工，主要是根据工艺需要先后加入不同类型的原材料拌制而成。一般，先分别对荤、素原料进行基础调味，主要加入盐、酱油等影响馅心滋味咸淡、含水量及黏性的调味料，然后将完成基础调味的荤料与素料混合。此时先用少量油脂将蔬菜原料拌匀，然后再加入胡椒、味精、白糖、香油等影响馅心鲜香风味的调味料。

3）注意黏性与时效

生荤素馅的黏性主要取决于生荤料加盐、水（或高汤）搅打后形成的黏性。新鲜蔬菜的黏性一般建议在与荤料拌和之前要调整为与荤料相似的软硬度和黏性。由于制作生荤素馅时会选择新鲜蔬菜，成馅后长期备存会导致蔬菜原料脱水失鲜、风味变差，因此制作生荤素馅讲究现制现用。除了整体现制现用外，也可以部分现制现用。所谓部分现制现用是指将完成基础调味的荤料冷藏或冷冻备存。待用馅前，再将调味荤料取出解冻至合适的软硬度，加入初加工处理后的新鲜蔬菜原料，调味拌匀后使用。

糯米烧卖

（二）熟荤素馅制作工艺

1. 熟荤素馅的概念、特点及应用

熟荤素馅是将荤料与素料进行初加工处理后，再调味拌制或烹制而成的全熟咸馅。通常拌制的熟荤馅鲜爽滋润，烹制的熟荤馅则具有干香油润的特点。熟荤素馅中所有材料为成熟状态，适合体大而不易成熟或馅多且熟制时间较短的面点产品，如酥饼、烧卖、蒸饺、包子等。

2. 熟荤素馅配方举例

熟荤素馅配方举例如表 5-11 所示。

表 5-11　熟荤素馅配方举例　（单位：g）

馅的种类	配方															
	猪肉	鸡肉	腌菜	笋	葱	姜	盐	味精	酱油	料酒	鸡汤	淀粉	胡椒	白糖	猪油	香油
三丁馅	400	200		200	5	5	8	8	30	10	100	15	2	5	20	10
腌菜肉末馅	250		250	100	2	5	2	6	5		30		2	10	30	10

3. 熟荤素馅工艺流程和制作方法

1）熟荤素馅工艺流程

熟荤素馅工艺流程如下。

选料→初加工→调味拌制或烹制→成馅

2）熟荤素馅制作方法

首先要对荤料与素料进行择洗和初加工，择洗方法与熟荤馅、熟素馅相似；然后对原料进行初加工，主要是将原料经刀工处理成细碎小料，且有选择性地对部分原料进行预熟处理（如焯水、卤制、烧烤等）；最后根据原料的预熟状态和成馅的特征要求，加入调味料拌制或烹制而成。

4. 熟荤素馅制作工艺要领

熟荤素馅的原料多样，要全面结合原料自身性质特点及加热过程中的变化等因素，在原料的选配、刀工处理、预熟处理和调味烹制阶段的整个加工工艺环节中予以考虑。

1）选料加工重风味

熟荤素馅的制作通常会偏向选择具有一定风味特征的原料，如卤肉、叉烧、烤鸭、腌菜、梅干菜等。所选原料为了适应热加工需要，往往需有一定的硬度与韧性，从而使原料在预熟处理或调味烹制的过程中维持刀工处理后的形态，更好保留原料风味特色。在熟荤素馅中，如果选择了含水量较高的新鲜蔬菜（如白菜、萝卜、冬瓜等），则通常会在初加工阶段将新鲜蔬菜经简单刀工处理后焯水，然后再挤去多余水分备用；如果选择的蔬菜原料中含水量不高（如竹笋、豇豆、土豆等），也常会运用焯水预熟方式处理原料，不仅能实现蔬菜原料的预熟，还能软化蔬菜中的粗纤维，缩短馅料调味烹制的加热时间。干菜、腌菜等蔬菜制品的选料初加工方式与熟素馅相似。

2）预熟处理有选择

熟荤素馅的初加工环节不要求所有的原料都进行预熟处理。但如果原料存在未进行加热预熟处理的情况，制馅的下一阶段就必须选择调味烹制的加工方式。只有在初加工阶段所有材料均完成了预熟处理的情况下，制馅才可以选择调味拌制的加工方式成馅。

3）加热有度可用芡

调味烹制熟荤素馅要注意投料次序，以保证所有材料的成熟度基本一致。不可过度加热，否则原料会失水焦干，影响风味。在熟荤馅调味拌制或烹制的工艺中，如果要增加馅心的黏性，可加入荤油、拌入熟芡或烹制勾芡。这样制得的熟荤素馅有较好的包捏性质，否则熟荤素馅质地会过于松散、干爽，虽也能做馅心，但包捏会相对不易。

洛林咸塔

（三）生熟荤素馅制作工艺

1. 生熟荤素馅的概念、特点及应用

生熟荤素馅是将荤料与素料进行初加工处理，再调味拌制或烹制后拌制而成的，是有荤有素且有生有熟的咸馅。生熟荤素馅成馅后的组成略显复杂，既可能是生荤熟素又可能是熟荤生素。其整体风格协调，风味表现多样，有的表现为鲜嫩爽口、有的表现为醇厚滋润，适用于包子、饺子等多种面点产品。

2. 生熟荤素馅配方举例

生熟荤素馅配方举例如表 5-12 所示。

表 5-12　生熟荤素馅配方举例　（单位：g）

馅的种类	配方															
	猪肉	大白菜	南瓜	姜	葱	盐	糖	味精	酱油	料酒	高汤	淀粉	胡椒	干辣椒	猪油	香油
大白菜猪肉馅	300	250		5	5	6	3	3	5		120		2			20
南瓜肉末馅	400		100	5	5	4		4	10	5	30	10	1	4	10	10

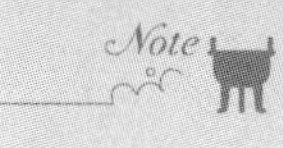

3. 生熟荤素馅工艺流程和制作方法

1)生熟荤素馅工艺流程

生熟荤素馅工艺流程如下。

选料→初加工→(烹制)调味拌和→成馅

2)生熟荤素馅制作方法

首先挑选、择洗原料,然后对原料进行切配、预熟等初加工处理;在拌和阶段,有的是将焯水后的蔬菜末掺入完成基础调味的生荤馅中再次调味拌匀成馅,有的是将加工好的生蔬菜末拌入初步烹调的熟荤馅内或切配好的成品熟肉粒中再调味拌制成馅。

4. 生熟荤素馅制作工艺要领

生熟荤素馅的成馅组合丰富,其荤素生熟搭配、风味协调平衡。从选料环节开始,就需要针对每一项原材料生熟状态的风格特点进行选择、搭配与加工。如制作大白菜猪肉馅,择洗准备好原料后,首先将大白菜焯水、挤去多余水分并切细备用,然后对鲜肉进行基础调味(加入姜末、酱油、盐、高汤),再将大白菜掺入肉馅中并加入鲜香调味料(如糖、味精、胡椒、香油、葱花等)拌匀成馅。馅心中大白菜细嫩爽口、鲜肉细嫩鲜香,二者混匀成馅后,荤馅平衡、风味协调。因此如果选择质地较为细嫩的新鲜蔬菜制作生熟荤素馅,应多选择生荤熟素的组合方式,即先将蔬菜焯水制熟,挤去多余水分,再与生荤馅拌匀调味成馅。而在熟荤生素的组合中,生素料往往会选择含水量相对较少且有一定的硬度与韧性的材料(如南瓜、玉米等)以配合熟荤料的质地特征。

第四节 面臊制作工艺

面臊,俗称臊子、浇头、卤子、盖面等,是在制作面条、米粉、米饭等面点产品时所添加的馅。面臊通常淋盖于产品上,是构成产品基础风味的主要来源。面臊种类很多,制作方法多样。其制作加工与烹调工艺学中的调味工艺和菜肴烹制工艺相关度较高。本节主要介绍不同类别面臊的概念、特点、应用和举例。根据制作工艺和成品特点,面臊可分为汤汁面臊、烹汁面臊、熵炸面臊及其他。

一、汤汁面臊制作工艺

汤汁面臊是一类以汤水或调味汁为主要构成的面臊。汤汁面臊在粉面类面点产品中应用十分广泛,既可以单独添加到粉面产品中,又可与烹汁面臊、熵炸面臊及其他面臊组合运用。根据加工工艺和风味特征的差异,汤汁面臊可划分为汤水面臊和拌汁面臊。

(一)汤水面臊制作工艺

1. 汤水面臊的概念、特点及应用

汤水面臊又称为汤底、汤料等,制作时通常选择呈鲜味的材料(如鸡、鸭、鱼、肉骨、菌菇等)或某些具有特殊风味的材料(如野山椒等),经择洗、焯水、煸炒、熬煮、调味等工艺制得含有大量汤水的面臊。面臊以调味汤水为主要构成,偶尔也会保留少量能表现制汤材料特征的部分(如肉骨、野山椒等)。汤水面臊具有汤水充沛、咸淡适口、鲜香醇厚的特点,广泛应用于带有丰富汤水的粉面类面点产品。具体运用时,可以将煮好的粉面盛入碗后再淋上汤水出品,或者在锅中加入适量的汤水烧开加入粉面煮熟后再一并盛入碗中出品。

2. 汤水面臊的制作举例

1)鱼汤

(1)鱼汤配方举例。

鱼汤配方举例如表 5-13 所示。

表 5-13　鱼汤配方举例　　(单位:g)

原料	鲫鱼	鳝鱼骨	猪油	水	姜	葱	料酒	虾籽	盐	胡椒
用量	600	200	200	4000	10	80	10	10	10	5

(2)鱼汤制作方法。

活鲫鱼刮鳞去鳃完全去除内脏后洗净沥水。锅中加猪油烧至 220 ℃,将鲫鱼和鳝鱼骨分别下锅,煎炸至金黄起酥捞出备用。净锅加水 3500 g,旺火烧开后加入煎好的鲫鱼和鳝鱼骨大火烧沸,直至汤色转白,再加入煎鱼骨的猪油 50 g,大火烧透后过滤出第一份鱼汤。将分离出来的鱼渣(含鱼肉、鱼骨)在锅中用小火焙炒去除水分,加入猪油 40 g,用中大火将鱼炸煸透起酥,掺入沸水 250 g,烧沸后再加入猪油 30 g,大火烧透后再过滤出第二份鱼汤。用同样的办法掺水 200 g 制得第三份鱼汤。将三份鱼汤一起入锅加热,加入料酒、葱段、姜块等虾籽后大火烧沸,加入盐、胡椒调味后过滤去除汤渣即成。

2)大骨浓汤

(1)大骨浓汤配方举例。

表 5-14　大骨浓汤配方举例　　(单位:g)

原料	猪腿骨	鸡骨架	老鸡	老鸭	料酒	姜	葱	水	猪油	盐	胡椒
用量	4000	2000	1000	1000	400	400	250	20000	500	50	20

(2)大骨浓汤制作方法。

将猪腿骨、鸡骨架、老鸡和老鸭剁成大块,用清水清洗 2～3 遍,先将表面的血水清洗干净,再加入水中浸漂 30 min 左右捞出沥水备用。将洗净沥干的猪腿骨、鸡骨架、老鸡和老鸭冷水下锅,再加入部分姜片、葱段、料酒去腥,大火烧开后捞出,用清水再次将表面的浮沫冲洗干净,沥水备用。另起一锅加入猪油,油化开后加入余下的姜片、葱段,加入焯水后的猪腿骨、鸡骨架、老鸡和老鸭,煸炒至金黄色后,立即倒入足量的刚烧好的开水,继续大火烧开,熬煮至汤色开始变白变浓后加入盐、胡椒调味即成。熬好的大骨浓汤可将骨、肉与汤分离存放备用,其中品相相对较好的猪大骨或肉块,可以用作面点出品时汤水面臊的搭配。

(二)拌汁面臊制作工艺

1. 拌汁面臊的概念、特点及应用

拌汁面臊又称为调味汁、酱汁等,其主要由各种调味品选搭混拌而成,有时也会选择加入一些风味材料(如葱花、姜末、蒜泥、芽菜、小米辣、坚果碎等)或辅以少量高汤而制得的一类汁液型面臊。拌汁面臊种类繁多,风格多变,但每款拌汁都个性鲜明、滋味浓郁,呈液态或半流体状,适用于面点产品的调味拌制或蘸食时搭配使用,如热干面、酸辣凉粉、栲栳栳等。拌汁面臊在用于面点产品调味拌制时,可以先将材料全部混匀调好,在面点出品时,一次性投料拌制,也可以在面点出品时将组成拌汁的各项材料按一定顺序淋于产品上。

2. 拌汁面臊的制作举例

1)麻酱汁

(1)麻酱汁配方举例。

麻酱汁配方举例如表 5-15 所示。

表 5-15 麻酱汁配方举例 (单位:g)

原料	芝麻酱	香油	凉开水	酱油	糖	醋	盐
用量	100	20	220	15	15	5	1.5

(2)麻酱汁制作方法。

将芝麻酱放入碗中,加入香油,慢慢调搅均匀。再加入酱油、醋、盐、糖等调味料搅匀,加入少量的开水并搅拌,待水与酱汁混合物完全融合后,逐次加入少量凉开水,再搅至完全融合,其后添水再搅。这样反复多次,直到将全部材料调搅均匀成稀糊状时即成。芝麻酱含油量较高,混合调搅时通常要先加油后加水且不可一次加水过多,否则油水分离、难以融合,并出现小颗粒。以芝麻酱、盐、酱油等为基础,通过改变配料(如辣椒油、花椒油、高汤、卤水、糖浆、老干妈、蒜泥等)可以制得不同风味特色的麻酱汁。

2)酸辣汁

(1)酸辣汁配方举例。

酸辣汁配方举例如表 5-16 所示。

表 5-16 酸辣汁配方举例 (单位:g)

原料	干辣椒	素油	盐	糖	味精	醋	生抽	老抽	蒜末	葱花	白芝麻	凉开水	花椒粉	芽菜	芹菜	酥黄豆
用量	2	20	2	2	3	10	10	5	5	3	2	150	1	4	10	10

(2)酸辣汁制作方法。

将干辣椒绞剁成碎末状,与蒜末、葱花、白芝麻一同放入碗中,素油加热淋入其中搅拌均匀。待油的温度降至常温后,在其中加入盐、糖、味精、生抽、老抽和醋,搅拌均匀,最后掺入凉开水即初步制成调味汁备用。使用时,将调味汁淋在煮熟的粉、面上,再撒上花椒粉、芽菜、芹菜和酥黄豆即可。花椒粉、芽菜、芹菜和酥黄豆这些材料最后分别单独添加,能使材料风味更多保留在成品中,其中芹菜和酥黄豆也可以用香菜、油炸花生米替换。

二、烹汁面臊制作工艺

烹汁面臊是常见的面臊，是一类有荤有素并带有一定汤汁或芡汁的面臊。烹汁面臊的制作与菜肴加工极为相似。根据制作烹汁面臊的热加工工艺与成馅稀稠状态，其可进一步划分为烧烩面臊和煎炒面臊。

(一)烧烩面臊制作工艺

1. 烧烩面臊的概念、特点及应用

烧烩面臊是将荤素原料经刀工处理后，在锅中进行调味烹制，加入一定汤汁后，采用烧、焖、煨、烩等方式加工而成的面臊。烧烩面臊内容丰富、口感软烂、汤醇味美，一般可用于粉、面、饭类面点产品的盖浇、拌制、蘸食及煮食，如红烧牛肉粉、打卤面等。

2. 烧烩面臊的制作举例

1)红烧牛肉面臊

(1)红烧牛肉面臊配方举例。

红烧牛肉面臊配方举例如表 5-17 所示。

表 5-17　红烧牛肉面臊配方举例　　(单位:g)

原料	牛腩	干辣椒	油	盐	糖	水	姜	大葱	干花椒	桂皮	八角	香叶	豆瓣酱	酱油	味精	胡椒	白酒
用量	500	2	150	3	20	1500	20	10	2	2	2	1	50	20	5	2	20

(2)红烧牛肉面臊制作方法。

将牛腩肉放入沸水中焯一下，撇去浮沫，捞出改刀切成 1 cm 见方的小块。热锅加冷油(100 g)，下入牛腩肉块炒制，水汽渐干后烹入白酒，炒至牛腩变色出香，盛出备用。用锅中余油将干辣椒、干花椒炒香，盛出备用。锅中重新另加油(50 g)，加入豆瓣酱炒香且油色发红，加入姜片炒香，再加入炒香的牛肉块、干辣椒和干花椒炒香，然后将水倒入锅中，加入大葱段、八角、桂皮、香叶、盐、糖、胡椒、酱油，大火烧开后转中小火烧炖 1～2 h，待肉质软烂、醇厚入味，即可加入味精调匀出锅，制得红烧牛肉面臊。

2)番茄鸡蛋打卤

番茄鸡蛋打卤面

制作打卤通常是将各种原料放入锅中炒香后加入鲜汤，采用烧、焖、煨、烩等烹调方法加热调味而成的一种汁浓味长的盖浇面臊。根据面臊实际收汁情况可勾芡或不勾芡。

(1)番茄鸡蛋打卤配方举例。

番茄鸡蛋打卤配方举例如表 5-18 所示。

表 5-18　番茄鸡蛋打卤配方举例　　(单位:g)

原料	番茄	鸡蛋	大葱	小葱	油	盐	汤	糖	生抽	香油
用量	400	300	20	5	50	5	100	2	5	10

(2)番茄鸡蛋打卤制作方法。

将番茄洗净，用开水烫后去掉外皮，切成小丁。大葱切成段、小葱切成葱花，备

用。全蛋液打散，在锅中加热炒成块状盛出备用。锅中加油烧热，放入大葱段炸香后滤除料渣，再加入番茄丁翻炒均匀，加入鸡蛋块、盐、糖、汤、生抽加热调味烩拌，出锅前淋入香油、撒上葱花，即成番茄鸡蛋打卤。

(二)煎炒面臊制作工艺

1. 煎炒面臊的概念、特点及应用

煎炒面臊是指将各种制馅原料按一定次序放入锅中煎炒、调味后制成的面臊。煎炒面臊制作时一般不加汤汁或仅加入少量汤汁调味，成馅后含水较少、风味浓郁、鲜醇爽口，适用于粉、面、饭类面点产品的盖浇、拌制。

2. 煎炒面臊的制作举例

1)炸酱面臊

炸酱是以各种酱为主要原料，煸炒增香后，加入各种辅料制作而成的一类常用的盖浇类面臊。使用的酱类多数为大豆酱、甜面酱和豆瓣酱等。

(1)炸酱面臊配方举例。

炸酱面臊配方举例如表5-19所示。

表5-19　炸酱面臊配方举例　(单位:g)

原料	猪五花肉	黄豆酱	甜面酱	油	糖	汤	姜	葱	酱油	料酒	八角	干淀粉	味精	花椒油	香油
用量	500	150	150	50	3	150	20	20	10	10	2	10	10	3	5

(2)炸酱面臊制作方法。

将猪五花肉洗净，肥瘦分开，分别切成小丁状。葱、姜择洗后切成葱花和姜末备用。炒锅上火，倒入油烧热，加入姜末爆香，加入肥肉丁炒散吐油，然后加入瘦肉丁和八角炒至肉色发白、边角略带焦黄时烹入料酒炒匀，再加入黄豆酱、甜面酱炒匀炒香，接下来加入汤、糖、酱油、味精和水淀粉(干淀粉加水)炒匀并收稠芡汁后，在出锅前加入味精、花椒油、香油，炒匀后盛入碗中撒上葱花即成。炸酱面臊的选料配方并非一成不变，如果喜辣，则可以添加干辣椒、豆瓣酱等来制馅；如果喜食牛肉，可以将猪五花肉替换成牛里脊肉；如果想要素食，可以用笋、菌类、豆制品等原料替换以上配方中的肉制成素炸酱。

2)意式肉酱面臊

(1)意式肉酱面臊配方举例。

意式肉酱面臊配方举例如表5-20所示。

表5-20　意式肉酱面臊配方举例　(单位:g)

原料	橄榄油	牛肉	胡萝卜	蘑菇	洋葱	番茄	番茄酱	蒜	盐	糖	汤	葡萄酒	干罗勒叶	干牛至叶	黑胡椒碎
用量	100	300	100	100	100	300	200	50	5	2	50	20	3	3	5

(2)意式肉酱面臊制作方法。

首先将牛肉洗净剁碎备用，将蒜切成末，将胡萝卜、洋葱、番茄、蘑菇切成粒。锅中加橄榄油烧热后加入蒜末、洋葱粒炒香，然后加入牛肉炒散后烹入葡萄酒炒香，再加入胡萝卜、蘑菇炒匀后加入番茄粒和番茄酱炒匀，加入盐、糖、汤、干罗勒叶、干牛至叶和黑胡椒碎，大火烧开后转小火，加热至味汁收稠，即制得意式肉酱

面臊。

三、煵炸面臊制作工艺

（一）煵炸面臊的概念、特点及应用

煵炸面臊通常是将动物性原料进行初加工处理后，经调味干煵或油炸等工艺而制成的面臊。煵炸面臊具有质地酥松、滋味干香的特点，通常与汤汁面臊搭配应用于粉面制品，如担担面、鸡排面等。

（二）煵炸面臊的制作举例

1. 担担面脆臊

1）担担面脆臊配方举例

担担面脆臊配方举例如表 5-21 所示。

表 5-21　担担面脆臊配方举例　　（单位：g）

原料	猪肉	猪油	姜	料酒	甜面酱	盐	酱油	胡椒粉
用量	500	20	20	20	20	2	10	2

2）担担面脆臊制作方法

担担面

首先将猪肉洗净，肥瘦分开，分别切成 0.5 cm 见方的小粒，生姜切成末备用。炒锅置火上加入猪油，烧热后，加入姜末爆香，然后先将肥肉粒下入锅中，小火炒至吐油，然后再下入瘦肉粒慢火煸炒至肉粒散开，加入料酒、甜面酱、盐、酱油、胡椒粉，继续煸炒，当锅中水汽渐干，肉粒焦黄吐油、起脆发酥，即起锅成馅。

担担面脆臊使用前，在盛面碗中加入少许酱油、红油、芽菜末、味精、醋和鲜汤，待面条盛入碗中后，才将适量担担面脆臊盖于其上，最后撒上葱花等风味材料出品。

2. 鸡排面臊

1）鸡排面臊配方举例

鸡排面臊配方举例如表 5-22 所示。

表 5-22　鸡排面臊配方举例　　（单位：g）

原料	鸡胸肉	面粉	炸油	盐	糖	水	姜	蒜	辣椒粉	白胡椒粉	黑胡椒粉	泡打粉	淀粉	鸡蛋
用量	500	150	1000	10	5	80	10	10	1	4	2	2	50	50

2）鸡排面臊制作方法

制作鸡排面臊首先将鸡胸肉洗净后用刀片开成大薄片，姜、蒜切成片，将姜、蒜与鸡肉片、糖、盐（5 g）、辣椒粉、白胡椒粉（2 g）、黑胡椒粉（1 g）、水（20 g）用手抓匀，腌制 2 h 以上备用。然后将面粉、淀粉、泡打粉、盐（5 g）、白胡椒粉（2 g）、黑胡椒粉（1 g）混匀。取混合干粉（100 g）与鸡蛋液、水（60 g）调匀成面糊状。将腌好的鸡胸肉挑去姜蒜片后，倒入面糊中拌裹均匀。将裹好面糊的鸡肉片逐片放到混合干粉中滚匀。用手反复按压混合干粉与鸡肉片数次，直至鸡肉片沾粉呈厚实的鳞片状，再抖掉多余的干粉。锅中加油烧热后，逐片放入裹好粉的鸡肉片，炸至定形起脆、两面金黄即可出锅。炸好的鸡排既可单吃也可做菜，还可用作面臊。

用作鸡排面臊时，其常与汤水面臊搭配。油炸的鸡排表层酥脆，内部鲜嫩，结构上有许多微孔，与汤水面臊搭配应用时，能吸收一定汤汁，丰富口感滋味。

四、其他面臊

除了汤汁面臊、烹汁面臊、熵炸面臊外，在出品时淋盖在粉、面、饭上的可能还会有各种卤菜类（如卤牛肉、卤鸡蛋、卤干子、卤花生、卤海带、卤黄豆等）、煎炸类（如煎鸡蛋、油炸豆腐皮、油酥豌豆、油酥黄豆、油条、麻花、馓子等）、咸菜类（如泡萝卜、腌雪里蕻、酸豇豆等）、鲜菜类（如黄瓜丝、香菜节、大葱段、大蒜瓣等）的材料。有些特色粉面出品时呈现出丰富而多样的面臊搭配效果，如北京炸酱面、云南过桥米线等。也有一些餐厅会将这些特殊面臊风味材料的选择权交由消费者自行取舍，以满足不同的口味需求。

知识链接

三　鲜　馅

三鲜馅是较为讲究的馅心，一般有鸡三鲜、肉三鲜、海三鲜等。

鸡三鲜是以鸡肉、虾仁、海参为主料，配菜可选用韭菜、冬菇、韭黄、白菜等。制馅方法有两种：其一是将鸡肉、虾仁、海参切成小丁，放入盆内加酱油、姜末拌匀，加入少许水吃浆，然后加盐、味精、芝麻油调味，再放入葱花、配菜、拌匀即成；其二是将鸡肉剁成糜，虾仁、海参切成小丁，鸡肉糜先放入盆内，加酱油、姜末拌匀，再分次加水吃浆，然后加盐、味精、芝麻油调味，再放入虾仁、海参、葱花、配菜拌匀即成。

肉三鲜是指两种海鲜、一种肉类混在一起，多以猪肉、虾仁、海参为主料，配菜选用韭菜、韭黄、白菜等。制馅方法有两种：其一是将猪肉、虾仁、海参切成小丁，放入盆内加酱油、姜末拌匀，加少许水吃浆，然后加盐、味精、芝麻油调味，再放入葱花和配菜拌匀即成；其二是将猪肉剁成糜，虾仁、海参切成小丁，猪肉糜先放入盆内，加酱油、盐、姜末拌匀，再分次加水吃浆，然后放入味精、芝麻油调味，再放入虾仁、海参、葱花和配菜拌匀即成。

海三鲜又称净三鲜、纯三鲜，以三种海味为主，配以不同季节的蔬菜，海三鲜选用鲜干贝、虾仁、海参为主料，配菜选用韭菜、韭黄、冬笋，但不宜选用海螺、鲍鱼等海产品，因为这些原料韧性较大，也有一定的脆性，不宜做馅。制作方法是将鲜干贝切成小丁，放入盆内，加姜末、盐、油调味，最后拌入葱花、配菜即可。

除上述三种三鲜馅外，还有半三鲜馅等，所谓半三鲜是以猪肉、韭菜、鸡蛋、海味等原料调制而成，其比例大约是肉为六成，韭菜、鸡蛋、海味等为四成。

（资料来源：季鸿崑，周旺．面点工艺学[M]．2 版．北京：中国轻工业出版社，2005．）

本章小结

馅又称馅子，是指使用各种制馅原料加工调制而成的，具有一定色、香、味、质的带馅面点的重要组成部分。制馅工艺是带馅面点生产加工的重要环节。馅能影响面点形态、形成面点特色、丰富面点品种。

包馅比例是指带馅面点皮与馅的比例关系。在饮食行业中，常根据包馅比例将带馅面点品种分为轻馅品种、重馅品种和半皮半馅品种三大类型。

根据馅在面点制品中所处的位置划分，可分为馅心和面臊两大类。其中馅心按口味分类，主要有咸馅和甜馅两大类。咸馅按制作原料差异，可分为荤馅、素馅和荤素馅；按制馅方法，可分为生馅、熟馅和生熟馅三类。根据原料加工方式和选料侧重不同，甜馅进一步划分为泥蓉馅、果仁蜜饯馅、糖馅、酱膏面臊及其他。根据制作工艺和成品特点，面臊可分为汤汁面臊、烹汁面臊、焖炸面臊及其他面臊。

核心关键词

馅；包馅比例；馅心；面臊；甜馅；咸馅

思考与练习

1. 馅在面点中的作用具体表现在哪几个方面？
2. 举例说明馅的主要类别及代表品种。
3. 从制馅工艺流程来看制馅的总体要求主要有哪些？
4. 举例说明带馅面点如何进行包馅设计？
5. 简述泥蓉馅、果仁蜜饯馅、糖馅、酱膏馅、生荤馅、熟荤馅、生素馅、熟素馅、生熟素馅、生荤素馅、熟荤素馅、生熟荤素馅的制作方法及工艺要领。
6. 举例说明常见面臊的制作方法及应用。
7. 生活中以“三鲜”命名的面点产品有哪些？分析这些产品中选择的三鲜馅分别属于什么类别的馅。

Chapter 6

第六章　成形工艺

学习目标

·了解成形工艺基本要求，培养美学素养。

·熟练掌握面点成形前基础工艺主要环节和操作方法，夯实成形工艺技术基础。

·正确选择和掌握手工直接成形和器具辅助成形的主要类型和操作方法。在成形工艺操作实践中，精益求精、追求完美，不断改善工艺品质。

·理解并掌握面点装盘出品的工艺要求、布局方式和常用工艺手法。装盘出品时，在保证食品卫生安全的基础上，传承历史、融合中西、创造美好。在成形工艺中逐步培养开放包容的心态与开拓创新的精神。

教学导入

中国素有“北元宵，南汤圆”的说法。煮好的元宵表面会有“茸头”，口感有咬劲，有浓郁的糯米香味；汤圆出品表面更光滑，口感嫩滑软糯。元宵与汤圆出品特征差异的产生，主要是因为二者选择的成形工艺有所不同。那么，同学们知道元宵和汤圆分别是如何成形加工的吗？为什么二者成形工艺的不同会对其出品特征产生影响？

第一节　面点成形工艺概述

一、面点成形工艺的概念

面点成形工艺是指运用各种成形操作技法，将调制好的面团或皮坯按照制品外形要求制成所需形态的操作过程。面点成形工艺的实施不仅要求出品形态大方、生动美观、规格一致、大小适度，而且要结合制坯工艺、制馅工艺、熟制工艺综合考虑，以更好地表现面点产品的感官性状特征，实现面点产品食用价值与审美价值的有机结合。

二、面点成形工艺的分类

面点种类繁多，形态各异。根据最终形态特征和成形方式不同，面点成形工艺分类如下。

（一）根据面点最终所呈现的形态特征分类

根据最终所呈现的形态特征，面点成形工艺可分为普通形态成形、象形花色成形和自然形态成形。普通形态成形是将面点产品加工成普通几何形态及其组合（如圆形、菱形、方形等），或某类大众面点产品的固有形态（如包、团、饼、条等）。象形花色成形往往是通过配色与成形的组合加工工艺，使面点产品最终具有类似于某种动植物或其他具体的物质形态，如燕子饺、花菜包、蚕茧酥等。自然形态成形是在简单的几何形态成形的基础上，面点产品因熟制工艺而形成的自然形态变化，如开花馒头、宫廷桃酥、泡泡油糕、泡芙等。

（二）根据成形方式分类

根据成形方式，面点成形工艺可分为手工成形与机械成形两大类。

手工成形法是在完成面点成形基础工艺环节（和面、揉面、搓条、下剂、制皮、上馅等）后，根据制品形态要求，运用合适的操作方法使面点成品或生坯定形的操作工艺。根据具体的操作方法，又可划分为手工直接成形和器具辅助成形。手工直接成形是在操作时全部用手直接加工形成面点半成品或成品的外形特征，而不借助其他器具，如拉面等的制作；器具辅助成形是手工成形时借助某些简单的手工加工器具（如模具、刀具、擀面杖、筷子等）来辅助操作，如绿豆糕、刀削面、刺猬包、花卷等的制作。

机械成形是在手工成形的基础上发展起来的，是通过特定成形机械设备的机械动力组合，将面点加工成所需形态的一种成形方法。机械成形多用于食品工业生产，其特点是生产率高，适应大批生产。在本教材第三章面点加工器具与设备中已介绍了常见的面点加工机械设备，因此本章主要介绍手工成形的具体操作方法。

第二节　面点成形基础工艺环节

面点制作加工往往要经过和面、揉面、搓条、下剂、制皮和上馅等工艺环节。这些环节都是面点制作工艺的重要组成部分，是面点成形的基础工艺环节，对面点出品质量影响很大。其中和面、揉面的操作主要对应于制坯工艺环节，在本教材的第四章已做介绍。而后的搓条、下剂、制皮和上馅则是衔接面团调制与最终成形工艺的中间操作环节。

一、搓条

搓条是将调制好的面团搓成长条的操作过程。部分面点加工制作的面团在经过和面、揉面和饧面，完成面团调制后，往往会具有一定延伸性或可塑性。这类面团通常要通过搓条工艺，将大块面团搓成长条，以利于下剂操作。

(一)搓条的常用手法

首先，取一块大小合适的面团，用揉、捏、拉等手法将其调整为粗条状，横向放于面案上。然后，双手掌心向下，置于粗条上，手掌用力在粗条上压、推、滚，使粗条在手掌与案板间隔的纵向空间中和在手指与掌根之间的水平范围内来回滚动。粗条状面团受到手掌压向案板方向的力和顺条向粗条两端方向的力后，逐渐被搓细、搓长。最终得到粗细适度、条形均匀、光滑无缝的长圆条。

(二)搓条的操作要领

搓条的过程是一种延展面团的加工过程。搓条操作用力要合理且动作流畅迅速，要始终保持面团表面柔润，以防止因长时间暴露于空气中操作而使坯条出现紧皮、干裂、不吃力的问题。除了稀软粘手的面团在搓条前要在案板上撒上一些干粉或抹油外，大多数中等或偏硬的面团在搓条之前，案板应打扫干净、无粉粒。搓条动作要快且双手用力均匀，用力方向是垂直向下和顺条向两端，最终实现剂条均匀、粗细适度。但如果剂条出现粗细不均的情况，则需要调整用力大小或方向。在条较粗的地方要多用些力；在条较细的地方手上的力要虚一些，以控制剂条不再变细。如果剂条出现局部比实际要求直径还要略小一点的情况，则可尝试在该局部区域左右外端向中心水平施力内收，进行粗细的微调。

二、下剂

下剂，又称为分坯、摘剂、掐剂，是将整块或已搓条的面团分成一定规格、大小一致面剂。下剂时通常需要左右手配合，动作干净利落，所得面剂规格适度、大小一致、截面整齐光滑。根据面团性质的不同，下剂的方法有一定的区别，常用的有揪剂、挖剂、拉剂、切剂和剁剂等。

（一）揪剂

1. 揪剂的常用手法

揪剂又称为摘剂、摘坯、扯剂等，是最为常用的下剂手法。揪剂通常应用于软硬适度、相对较细剂条的下剂操作，如水饺、烧卖、小笼汤包等的制作。揪剂前，一般会在搓好的剂条上撒一层薄粉，然后在将要放置小面剂的案板区域均匀撒一层面粉。揪剂时，左手轻握剂条右端，从虎口处露出需要揪取坯剂的一段，用左手拇指和食指固定好环形截取面。然后用右手大拇指和食指等环捏住将要揪取截面的外围，右手大拇指外侧与左手固定的环形截面紧扣，并顺截面位置推揪，取下一个面剂。将右手揪截下来的面剂放置在案板上，左手将剂条转动一个角度（以保证揪下的剂子比较圆整一致），露出下一段需要截取的面剂，右手再次顺势推揪，依此法将剂条揪完。

2. 揪剂的操作要领

揪剂操作时，左手应轻握剂条，不能太紧，以免剂条被挤捏变形、压扁。揪剂时，双手动作讲究配合，左右手发力时紧扣在一起的接触面应与即将截取的面剂截面重合。为了更快速地揪取面剂，左右手发力时，左手手腕可以向内微微翻转，同时右手手腕向外微微翻转。揪剂的动作要连贯协调，保持一定节奏和规律，以揪取大小统一、形态一致的面剂。揪取的面剂一般以两种方式放置于案板上：一种是随意堆放在撒有干面粉的案板区域，下剂完成后再撒些干面粉，将剂子搓揉散开以防止粘连，进而将面剂滚圆按扁，以备制皮；另一种是将揪取的面剂由左向右、由上至下依次截面向上直立于撒粉的案板区域排好。下剂完成后再撒些干面粉，依次按扁，以备制皮。

（二）挖剂

1. 挖剂的常用手法

挖剂又称为铲剂，主要应用于剂条较粗、坯剂较大的品种，如手工圆馒头、大包、烧饼等。操作时，首先将面团搓成粗剂条后放在案板上，左手按住剂条右端，从虎口处露出需要取下的一段，右手四指并拢弯曲成铲形，手心向上，从剂条下面伸入，四指向上、指尖发力，从左手虎口环形截面由下至上挖断剂条，取下一段即成一个面剂。再将左手向左移动，露出下个面剂的一段，重复以上动作，完成全部挖剂操作。

2. 挖剂的操作要领

挖剂取得的面剂一般为长圆形，使其有序地放置在案板上。放置面剂的案板区域在下剂前应撒上少许面粉。有些挖剂的质地相对较软，案板上撒粉要相对多一些，或者提前在案板上刷油。

（三）拉剂

1. 拉剂的常用手法

拉剂常用于稀软、不易成形、不太适合揪或挖的面团下剂，如馅饼、春饼等的制作。操作时，需下剂的稀软面团通常盛于容器中。操作者右手五指抓起适量面团

向上提起，同时左手向下压住容器中余下的面团，然后右手指尖发力拉掐面团，使抓拉的坯剂面团与容器中余下的面团分离，即得到一个面剂。再抓提、拉掐，如此重复，完成拉剂。有时稀软的面团会放置在案板上，此时除了用上述的拉掐手法外，还可将右手手指并拢，平展侧立于面团上，右手侧面向下发力，来回拉锯截断面团，进而得到所需分量的坯剂。

2. 拉剂的操作要领

拉剂处理的面团质地较为稀软，极易粘案板和粘手。因此，拉挤时须在面团上、手上和放置面剂的案板区域撒上一些干面粉或刷油。要控制好拉剂的力度和时机。抓起所需分量的拉剂面团后，不宜提拉太长。提起后，应立即将其从主坯面团上拉掐分离。否则面剂会被过度拉长、变形，不利于下一步操作。如果坯剂规格很小，则用三个手指发力拉下即可。

（四）切剂

1. 切剂的常用手法

切剂适用于较为柔软的面团下剂，或是下剂后需要保留完整清晰面剂切面的情况，如油饼、油条等的制作。操作时一般会将和好的面团摊放在面案上，按压成厚薄均匀的大片，然后用刀将其切成大小均匀的小片面剂，整理成一定形态后备用。层酥面团中的明酥制品（如丝瓜酥、韭菜盒子等）成形时需要保留完整清晰面剂切面，因此通常会选择大包酥方式，下剂时，会将已经完成包酥、开酥基础操作的长条形（或方块形）面坯放在案板上，用刀切成大小适度、形态一致的面剂。

2. 切剂的操作要领

切剂一般从剂条右端开始下剂，多采用直切或锯切的刀法，刀要锋利，下刀要快、稳、准。切剂后应逐个将剂子分开，防止面剂之间相互粘连。如果下刀犹豫迟缓，常会出现面剂切面不平整、变形，甚至面剂粘刀的情况。

（五）剁剂

1. 剁剂的常用手法

剁剂适合软硬适度，具有一定厚度且须保留完整切面的下剂操作，如花卷、馒头、韭菜盒子等的制作。操作时，首先将搓好的长圆形剂条顺长放在案板上。右手执刀，根据品种要求的大小间隔，从剂条左端开始向右，用跳刀法快速均匀地将面剂一一剁下。剁剂的同时，可用左手将之前刚刚剁下的面剂上下错开排列，以免其相互粘连。

2. 剁剂的操作要领

剁剂下刀快，能很好地保留面剂截面形状，所得面剂形态饱满。有些可做剂子进一步成形（如韭菜盒子面剂），有些则可直接用作制品生坯（如刀切馒头生坯）。但也因为剁剂速度快，对操作者的刀工技术水平要求较高，下刀位置要准确，以确保下剂均匀、大小一致。

三、制皮

制皮是将下剂所得坯剂或某些特殊的面团，根据面点出品要求，采用一定的方

法加工成适合上馅或成形所需的形态完整、厚薄适宜、大小适度的坯皮的操作过程。对于大多数带馅面点来说，制皮是十分重要的工艺环节。在上馅操作前，带馅面点的制作一般需要先完成制皮与制馅的工艺环节，如饺子、包子、面条、春卷、馅饼等的制作。制皮操作环节的技术要求较高、工艺难度较大，所得坯皮质量的好坏直接影响上馅、成形的效果。由于带馅面点种类繁多，对坯皮的性状要求不尽相同，因此制皮方法也多种多样。常用的制皮方法有擀皮、按皮、捏皮、压皮、摊皮、敲皮等。

（一）擀皮

擀皮是将下剂所得坯剂或处理过的大厚面片放置在案板上，选用合适的擀制工具，将坯剂或大厚面片擀压加工成一定形状薄形坯皮的操作过程。擀皮是最为常见的制皮方法，其应用广泛，常用于制作面条、饺子、包子、烧卖等品种。擀皮往往需要选择不同的擀制工具配合操作，其技术性较强，讲究擀制工具与操作手法的配合。根据擀制坯皮转动方向的差异，擀皮方法有平展擀皮法和旋转擀皮法两类。

1. 平展擀皮法

平展擀皮法常用于坯剂分量较大、坯皮厚薄均匀的情况，选用的擀制工具一般为大直擀杖或大通心槌，如手擀面坯皮、馄饨坯皮、花卷坯皮及酥皮等。操作时，先将大块坯剂用手揉匀揉光，略按平后放置在案板上。双手执擀制工具的两端，从坯剂的中间出发，有规律地向四周推擀，使整个坯剂层面均匀受力并延展开来。通常在完成整个坯剂层面一轮的推擀后，在坯剂上下层面撒少许干粉（干面粉或干淀粉），以防止坯皮粘连案板或操作工具，进而导致坯剂不易擀开或变形。用这样的方法反复推擀坯剂层面，直至获得厚薄适度的大片坯皮。如果要制得更薄的大片坯皮（如细面条坯皮、馄饨坯皮等），则会在坯剂推擀至一定大小后，撒上干粉将其包卷在大直擀杖上，双手放在包卷面片的区域，向下向前用力推压滚动擀面杖。当擀面杖上的面片包裹变得更紧、区域变得更宽时，将面片打开，撒上干粉后，再从面片另一端开始将其包卷在擀面杖上，用同样手法推压滚动擀面杖。如此反复，直至擀成薄而匀的大片坯皮为止。

平展擀皮法制得的坯皮通常面积较大，在成形熟制前需要进行分坯操作。使用通心槌的平展擀皮法所得坯皮（如花卷坯皮、酥皮等）通常具有一定的厚度，而大直擀杖则适用于不同厚度坯皮的擀制。用大直擀杖平展擀制所得的大片坯皮窄边通常比大直擀杖要短一些。偶尔也有较小坯剂或半成品使用平展擀皮法（如小包酥开酥擀制），此时则可选用小直擀杖。平展擀皮用力要匀，要尽量做到坯剂层面受力均匀、坯皮或半成品厚薄一致。

2. 旋转擀皮法

旋转擀皮法常用于坯剂分量较小、坯皮形态圆正的情况。所得坯皮形态有些为平边圆形，如饺子坯皮、包子坯皮等；有些为褶边圆形，如烧卖坯皮等。旋转擀皮法使用的擀制工具主要有直擀杖、橄榄杖和通心槌等。根据坯皮形态和擀制工具的不同，旋转擀皮法主要有平边圆皮直擀杖擀制、平边圆皮橄榄杖擀制、褶边圆皮通心槌擀制和褶边圆皮橄榄杖擀制四类。

1)平边圆皮直擀杖擀制

平边圆皮直擀杖擀制的应用非常广泛,也是初学者相对较为容易掌握的一种擀皮方法。操作时,取一坯剂、截面朝上。用掌心竖直向下用力将坯剂按成扁圆形。将直擀杖平行放置在操作者身前案板的操作区域。右手手掌面按放在直擀杖中间。扁圆坯剂平放于身前案板上,紧靠直擀杖上方,距擀杖左端 7～8 cm 处。左手大拇指放在坯剂正面上沿,其余四指自然弯曲置于坯剂下。用拇指、食指和中指配合捏住坯剂。同时右手用力压推直擀杖向上滚动。当直擀杖向上滚动至坯剂圆心附近时,即转而向下滚动。此时右手轻轻将直擀杖带下即可。当直擀杖向下滚动离开坯剂区域时,左手立即将坯剂逆时针原地旋转一个角度。而后再重复压推滚动直擀杖等操作。直至坯剂被擀成大小适度、形态圆正、边皮平顺、中厚边薄的坯皮。

平边圆皮直擀杖擀制是用单手滚动擀制,其操作时需要左右手配合默契,擀制时用力均匀适度。每擀压一次坯剂,就要将面剂转动一个角度。切忌连续多次擀压坯剂同一方位。否则坯剂受力不均,制得坯皮的形状不够圆正。擀皮时,直擀杖的运动轨迹不需要每次都用力擀过坯剂中心,每 3～4 次推压擀制后,直擀杖过一次中心。否则坯剂会因过度擀压而出现坯皮中薄边厚甚至中心破皮的情况。向上推压直擀杖时,要大力压擀坯剂,使坯剂得以有效延展、擀大擀薄。向下滚动直擀杖时,轻轻带下即可,不可用力压滚,否则坯皮容易变形且不够圆正。直擀杖擀制坯皮时,要在案板上、坯剂上和擀制工具上撒上少许干面粉,以防操作时坯剂粘连而擀制变形。干面粉不需要太多,不粘即可。过多的干面粉会给面点制作的下一步包捏造成困难。

2)平边圆皮橄榄杖擀制

平边圆皮橄榄杖擀制的操作手法如下。将坯剂截面向上放置在案板上,按成扁圆形。将橄榄杖(单扦或双扦)放于其上,双手按住橄榄杖两端并用橄榄杖中段压住扁圆形坯剂。双手拇指控制橄榄杖两端,左右交替用力,在坯剂上来回滚压。利用左右手有规律地推拉面杖产生的旋转牵引力,边擀压边旋转坯剂。坯剂逐渐被延展擀开,形成大小适度、形态圆正、边皮平顺、厚薄均匀的坯皮。

平边圆皮橄榄杖擀制是用双手擀制,擀制时的压力不宜过大,否则容易出现橄榄杖无法带动坯剂转动的情况。操作时,在案板上、坯剂上和擀制工具上撒的干面粉较直擀杖擀制时要多一些。橄榄杖前后运行的幅度要大,左右手配合推压橄榄杖,使橄榄杖多次往复运动轨迹均匀分布于擀制层面,从而保证坯剂受力均匀。

3)褶边圆皮通心槌擀制

褶边圆皮通心槌擀制的操作手法如下。将坯剂截面向上放置在案板上,按成较薄的扁圆形,撒上干面粉。将鼓形通心槌中心点放于坯剂右侧边缘区域,双手握住鼓形通心槌中轴两端,右手向下用力压住坯剂右侧边缘向前按推,同时坯剂被施力带动逆时针旋转。边推擀边旋转,直至坯剂被擀成“金钱底”“荷叶边”或“菊花边”及中间略厚的褶边圆皮。褶边圆皮通心槌擀制也常将几张平整圆皮撒上干面粉摞在一起,捏按至合适厚薄后,同样使用鼓形通心槌进行按推旋转擀制,一次能擀出几张符合要求的坯皮。

褶边圆皮通心槌擀制时的着力点更多处于坯剂的边缘一圈。坯剂边缘相较于坯剂中心被更多擀制延展，从而形成波浪形褶边。褶边圆皮擀制时要撒上更多的干面粉，否则坯皮边缘容易粘连、破损。

4）褶边圆皮橄榄杖擀制

褶边圆皮橄榄杖擀制的操作手法如下。将坯剂截面向上放置在案板上，按成扁圆形。将单扦橄榄杖放于其上，采用平边圆皮橄榄杖擀制的手法，先将坯剂擀成厚薄均匀的平边圆形坯皮，再将单扦橄榄杖的着力点（中心点）移至靠近坯皮边缘区域，使用类似于褶边圆皮通心槌擀制手法，用橄榄杖的中心点用力推擀，将坯皮旋转擀制，逐渐形成褶边圆形坯皮。

褶边圆皮橄榄杖擀制时通常一次只擀一张坯皮。操作关键是在擀制褶边时右手用力要短促有力、均匀适度，整个坯皮边缘均被着力推擀，从而保证擀出的褶边起伏均匀、形态完整。

（二）按皮

1. 按皮的常用手法

按皮又可称为手按皮、手拍皮，是一种操作较为简单、无须借助工具的制皮方法。按皮应用较广泛，适用于面团稍软、筋性适中或筋性较小、有一定黏性、坯皮稍厚的情况，如包子、馅饼等面点产品的制皮操作。操作时，将坯剂截面向上放置在案板上，或在案板上将坯剂搓揉成球形后，用手竖直向下按压一下坯剂。然后用掌根沿着按成扁圆形坯剂边缘的一圈用力拍按，直至成为中间略厚边缘略薄的圆形坯皮。

2. 按皮的操作要领

按皮操作前应在案板、坯剂和手掌上都撒上少许干面粉，以防止坯剂粘连变形或难以取下。按拍坯剂边缘时，通常使用手掌外侧部位，动作要快速连贯，用力要均匀适度。可以单手拍按，也可以双手拍按，还可以将坯剂放在左手掌上，用右手掌拍按一下即可。

（三）捏皮

1. 捏皮的常用手法

捏皮又称为捏窝，主要适用于面团稍硬、无筋性、易松散坯剂的制皮，如汤圆坯皮、窝窝头坯皮等。操作时，取一坯剂，先用双手掌心将其揉匀搓圆。然后用一只手的拇指、食指托举拿稳坯剂，另一只手的拇指、食指等将其捏成厚薄均匀、内凹状的圆壳形坯皮。

2. 捏皮的操作要领

捏皮操作时，每捏一下坯剂，就要将坯剂转动一个角度。捏制凹坑时要用指尖从球形坯剂顶端向球心方向慢慢插入，边捏边转，均匀用力。捏制好的坯皮应四周厚薄均匀，凹度适当，大小一致。由于捏皮处理的面团易松散，因此通常每完成一个捏皮操作后，就要立即进行上馅成形操作。

（四）压皮

1. 压皮的常用手法

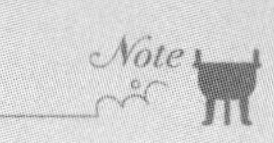

压皮又称刀拍皮、刀压皮等，进行压皮操作时使用的工具为拍皮刀或压皮刀。

压皮适用于面团柔软、无筋性、有一定黏性坯剂的制皮，最为典型的代表是广式虾饺坯皮的制作。操作时，取一坯剂放在案板上，用手将其按扁。一手执握拍皮刀的刀把，另一手水平摁压在拍皮刀的刀身侧面并放置在按扁的坯剂上方。用力旋压拍皮刀，使坯剂被旋开延展，形成大小一致、厚薄适度、平整圆正的薄坯皮。

2. 压皮的操作要领

压皮操作选用的刀具一般无须开刃。如果使用开刃的刀具进行压皮操作，则要注意操作安全，防止被刀刃划伤。拍皮刀的侧面及案板操作区域应平整光滑。此外，在拍皮前还应在拍皮刀的侧面及案板操作区域涂擦少量油脂，既防止粘连，又利于坯皮延展变薄。旋压时拍皮刀用力要均匀且幅度不宜过大，否则坯皮会出现厚薄不匀或起翘发卷的问题。

(五)摊皮

1. 摊皮的常用手法

摊皮适用于筋性较强的稀软面团制皮(如春卷皮等)或黏稠适度的浆糊状面团制皮(如千层饼皮、煎饼皮等)。根据操作手法差异，摊皮主要有流旋摊、抓旋摊和滴落摊三种。

流旋摊的手法如下。将锅架于小火上，取适量稀浆面糊倒入锅中，并顺势转动铁锅，使稀浆面糊随锅流动旋转。也可在面糊入锅后，迅速借助工具将面糊沿锅面流动旋转。面糊在锅中逐渐变成薄、圆、平整的坯皮，坯皮同时受热凝固、边缘起翘后即可取下。使用此法，依次摊完全部面糊。如鸡蛋饼皮、小米煎饼、千层饼皮、豆皮坯皮等的制作。

抓旋摊的手法如下。将平底锅架于小火上烧热，用手抓拿适量的起筋稀软面团，不停垂流、收抖，以防止面团从手中流脱。面不离手，用右手抓住垂流的稀软面团在锅中顺时针旋压推开，在平底锅中粘上一层薄薄的圆形坯皮。然后立即用手抓取锅面上多余的稀软面团，使其离开锅面。待锅中薄圆坯皮受热转色、边缘起翘成熟后，即可用左手将坯皮取下备用。如春卷皮等的制作。

滴落摊的手法如下。将锅架于小火上烧热，用工具舀取适量调好的面糊，将面糊滴落，在平底锅中微微自然流散形成圆形厚片坯皮，或依加热锅具内框纹理流散制成特定形状的厚片坯皮。坯皮在受热的同时被逐渐加热成熟，即可取下。如华夫饼、米粑等的制作。

2. 摊皮的操作要领

在这三种摊皮手法中，流旋摊处理的面坯最为稀软、流动性最强，滴落摊的次之，而抓旋摊处理的稀软面坯虽也具有一定的流动性，但筋性却是最强的。抓旋摊制皮使用的工具为厚的平底锅或平铁板，不可使用不粘锅，否则面坯层无法粘于锅中；流旋摊制皮可使用各种锅具，如平底锅、平铁板以及各式圆形炒锅等；滴落摊制皮一般可以选择平底锅、平铁板以及各式带有特定凸起纹路的加热锅具。无论摊皮选择何种锅具，均要求锅面顺滑。为了防止坯皮粘锅，操作前通常还会在锅面涂擦少许油脂。摊皮前锅身预热温度要适宜。特别是抓旋摊和流旋摊的锅温大多为100 ℃左右，否则坯皮极难粘锅成形。当坯皮已经粘于锅身后，要注意控制火力，以小火为主；要注意转动锅身，使坯皮受热均匀。加热时，火大易焦煳干皮，火小则坯

皮不易成熟取下。摊皮在制皮的同时，坯皮已经完成了成熟。有些面点品种（如春卷皮、豆皮等）在摊皮后还需要进一步上馅成形；有些面点品种（如鸡蛋软饼、小米煎饼等）则是将制皮、成形、熟制同步完成，在摊皮后直接出品。

（六）敲皮

1. 敲皮的常用手法

敲皮是一种较为特殊的制皮方法，适用于主要使用动物性原料制皮的情况，如制作鱼皮馄饨的坯皮等。操作时，先将去掉皮骨刺的动物性原料切成合适大小的块状，选择其中一块放在案板上，在其上下都铺撒上干淀粉，用较粗的擀面杖轻轻敲击，使其慢慢变薄、展开，最终形成薄坯皮。

2. 敲皮的操作要领

敲皮选用的原料一般为去除了皮壳骨刺的水产品，如鱼、虾、鲜贝等。这类原料质地较为软嫩，敲击后容易延展变形。原料前期的刀工处理要大小一致、块形完整，尽量不要选择拼接的原料，否则制得的坯皮可能会散开。敲击坯剂时，边敲边根据情况补充铺撒干淀粉防粘连。敲皮用力要均匀，以使所敲坯皮厚薄适宜。

四、上馅

上馅，也被称为打馅、包馅等，是带馅面点产品制作的重要工艺环节，是通过一定的方式将制成的皮与馅组合在一起的操作过程。大多数带馅面点品种制作工艺流程是先上馅再成形熟制，如水饺、包子、花卷、麻团等的制作；也有个别品种是在上馅的同时完成了成形操作，如滚沾制作摇元宵；还有些面点品种的制作是先部分成形和熟制再上馅完成最终成形，如蛋糕卷、泡芙、面条等的制作。带馅面点种类繁多，制好皮与馅后，需要正确选择上馅方式、准确控制上馅分量、合理把握上馅位置，才能更好地完成面点成形操作，保证出品规格质量。根据带馅面点成形加工要求的不同，上馅方式主要有包拢法、铺抹法、滚沾法、填酿法、挤注法、盖浇法等。

（一）包拢法

1. 包拢法上馅的常用手法

包拢法是最为常见的上馅方法。使用包拢法上馅的面点制品一般都会在成形工艺环节通过包捏手法用坯皮最终包拢馅心，如饺子、包子、烧卖、馄饨、春卷、月饼、萝卜酥等的制作。包拢法上馅操作时，左手四指自然分开、微微弯曲，手心向上，用手指区域托住坯皮，有时也会将坯皮直接放于案板上。右手用馅挑或其他上馅工具取用适量的馅心，或直接用手拿取一个已经备好的球形馅心，放于坯皮上，以备进一步包捏成形。

2. 包拢法上馅的操作要领

包拢法上馅操作时要注意上馅的分量和位置。

上馅的分量一般应根据面点品种特点和实际出品要求进行选择和调整。上馅分量的多少会对包拢法上馅的具体手法产生影响。如果上馅分量较多，则在上馅操作时，通常会用手托皮上馅且四指弯曲度较高。坯皮在手指区域形成一个凹坑，待馅心放入坯皮凹坑后要将其压紧、压实、压平。如果上馅分量较少、用手托皮上

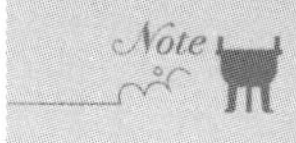

馅时手指无须明显弯曲，或者坯皮面积较大、上馅分量较多而无法用手托皮上馅时，可以将坯皮直接放置在案板上进行上馅操作。

由于包拢法上馅面点制品的馅心最终会被坯皮包拢于其中，所以对于绝大多数个体造型匀称的包馅制品来说，其上馅的位置在坯皮的正中间，如水饺、包子、烧卖、月饼等。但是有些包馅面点的个体造型并不均匀对称，在包捏成形时，局部区域会需要更多的坯皮进行成形操作，如月牙蒸饺等的制作；还有些包馅面点在上馅后还需要经过折叠包卷成形，如馄饨、春卷等的制作。制作这样一些有着不对称造型或须经折叠包卷的面点时，其上馅的位置通常位于坯皮的一角或一边。

使用包拢法上馅时，馅心放在坯皮上后，均要用馅挑将其压紧、抹平。特别是当馅心中含有生荤料或质地较为松散时，馅心在熟制后体积会变小。如果上馅时没有压紧抹平，则出品的形态往往不够饱满且容易塌瘪。上馅时，不要将馅心（特别是含油量较高的馅心）粘抹到坯皮边缘，否则将不利于坯皮的包捏收口。

（二）铺抹法

1. 铺抹法上馅的常用手法

铺抹法上馅也称为夹馅法、卷馅法等。此法适用于坯料相对较大或相对较薄，且上馅后选择卷制成形或夹叠成形的面点上馅操作，如蛋糕卷、花卷、榴莲千层等的制作。操作时，将大张片状坯皮放在操作台上，然后将馅均匀地铺抹在坯皮表面。根据面点产品成形要求的不同，有的只需铺抹一层馅，有的需铺抹多层馅。通常水平分层的面坯上馅，每增加一层坯料就需要多铺抹一层馅。

2. 铺抹法上馅的操作要领

铺抹法上馅时，为了便于下一步卷折成形操作或为了使造型轮廓光滑平顺，一般会选择细粒状或软膏状的馅，如椒盐、葱花、果酱、奶油膏等。大多数铺抹法上馅面点品种的成形生坯及出品会有部分皮馅分层的侧面外露，因此上馅时，每一层馅都要抹平铺匀坯料层面。多层铺抹上馅时，一般要求各层上馅分量一致，力求层与层的间隔均匀。具体上馅分量应根据面点品种要求来确定。馅量不宜太多，否则卷折成形操作困难或出现水平流动位移形变。

（三）滚沾法

1. 滚沾法上馅的常用手法

滚沾法上馅是一种特殊的上馅手法，其在完成上馅的同时也完成了生坯成形，典型代表是元宵、藕粉圆子等的制作。操作时，首先把馅心切成小块或搓成小球状。取一个直径较大、有一定深度的容器（传统为笸箩），其中盛入一层厚厚的干粉。然后，将馅放在筛网中，过一遍水后，将馅投入容器中滚动，使馅沾上一层干粉。一边滚一边往容器中均匀喷洒少量的水。也有将滚沾了干粉的圆球用筛网取出后浸于清水约 3 s 或放入开水中略烫后再放入干粉中滚圆。如此反复多次，直到馅沾上粉料逐渐滚成体积为最初 2 倍以上的圆球即可。

2. 滚沾法上馅的操作要领

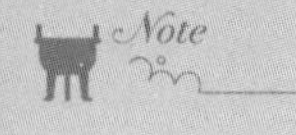

滚沾法上馅选择的馅心须具有一定的硬度。如果选用的馅偏软，则可以先将馅冻硬后，再快速滚沾上馅。如此，可以防止因操作缓慢而导致的馅心温度回升、质地变软而不利于上馅滚沾的情况。在滚沾过程中，要让馅粉圆球彼此充分碰撞，这样才能使馅与粉料黏得更牢。滚沾途中喷水、取出沾水或熟烫的操作要把握好度。喷水量不宜过多，沾水或熟烫的时间不宜过长。否则，粉料层会因过度吸水，而出现坯皮稀软、形态不圆的情况。滚沾法上馅后不要马上进行熟制，通常要放置几个小时，待粉料与水充分融合后再熟制或冷冻储存备用。

滚沾的手法不仅可以用于制品的上馅操作，还可以用于某些产品的生坯或熟坯表层粘裹一层具有美化外观、丰富口感、防止粘连等作用的材料（如芝麻、糖粉、椰丝、熟黄豆粉等）进行滚沾装饰成形操作，如制作麻团、开口笑、酥饺、椰丝小方、驴打滚等制品。

（四）填酿法

1. 填酿法上馅的常用手法

填酿法又称为填馅法、酿馅法，多用于上馅时坯皮已经借助模具或手工初步成形且具有坯皮内凹空间和成品基本轮廓的制品，如蛋挞、苹果派、四喜饺、鲜肉粽等的制作。操作时，将适量调好的馅，填酿入坯皮特定的内凹空间即可。

2. 填酿法上馅的操作要领

填酿法上馅时，馅如同被装入由坯皮托起的盛器中一般。完成上馅后，有时会在填入的馅上再覆盖一层坯料（如鲜肉粽等），而大多数时候，填酿的馅会直接外露，如蛋挞等的制作。填酿上馅时，要将馅填实，保证面点整体造型饱满。如果填馅最终是外露状态，则有时还需要对不同馅料的色彩、形态进行选搭拼摆，如四喜饺的制作。

（五）挤注法

1. 挤注法上馅的常用手法

挤注法上馅又称为挤入法上馅、注入法上馅，是一种先成形成熟、后上馅（再成形）的上馅手法。挤注法一般用于已完成熟制的内空坯皮与可直接食用的软质馅心之间的搭配，如奶油泡芙等的制作。操作时，先在成熟的内空坯皮上开一个孔隙，将软质馅心装入裱花袋中，再从孔隙处将馅料挤注到坯皮内部空间中即可。

2. 挤注法上馅的操作要领

挤注法上馅的面点一般都为先成熟后上馅成形的制品。由于其上馅后不再进行加热熟制，因此挤注操作时讲究清洁卫生。挤注法上馅选择的馅心，虽质地较软，但不易流动，且具有一定的可塑性。挤注上馅的角度、上馅的分量及挤注馅心所形成的花纹对最终制品的造型均会产生影响。挤注法上馅后一般要立即出品，制品不宜久存。否则软质馅心中所含水分会使坯皮变软，影响出品品质。

（六）盖浇法

1. 盖浇法上馅的常用手法

盖浇法上馅是一类针对特定类型面点产品的上馅方法，主要应用于搭配有盖面及浇头的粉、面、饭类产品（如番茄鸡蛋拌粉、炸酱面、咖喱牛肉饭等）。操作时，将调制或烹制好的面臊直接浇盖在成熟的粉、面、饭的坯料表面即可。

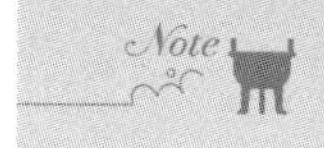

2. 盖浇法上馅的操作要领

使用盖浇法上馅的面点产品，其坯与馅一般都已经在上馅前分别完成了熟制加工。盖浇法上馅的用馅分量要恰当，用馅量以能体现产品风味为标准。有时还可以在同一份出品中盖浇添加不同风味的面臊进行组合出品。

第三节　手工直接成形

手工直接成形是指在面点的成形工艺环节中，不借助其他器具，直接用手操作成形的加工技法。手工直接成形技法多样，相对使用较多的有包捏法、卷叠法、抻拉法，搓按法和手工装饰法。

一、包捏法

包捏法是应用最为广泛的带馅面点成形技法。有些制品上馅后，仅用包的技术动作就实现了最终的成形，如豆沙包、烧卖、春卷等的制作；有些制品在包的同时使用捏的技法进行成形操作，如提褶包；还有些制品要先用包的技术动作将皮与馅组合起来，然后再用捏或其他的成形技术动作处理面点形态细节，如冠顶饺、盒子酥等。

(一)包

包通常是加工带馅面点的过程中紧跟在包拢法上馅后的操作环节，是将馅包入坯皮的一种手工成形技法。

1. 包的常用手法

根据所用坯皮性状和最终制品形态要求的不同，包的成形手法有许多不同的处理方式，主要有无缝包法、提褶包法、拢皮包法和卷裹包法等。

1)无缝包法

无缝包法，又称为光头包法，操作时用左手托皮，将馅心放置在坯皮的正中心后，用右手将坯皮从四周向上拢起且紧贴馅心外围，使坯皮逐渐包住馅心并合拢收口，呈无缝的圆球状生坯。如果无缝包成形使用的坯皮具有一定弹性、韧性、延伸性，为了避免其收口散开，在收口后，通常会将无缝包坯光面朝上、收口朝下放置在案板上或容器中，以备进一步成形熟制等加工，如甜味包、钳花包、馅饼、层酥面团包酥等的制作。如果无缝包成形使用的坯皮质地较为松散且具有一定可塑性，则在包拢收口完成后用双手掌心将无缝包坯进一步捏紧搓圆且收口无痕，如汤圆等的制作。无缝包法成形后的面点生坯虽然造型简单，但却富于变化。如果将无缝包成形生坯进一步与器具辅助成形技法组合，可以制出多种造型的面点制品，如水晶饼、刺猬包、佛手酥等。无缝包法成形要求馅心居中，外围坯皮厚薄均匀，包坯紧实且收口无缝。

2)提褶包法

提褶包法，又常称为提褶捏，是一种同时使用包与捏的成形技法。具体操作方法如下：左手托皮，上馅于坯皮正中心后，右手拇指、食指（也可用上中指）捏住坯皮边缘；大拇指放在坯皮上方，其余手指放在坯皮下方，指尖发力，沿坯皮边缘逆时针方向将坯皮提起捏褶并逐渐合拢包住馅心。提褶包法多运用于荤馅包子，如酱肉包、三丁包、灌汤包等，成形后，馅心居中、外形饱满、褶痕清晰均匀、纹长且直。

3）拢皮包法

拢皮包法又称为拢包法，因其主要应用于烧卖的成形加工，故常称为烧麦包法。具体操作方法如下。取足量馅心放入薄形坯皮的正中心后，左右手配合将坯皮向上拢起，于馅心顶部将坯皮侧边均匀打褶、稍稍收紧，但不封口。烧卖虽然是用拢皮包法成形，但不同流派烧卖的形态表现有一定差异。京式面点都一处烧卖整体侧面形似石榴，其顶部坯皮收拢后，高于馅心的皮褶会以微微露出的馅为中心向顶层四周散开，顶层形如菊花；广式面点干蒸烧卖整体形似瓶塞，其馅心更为饱满，坯皮拢起后，皮褶均匀地在侧面围住馅心，皮馅主要依靠馅心黏性拢合在一起，坯皮边缘一般不会超过顶面，顶面平整且通常全为馅心或附有装饰点缀的蟹黄、豌豆等。使用拢皮包法的面点制品大多会选择蒸制成熟。

4）卷裹包法

卷裹包法通常是使用较薄的坯皮或其他材料将馅心或生坯进行卷裹操作的成形方法。根据制品的不同，卷裹操作处理方式略有区别。在此简单介绍馄饨包法、春卷包法和粽子包法。

（1）馄饨包法。

馄饨坯皮为梯形、三角形或正方形的薄皮，最常用的上馅手法就是卷裹包法。馄饨卷裹包法的上馅位置往往偏向坯皮的边角处。成形时先用边角处的坯皮将馅心包裹，然后将皮馅顺势继续滚卷半圈或一圈，最后将坯皮的两端叠合粘牢即成。

（2）春卷包法。

春卷皮常见的形状有梯形、方形和圆形。成形操作时，先将春卷皮平放在台面上，馅心抹成长条形上馅于靠近坯皮边缘，用靠近馅心的坯皮将馅心包盖上。然后将皮馅一并顺势继续滚卷直至坯皮另一边。有些春卷成形时，在皮馅一并滚卷半圈或一圈后，会将位于长条形馅心两端的坯皮往馅心方向折叠，再继续滚卷直至坯皮另一边。最后在卷裹的收口处坯皮的内侧面抹上少许稀面浆粘牢，即成长条形的春卷。

（3）粽子包法。

粽子的形态有三角粽、四角粽、枕形粽等。以四角粽为例，其成形时，先将两张粽叶叠在一起，再将叶片的一端围成锥形筒状。在其中填入泡好的糯米（有时也会填入其他配料或馅心）至八九成满并压平。用余下的粽叶折盖在糯米上并整理成一个三角形顶面。用马兰草或棉线，垂直于顶面粽叶纹理方向进行捆扎，即成四角粽。

2. 包的操作要领

（1）包制成形前的上馅，要将馅心压紧压实，根据制品的要求选择合适的馅心分量、位置和形态。

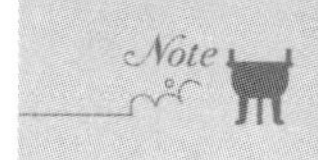

(2)包制成形时着重处理坯皮的走向和分布,用力恰当,收口处要收紧收牢。不可将馅心挤到坯皮外层面,以免影响制品的形态和色泽。

(3)包好后,坯皮要紧贴馅心,且均匀分布于馅心四周、厚薄均匀,以便于成熟。

(二)捏

捏制成形是对面点进行包制等基础成形后(或同时),根据制品形态要求,针对面点坯皮成形细节进行处理的手工操作。捏制成形技法多样,大多以手工操作为主,也有一些捏法需要配合其他手工技法及工具的情况。

1.捏的常用手法

捏的成形手法主要有平捏法、折褶捏法、推捻捏法、绞捏法等。

1)平捏法

平捏法是较为简单和基础的捏制成形技法,是在上馅后,将坯皮边缘对齐捏合成形的操作。对齐捏合的坯皮边缘整齐且没有花纹。此后还可以对初步捏合的造型进行调整。根据操作细节和应用的差异,平捏法可进一步细分为挤肚平捏、叠孔平捏、叠片平捏和翻折平捏等。

挤肚平捏,多用于北方水饺的成形。操作时用双手拇指内侧与虎口的夹缝将上馅后坯皮边缘对齐捏合后,继续双手手心相对、挤捏馅心,使馅心处微微鼓起、生坯呈现肚大边窄的木鱼状即成。

叠孔平捏,多用于鸳鸯饺、一品饺、四喜饺、梅花饺等制品的成形。这类制品成形后呈现出均匀等分的多孔状。其中,鸳鸯饺有两大孔两小孔,一品饺有三大孔三小孔,四喜饺有四大孔四小孔,梅花饺有五大孔五小孔。成形操作时,首先根据制品形态的要求,将上馅后坯皮的等分点向中心聚拢、捏合、粘牢,形成均匀的大孔状。然后将每个大孔相邻两边的中心点对齐捏拢并向中心微聚,从而在中心点附近形成均匀的小孔,而小孔外围间隔环绕着同等数量的大孔。将每个大孔边皮中心点稍做整理,使其向上挺立即成。实际应用时,通常还会在大孔中分别填镶入不同颜色的装饰馅料。

叠片平捏,多用于轿顶饺、白菜饺等制品的初步成形。叠片平捏与叠孔平捏都需要对坯皮进行等分。其中,叠孔平捏仅将等分点捏拢粘牢,从而将坯皮捏出均匀的孔洞状。而叠片平捏通常是在叠孔平捏的基础上、沿着坯体的中心点放射状向外,将每个大孔完全捏合成大小均匀的片状,以便对捏合的片状坯皮进行其他成形技法的处理。

翻折平捏,多用于冠顶饺、知了饺等制品的初步成形。通常在上馅之前,会根据制品出品形态要求,将坯皮的几段圆弧翻折出几段直边。接下来在没有翻折边皮的一面上馅,再将每段直边对折平捏、内包馅心、外层形成带有翻折边皮的棱,以备进一步的成形操作。

月牙蒸饺

2)折褶捏法

折褶捏,主要用于月牙蒸饺,虾饺和柳叶饺(包)等制品的成形。成形操作时,左手托起上馅后的坯皮,使坯皮从两侧围住馅心并向上微微张开。双手手指动作相互配合,从坯皮的一端出发向另一端将坯皮边缘不断折褶、捏合,直至将全部的坯皮捏完,最终使生坯获得清晰均匀褶纹。

提褶包法和折褶捏法是较为相似的成形技法，二者都能实现带有纹路的包捏成形。但是折褶捏法相较于提褶包法，没有使用提的动作。因此折褶捏法的褶纹相对较短。折褶捏法使用的坯皮一般要求有良好的可塑性，其延展性没有提褶包法要求高。此外，提褶包法的造型轮廓大多为圆形，而折褶捏法的造型轮廓较为多变，有月牙形、弯梳形、柳叶形等。

不同制品成形特征的差异，使其折褶捏的成形技法细节处理也有不同。月牙蒸饺形如较为舒展的月牙，月牙蒸饺的外圆弧侧面有均匀褶纹，内圆弧侧面光滑平顺。在进行折褶捏操作时，每完成一次折褶、捏合，放在圆弧内侧的大拇指要离开坯皮向前移动一小段距离后再进行下一次折褶、捏合。大拇指向前移动的距离就是褶纹的间距。虾饺形似弯梳，也是仅在外侧面有均匀的褶纹，但其褶纹相对较长且密。折褶捏时，放在内侧的大拇指几乎不离开坯皮，且每次折褶、捏合前，多用左手食指（有时还用中指）将需要折褶的外侧坯皮轻轻向右手捏合处推送。柳叶饺（包）形似柳叶，叶子外形一端圆、一端尖。折褶捏时用左手托起上馅后的坯皮，然后在开始端将坯皮内收捏，再右手食指和拇指分别先后从开始端将上下坯皮反复向水平中线处折叠捏合，直至将上下坯皮全部捏完，收口处呈现出小尖角状。柳叶包的褶纹沿水平中线上下交错分布，形如叶脉纹理。

3）推捻捏法

推捻捏，一般是对坯皮边缘纹理细节的成形处理，如鸳鸯饺的边、冠顶饺的棱、白菜饺的叶片脉络纹理等的处理。推捻捏法根据操作手法的差异，又分为单面推捻捏和双面推捻捏两种。

单面推捻捏，顾名思义是仅在坯皮的一面顺边缘推捻出波纹状，而另一面光滑无纹。操作时，食指在下、拇指在上，用两指指尖捏住坯皮边缘，食指不动、拇指将坯皮的上层向前推捻，在拇指前方紧贴指尖边缘形成一条弧形波纹。然后拇指离开坯皮微退后再次向前推捻，形成与上一条波纹平行的弧形波纹。重复用这样的动作完成需要的单面波纹推捻。如果处理的坯皮边缘是一个近似于直角的两条边，则按照以上方法完成一个角的两条边皮单面推捻后，推捻出的波纹会组合成近似于叶脉的纹理，如白菜饺的制作。

双面推捻捏，主要用于完成平捏后合拢的皮边或棱边上的造型，坯皮边缘上下两面均能看到明显的波浪状花边，如花边饺、冠顶饺等的制作。操作时，也是食指在下、拇指在上，用两指指尖捏住坯皮边缘。接下来，先食指不动、拇指将坯皮的上层向前推捻，接着拇指原地不动、食指离开坯皮微退后将坯皮的下层向前推捻。按照这样的手法，拇指和食指依次交替向前推捻并微微后退。最终能在所操作的一段坯皮（或棱）的边缘得到双面波浪状花边。

4）绞捏法

绞捏，又称为扭捏、卷捏，也是主要用于平捏后合拢皮边的进一步成形处理，最终能在皮边形成绳纹花边，如韭菜酥盒、眉毛酥等的制作。操作时，食指在下、拇指在上，先用两指指尖捏一下皮边形成一小段略薄的圆弧。然后将这段圆弧靠在大拇指外侧向上翻卷，同时拇指与食指向前稍移动，再一次将边皮捏出一小段略薄的圆弧，再将这段新捏的圆弧靠在大拇指外侧向上翻卷……不断重复以上动作，逐渐

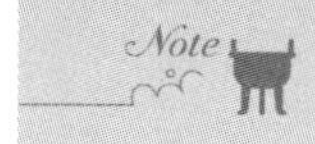

形成一段(或一圈)均匀绞合的、紧实的绳纹花边。

2. 捏的操作要领

捏制前,应根据制品造型特征选择合适的皮馅比例。通常,如果制品造型越复杂,上馅比例就要求越小,以便有足够的坯皮可以用于造型捏塑处理。

要正确把握上馅和成形的先后关系。以平捏为例:普通平捏通常是在上馅之后进行的成形操作;翻折平捏既可以全部安排在上馅之后进行,又可以部分安排在上馅之前进行;叠孔平捏操作则是在主体馅心上馅后、装饰馅料填镶前进行的。

捏制操作时,注意左右手之间的配合,力度大小控制要适度。捏制时不要将馅心挤出坯皮,也不要将坯皮捏破露馅。

折褶捏法、推捻捏法、绞捏法都能捏出花纹,要求花纹要清晰、细腻、均匀。

不同捏制技术之间常常会组合应用,如冠顶饺、眉毛酥等的制作。甚至还会剪等工具成形技法组合,如轿顶饺等的制作。

二、卷叠法

卷叠法是使面点制品获得层次结构的一类成形方法。其中卷的成形方法能形成明显的圆弧状(或螺旋状)层次纹理,而仅使用叠的成形方法通常获得的层次结构都较为平直。

(一)卷

卷是将铺抹了油或馅的大片坯皮,卷成单圆柱或双圆柱形长条状的操作。卷制后的圆条内部会形成若干皮馅间隔的层次结构,其往往还需要根据制品成形要求进一步使用切、夹、擀等其他成形技法完成最终的成形,如蛋糕卷、花卷、寿司卷等的制作。

1. 卷的常用手法

卷的常用手法主要有单卷与双卷两类。

1)单卷

单卷,主要用于蛋糕卷、核桃卷、绣球卷、鸡冠卷等卷制成形操作。操作时,将铺抹了油或馅的大片坯皮直接从一边卷向另一边,形成单圆筒状,以备进一步分坯成形。单卷的操作手法不仅可用于成形操作环节,也常用于层酥面团包酥后的擀卷起酥操作。

2)双卷

双卷,主要用于如意卷、四喜卷、鸳鸯卷、菊花卷等制品的卷制成形操作。操作时,将铺抹了油或馅的大片坯皮从相对的两边向中线卷,卷到中线后将双卷靠拢,抹少许清水帮助双卷粘牢,并整理成粗细均匀的双圆筒状剂条,以备进一步分坯成形。根据双卷位置的不同又分为单面双卷和双面双卷。单面双卷的上馅仅铺抹在大片坯皮的单面,操作时是在坯皮的同一个面的相对两边向中线卷制,卷出的双圆筒的截面呈现如意云纹。双面双卷要分两次上馅。第一次上馅于坯皮中心线的一侧,将这一侧坯皮从边缘开始向中心线卷住馅。然后将卷了一半的坯皮翻个面,在中心线的另一侧上馅抹平,用同样的手法将这一侧的坯皮也向中心线卷拢,成为一正一反的双圆柱状坯条,以备进一步分坯成形。

2. 卷的操作要领

卷制成形操作所用坯皮大多为厚度均匀的方形薄片，以使卷出的筒状坯条内部层次分布均匀。如果选择圆形薄坯进行卷制，则卷出的筒状坯条两端的层次会比中间明显偏少。

卷制成形前，坯皮上抹油不宜太多，若是铺抹馅心则应根据制品要求来确定分量。铺抹馅心要厚薄均匀。铺抹时，油或馅心不可抹到卷制收口边缘处的坯皮上，否则卷制时无法收牢封口，导致形态松散变形，甚至会将油、馅挤出，影响美观。

卷制要求卷紧卷实，用力要适当。用力太小，坯条不易卷紧；用力太大则容易将油、馅挤出，影响成形。卷制所得坯条要求粗细均匀。特别是双卷得到的双圆筒状剂条，要尽量做到对称均匀。

绝大多数卷制成形后的坯条都需要进行分坯。分坯时选用的刀要锋利，快速下刀，下刀要直，一刀到底。分坯后的半成品或成品要求截面清晰光洁，大小一致。

（二）叠

叠，是一种能实现半成品或成品坯皮呈水平状分层间隔的成形手法，是将铺抹了油或馅的薄形坯皮进行翻折或平摞等分层叠制的操作手法。叠不仅用于发酵面团半成品和夹层蛋糕的成形工艺环节，也常用于层酥面团大包酥后的擀叠起酥操作。

1. 叠的常用手法

1）翻折叠

翻折叠，常与擀、切、卷、捏等成形操作配合实现制品的最终成形，主要用于麦粉类发酵面团水平状分层制品的成形加工环节（如荷叶卷、猪蹄卷、千层糕、牛角包等）以及麦粉类层酥面团的擀叠起酥操作（如玉兰酥、丝瓜酥、风车酥等）。翻折叠根据每一轮完成翻折后的层叠数又分为两层叠、三层叠和四层叠。翻折叠的次数要根据品种要求而定。对于层次要求相对较多的麦粉类发酵面团水平状分层制品（如千层糕、牛角包等），以及麦粉类层酥面团擀叠起酥环节，还常常进行多轮翻折叠。

2）平摞叠

平摞叠，较常见于西式面点中夹层蛋糕坯的组合成形环节，如榴莲千层、夹层提拉米苏等，具体是将片状糕饼坯与奶油夹馅或慕斯面糊等进行组合搭配，并根据制品要求，进行整齐水平铺装、规律分层组合的操作。平摞叠的加工方式除了在成形中运用外，在某些特殊的品种坯皮的制作过程中也会被选择组合。如北京都一处烧卖在其制皮时，会将若干张平整的圆形面皮平摞叠在一起，中间用面粉分隔，然后再选择专用的烧卖槌将这一摞面皮边缘一圈压擀出烧卖皮所要求的波浪形荷叶边。平摞叠的操作可以不借助工具纯手工完成（如擀制烧卖皮荷叶边的准备），也可以辅助简单的工具（如抹刀、慕斯圈等）以辅助铺抹、叠摞能够均匀、平顺、整齐。

2. 叠的操作要领

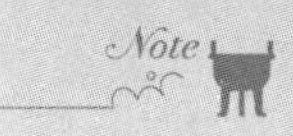

叠制前如果坯皮要抹油，则需要注意抹油要适量、均匀。如果抹油过多，会影响后期擀制，或产生不必要的水平位移，进而破坏成形效果。如果抹油不匀，往往会造成局部因抹油不足而导致坯皮粘连，无法实现清晰平顺的分层。

叠制时，无论是翻折叠还是平摞叠都要求层与层之间边线对齐、间距均匀。每一层的厚薄、间距都应根据制品的需要而定。

翻折叠在叠制成形前后，还常组合擀、切、卷、捏等技术来实现最终成形。而平摞叠制作的夹层蛋糕则往往需要进行装饰点缀操作处理后才会出品。夹层蛋糕在食用前或小分量销售前还常会被分切，露出纵向剖面，展示出均匀的水平夹层。

三、抻拉法

抻拉，即抻和拉，是我国北方制作面条类制品的一种特殊的手工成形技法，主要流行于甘肃、山西、山东及北京等地。抻拉操作时，通常是将调制好的面团搓成长条，用双手拿住两头上下反复抛动、扣合、抻拉，进而逐渐将大块面团抻拉成粗细均匀、富有韧性的条、丝形状的生坯。抻拉的技术性较强，用途很广，制成的面条不仅可粗可细，甚至还能抻拉出圆、宽叶、空心、三棱等不同截面形状。除了制作面条外，抻拉技术动作还常用于一些特殊造型的发酵面团制品（如银丝卷、一窝丝、盘丝饼等）成形操作环节。

（一）抻拉的常用手法

根据抻拉时用力方向的差异，抻拉的常用手法主要有单手抻拉和双手抻拉。

1. 单手抻拉

单手抻拉，又称为抻甩，主要用于一根面的成形加工。一根面的生坯成形与熟制环节密不可分。操作前，将调制好的水调面团经过饧面、揉面、搓条、再饧面、再搓条制成不断的手指粗细的剂条，一圈圈盘在装有油的盘（或盆）中，剂条经过充分饧面后方可开始单手抻拉。抻拉时，锅中水应煮沸，操作者站在离锅约 1 m 的合适距离，用左手拇指和食指抽提出浸在油中的细长剂条的开端，并轻拿剂条稳定在身前合适的操作高度。用右手将细条从左手手指间轻轻抽出、抻拉，并甩入沸水锅中。如此配合，左手不断从油盆（或油盘中）提拿细长剂条，而右手不断进行单手抻拉的操作。细剂条被抻拉成更细的面条直接入锅煮制，且条形整齐、连而不断。

2. 双手抻拉

双手抻拉，是应用最为广泛的抻拉手法，代表品种是抻面。抻面又称拉面，其操作技术性强，主要有和面、溜条、出条三个步骤，每一个步骤都要把握好正确的动作、姿势和手法。下面以制作抻面为例，介绍双手抻拉的常用手法。

1）和面

准备面粉 2000 g、水 1000 g、盐 8 g、碱面 10 g。首先将盐、碱分别用水化开（冬季用温水、其他季节用凉水）。然后将面粉倒入盆内，分次加入全部盐水，逐渐将面粉与盐水抄拌成麦穗状碎面片，进而用手逐渐拌和面片成团。此后多次沾淋碱水并捣揣、揉压面团，直至面团光滑柔韧、不夹粉粒、不粘手后，盖上湿布充分饧面 0.5～1 h。

2）溜条

溜条，又称为溜面，其目的是使整理成条形面坯中的面筋结构顺着条长排列整齐，增强条形面坯的筋性和延伸性。溜条前，将饧透的面团放在案板上，用双手掌

根反复推揉上劲，并顺势搓成长约 70 cm 的条形面坯。溜条时，两脚分开，用双手拿住条形面坯两端将其提起，运用两臂抻甩的力量、条坯本身的重量和面筋的弹性、韧性、延伸性，将条坯抻开的同时上下抖动。抻开的动作逐渐达到两臂完全张开，条坯同时被逐渐抻溜变长。在条坯上下抖动过程中，当条坯中点下落接近地面时，两臂迅速交叉使条坯两端在左手合拢，自然拧成两股绳状。然后右手拿起下部，再次用双手抻开溜条。待条坯再次被溜长后，双手迅速（与第一次）反向交叉合拢两端再次拧成麻花绳状。如此反复抻溜、正反交叉合拢，直至条坯均匀、柔滑有劲，且呈现出一缕缕细致清晰的顺条纹理即可。

3）出条

出条，又称为开条、放条，是将抻溜好的条坯，进一步抻成粗细适度的面条生坯。操作时，将溜好的长条坯放在撒有干面粉的案板上，在条坯上撒干面粉。用双手握住条坯两端，提起条坯向左右两侧抻开拉长，其后让抻长的条坯在案板上沾裹上干面粉，进而将条坯对折、两端用左手合拢，用右手套入折转处，再用双手向相反方向轻轻一绞。再次向左右两侧抻开拉长，其后再用干面粉把条散开，对折合拢两端于左手，再以右手插入折转处……如此反复多次，直至将条坯抻拉至合适的粗细，即成面条生坯。出条时，条坯每对折一次称为 1 扣。条坯越抻越细。制作一般粗细的面条生坯需要 6～8 扣，制作盘丝饼的一窝丝需要 8 扣，而制作龙须面则一般需要 13 扣左右。

（二）抻拉的操作要领

用于抻拉成形操作的面团一般选用筋性强（蛋白质含量高）的优质面粉来制作。各项用料比例需根据面粉质量、环境温度等具体情况适当调整。面团调好后，要进行充分饧面。饧透的面团中，面筋吸水均匀、质地柔韧，便于抻拉、不易断条。

溜条开始时用力要轻一些、抖动幅度要小一些。待面团筋力增强后，方可用力大幅度抖动。溜条不可过度，否则会使面筋断裂、筋力澥开，进而会在出条时出现粗细不均匀的情况。溜条时，如感到筋力不足，要抹些碱水增劲，以防止因筋力不足出现断条现象。

出条抻拉时要用力均匀，以免拉断或粗细不均匀。为了防止抻拉出的细条之间相互粘连，每拉一次均要在条坯上撒上干面粉，或在撒有干面粉的案板上滚一下。出条后，通常要立即进入熟制环节，否则生坯的条丝容易相互粘连在一起，影响出品质量。

知识链接

我国著名的面点师傅、注册吉尼斯世界纪录的抻面大师历恩海，据说可用 1 kg 面粉，抻拉出面丝 20 扣（100 多万根），累计长度 2652 km，在一根针眼中穿 18 根纤细的面丝。2000 年 11 月，历恩海的小儿子厉涛向父亲发出挑战，并最终以 21 扣，细面总数为 2097152 根，累计总长度 2800 km，取代其父亲成为新的世界“最细的拉面”第一人。如此神功可让世人瞩目。该表演因技艺精湛、

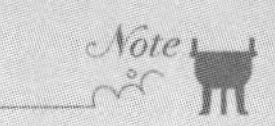

寓意吉祥,又便于展示,而成为大型活动和中外文化交流保留节目,为促进中外人民的相互了解,增进友谊,起到了桥梁作用。

(资料来源:季鸿崑,周旺.面点工艺学[M].2版.北京:中国轻工业出版社,2005.)

四、搓按法

德国咸水结

(一)搓

在面点成形基础工艺环节中,搓的技术动作主要应用于搓条操作,即将大块面团搓成长条状,以利于下剂和成形的操作。在面点制作的成形阶段,搓的技术动作手工技巧较为复杂、要求较高。操作时,通常是将分好的坯剂夹压在双手之间或夹压在手与操作台面之间,通过手对坯剂施力进行揉搓、卷搓、压搓、擦搓、团搓或旋搓等操作,将生坯加工成麻花形、球形、半球形、短条形、柱形、高桩形、卷片形等形态。

1.搓的常用手法

常见用于成形的搓制手法主要有直条搓、推片搓和旋转搓三种。

1)直条搓

直条搓,又称为直搓,主要用于莜面鱼鱼和麻花等制品的成形操作。莜面鱼鱼成形手法较为简单,即将指甲盖大小的熟莜面坯剂放在掌心,双手手掌夹住坯剂,平行对搓成两头尖中间粗的鱼形条状生坯后即成。麻花成形手法相对较为复杂。首先要取一面剂,在案板上搓成粗细均匀的长条形。然后两手放在条剂的两端,一前一后,朝两个方向水平直搓给条剂上劲。条剂上劲后,将其对折,并将两端捏合在一起。此时,对折出的两段长条会顺势扭绕在一起自然上劲。接下来顺条剂扭绕方向双手前后水平直搓再给双条上劲。双条上劲后,再将双条折成三折。此时,三段双条也会自动扭绕在一起。稍稍顺条剂扭绕方向直搓补劲后,整理收好头尾,即成直条型麻花生坯。

2)推片搓

推片搓,又称为擦片搓,主要用于麻食和栲栳栳等制品的制作。操作时,取适量面剂按扁,用大拇指或掌根压住面剂并向前推搓开,面剂被推搓成一边厚一边薄、自然起卷的薄片状。麻食的面剂一般较小,常常选择在带有纹理的搓板、竹帘、草垫等平面操作,推搓后的薄片形如小巧的猫耳状,故又名“猫耳朵”。栲栳栳的面剂分量相对较大,通常用手指夹住面坯,夹取适量面剂,用掌根压住面剂在光滑的平面上推搓出长形薄片后,立即沿其自然起卷方向套在手指上,卷成中空的圆筒状,再立放于蒸笼内以备熟制。

3)旋转搓

旋转搓,又称为搓圆整形,主要用于汤圆、圆面包、圆馒头的成形操作。汤圆的搓圆整形手法最为简单,即将生坯夹握在双手掌心间,两手手掌配合旋转滚动生坯至其呈圆球状即成。圆面包手工搓圆整形操作时,手心向下、手背弓起,将需要搓

圆整形的坯剂握压在手弓与案板之间，用掌根及拇指外侧将坯剂稍稍向前旋转推出。然后四指并拢、指尖在案上向内弯曲，轻轻将推出的坯剂顺势旋转收回（左手逆时针旋转，右手顺时针旋转）。多次重复以上动作，使坯剂在手弓下不断旋转，直至坯剂滚成顶面光滑完整、底面旋转收口、紧实的圆球状。较大面包的搓圆整型操作，可以用双手配合完成坯剂的旋转搓圆。圆馒头成形旋转搓时，掌跟着案，右手拇指掌根按住坯剂向前推揉，然后小指掌根将坯剂往回带，不断重复使坯剂沿顺时针方向旋转，使贴案板的坯剂光面越来越大，收口揉褶逐渐聚拢变小。最后将坯剂收口朝下、光面朝上立放，即成手工圆馒头生坯。

2. 搓的操作要领

麻花成形直搓时，一定要先将条剂搓得粗细均匀，否则反向搓上劲时，细条处容易断开。直搓上劲要适中，麻花拧纹才能匀顺。上劲不足，折后成形不易扭绕；上劲过头，折后成形会出现局部扭绕突起、条形不顺。

旋转搓的成形手法通常是将坯剂整理成圆球状。因此其不仅可用于生坯成形，还可用于面剂的整形搓圆，以配合其他成形操作的需要，如小包酥水油面团面剂的整形。

旋转搓揉要适度，搓至生坯表面光洁，圆润、紧实即成。过度搓揉会使汤圆生坯散裂，或使馒头、面包顶部面筋断裂，表皮粗糙。

（二）按

按，又称为压、揿、摁，是将坯剂用手按扁、压圆的一种操作手法。按的手法不仅可以用于制皮，还可以用于生坯成形。在成形操作中，按常与手工包制成形、擀制成形、切割成形以及印模成形等技法相互配合，是一种辅助成形方法。

1. 按的常用手法

按的手法分为两种：一种是用手掌根部将生坯按实、按扁，或按平。这种手法主要应用于体积较小、馅心较硬，且坯皮有一定可塑性的制品（如佛手酥、月饼等）成形操作。另一种是用手指按（或称为揿），具体是将食指、中指和无名指三指并拢，手心向下，均匀用力揿按，同时匀速水平转动生坯。一按一转，直至将生坯按至大小合适、形态圆正、厚薄一致、馅心分布均匀即可。这种揿按手法较适用于软皮、软馅品种（如馅饼、合子等）的成形操作。

2. 按的操作要领

按的操作必须用力均匀、轻重适当。特别在按制带馅生坯的成形操作时，要关注按的力度对馅心位置的影响，以防馅心被挤出外露。

按的成形手法简单，处理的生坯体积相对较小，操作速度较快。

五、手工装饰法

有些面点品种在使用包捏、卷叠、搓按等技法进行成形时，还会辅以具有美化产品外观作用的材料进行装饰点缀。这些材料不仅能使产品外形美观，还可以增加产品营养，改善产品风味。装饰材料的添加通常是在面点制作加工的成形阶段进行手工处理，故又称为手工装饰成形法，具体手法主要有镶嵌、拼摆、铺撒等。

(一)镶嵌

镶嵌的装饰手法,通常是在面点坯体的外部或内部镶嵌具有一定装饰点缀作用的可食性原料,如枣糕、红豆糕、桃片糕等。

1. 镶嵌的常用手法

镶嵌操作的常用手法主要有直接镶嵌、间接镶嵌、夹层镶嵌和填料镶嵌。

直接镶嵌,通常是在成熟前(或成熟后)的糕坯表面镶嵌上若干具有浓郁色彩的干果、蜜饯等材料,如枣糕等。这种方式镶嵌的面点制品外观表层是以糕坯为主,仅零星分布有少许装饰材料。直接镶嵌的位置有分散随机式镶嵌、局部点缀式镶嵌或规律图纹式镶嵌。

间接镶嵌,是将各种镶嵌材料和面坯基础粉料拌和在一起的操作,如红豆糕、桃片糕、萝卜糕等。这种方式镶嵌的材料已经成为面坯的组成部分,其后通常还须熟制完成最终的成形。间接镶嵌制成的面点产品在出品时,通常会用刀切成小块或薄片。切开的剖面会露出混入的镶嵌材料,其色彩搭配和随机分布的图案具有一定的美感。

夹层镶嵌,又称为夹馅镶嵌、分层镶嵌等。夹层镶嵌的手法实质上是铺抹法上馅和平摞叠成形技法的组合,即将镶嵌材料(夹馅)分层铺抹、夹叠镶嵌在坯料中的操作,如夹沙糕、千层糕、榴莲千层等的制作。多层夹馅可以选择相同镶嵌材料,也可以不同;可以在制品熟制前进行夹层镶嵌,也可以在夹馅、坯料分别成熟后再进行夹层镶嵌。

填料镶嵌,又称为填酿镶嵌,是将镶嵌材料填充到坯料(或坯皮)本身具有的孔洞中,如糯米甜藕,四喜蒸饺等的制作。填料镶嵌的材料通常与坯料(或坯皮)有一定的色差,出品时填入的材料外露,对出品具有一定装饰功能。

2. 镶嵌的操作要领

镶嵌的操作技法多样,通常要根据面点制品的外形特征要求和镶嵌材料的色泽、形状等因素灵活选择运用。镶嵌材料不仅要配色和谐美观,还要具备良好的食用性且口味协调。间接镶嵌时,要将各种镶嵌材料和粉料拌和均匀,使镶嵌材料随机均匀地分布在坯料中。夹层镶嵌要求夹馅均匀、厚薄适度、层次清晰。填料镶嵌时,坯料(或坯皮)孔洞要填充饱满,以保证填充后的孔洞不会出现空隙或孔洞塌扁的情况。

(二)拼摆

拼摆是指在坯体的底部、上部或内部,使用各种材料拼摆成一定图案的手工装饰操作。有些拼摆是在成熟之前进行,如八宝饭、香橙蛋糕卷等的制作,也有在成熟之后进行拼摆装饰的情况,如草莓挞等的制作。拼摆会形成一定的图案以获得装饰效果,其所用拼摆材料有些是摆放在制品顶面之上,也有些会被固定嵌入坯体的表层或内部,与镶嵌手法相互配合完成装饰。

1. 拼摆的常用手法

上部拼摆,是将拼摆材料摆放或镶嵌在坯体的顶面并形成一定装饰图案的操作。如草莓挞的坯与馅完成组合成形且熟制冷却后,会在其顶面成熟的馅心上再

填入一层草莓果酱,然后拼摆上新鲜草莓做装饰。制作苹果派时,派皮中填入杏仁馅后,会用苹果薄片在杏仁馅上拼摆出一定的图案,再烤制成熟。有些苹果派会在派皮中填入苹果馅,然后用窄条状薄酥皮交叉网格式地摆在苹果馅上做饰面,用蛋液薄刷顶层饰面,即可熟制。

下部拼摆,是先将拼摆材料在容器底部拼摆成一定的图案,然后加入坯料(有时还有馅料)后一起蒸制加工。下部拼摆装饰成熟的制品会被倒扣装入盘内出品。之前拼摆在容器底部的材料会在出品的顶面呈现出色彩鲜艳的图案花纹,如八宝饭等。

内部拼摆,较常见于果冻、布丁、慕斯蛋糕等制品的坯体拼摆装饰成形环节。操作前要先准备好具有冷凝特性的坯体材料和内部拼摆材料,然后先在容器中注入部分流体状坯体材料,然后根据造型需要将拼摆材料摆入,同时配合注入余下坯体材料,整体冷却定型即成。

2. 拼摆的操作要领

拼摆材料相对于镶嵌材料来说选用量较大,往往是制品坯体的重要组成部分。因此拼摆材料要以满足食用性为基础,突出展示制品特征,并辅以一定装饰功能,能综合实现制品色、香、味、形、质的协调。拼摆材料多以果料为主,有时也会选择加工成一定形态的布丁进行拼摆。操作时要求材料拼摆整齐均匀,构图美观。

(三)铺撒

铺撒手工装饰成形法主要是在坯料或半成品的表面或底层铺撒一些装饰材料的过程。

1. 铺撒的常用手法

表层铺撒,有在生坯上,也有在已经完成熟制和基本造型的半成品表层进行铺撒装饰材料的操作,如有些蛋黄酥熟制前会在薄刷蛋液的生坯顶面撒上几粒芝麻作为装饰点缀,雪顶蛋糕出品时在顶面铺撒装饰糖粉。

底层铺撒,主要对应于面点的出品装饰环节,操作时通常会将装饰点缀的材料铺撒在容器(盘碟等)底部,然后将成熟成形后的制品放于其上进行出品,如在盘中铺撒黄糖颗粒后将制好的海螺酥摆放在黄糖上出品。底层铺撒装饰成形的方法也偶尔会应用于生坯的装饰成形环节。比如,煎包制作时,有些会在生坯底部粘上芝麻再熟制。冰花煎饺在生坯熟制时,在锅中加入淀粉水铺满平底锅锅底,待其煎熟出品时,淀粉水已收干水分,在煎饺底部形成类似冰花状的装饰效果。无论是针对生坯还是出品的底层铺撒装饰操作,面点出品一般都会在底层铺撒材料的衬托下呈现出优美的配色和造型,且不会粘在容器上。

2. 铺撒的操作要领

铺撒表层装饰通常会选择质地干燥松散的粉状、小片状或颗粒状材料,如砂糖、果仁碎、可可粉、抹茶粉、糖粉、熟糯米粉等。铺撒底层装饰时偶尔还会用新鲜艳丽的天然原料,如生菜叶、松针、花瓣等。多数情况下,铺撒材料要求在容器底部铺平铺匀,有时也会将材料组合铺撒,勾勒出一些线条纹饰。若借助一定图案的剪纸,铺撒材料还能在制品表层形成剪纸镂空的图案轮廓,呈现出特殊的装饰效果。铺撒装饰手法除应用于制品的表层与底层装饰外,偶尔也会与夹层镶嵌装饰成形手法相结合,将铺撒材料作为夹馅内容,实现夹馅分层装饰成形。

第四节　器具辅助成形

器具辅助成形是手工成形方法的一大类。这类方法通常要借助一些简单的成形工具或器具，如模具、刀具、擀面杖、筷子等，并配合手工操作技法来进行面点制品成形加工。

一、模具成形

模具成形是利用各种模具，将面点坯剂或半成品加工制成具有特定模具大小形态、花色纹理的操作方法。根据材料质地的不同，模具主要有木制模具、金属模具、塑料模具和硅胶模具等；根据功能用途的不同，模具主要有印模、卡模、胎模、内模。有关成形模具的分类介绍可参看第三章面点加工器具与设备中面坯成形模具的相关内容。模具成形法使用方便、出品形态规格具有一定稳定性，有利于面点手工批量生产制作。

广式月饼

（一）模具成形的常用方法

模具成形的常用方法有生坯模具成形、加热模具成形和熟坯模具成形。

1. 生坯模具成形

生坯模具成形是利用模具，将调制好的片状面坯或下剂后的包馅（或不包馅）坯剂加工成统一规格形态的操作过程。生坯模具成形后，要将生坯从模具中取出进行熟制。根据使用模具类型的不同，生坯模具成形可分为印模生坯模具成形和卡模生坯模具成形。印模生坯模具成形适用于制作月饼、水晶饼、巧果等品种，一般是将下剂后的包馅（或不包馅）坯剂放入印模凹坑内，将坯剂按压紧实，最后将印模凹坑面朝下脱扣（或利用推杆脱模），取出图纹、形态、大小一致的生坯，以备熟制。卡模生坯模具成形适用于制作某些饼干、桃酥等油酥制品，一般先将调制好的面团擀成厚薄均匀的大片状，然后用卡模在面坯上一一错开卡压，最终得到轮廓形状、规格大小一致的生坯，以备熟制。

2. 加热模具成形

加热模具成形是将调制好的生坯或生坯材料配合适当的模具（多为耐高温的胎模或内膜）一并加热（多为蒸、烤等）成熟定型后再将熟坯脱扣取出，如制作蛋挞、棉花糕、吐司面包、烤布丁、麦芬蛋糕、螺旋转等。

3. 熟坯模具成形

熟坯模具成形是将坯料先加工成熟坯（料）状态，再将熟坯（料）放入硬质模具中填充（压印）成形的操作方法，如制作绿豆糕、萨其马、马蹄糕等。熟坯（料）的性状有松有黏、有干有湿，其在刚入模时，能被按压或受重力影响而自动填充模具的内框空间。熟坯模具成形的面点制品从模具中取出后即可直接食用。另有西式面点中的冻点，其坯料本身具有可食性，可同视为熟坯，如果冻、慕斯蛋糕等。冻点在制作时通常是将含有鱼胶、琼脂等胶质材料的流体状坯料灌入模具中，坯料在冷却

Note

降温的同时逐渐在模具中凝固定形。

（二）模具成形的操作要领

模具使用前要清洁干净，特别是带有凹凸纹理的模具（如印模等）。常使用软面团沾取、去除卡嵌在模具纹理中的糕粉等材料，进而将模具中每一道花形纹理清洁干净。对于需要脱模出品的面点制品，在使用模具前，要做好防粘处理，可以将油脂均匀涂抹在模具内壁上，还可以扑撒干粉后略拍，或者衬以烘焙油纸等。

填入模具中的坯料分量要与模具凹坑大小及制作工艺相适应，不可偏少或者偏多。填入材料如果偏少，往往出品造型不饱满；填入材料偏多则容易出现按压溢出变形或加热膨胀溢出变形等。一般，印模生坯模具成形和熟坯模具成形的入模坯料分量基本与印模凹坑大小相符；而加热模具成形的坯料填入的分量不宜过满，留出一定加热膨胀的空间。此外，卡模生坯模具成形前，坯皮一定要加工平整且厚薄适度，且坯皮厚度应比卡模高度要小。

模具成形填料时按压坯料的动作要均匀适度，以免坯料被挤至变形；卡压模具成形动作要果断迅速、垂直向下用力卡出卡模轮廓的坯剂。模具脱扣敲击的力度要适中：脱扣用力过小，则坯剂或成品较难脱下来；脱扣用力过大，则脱扣下来的坯剂或成品容易变形或破损。

二、刀具成形

刀具成形，是利用不同功能用途的刀具，对熟制前后的面点坯剂或半成品进行或切削、或割剪等成形加工的手工操作。刀具的类型很多，常用于面点成形环节的刀具主要有切刀、削面刀、割包刀、剪刀等。

（一）切制成形

小刀面

1. 切制成形的常用手法

切制成形，是使用切刀对熟制前后的面点坯剂或半成品进行分切成形或改刀成形的操作方法。切制成形常与擀、压、卷、揉、搓、叠及模具成形的操作手法配合使用，主要用于制作手工切面制品、部分花色层酥制品、花卷及冻糕制品等，具体如担担面、金银馒头、玉兰酥、如意花卷、核桃花卷、豌豆黄、马蹄糕、椰丝小方、萨其马等制品的成形加工。

2. 切制成形的操作要领

切制成形所处理的坯剂或半成品，须要有一定硬度，否则切出的形态容易变形。被加工的坯剂或半成品通常还要求质地厚薄均匀。

切制成形选用的切刀要求刀刃锋利平顺，以利于切面光滑完整。切制时握刀要稳，下刀要准。一般情况下，不能出现连刀或斜刀现象。连续在同一角度方向切制时，要求用力均匀、间隔一致，力求做到出品大小规格统一。

切制成形后的半成品或成品，要注意分离、防粘。

（二）削制成形

1. 削制成形的常用手法

削制成形，是制作刀削面的专用成形手法，即用特制的弧形弯刃削面刀在整好形的长圆柱形面坯上顺长一刀挨一刀向前推削，削成两头尖、中间宽的扁三棱状长面条。手工削制的面条坯剂，通常削出后即落入沸水锅中进行熟制加工。

2. 削制成形的操作要领

削制所用面团必须质地硬实，经充分饧面后揉成圆柱状。这样饧揉充分的硬面团在削制成形操作时出刀顺滑，且熟制出品的刀削面筋道、爽滑、劲足。

削制成形操作时要注意削面刀与面坯的角度。通常削面刀的刀刃与面团夹角很小。每刀削出后即刻将削面刀贴近面坯表层原路返回，并顺势微微调整再次下刀的位置。后一刀要在前一刀的刀口处、棱线前的位置再次削出。依此法，刀刀相连，削完圆柱面坯外侧面后，再将削面刀挪至起刀位置，继续削制。

削制成形时用力要均匀、连贯，力求所削面条宽厚、长短一致，形状以长一些为佳。

法棍

（三）割制成形

1. 割制成形的常用手法

割制成形，又称为剞制成形或剞割成形，是在包好馅心或初步整好形的面点生坯表面，用刀剞割出一定角度和深度的刀口线条的操作方法。割制成形技法常与熟制工艺相配合。经过割制成形的生坯在熟制环节中，坯体形态会依刀口的走向进一步发生变化，最终形成各自特定的造型。割制成形技法比较适用于在熟制工艺环节有明显形态变化的制品，如荷花酥、法棍等。

2. 割制成形的操作要领

不同面点制品割制的角度、深度、长度及线条走向均不相同，所需要组合的熟制工艺条件也不尽相同。如制作荷花酥要求包馅位置居中，坯皮收口朝下，用刀在生坯顶部中心点向外均匀分割。此时割制刀口要有一定的深度，以便于在熟制时坯皮酥层能充分张开，同时割制的深度不能露馅以免炸时跑馅。而法棍生坯入炉烘烤前常在表层割制，割刀倾斜紧贴生坯表层小角度进刀。法棍生坯割制成形的刀口不宜太深，深度控制在“割皮不割肉”的状态，以保证法棍在熟制中坯体充分膨胀、刀口爆张适度。

割制成形选用的刀具通常要求割刀刃薄且锋利。割制时的下刀位置准确，力度和角度适度，割制动作流畅、一气呵成，从而使得割制的刀口整齐、清晰、平顺。

（四）剪制成形

1. 剪制成形的常用手法

剪制成形，是利用剪刀在面团或坯剂的表面剪出独特形态的一种手工成形技法。如制作剪刀面，是用剪刀在揉成纺锤状的面团一端，紧贴面团侧面弧线剪出两头尖、中间略粗的鱼形条状生坯。剪制成形操作更多会与包捏揉搓等成形方法配合，部分已经完成包捏揉搓等初步成形的坯剂，继续利用剪刀在坯皮上剪出不同形状、大小、粗细、宽窄、厚薄的特殊形状，从而使坯剂形态更为生动形象，如海棠酥、刺猬包、荷花包、轿顶饺、玉兔饺等的制作。

2. 剪制成形的操作要领

剪制成形面团要求较硬，且要做好剪刀的防粘处理，以便展示剪制的形态轮廓。

剪制成形操作所用剪刀的刀刃相对较长。每剪完一刀后，要调整面团角度，再下刀剪制，尽量做到根根分明、长短粗细一致。

在已经完成包、捏、搓、揉等初步成形的坯剂上进行剪制成形操作时，要对制品整体的造型轮廓有一定的设计能力，要求剪制出的坯剂形态匀称、美观、形象，与整体造型和谐统一。操作时须根据最终制品的形态要求，正确选择剪制下刀位置、角度、力度和深浅。不可用力过度、过深，以防带馅品种的馅心外露，影响出品形态。

三、面杖成形

（一）面杖成形的常用手法

面杖成形，又称为擀制成形，是利用擀面杖将面点生坯擀制成一定形状的手工操作。与面点成形基础工艺环节中制皮的擀制操作不同，面杖擀制成形是对面点半成品形态的操作，常与包捏、卷叠、切制等成形技法配合，主要用于各种饼坯成形加工环节。根据制品要求的不同，有的是直接将面剂擀成圆饼状生坯，如烙饼等的制作；有些则需要先将面剂制皮擀薄，再刷油抹馅卷叠或包馅，最后用面杖将饼坯擀成符合成品要求的圆形、腰圆形、长方形等，如千层饼、锅盔、馅饼等的制作。

（二）面杖成形的操作要领

面杖成形通常是双手平展擀制，左右手用力均匀。面杖成形后的生坯要大小一致、薄厚均匀、形态周正，符合制品形态要求。

对于带馅面点的面杖成形操作环节，建议选择与面坯软硬度相似的馅心。馅心偏硬，则不易被擀开；馅心偏软，则往往会在擀制成形时被推聚在坯皮某处，甚至会被推擀挤出坯皮。在擀制成形时，双手用力要灵活适度，不能露馅，馅心位置居中且均匀分布于整个饼坯，包裹馅心的饼皮薄厚均匀一致。

四、筷子成形

（一）筷子成形的常用手法

筷子成形，是使用筷子将面团或坯剂加工成符合面点生坯要求形态的手工操作技法，可使用单根筷子对稀面团进行剔、拨操作成形制作剔尖（又称拨鱼面）；也可以与叠、卷、切、拉等相配合，使用筷子对面点生坯进行进一步夹、压等操作，如完成蝴蝶花卷、核桃花卷、油条等制品的成形。其中，剔尖的成形操作技法极具特色。

剔尖，因拨出的面条如两头尖的圆条细长鱼形，故又称为拨鱼面。成形操作前，要先准备好煮面用的开水锅。准备的面团质地稀软，经充分揣匀饧透后，将其放入凹形盘中，用手沾水将盘中稀面团拍实、拍光，并将其微微推向凹盘边沿。剔尖成形时，一手托起盛有稀面团的凹盘，并将凹盘微微朝向加热的沸水锅倾斜；另一手持一根一头削成三棱尖形的长筷子，由上而下将要流出凹盘边沿的面，顺着盘边，快速拨入锅中。每剔拨 1～2 下后，就要小角度转动一下凹盘，使盘中稀面团快要流出盘边时就再次顺势拨出面条。用筷子剔拨出的面条直接落入沸水锅中加热熟制，形成圆条状、细长鱼形面条。煮熟后的剔尖从锅中捞出后，通常会淋上面臊出品，亦可炒食。

(二)筷子成形的操作要领

筷子成形操作时,无论是单独剔拨成形还是与其他成形技法配合的夹、压操作,都要求位置角度准确、力度大小恰当,并注意防粘连。

用筷子成形法制作拨鱼面时,选用的稀面团要充分饧面,这样剔拨出的面条比较柔软、顺滑。剔拨成形操作前,准备的水必须开沸,“水要宽、火要旺”,且始终保持加热状态。如此操作可使剔拨出的面条落入沸腾水锅中能避免相互粘连,煮出的面条也会更加爽滑筋道。剔拨面条的动作要快且稳,同一锅煮制的面条在进行剔拨成形操作的每个动作间隔时间不宜太长。否则,面条出锅时的成熟度差异明显。

曲奇

五、角袋成形

(一)角袋成形的常用手法

角袋成形,是选用三角形塑料(或硅胶)裱花袋或用纸卷成的锥形袋作为角袋进行生坯成形或装饰成形的手工操作。根据制品加工要求,通常还会搭配不同形态的裱花嘴。具体操作时,先在角袋尖角端(出料端)剪一个小口,大袋口(进料端)朝上,将合适的裱花嘴(尖嘴朝下)放入角袋并挪至小口出料端,再将需要成形的坯料或装饰料装入角袋内并推聚填实装有裱花嘴的角袋出料口。然后,将角袋进料端袋口收紧,左右手配合用力、将材料从角袋小口出料端的裱花嘴中挤出。选用不同形状的裱花嘴,合理选择角袋挤注的角度与力度,通过挤、拉、带、收等手法,角袋挤注成形的物料呈现出符合制品要求的多种形态。

角袋成形多用于西式面点熟制前的生坯成形,或熟制后、出品前的装饰成形。例如,在泡芙、挤塑饼干等的生坯成形阶段,坯料从角袋中被直接挤注在烤盘中,以备进一步加热熟制。在西式面点装饰成形环节,角袋成形也常用于蛋糕、饼干等面点出品前的装饰美化处理。角袋成形的装饰运用也常被称为裱花装饰成形,是通过角袋与不同裱花嘴的组合,将装在角袋中的装饰材料(如油膏、糖膏、果酱等)挤注在蛋糕、饼干等制品的外表面上形成各种立体造型并配以一定的线条图案和文字等。

(二)角袋成形的操作要领

角袋成形选用的挤注材料多要求软硬适度,具有一定的可塑性。太硬或太软都不易成形。此外还需要根据制品的成形要求选择合适的角袋和裱花嘴。挤注材料装入角袋中后,要将空气排出并扎紧袋口,以防挤注的造型出现缺损或挤注料从袋口上端挤出。

使用角袋成形的挤注手法讲究技巧,需要双手配合、灵巧熟练。操作时,通常手肘悬空,操控灵活,用力适当,挤注出料均匀、大小粗细一致、造型清晰立体、排列整齐均匀。

角袋成形挤注时要注意挤注出料的角度、高度、力度和速度。若挤注倾斜角度小、位置高、力度小、速度快,则挤出的花纹线条略显瘦小、纹理易模糊;若挤注倾斜角度大、位置低、力度大、速度慢,则挤出的花纹线条会偏肥大,纹理粗糙。根据成形的细节要求的不同,角袋成形挤注时的角度、高度、力度和速度并不统一,从而能

获得富于变化、抑扬顿挫、疏密有间的成形效果。

角袋成形在装饰成形阶段除对操作手法有一定要求外，还须具备较高的美术设计能力，其配色要协调、色泽要自然、构图要合理，布局要适宜，真正做到食用性与艺术性的统一。

六、花钳成形

（一）花钳成形的常用手法

花钳成形，又称为钳花，一般是使用具有一定形状的花钳子，在面点的生熟坯剂表面夹钳出特定的纹理造型，以使面点的形态立体、形象生动。花钳成形常应用于发酵面坯半成品、米粉面坯半成品和层酥面坯半成品的制作，如钳花包、船点、核桃酥、花生酥等的制作。花钳形式多样，有平口、弧口、齿口等不同类型，成形操作得到的形状也不同。操作时要根据制品的形态要求，选择合适的花钳和操作方法（如横钳、竖钳、交叉嵌、错位嵌等）。

（二）花钳成形的操作要领

使用花钳成形的面点坯剂通常具有一定的硬度和可塑性。要选用形状合适的花钳，以使钳口整齐，纹理清晰。此外，花钳在操作前要做好防粘连处理。

花钳成形操作要注意控制力度、角度与深度，一般不可露馅。成形后，钳口深浅适度、花纹布局合理、形态立体自然。

花钳成形的面点在熟制前如果需要刷面，则不可封涂钳口，以防止钳口花纹闭合。大多数花钳成形的面点熟制时间较短，以免出现变形或坍塌的情况。

知识关联

中外艺术成形——面塑与糖艺

一、面塑

面塑，又称为捏面人、面花等，是一类极具艺术表现力的中国民间工艺品。2008年入选第二批国家级非物质文化遗产名录。最早有关面塑的文字记载见于汉代，最初的面塑多用于民间祈福，其后逐渐演变为专门手工艺人用模子或手捏成各种人物、动物，摆到街市上叫卖。面塑的功能不仅仅是欣赏与食用，它还是重要的祭祀祈福用品，寄托着人们求吉纳福的心愿。在日常生活中，面塑主要出现在嫁娶礼品、殡葬供品中，用于寿辰生日、馈赠亲友、祈祷祭奠等方面。在餐饮业上，面塑可用于橱窗展览，用于大型活动烘托气氛的展台看盘，还可装饰点缀各种菜肴。

面塑成形前，通常需要以面粉、糯米粉、澄粉为主料，搭配水、油、糖、盐、色素等调辅料，将其调制成可塑性强的各色面坯，然后再用手和简单手工工具，综合使用多种成形技法将面坯捏塑成各种生动的立体造型。面塑虽然可以食用，但其功能作用以观赏为主。因地域、民俗功能不同，各地面塑作品也形成了不同的造型、制法及艺术风格。

总体来说，面塑可分为两大类——面花和面人。

面花，又称为花馍，通常是选用麦粉类生物膨松面团制作的造型面点。面花制作难度大，其选料和面、成形发酵、蒸制出品都十分讲究。面花既要造型饱满立体，又要形象生动。面花的造型多样，如十二生肖、鲤鱼、石榴、葡萄、佛手、莲花、寿桃等，往往具有吉祥祝福等寓意，与当地风俗有着千丝万缕的联系，地方色彩浓郁。面花中比较具有代表性的造型当属枣山。枣山是以面卷红枣，拼塑层叠造型，蒸制成熟点染而得。枣山多用于春节祈福，寓意五谷丰登、风调雨顺、人丁兴旺，表达了对祖先的尊敬和对美好生活的向往。

面人，早期是用生面团捏塑一些小动物来代替真实动物来祭天拜神，后来改为用熟面团进行捏塑，点缀上色后兼具观赏性与可食性。制作面人通常选用可塑性强的面团，如熟米粉面团、澄粉面团、糖油面团、杂粮面团等。船点是面人的典型代表，其中的人物造型优美、逼真、温婉，表情刻画细致，衣纹简练，线条挺劲流畅。

无论是哪一种类型的面塑，其选用的面坯必须柔软可塑。面坯常会做调色处理，要尽量使用天然色素，要求着色自然、色彩搭配协调。应在凉爽室温下制作和保存面塑，尽量避免风吹。在面塑成品表面刷鱼胶液可使其形色效果保存更长时间。

二、糖艺

糖艺，又称为拉糖、糖塑等，是指利用砂糖、葡萄糖、饴糖、糖醇等原料经过科学配比、适温熬制、拉吹造型等，制作出卫生健康且具有观赏性、可食性和艺术性的展品或食品装饰插件的加工工艺。糖艺制品色彩绚丽、质感剔透、三维效果明晰。在正式的西点比赛中，糖艺属于必做项目，是检验选手西点功力和艺术修养的有效手段。如今，糖艺制品偶见于国内的婚庆、聚会等主题宴会活动，以展现宴会主题，提高宴席品位。

糖艺，在我国曾被称作糖活儿，大约出现在隋唐时期。糖葫芦是早期的糖艺作品。其后，糖艺在我国逐渐发展成为一项民间技艺，做糖活儿的人称为吹糖人。我国传统糖艺的制作原料主要是饴糖和蔗糖。饴糖和蔗糖经加热后，再采用吹、拉、捏、塑等方式来制作，造型简洁生动，如糖花、糖龙、糖宝塔等。但这样制作的传统糖艺制品极易融化，很难长期保存，且不符合食用卫生要求，因此大多用于赏玩。现代糖艺盛于欧洲，特别是法国和瑞士还成立了专门的糖艺学校。现代糖艺在欧洲飞跃式的发展得益于艾素糖（异麦芽糖醇，也称益寿糖）的发现和应用。艾素糖的甜度是蔗糖的50%～60%，具有低吸湿性、高稳定性、高耐受性、低热量、甜味纯正等特点。使用艾素糖熬制好的糖体可多次反复使用，且制作时不易返砂。用其制作的糖艺作品纯净透明，硬度大，抗吸湿效果好，不易融化，在湿度70%的地区都能进行制作。艾素糖应用于糖艺，大大提高了糖艺加工的可操作性和制品的观赏性。

糖艺基本上是在高温环境下成形，从熬糖到出品，要经历很多化学反应、物理反应和其他因素的影响。操作者需了解不同糖源（砂糖、糖醇、淀粉糖浆等）

的性质和特点，经过反复实践，才能掌握拉、拔、吹、沾、捏、塑等糖艺基本造型技法。现代糖艺制品色彩绚丽、具有独特的金属光泽、晶莹剔透、高贵华美、明亮耀眼，表现力极强。而糖艺造型是由加热糖坯经拉、吹等不同方法加工制作后得到的具有点、线、面的小部件，再根据一定审美要求，进行设计组合而成。现代欧式糖艺的造型，无论是展示品还是装饰插件，大多较为抽象和立体，通过流畅的线条和错落的层次体现造型的韵律美和动感美。而现代中式糖艺作品多表现为写实派，其形象逼真、栩栩如生，给人身临其境的视觉体验。

第五节　面点装盘出品工艺

面点经过成形、熟制工艺加工环节后，因原料选择和制作工艺的影响，会逐渐形成各自独具魅力的自然形色，基本确定了个体视觉特征。传统大众面点的出品比较侧重于呈现产品本身的感官品质。随着人们对美好生活的不断追求，消费者在充分享受面点自带的色、香、味、质等感官体验基础上，也开始欣赏面点出品的整体视觉效果以及面点出品与主题、环境等要素相互协调的美感效应。面点装盘出品工艺是指将已经成形、成熟的面点成品放入盛器中以备出品的操作过程；是以产品在成形、熟制工艺过程中形成的基本形色为基础，通过一定技术手法，将面点产品、装点材料、承载容器进行有机组合，进而实现艺术化与实用性共存的形、色、器的配合统一，达到面点最终出品造型的和谐美观。面点装盘出品工艺是面点制作过程中的最后一道环节。

在面点装盘出品工艺的实施过程中，既需要对产品本身细节进行美化处理，又需要关注产品在盛器中整体组合搭配效果。其中，对产品本身细节美化处理的工艺技术主要为本章前文介绍的手工装饰法。此处有关面点装盘出品工艺主要介绍面点产品在盛器中的整体组合搭配工艺。

一、面点装盘出品的工艺要求

（一）注意清洁、讲究卫生

面点装盘时大多已经完成熟制工艺，在装盘后几乎不再加热。面点装盘出品操作以手工为主，应遵循食品卫生操作规范要求，不仅要求所选用的盛器光洁无污点，而且操作者应佩戴口罩和手套。

（二）主品突出，疏密得当

面点装盘的主品大多是已经成形熟制后的面点制品。除主品外，还常在盛器中搭配一些装饰材料用于烘托主品特色、美化出品效果。这些装饰材料在分量和布局上都要注意不能喧宾夺主，要突出面点制品的主体地位。另外，在装盘时要根据具体情况，控制好每份装盘面点制品个数（一般以能保证每客一件的分量为佳）。

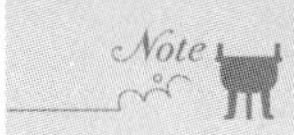

（三）色泽和谐、造型美观

色泽与造型是面点装盘的核心要素，要考虑面点制品本身的形色与盛装器皿、装饰材料形色搭配和谐，实现面点制品在盛器中的整体形色表现的和谐美观。

（四）盘点相配、相得益彰

饮食审美讲究美食与美器的和谐搭配。面点出品盛器本身就具备一定欣赏价值。一道精美面点的装盘出品，在选择盛装容器时，不仅要考虑容器是否能满足盛装制品的空间、大小、深浅等基础要求，还要考虑盛器能否展现面点色、香、味、形、意等风格特质。

二、面点装盘常见的布局方式

面点装盘常见的布局方式有随意式装盘、整齐式装盘、图案式装盘、点缀式装盘、象形式装盘等。

（一）随意式装盘

随意式装盘，是一种最简单的、不拘产品排列细节的装盘布局方式。这种面点装盘方式要注意选择大小、深浅、颜色、材质等基础形质特征与面点制品相匹配的盛装容器。装盘时，通常会留有适当的空间，既不显疏松，又不能拥挤，一般以视觉舒适为宜，采用堆放的装盘手法。随意式装盘一般应用于大众面点、普通宴席点心，或形态比较简单、单个品种体积较小的面点产品（如小麻花，猫耳朵、开口笑等）装盘。

（二）整齐式装盘

整齐式装盘，是一类产品排叠整齐的装盘方法。使用整齐式装盘方法的面点制品形状统一、大小一致，装盘时面点制品要求排列整齐、均匀、有规律，或围、或叠，或圆、或方等，如春卷、月饼、绿豆糕等的装盘。常见的面点整齐式装盘的应用规律如下：一个制品放在中心位；两个制品平行摆放；三个制品呈品字形摆放；四个制品呈田字格摆放；五个制品四品一高呈双层形摆放；再多就顺次堆高呈馒头形、宝塔状摆放。

（三）图案式装盘

图案式装盘，是根据面点制品的形色特征，在容器中进行组合构图的一种装盘布局方式。面点制品选择图案式装盘，往往采用对称、均衡、几何或装饰绘画构图法，利用面点制品在形色上的区分进行布局装盘，侧重于表现制品装盘后的对称与均匀、节奏与韵律等视觉效果。例如两种点心的“双拼”以及有起伏线、对角线、螺旋线、“S”形构图和各种形式掺杂起来的综合构图方法的运用。

（四）点缀式装盘

点缀式装盘，是在随意式、整齐式、图案式装盘的基础上，对整盘点心进一步点缀装饰，起到画龙点睛效果的一种装盘方法。点缀式装盘要在保证面点制品主体呈现的基础上，通过对比、衬托等色彩造型规律，以点、线或局部点缀装饰，美化出品效果。需要注意的是，点缀材料不仅要具有观赏性和可食性，还需在内容、形式或主题寓意上与面点主体具有关联性，能体现点缀材料与面点产品协调呼应的美感。

（五）象形式装盘

象形式装盘是将制作好的面点以象形图案的形式装在盘中，是一种对形色要求高、难度较大的装盘方式。象形式装盘前，须精心构图，以呼应面点出品的主题情景，赋予特殊寓意，令人触景生情，产生情感上的共鸣。例如融合面塑、翻糖造型工艺的面点出品，往往会根据主题要求进行装盘构图布局，借助线描、喷绘、雕刻等技术处理手法，让面点制品与装盘营造的场景巧妙地融为一体，形象生动、活灵活现。

三、面点装盘常用的工艺手法

面点装盘常用的工艺手法主要是指对面点主品的装盘技术处理方法，具体有水平排列、翻转倒扣、层叠堆砌和每客独装等。

（一）水平排列

水平排列式装盘，是一种较为常见、广泛适用于干点装盘的工艺手法。具体操作时，是将面点按一定的顺序在盛装容器中水平排列。可以水平排列为三角形、圆形、方形、菱形或某个水平图案布局。水平排列式的装盘效果较为整齐，制品之间可留有一定间隙，也可以不留间隙而拼摆成完整的图形。

（二）翻转倒扣

翻转倒扣式装盘，是将处理好的面点材料按一定的方法（或图案）填入器具中（碗、托、盏、模等），待其成形成熟后，再将面点产品翻转倒扣于出品盛装容器中，辅以简单的点缀即成，如八宝饭、山药糕、喇叭糕等的装盘。

（三）层叠堆砌

层叠堆砌式装盘，是将面点制品放在盛器中自下而上堆砌成一定形状的出品方式。层叠堆砌式装盘在大众面点的出品中处理得相对较为粗放，层与层之间彼此混杂交错，没有明确的水平分界，如开口笑，小饼干、面条、炒饭等的装盘。但层叠堆砌式也有相对较为规律、下大上小、分层清晰的方式，可用于大小统一且体型中等的制品，如馒头、春卷等的装盘。无论是哪种层叠堆砌式装盘，都会要求整体造型饱满、匀称，给人美的感受。

（四）每客独装

每客独装的装盘操作，常选用小汤盅、小碗、小杯、盏碟等小分量容器盛装，每客一份，由服务员送予每位宾客食用。每客独装式装盘是一种适用于甜羹类、水煮类、蒸炸类、煎烤类等面点出品的装盘手法。高档宴席面点制品选择每客独装式装盘方式时，每客装盘分量不宜太多，小份一人食的分量即可。这种每客独装的面点主品装饰通常比较简单，可搭配小分量的水果、蔬菜、酱汁等，做少许点缀即可。

本章小结

面点成形工艺是指运用各种成形操作技法，将调制好的面团或皮坯按照制品外形要求制成所需形态的操作过程。面点成形工艺根据成形方式可分为手工成形与机械成形两大类。其中手工成形又可划分为手工直接成形和器具辅助成形。手工直接成形是指在面点的成形工艺环节中，不借助其他器具，直接用手操作的成形加工技法。手工直接成形技法多样，相对使用较多的主要有包捏法、卷叠法、抻拉法，搓按法和手工装饰法。器具辅助成形也是手工成形方法的一大类。这类方法通常要借助一些简单的成形工具或器具，如模具、刀具、面杖、筷子等，并配合手工操作技法来进行面点制品成形加工。

面点装盘出品工艺是以产品在成形、熟制工艺过程中形成的基本形色为基础，通过一定成形技术手法，将面点产品、装点材料、承载容器进行有机组合，进而实现艺术化与实用性共存的面点形、色、器的配合统一，达到面点最终出品造型的和谐美观。

核心关键词

面点成形工艺；手工直接成形；器具辅助成形；装盘

思考与练习

1. 搓条、下剂、制皮和上馅的操作技术要领主要有哪些？
2. 举例说明平展擀皮和旋转擀皮的特征及应用。
3. 举例说明无缝包法、提褶包法、拢皮包法和卷裹包法成形的特征及应用。
4. 举例说明平捏法、折褶捏法、推捻捏法、绞捏法成形的特征及应用。
5. 举例说明单卷与双卷成形的特征及应用。
6. 双手抻拉面条的步骤及技术要领主要有哪些？
7. 举例说明直条搓、推片搓和旋转搓成形的特征及应用。
8. 举例说明生坯模具成形、加热模具成形和熟坯模具成形的特征及应用。
9. 中西面点装盘工艺的差异主要表现在哪些方面？

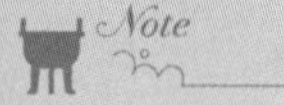

Chapter 7

第七章　熟制工艺

学习目标

•熟悉熟制工艺的作用、了解传热方式及传热介质、理解面点制作中不同熟制工艺的成熟原理。进一步培养学生细致严谨的科学态度和精益求精的学习作风。

•掌握面点制作中不同熟制工艺的操作流程和技术关键，正确理解至臻至善的品质特色，进一步强化精益求精的工匠精神和乐于探究的思维品质。

•能根据面点出品要求选用恰当的熟制工艺。学会系统思考、统筹兼顾，综合考虑造型、风味、质地等元素在熟制工艺中的变化。全面控制面点质量，努力打造美好生活。

教学导入

“饼”的最初含义是用麦粉做成的食品。按烹饪方法，汉代的“饼”有水煮的“汤饼”、汽蒸的“蒸饼”、火烤的“胡饼”、煎烙的“拨饼”、油炸的“细环饼”等。传承至今，“饼”已演变为一类扁平状米面食品的专称。那么，请同学们以生活中各式各样的“饼”为例来说明不同熟制工艺对面点风味品质的影响。

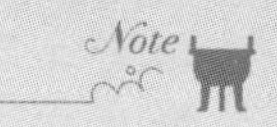

第一节　熟制工艺概述

一、熟制工艺的概念和作用

（一）熟制工艺的概念

熟制工艺是指将食物坯料或半成品加热成熟的加工技艺。根据加工对象的不同，熟制工艺又可分为菜肴熟制工艺、面点熟制工艺等。其中，面点熟制工艺通常是指对初步成形的面点坯料或半成品，运用合适的加热方法，使其成熟的加工过程。大多数面点熟制工艺是在其成形之后，制品的出品形态在其被加热成熟的同时得以确定，如鲜肉包、面包、荷花酥等。但也有少部分面点加工在完成熟制工艺后，还须配合一定的成形工艺才能确定出品的最终形态，如糍粑、绿豆糕、萨其马等。

面点种类繁多，熟制方法也多种多样。常见的面点熟制方法有蒸、煮、炸、煎、烙、烤等。这些熟制方法，可以单独使用进行面点制品的成熟，如煮馄饨、蒸包子等；也可以将不同加热方式组合使用，先将面点生坯经蒸、煮或烙制成基本成熟的半成品后，再采用烤、煎、炸，甚至烹炒的方式完成熟制出品，如炸糍粑、煎饺、炒面等。

（二）熟制工艺的作用

熟制工艺通过热加工使食物成熟，并具有一定色、香、味、形、质的特点。熟制的作用主要表现为保证食物安全可食、促进消化提升营养、形成感官风味品质。

1. 保证食物安全可食

没有经过热加工处理的原材料或半成品，往往会带有各种病原微生物和不利于消化作用的酶。因此，通过熟制工艺，彻底加热食物，使食物的中心温度达到 70 ℃以上数分钟，即能杀灭大部分病原微生物、抑制酶的活性，保证食物安全可食。

2. 促进消化提升营养

面点的制作原料中含有丰富的淀粉、蛋白质等营养成分。常温下，具有大分子链的淀粉和蛋白质的天然结构相对稳定，往往很难被人体内的消化液所消化分解。当面点经过加热熟制工艺，在热和水的作用下，淀粉半晶体结构逐渐被破坏，淀粉颗粒吸水膨胀、破裂，天然结构解体，分子链伸展，淀粉糊化，使得淀粉酶水解变得更加容易。加热至一定温度后，适度的高温变性使蛋白质分子链解开，结构松弛，活性位点暴露，易发生酶促水解反应。面点熟制的热加工使得许多营养成分的立体结构发生变化，更容易在消化酶的作用下被进一步分解为简单的小分子而为人体吸收，提高营养成分的利用率和面点制品的营养价值。

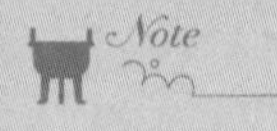

3. 形成感官风味品质

面点通过加热熟制实现成熟，在这个过程中也逐渐形成了面点出品的感官风味品质。面点出品的色泽一方面来自制作原料，另一方面面点制品经过烤、炸、煎、烙等高温加热成熟，会因高温下的焦糖化反应和美拉德反应而在制品表层产生诸如浅黄色、棕黄色、红褐色等的一系列色泽变化，形成特殊的香气和滋味等感官特征。加热还对面点出品的形态和质地产生决定性影响。加热熟制不但影响面点制品的整体外观形态，而且不同面团性质的面点制品还会在各自加热方式的影响下，形成诸如软、滑、爽、脆、松、酥、嫩等不同质地。麦粉类生物膨松面坯制品蒸制成熟后形态膨松、质地柔软，如馒头、包子等；麦粉类冷水面坯制品煮制成熟后会形成爽滑筋道的口感，如面条、水饺等；麦粉类层酥面坯制品炸制或烤制成熟后形态分层微膨、质地外酥内软，如老婆饼、榴莲酥等。

二、熟制的传热方式及传热介质

（一）熟制的传热方式

面点熟制加工时因受热而产生一系列变化。而这一过程需要将热源产生的热能传递给面点坯料或半成品。热能传递的方式主要有三种，即热传导、热对流和热辐射。在大多数熟制工艺技法中，这些热传递方式往往是两种或三种同时出现。

1. 热传导

热传导，又称为传导传热、导热等，是依靠物体内分子的热振动和自由电子的运动而进行的热能传递。同一物体内部或紧密连接的不同物体间，热量会自动地从高温向低温传递，直到能量达到平衡为止。热传导可以在固体、液体及气体中发生。在热传导的物体中，分子不发生相对位移，如铁锅导热。在面点制品熟制过程中有两种形式的热传导：一种是热源产生的热能通过锅、油、水或烤盘、模具等使制品底部或四周同时受热；第二种是传至面点生坯表面的热能由一个质点向另一个质点逐渐传递至面点制品的内部。

2. 热对流

热对流又称对流传热，是指流体中质点发生相对位移而引起热量传递，是液体或气体中较热部分和较冷部分之间通过循环流动使温度趋于均匀的过程。热对流是液体和气体中热传递的特有方式，而且必然伴随着热传导现象。对流可分为自然对流和强制对流。自然对流往往是由于流体自身温度不均匀而引起的。强制对流是由外界对流体搅拌而形成的。加大液体或气体的流动速度，能加快对流传热。面点熟制的几种常见方法——蒸、煮、炸、烤等，都有对流传热。蒸制对流传热的介质是水蒸气，煮制对流传热的介质是水，炸制对流传热的介质是油脂，烤制对流传热的介质是混合气体（空气与蒸汽混合）。对流传热至面点生坯表面后，在面点生坯表面至内部的传热方式不再是对流，而是传导。所以对流传热方式并不能单独完成制品由生变熟的过程。

3. 热辐射

热辐射，又称辐射传热，是物质由于本身温度的原因激发产生的电磁波被另一低温物体吸收后，重新全部或部分转变为热能的过程。因此，辐射传热，不仅是能量的传递，还同时伴随能量形式的转化。热辐射不需要任何介质做媒介，可以在真空中传播。物体的热辐射能力与温度、波长有关。在波长一定的情况下，温度越

高，辐射能力越大。在光谱的所有波段中，并不是所有的波段的辐射都具有实际意义。研究发现，位于红外线这段的热辐射能力最强，其次是位于其两边的可见光和微波。因此，在面点熟制工艺中应用较多的热辐射方式为红外线加热，其次是明火加热和微波加热。不同方式热辐射的加热原理各有不同。远红外线加热是以共振吸收现象为基础的，辐射的能量被物体吸收转变为热能，使物体温度升高、受热成熟。明火中炭黑粒子和灰粒都带有大量的热能，通过燃烧加热还能使二氧化碳和水蒸气也含有大量的热能，由于对流的作用向被加热的物体方向移动，在移动过程中未接触被加热的物体前，热能都是以辐射的方式向外散发，从而使食物受热成熟。而微波加热则是食物原料中的极性分子在不断变化振荡、方向反复变化的电场的作用下，也跟随着做相应的反复摆动，产生摩擦热，使制品成熟。

（二）熟制的传热介质

除热辐射外，面点熟制工艺往往需要通过不同传热介质来传递热量。不同的传热介质具有不同的导热性能，传递热量的方式也不一样。

1. 以水为介质的传热

水是最普通、最常用的一种传热介质。以水为介质的传热，代表的熟制方式是煮。水具有较大的流动性，并且黏性小、沸点低、渗透力强，是理想的传热介质。加热时，由于容器内不同位置水温不同，从而形成对流。因此，以水为介质的传热首先是依靠水的对流方式传递热量，然后通过水分子的剧烈运动、扩散、渗透，以及水对食物坯料的接触，不断将热量传递给面点，从而使面点成熟。

2. 以水蒸气为介质的传热

水蒸气就是达到沸点而汽化的水。以水蒸气为介质的传热，代表的熟制方式是蒸。水蒸气传热可使食物坯料受热均匀，传热也较快。蒸制成熟的面点制品水分含量适中、质地柔润、软硬适度。水蒸气传热较好地保存了食物的营养成分，并能保持原料自带的天然风味。水蒸气导热首先通过蒸汽对流传递热量，然后再以传导的方式将热量从水蒸气传递给被加热的食物坯料。食物坯料以静止状态在热蒸汽中不断受热而逐渐成熟，其出品能保持较好的外观形态。

3. 以油为介质的传热

油是一种重要的传热介质，具有加热温度高、传热迅速、渗透力强的特点。以油为介质的传热，代表的熟制方式是炸、煎等。其首先是依靠油的对流传递热量，然后通过油脂与食物坯料的接触传导热量，从而提高食物坯料的温度，进而制熟食物。以油作介质传热时，油脂的受热温度范围较广，运用更加灵活。如选择高油温加热熟制，不仅成熟时间相对较短，而且其出品风味往往会发生较大的改变，如增色、增香、增味、脱水、发脆、起酥等。但需要注意的是加热油温一般不可超过 250 ℃，否则，油易产生有害物质，危害健康。

4. 以空气为介质的传热

以空气为介质的传热，代表的熟制方式是烤。烤制成熟主要是以热空气对流的方式对食物坯料进行加热，同时还兼有热传导和热辐射的方式传递热量，制熟食物。以空气为介质的传热，其加热温度范围较广、运用灵活，且坯料受热均匀。如

选择高温热熟制，还会因高温下食物发生焦糖化反应和美拉德反应，使食物出现色、香、味、形、质等方面的变化。

5. 以金属为介质的传热

以金属为介质的传热，代表的熟制方式是烙、煎、烤。在热加工操作时，食物坯料放置在金属盛器（如生铁板、平底锅、金属烤盘等）中，依靠金属盛器受热，将热量直接传递给与之接触的坯料并不断向坯料内里渗入，最终使食物坯料逐渐成熟。以金属为介质的传热，导热能力强、热传递速度快、可控温度范围大，往往能使食物与金属容器的接触面发生明显的焦糖化反应和美拉德反应，从而使接触面首先出现色、香、味、形、质等方面的变化。

在某个面点制品熟制加工的整个过程中，往往不是单一的导热介质在起作用。如面点烤制成熟的过程，不仅有金属烤盘的传热，还有水蒸气传热和空气传热的共同作用。

第二节 蒸制面点成熟法

酱肉包

一、蒸制面点成熟法的概念、特征与应用

（一）蒸制面点成熟法的概念

蒸制面点成熟法是指将面点成形生坯放在加热空间内，在常压或高压下，利用水蒸气传递热量，使面点生坯成熟的操作过程。

（二）蒸制面点成熟法的特征

蒸制加热温度通常在 100 ℃左右。这一温度既能较好地保留面点原材料自身的色泽，又不会使面点有高温下焦糖化反应和美拉德反应所产生的颜色变化。蒸制的环境空间具有较高的湿度，面点制品蒸制成熟后不仅不会失水减重，往往还会吸收少量水，从而使蒸制面点出品的表皮柔润、保持原色、馅心鲜嫩、原汁原味、易于消化、形态完整。有些传热介质（如水和油）在加热过程中常与坯料发生溶解扩散、高温分解等，而水蒸气则不会与坯料发生这些变化，较好地保留了营养成分。面点坯料的蒸制过程大多在密闭的蒸汽加热空间中进行，热蒸汽分布均匀，从而能使面点坯料均匀受热成熟。此外，面点坯料在整个蒸制过程中基本处于静止、不移动的状态，合理的加热操作不会破坏蒸制面点出品的外形。但如果蒸制加工时间过长，则出品时往往会有外形塌陷的现象。

（三）蒸制面点成熟法的应用

蒸制面点成熟法适用范围广，除麦粉类油酥面坯制品和麦粉类矾碱面坯制品外，其他各类面坯制品都可采用蒸制成熟法，尤其是麦粉类发酵面坯制品、米及米粉面坯制品，如蒸饺、馒头、包子、八宝饭、棉花糕等。

二、蒸制面点成熟法的操作方法

(一)蒸制准备

面点在进行蒸制成熟操作之前,通常需要准备好一定状态的坯料和蒸制环境。

1.坯料准备

采用蒸制加工的面点制品在熟制前,坯料大多已经进行了成形操作。但是,发酵面团制品在蒸制前除了成形操作外,还应进行生坯成形后的饧点。饧点是发酵面团制品加工的一个重要的加工环节,具体的操作是将成形好的发酵面团半成品放在一定温度(35～40 ℃)和湿度(70%～75%)的环境中静置一段时间。当坯料饧点至体积膨大、质地变软、棱角模糊、表皮起膜的状态时,即可进行蒸制加热操作。

2.蒸汽准备

蒸制加工通常是在蒸笼、蒸箱、蒸室或屉锅中进行,需要做好蒸制加热空间内的蒸汽准备。面点蒸制时的蒸汽,有的是蒸制空间内的蒸锅盛水加热产生,有的是通过蒸汽发生器制得蒸汽后再导入蒸制空间内。通常是当蒸制加热空间内的蒸汽准备充足且能持续供应时,才将准备好的坯料摆屉并放入其中进行加热熟制。

(二)生坯摆屉

当面点坯料和蒸制环境都已经准备好后,就可以进行生坯摆屉。生坯摆屉,首先要选择匹配蒸制容器空间的盛器(俗称"屉"),屉上要垫上干净卫生的防粘垫片材料(如硅胶垫、湿垫布等),或在草垫、不锈钢垫片等上刷油,然后才将准备好的面点生坯按一定间隔整齐地摆入蒸屉上,进而蒸制加热。

(三)蒸制加热

蒸制加热,又称为上笼蒸制,是将准备好的面点半成品放置在密闭空间中,在稳定、适度的温度和蒸汽压下,持续加热熟制的操作过程。加热时要始终保持一定火力,产生足够的蒸汽,且在彻底熟制前不可随意中途揭开笼盖或开箱,以保证制品顺利胀发、定形、成熟。

(四)成熟出笼

面点制品蒸制成熟后要及时出笼。出笼时先在蒸锅中加入冷水或关闭蒸汽,使用隔热垫或隔热手套做好防烫保护,将面点产品连同笼屉一并从蒸汽环境中取出。刚刚出笼下屉的蒸制面点,容易粘手脱皮影响其外观,可在常温下静置数分钟,让其表面水汽挥发,形成干爽的表皮后,再将其取出并装盘出品。

三、蒸制面点成熟法的技术关键

(一)把握坯料状态

面点蒸制前一般都已经进行了成形操作,而发酵面团在成形后、蒸制前还需要进行饧点发酵。饧点的本质是半成品坯料中的酵母菌在适宜的温度(35～40 ℃)和湿度(70%～75%)环境下,进一步发酵、产气,使半成品呈现出体积膨大、质地变软、棱角模糊、表皮起膜的状态。发酵面团半成品经过饧点后再蒸制成熟,往往能

达到最佳的膨松效果。

发酵面团饧点温度过低，会导致酵母发酵力不足，坯体胀发性差，体积不大，熟制后质地紧结；温度过高，则发酵速度过快，坯料气孔过大，组织粗糙，熟制后易塌陷变形，口感不细腻。如果饧点的环境湿度过小，则生坯表面易干燥、结厚皮；湿度过大，则表面凝结水过多易使生坯产生“泡水”现象，熟制后在此处形成“斑点”，影响制品外观。

饧点时间长短应根据品种、加水量、水温、季节等因素灵活把握，一般需要 30～60 min，具体时间根据制品所需要的生坯饧点状态而定。

（二）控制蒸汽产生

蒸汽可由蒸汽发生器制得或加热装水蒸锅制得。蒸汽发生器通常都配有自动进水、防熄火、防干烧等保护装置，正常工作时，能快速上汽。如果蒸汽是由加热装水蒸锅制得，则水量的多少，直接影响蒸汽大小：水量多，则蒸汽足；水量少，则蒸汽弱。但也要注意，蒸锅加水要适宜，通常以六至八成满为宜。水量过少，易烧干并影响产汽量和工作效率，而使制品出现死板、不膨松、夹生粘牙等不良后果；水量过满，水加热沸腾时向上翻滚，容易冲击屉底，浸湿制品，影响品质。可抬高笼屉的位置，使最下层生坯与水面保持一定高度差，避免水沸冲击底层制品。蒸制时，蒸汽要持续充足。因此，每次蒸制操作前，要检查锅中水量，水量不足及时补充。

蒸制过程中还要注意保持水质洁净，防止水质变化影响成品质量。例如：多次蒸制加碱发酵面点，水中往往含有较多碱性物质，继续使用，易使后续蒸制产品中碱量增大；蒸制烧卖、汤包等含油较重的制品，水中会积聚大量油脂，极易影响后续蒸制品的色泽和滋味。因此为了保证蒸制出品质量，蒸锅或蒸箱中不仅要常添新水，而且还要常换新水，不可一锅水蒸到底，只加水，不换水。

（三）合理生坯摆屉

生坯摆屉前，不仅要使用防粘垫片或在屉底刷油来预防制品粘在蒸具上造成外观破损，还要注意生坯在屉中摆放时要保持一定间距。面点制品蒸制成熟后，体积一般会变大，尤其是发酵面团制品。生坯摆屉时，面点生坯按一定间距整齐地摆入蒸屉，其间距应满足制品在熟制过程中需要的膨胀空间。间距过小，坯料加热过程中可能会相互粘连，影响出品形态；间距过大又影响单次出品分量，降低效率。

生坯摆屉时，还要注意避免不同种类、大小的面点制品同屉混蒸。制品因配料不同，其风味就存在差异。同笼混蒸不同风味的面点制品，容易产生串味现象，影响制品各自风味表现。皮坯、馅心性质不同或分量大小不同的制品，成熟时间不同，因此不能一笼混蒸，避免出现生熟不一。

（四）掌握蒸制火候

蒸制过程大多要求保持旺火且空间密闭。蒸汽要持续充足，否则制品不易胀发，或出现粘牙、塌陷、僵皮等现象。也有一些制品在蒸制过程中要调整火力大小。如马拉糕生坯蒸制时先用大火蒸 10 min，待蒸制空间产生足够的蒸汽后，再调整为中火继续蒸 10 min 使其成熟。在蒸制凉蛋糕时，通常是产生蒸汽后，先用中小火加热并将笼盖开一条缝隙蒸 3～5 min，再将笼盖放下密封用大火蒸制成熟。这样调

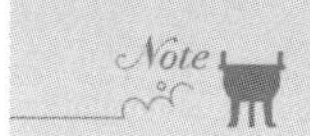

节蒸制火候的目的主要在于防止因蒸制空间的温度过高，蛋糊胀发过快而造成制品表面起泡和有麻点的现象，同时也避免初始温度过高，蛋白质变性过早，影响胀发效果。

蒸制时间是影响成品质量的重要因素。蒸制时间通常是从半成品入屉上笼且蒸汽充满蒸制空间(称为“上汽”)之后才开始计算。蒸制时间不足，制品外皮发黏，吃时粘牙；蒸制时间过久，制品会发黄、发黑、变实、坍塌，进而失去应有的色、香、味、形。蒸制时间一般要根据品种、坯体大小、皮馅比例及蒸汽情况等因素灵活掌握。通常热水面团制品比冷水面团制品的蒸制加热时间要短，熟馅面点制品比生馅面点制品的加热时间要短。

(五)及时出笼下屉

制品蒸制成熟，应及时出笼下屉。检验蒸制品是否成熟的方法主要有以下两种。第一种方法是竹签检验法。将长竹签插入到较大坯体蒸制品的中心位置后抽出，观察竹签的黏附状况。如果竹签上粘有糊浆物，则代表制品尚未成熟；如果竹签干爽不粘，则代表制品成熟。第二种方法是手压检验法。用手按压或轻拍蒸制品表面，手压处有弹性，松开后，下压变扁的部分能回弹还原即为成熟；若手按发黏、潮湿，压扁部分不再弹起，即未熟。竹签检验法较适用于检验较大坯体的蒸制品的成熟状态，如马拉糕、年糕、清蛋糕等的检验；而手压检验法较适用于检验较小坯体的蒸制品的成熟状态，如蒸饺、馒头、包子等的检验。

出笼时为避免被蒸汽烫伤，要在成熟后、出笼前，往蒸锅中加入冷水或关闭蒸汽阀门，减少并散去部分蒸汽。拿取笼屉时，要使用隔热材料。还要注意出笼时制品的搬动方向，提前准备好放置出品的台架。蒸制面点集中大批量成熟出笼时，要及时进行松屉，以防制品粘屉破皮。松屉的操作手法是待取出制品的表层水汽稍稍散去后，迅速拍掀制品，使蒸制出品底部与笼垫短暂分离即可。制品出笼后要摆放整齐，不可乱压乱挤，保持表皮完整光亮。

四、蒸制面点成熟法的熟制原理

蒸制面点成熟法主要是利用传导、对流使面点生坯获得能量而逐渐成熟。蒸汽加热初期，传热空间内的温度较低。热蒸汽在与冷空气接触过程中，以传导为主将能量传递给冷空气。同时冷、热气体之间还发生对流作用，即热蒸汽向上移动，而空间顶端的冷空气向下移动，直至空间内各部分的温度和湿度达到平衡为止。蒸制时，空间内的热传递方式主要是通过对流，而制品内部的热传递则主要是通过传导。生坯入笼蒸制时，制品表面很快接受热蒸汽传递的热量，制品表面的热量通过热传导的方式向制品内部低温区推进，从而使制品内部逐渐受热成熟。

制品在蒸制成熟过程中，生坯原料中所含蛋白质与淀粉受热后发生变化。淀粉受热后膨胀糊化。随着温度上升，淀粉 60 ℃左右开始剧烈膨胀、破裂糊化。淀粉在糊化过程中吸收水分变成黏稠胶体。出笼后，温度下降，糊化的淀粉形成凝胶体，使成品表面光滑。另外，面粉中所含蛋白质在受热后开始热变性凝固，并排出其中的“结合水”。随着温度的升高，糊化和变性速度加快，直至淀粉完全糊化、蛋白质全部变性凝固，面点就完成了蒸制成熟操作。此时，面点制品的分子内部结构

Note

基本稳定，外观形态基本确定。蒸制生物膨松面坯或物理膨松面坯时，坯料受热后会产生一定的气体，或者面坯内部本身就含有部分气体。这些气体在面筋网络的包裹下，在面坯中形成大量的气孔。气体受热膨胀，带动这类面坯体积进一步增大，内部呈现出多孔、松软、富有弹性的海绵状。

第三节　煮制面点成熟法

雨花石汤圆

一、煮制面点成熟法的概念、特征与应用

(一)煮制面点成熟法的概念

煮制面点成熟法是指将面点坯料直接投入水锅中，在加热的过程中，主要利用水的热对流作用将热量传给生坯，使生坯成熟的操作过程。

(二)煮制面点成熟法的特征

常压下，水的最高温度为 100 ℃。因此，煮制面点成熟法加热时间较长，其出品通常表现出质地爽滑、口感黏实、筋道及保持原汁、原味、原色的特点。煮制加热过程，面点生坯浸没在水中，均匀充分受热，坯料中的淀粉大量吸水膨胀、糊化，使得出品重量明显增加。而如若煮制加热时间过长，还会造成出品变形，甚至软烂破碎。此外，由于水的比热比较大，面点制品，特别是那些煮制成熟、带汤出品、汤水共食的面点，其煮制成熟后的出品含水量较高，能储存较多的热，出品温度下降也比较缓慢。

(三)煮制面点成熟法的应用

煮制面点成熟法由于操作方便，适用范围较广，除膨松面团、油酥面团制品外，主要用于制作冷水面团制品、米及米粉面团制品以及各种汤羹类食品等，如面条、水饺、馄饨、汤圆、粥、饭、莲子羹、银耳羹等。

二、煮制面点成熟法的操作方法

(一)煮制准备

面点在进行煮制成熟操作之前，通常需要准备好一定状态的坯料和煮制用水。

1. 坯料准备

选择煮制加热成熟法的面点制品主要有两大类：一类是进行了成形加工的米面半成品，其在煮制前已经完成坯料形态的准备，属于成形后的生坯状态，如面条、饺子、汤圆等；另一类是粥、饭及汤羹类制品，这些面点品种在煮制前坯料基本还处于原材料状态，没有经过太多复杂的手工加工处理，是仅完成淘洗、浸泡等简单初加工的准备状态，如八宝粥、绿豆汤、银耳羹等。

2. 用水准备

选择一个大小合适的加热器具，往其中加入一定量的水。有时为了提升煮制面点产品的口感和光泽，还会在水中加入少许食盐和油脂。大多数面点制品煮制加热前需要将水烧开，如汤圆、面条、饺子等。但也有部分面点制品在煮制加热前不需将水烧开，如绿豆汤等。

（二）生坯下锅

做好煮制准备后，将面点生坯散开投入沸水锅进行加热熟制，如面条、饺子、馄饨等的煮制。也有些汤羹类面点的熟制，会在水沸之前将备好的原料投入锅中，即将洗净、泡好的原材料与常温水按预定比例搭配好后，一起倒入容器中加热，如绿豆汤、银耳羹等的制作。

（三）加热煮制

水沸下锅的面点坯料，在整个加热过程中，通常始终保持火旺、水沸的加热状态。如果这类面点产品是外形较大且带有馅心的，可在煮制过程中加盖。加盖后，煮制空间气压上升，热量更容易渗透进入坯体内部，保证面点由外及里完全成熟。而原材料和常温水一起加热的汤羹类面点产品，在煮制过程中，首先要用大火将原材料和水一并烧开，然后略调低火力，保持液面始终处于可控的沸腾翻滚状态，直至完全成熟，达到出品要求。

（四）成熟出锅

面点煮制成熟后，通常要尽快出锅并食用，特别是沸水下锅煮制的面点。这类面点成熟后，如果还继续在热水中浸泡，坯料中的淀粉会过度糊化，进而导致产品表层质地软烂、风味品质下降等。沸水煮制的面点含水量较高、质地柔软，较易破裂。

成熟出锅捞取时，应先用勺子或长竹筷在水锅中轻轻推拨，使煮制面点全部浮起并聚拢，然后再用漏勺或爪篱轻巧而快速地将熟品捞出盛入盘中或碗中。有时还会将从沸水锅中捞出的熟品冲淋一下凉水后，再盛入碗中。这样操作，煮制品表皮突然遇冷，不仅会形成光滑的表面，还会使其获得更加爽滑筋道的口感。

三、煮制面点成熟法的技术关键

（一）水温水量要合理

大多数煮制面点生坯半成品都要求水沸下锅。开水煮制生坯，可缩短煮制时间。半成品在沸水锅中煮制，蛋白质很快变性凝固，不会出现坯料相互粘连的现象，制品内部养分较少外溢流失，保证了成品质量，如面条、汤团、饺子、馄饨等的煮制。冷水入锅煮制汤羹类面点产品时，通常会将加工处理好的原材料与常温水一同加热。如果用开水煮制，原材料中的蛋白质遇热会发生变性而凝固，不容易使其煮至软烂，达不到出沙、起胶的出品效果。

成形生坯下锅煮制前，锅内水量要充足。水量应是生坯的几倍或十几倍，俗称“水要宽”。只有水宽、水沸，才能保证生坯入锅后的水温即使降低，也不低于60℃，而制品生坯中的淀粉和蛋白质仍然可以糊化、变性，保证制品成熟。同时，水宽还能使面点坯料在水锅中有充分的活动空间并受热均匀，彼此不粘连、煮水不浑汤，使成品清爽利落。汤羹类制品在整个煮制过程中不适合中途加水，因此要配足

水量，以保证汤羹出品质量。

(二)生坯下锅讲手法

面点成形生坯下锅煮制，不仅仅要求水宽、水沸，而且要活水下锅。成形生坯要尽量通过抖散、分散的手法，快速、分次下入沸水锅中，同时还要用勺将水推动。这样能避免生坯彼此相互粘连或堆聚在锅底而导致生坯受热不均等问题。

(三)煮制技术巧应用

面点成形生坯入沸水锅后，坯料中的淀粉受热和水的作用开始糊化而产生很大的黏性。而半生半熟的坯料会漂浮在水面上而造成坯料受热不均匀。因此在煮制的过程中，可选择用长竹筷轻柔地拨散面条，或是用炒勺的勺背将下入锅中的饺子、馄饨、汤圆等制品坯料顺着锅中水流方向轻轻推拨。这样操作不仅能避免生坯粘锅或相互粘连，使面点坯料受热均匀，还能保证成品的形态不受破坏。

面点成形生坯煮制时都要求火旺、水沸、水面要始终保持开沸状态，但又不能大翻大滚，俗称为“沸而不腾”。如果火力较小，加入制品后，水温较长时间无法回升到沸点，则制品不易成熟，且由于面坯在热水中浸泡时间过长，会出现淀粉过度糊化，出品皮烂馅漏、风味不佳等问题。但是，如果在面点制品快要成熟的时候，水还持续处于大翻大滚的状态，此时坯料中淀粉糊化使得坯皮质地柔软，极易在剧烈翻滚的沸水中被击烂、断条或破皮。因此在面点煮制快要成熟时，可略降火力，使锅中沸水保持一种可控的微翻、微滚状态持续加热，直至成熟即可。但有时在火力大小不易控制时，还可以采取点水的方法来控制其沸腾状态。点水即在锅内水沸腾时，添加少许冷水使水面暂时平静下来的一种操作。此时，锅内水温非常接近产生沸腾的 100 ℃，但又未达到 100 ℃。在这样的温度下，坯料仍在加热中，而相对平静的热水或沸水能有效防止制品互相碰撞而裂开，使制品表皮光亮，食之筋道，同时还会稍微延长加热时间，促使馅心成熟入味。点水要把握好次数和时机。点水次数应视品种而定。通常，煮制水饺点 3 次水，煮制面条点 1～2 次水，煮制汤圆用中小火加热，根据制品的大小，点 1～2 次水即可。

连续煮制多批次的面点成形生坯时，在每次生坯入锅前，都应往锅中补充足够的清水并烧开。如若锅中水已混浊，则须重新换一锅清水烧开后使用，以保证成品清爽利落。否则，用混浊的煮水继续热加工熟制成形面点生坯，会使生坯表层黏糊软烂、缺乏光泽。

(四)成熟出锅应及时

面点煮制成熟法一定要掌握好加热时间，成熟后要尽快起锅食用。面点成形生坯的煮制时间不足，则制品不熟、黏滞粘牙；煮制时间过长，则制品软烂、破皮，出品的形状和风味都会被破坏。面点煮制加热时间根据制品类别、生坯大小厚薄、是否带馅等因素而有区别。例如：煮制皮薄馅少的馄饨时，几乎是煮沸开锅即熟，加热时间稍长则会出品软烂；水饺皮厚馅大，煮制加热时间稍长，常数次点水后才能使皮馅成熟；煮制汤圆时间更长，因其坯皮厚实，且原料为糯米，成熟会相对慢一些。

除了要根据具体品种灵活掌握煮制成熟时间外，还需要掌握判断煮制品成熟的方法。如煮制面条时，成熟后的面条会浮起、表皮有光泽，用竹筷挑起晃动时，搭在竹筷上的面条会滑溜地落下，掐断面条看截面，颜色均匀，没有白心。如果面条是盛入装有热汤的容器中出品，有时会将面条煮至八九分熟就出锅。此时面条和热汤自带的热量使其出锅后还能继续成熟，送到客人面前请客人食用时，面条状态最佳，软硬适度、爽滑筋道。水饺煮制成熟后也会浮起，表皮有光泽，截面色匀无白心。带有生荤馅的水饺成熟后，包馅坯皮处还会呈现热膨冷皱的现象，即在沸水锅中，馅心处微微膨胀鼓起；捞出放在常温下，馅心处会收缩皱皮。

四、煮制面点成熟法的熟制原理

煮制面点成熟法主要是依靠传导和对流两种方式传热，使面点坯料逐渐成熟。热源产生的热能首先通过导热性良好的器具传导到水中。水是流体。刚开始加热时，煮制容器中不同位置的水温不尽相同，于是产生对流。无论是面点成形生坯入沸水锅、还是面点坯料入常温水锅的加热方式，热能均是以对流为主、传导为辅的方式传递给面点坯料。面点坯料的表面至内部的热量传递的主要方式是传导。热量从一个质点传向另一个质点，面点坯料由外及里逐渐受热。到 60 ℃左右时，生坯中的淀粉开始膨胀糊化，蛋白质发生热变性。随着温度的不断升高，蛋白质最后变性凝固，淀粉颗粒吸水膨胀、完全糊化，面点制品即煮制成熟了。

这一系列的变化过程与蒸制成熟过程中蛋白质和淀粉的变化极为相似。不过与蒸制加热工艺相比，煮制加热时面点坯料浸没于水中，加热阶段的平均温度相对较低，加热时间又相对较长，淀粉颗粒吸水产生的增重会明显高于蒸制加热的方式，坯料中会有部分水溶性物质流失到水中。因此，对于煮制加热成熟的面点制品来说，其淀粉吸水糊化更加充分从而使其产品更加湿润黏柔，蛋白质吸水溶胀充分而使得其产品吃口更加爽滑筋道。

第四节　炸制面点成熟法

兰花酥

一、炸制面点成熟法的概念、特征与应用

（一）炸制面点成熟法的概念

炸制面点成熟法是指将成形面点生坯投入一定温度的大量油内，以油脂为传热介质，主要利用对流作用，使面点受热成熟的操作过程。

（二）炸制面点成熟法的特征

炸制面点成熟法的主要表现为用油量较多、油脂温域宽、油温变化快、熟制时间短的特征。炸制时，面点生坯几乎全部浸在油中。锅中的用油量通常是制品的几倍或十几倍。由于用油量较多，生坯入锅后，锅中油温较为稳定，生坯在锅中有充分的活动空间，制品受热均匀，成熟一致。油脂可利用温域范围较广，炸制加热温度为 90～240 ℃，故能满足不同面点熟制加工的温度需要，形成不同风味质感，或松、或酥、或脆、或外酥里嫩等。与水相比，油脂的比热较低。在同样的供热条件下，油脂加热升温更快，更节省能源，制品成熟时间相对更短。在高温加热时，面点制品表面会发生一系列变化（主要为焦糖化反应、美拉德反应），形成诱人的色泽、香气和滋味。在加热过程中，部分油脂还会渗入制品中，油脂中挥发性成分使制品带有一定的脂香味。但是，油脂在高温（特别是在 200 ℃以上）加热过程中，容易产生有毒物质，因此面点油炸成熟加热的温度大多在 200 ℃以下。长期食用高温油脂或油炸制品，会对身体的健康带来危害。

（三）炸制面点成熟法的应用

炸制面点成熟法适用范围非常广，几乎所有类型面团类型都有可用炸制成熟法的制品。炸制面点成熟法尤其适用于油酥制品、化学膨松制品、米粉制品、薯类面团制品等，如荷花酥、油条、麻花、面窝、土豆饼等。

二、炸制面点成熟法的操作方法

（一）炸制准备

面点在进行炸制操作之前，通常需要做好坯料、炸具和炸油的准备。

1. 坯料准备

在熟制工艺中选择炸制加热的面点半成品，一般是已进行了成形加工的生坯。在进行面点炸制坯料准备时，要考虑成形生坯在炸制过程中受加热温度、原料成分、炸制手法等因素的影响，坯料的外观形态通常还会在炸制过程中进一步发生变化。

2. 炸具准备

常压油炸是最常见的油炸方式，尤其适用于粮食类食品的热加工，如炸薯条、炸酥点、炸油条、炸甜甜圈等。常压油炸专用设备一般都配有测温、控温及滤油的装置，其盛油空间称为油釜或油锅，通常设计为敞口，使用较为方便。使用时，先将油釜中的炸油加热至设定温度，然后将物料置于物料网篮中，再一并放入油釜中加热。炸好后，出品和网篮一起从炸油中取出并滤油。有些餐饮厨房没有配备油炸专用设备，会使用传统炉灶配炒锅盛油加热来进行油炸加工。因其没有测温、控温及滤油装置，使用时须根据经验或另配测温工具判断油温高低，并另配滤油工具。

知识关联

油炸技术分类

油炸技术可以分成常压油炸、减压油炸和高压油炸三大类。

常压油炸的油釜通常为敞口，其内的压力与环境大气压相同，故称为常压油炸。常压油炸是最常见的油炸方式，适用面较广，但加热过程中营养素及天然色素损失较大。因此，常压油炸比较适用于粮食类食品的油炸。如油炸糕点、油炸面包、油炸方便面的脱水等。

减压油炸又称为真空油炸，食品在食用油中进行油炸脱水干燥，使原料中的水分充分蒸发的过程。油炸釜内的油炸温度一般在 100 ℃以下，真空度为 92～98.7 kPa。该方法可使产品保持良好的色泽、形状和松脆性，有显著的膨化效果。真空低氧的加工环境可以有效避免高温带来的一系列问题，如炸油的聚合劣变、食品本身的褐变、营养成分的损失等。

高压油炸是油炸釜内压力高于常压的油炸方法。高压油炸可解决因需要长时间油炸而影响食品品质的问题，此方法温度高，水和油的挥发损失少，产品外酥内嫩，最适合肉制品的油炸，如炸鸡腿、炸牛排等。

3. 炸油准备

油炸前，应根据面点生坯类型、数量、炸锅大小选择类型合适、分量足够的油脂倒入加热容器中，使生坯在炸制过程中活动空间充足，保证炸制过程油温稳定和制品形态质量。

炸制面点品类繁多，品质特征各不相同，生坯入锅油温也存在差异。炸制前，必须根据制品的质量要求将炸油预热至不同温度备用。通常，大而厚的制品生坯比小而薄的制品生坯入锅油温低；加热形色的变化小而慢的制品生坯比变化大而快的制品生坯入锅油温低。

(二)生坯入锅

如果对制品的最后造型要求不高或制品外形薄而小，则生坯入锅油炸，可采用一次性大量投入的方式，如薯片、麻叶等的炸制；如果对制品的最后造型要求较高，或在加热的过程中还要对坯体进行造型处理，则生坯入锅一次性投入量不宜太多，甚至会讲究生坯入锅的角度方向，如荷花酥、油条、大麻球等的炸制。使用电热炸炉熟制时，成形生坯可先放在平底炸篓中，然后再将炸篓放入预热好的盛油炸炉中炸制。

(三)加热炸制

面点炸制油温大体可分为两类：温油炸制和热油炸制。

1. 温油炸制

温油炸制的油温范围通常为 90～150 ℃，适用于较厚、带馅的品种，尤其是层酥制品的熟制加工，如荷花酥等的炸制。炸制荷花酥时，生坯选择合适的油温入锅。在相对较低的油温炸制一段时间后，待坯料几近成熟、快要定形时，可加大火力，提高油温，使坯料迅速定形、成熟。在油炸加热过程中，不能用工具随意用力搅动，可用筷子或炒勺，有规律地轻轻拨动坯料。特别是带有造型的花色制品，拨动动作一定要轻柔，不要破坏造型。温油炸制的出品特点是颜色自然本真、质地外脆里嫩、层次形态张开，又不碎裂。

2. 热油炸制

热油炸制的油温范围通常为 180～220 ℃，适用于体薄无馅的制品、膨松面团制品，尤其是化学膨松面团中的矾碱盐面团制品的熟制加工，如馓子、油条等的炸制。操作时，面点生坯在相对较高油温下入锅，热油炸制时间不会太久。生坯入锅后，要立即用工具翻动坯料，使其受热均匀。待生坯浮起、上色、成熟、起脆后即可

出锅。热油炸制的出品特点是色泽金黄、口感或酥脆化渣、外焦内嫩，风味浓郁。

（四）出锅沥油

当面点坯料在油锅中炸至成熟，且色、香、味、形等方面均达到制品所要求的感官风味品质后，即可用漏勺或滤网，从容器底部将制品从油锅中捞出。捞出后，制品放在漏勺、滤网或簸箕中，沥去表层多余油脂后再出品。

三、炸制面点成熟法的技术关键

（一）选择合适炸油

几乎所有类别的食用油都可用于炸制加工，包括植物油、动物油、调和油、起酥油等。食用油种类多样，基于成本、习惯和口感等因素考虑，国内面点厨房的油炸加工环节多选择植物油，如大豆油、菜籽油、玉米油、花生油和葵花油等。近年来，棕榈油因其热稳定性好、价廉物美等特点，得到广泛应用，如油炸方便面、炸鸡产品、薯片等的炸制。需要注意的是，有些粗制生油（如生大豆油、生菜籽油等）含有大量磷脂，直接使用，容易在炸制时产生大量泡沫外溢，造成浪费也不安全。另外，粗制生油还带有一些不良气味，即生油味。使用这些粗制生油前，应将油脂持续加热一段时间，使油脂中的磷脂变成黑色物质沉淀，使不良气味挥发。

知识关联

理想炸油

理想炸油要求具有合理的脂肪酸组成（油酸35%～40%、亚油酸30%～35%、亚麻酸不超过5%），既能延长炸油的寿命又有利于食品的营养健康；炸油中丰富的天然抗氧化成分对延长炸油寿命和食品营养有益；炸油中杂质含量（如磷脂、甘油二酯、甘油一酯等）容易诱发炸油品质劣变的成分应尽量少，烟点低、不易起泡冒烟；炸制食品的起酥性好、吸油量少，有良好的风味。为延缓油脂在食品加热油炸过程中的氧化作用，延长炸油使用寿命，应选择脂肪酸组成合理和抗氧化成分含量高的油脂。单一的天然油脂几乎不能达到理想炸油要求。有些会将食用植物油加氢制成的氢化油作为炸油，目的就在于使饱和脂肪酸在油脂中的比例增大。与单一油脂相比，将两种或两种以上油脂进行适当比例调配而成的油炸专用调和油，优化了脂肪酸组成，含有丰富的天然抗氧化成分，具有寿命长、性能稳定、营养健康的独特优势。

（二）合理控制油温

炸制过程中一定要控制好加热温度。根据所加工的面点品种，炸制油温不可过低或过高。油温过低，制品色泽浅淡、质地软嫩、不酥不脆、易变形破碎，且耗油耗时。低温长时间浸炸还会使加热物料吸入过多炸油，进而影响风味及口感，难以达到制品所需质量要求。油温过高，如若炸油达到烟点，发烟油脂中含有较多挥发性醛酮类物质，不仅可能影响食用安全、损害身体，而且还容易使油炸制品上色过深、炸焦、炸煳或外焦里生，影响口感。所以对油温的合理控制是炸制技术的关键。

火力是油温高低的决定因素。炸油温度过高时,可采取控制火源、调小火力、添加冷油和增加生坯数量来降低油温。

(三)把握油炸程度

油炸所需的加热时间应根据面点出品特征、原材料情况,以及坯料形状、大小、厚薄等因素适当把握。具体面点产品油炸程度可以通过观察煎炸物料的外观、颜色、形态、质地、气味等来判断。以炸制油条为例,当油炸坯料表现出形态饱满膨大、色泽金黄、气味焦香、质地松泡等现象时即可取出沥油。如果面点过度炸制加热,不仅会颜色变深,还有可能会出现产生不良成分、气味发苦、过度吸入油脂等情况。

(四)保持油脂清洁

餐饮业中炸油消耗量大,且会被反复加热烹制食物。在炸油反复高温加热过程中,炸油与氧气、水分接触,发生水解、热氧化、热聚合等一系列复杂的化学反应,进而出现黏度增加、色泽加深等感官变化。高温还会造成落入油脂中的原料碎屑炭化,形成苯并芘类致癌物质,造成对炸油和食物的污染。油中细小的炭化颗粒极易附着在油炸食品表面。随着时间的延长,油炸食品的颜色逐渐变深,色泽暗淡。劣变炸油的烟点低,易起烟,黏度增大,热传导系数降低,增加了出品的吸油率,使油炸食品的残油率升高且容易酸败,影响了油炸食品的风味。炸制加工时,可以从以下几方面保持油脂清洁、缓解炸油劣变。

1. 及时清除杂质

食物在加热过程中掉入锅中的残留物,经长时间高温加热均会炭化,改变了油脂颜色、味道和黏稠度,使油脂老化加速。条件有限的饭店、食堂、小食店等,经常将当日使用过的煎炸油静置过夜,次日再倒取上层清油继续使用。条件稍好的食品加工单位,如大中型饭店、小型食品企业等,常使用各种过滤膜,对使用过的煎炸油进行净化过滤,这在一定程度上避免了煎炸油的污染。现代食品企业的油炸生产线一般设有过滤装置,使用过的炸油经过滤处理后,短时间内的理化指标得到改善,可实现循环使用。

2. 选用合理设备装置

炸油与空气接触面积越大,其热氧化速度就越快,变质也越快。油炸容器应选择锅口小、深度大的容器。由于铜、铁、铝等微量金属离子能够催化油脂的氧化过程,因此油炸锅最好使用不锈钢锅。有条件的生产单位,在煎炸食品生产中,可选择配有温控装置的专业炸锅,防止油温过高而导致油脂氧化劣变加速。油炸温度应尽量控制在 200 ℃以下,且避免连续高温加热。

目前有一种在油层中加热、水层中净化的油炸设备。油层在水层之上,电热管于油层的中下部。通电后,炸油受热升温,可以进行各类油炸作业。通过先进的测温和控温技术控制油温,油脂本身分解的小分子物质能够在对流传热中接触水层,被水溶解吸收一部分,食物碎屑则借重力作用沉于水层,从而减轻了油层的污染,使得炸油的使用周期加长、污染减轻、成本降低。

3. 添加稳定剂、抗氧化剂

目前,工业化生产油炸食品时,往往会向炸油中添加稳定剂、抗氧化剂等。这在一定程度上起到缓解油脂劣变的作用。如在炸油中添加天然抗氧化剂(如迷迭香提取物、茶多酚和竹叶抗氧化剂等)，可以有效减少多环芳烃的形成。

4. 及时添加新油

在油炸食品的加热过程中，炸油连续煎炸加热时间不超过 3 h。此外，还要减少油脂反复使用次数，建议油脂反复使用总时间以不超过 8 h 为宜。在煎炸过程中应及时添加新油脂，以减缓煎炸油脂中极性组分的生成，降低油脂的劣变程度。若炸油明显劣变，要全部重新更换，以保证油炸食品的质量。

知识关联

油脂在加热煎炸过程中的变化

油脂在加热煎炸过程中会发生一系列复杂的化学反应，包括热氧化、热水解、热分解、热聚合等，这些化学反应所生成的产物，给油脂的理化指标带来变化。在加热煎炸的过程中，油脂本身不仅在物理特性、风味和营养价值等方面发生改变，其间可能产生的毒性成分还会在加热过程中渗入制品，影响食品的质量与安全。因此，要想获得品质达标、营养安全的煎炸食品，就需要了解油脂在加热煎炸过程中的变化，保证炸油品质。

◆油脂在加热煎炸过程中的化学变化

油脂在加热煎炸过程中的化学变化主要有热氧化、热聚合和热分解、热水解等。

✧热氧化

油脂发生热氧化是在有氧条件下发生的激烈的氧化反应，同时伴随着热聚合和热分解。在高温下，热氧化的速度比自动氧化要快得多。在自动氧化的过程中，主要以不饱和脂肪酸的变化为主，饱和脂肪酸的氧化比较缓慢；而在热氧化的过程中，饱和脂肪酸也同样被激烈氧化。氧化的产物有低级的醛、酮、羧酸、醇等短链化合物和大分子聚合物。

✧热聚合和热分解

热聚合和热分解是在油内部发生的高温聚合和分解反应。热聚合反应是共轭双键和非共轭双键之间的反应，两个分子结合成一个大分子六元环状化合物。这种聚合作用可以发生在同一甘油酯的脂肪酸中，或不同分子的甘油酯之间。油脂热分解在 260 ℃以下时并不明显，当温度升到 350 ℃以上时，其分解为酮类和醛类。如有金属离子存在，则热分解更快。

✧热水解

热水解是指因水的作用，油脂的酯键断裂形成了游离脂肪酸的反应。在面点的煎炸加热过程中，由于生坯中带有水分，油脂同水接触并加热即可能发生热水解。水解作用随温度升高而加快。水解生成的游离脂肪酸而后还可能会缩合成分子量更大的醚类化合物。

◆油脂在加热煎炸过程中的理化指标变化

为保证煎炸油脂的质量及其煎炸食品的食用安全性，《食品安全国家标准 植物油》(GB 2716—2018)对煎炸过程中的食用植物油的酸值、极性组分等理化指标等做出明确规定，超过限定值的煎炸油脂必须强制性废弃。

◇酸值变化

油脂的酸值(acid value,AV)是指中和1 g油脂中的游离脂肪酸需要的氢氧化钾(KOH)毫克数。酸值的高低反映了加热过程中油脂所含游离脂肪酸的变化。酸值是判断油脂的降解程度的可靠指标。《食品安全国家标准植物油》中规定煎炸过程中食用植物油的酸值不得超过5。正常油脂经高温处理后,遇到被加热食物中的水分,引发油脂发生水解反应,产生游离脂肪酸,致使油脂酸值升高;高温氧化产生的不稳定氢过氧化物分解出醛、酮、酸等小分子物质,以及醛类进一步氧化产生的酸类物质也使油脂酸值升高。

◇过氧化值变化

油脂的过氧化值(peroxide value,POV)是指油脂中氢过氧化物的含量,是油脂双键加成反应后的氧的含量。过氧化值仅适用于评价初级氧化,反映油脂在煎炸过程中的氧化速度。采用连续煎炸的方式的炸油,随加热时间的延长,油脂的过氧化值呈现一个先升高后下降再提高的趋向。氢过氧化物是初级氧化产物,很不稳定,进一步发生分解产生的环氧化物以及一些醛、酮、酸等小分子物质。

◇羰基值变化

羰基值(carbonyl group value,CGV)是指油脂酸败时产生的含有醛基和酮基的脂肪酸、甘油酯及其聚合物的总量,常用于评价油脂的次级氧化。羰基值受加热温度和时间的影响,随着温度的升高、时间的延长,羰基价都呈升高的趋势。羰基价越高,说明脂肪氧化程度越高,可能产生的醛、酮等有害物质越多,油脂的质量也越差。

◇极性组分变化

极性组分(polar compounds,PC)是在油脂加热煎炸过程中,油脂与食物水分和氧气在高温条件下相互作用,发生劣变,产生比正常植物油分子(甘油三酯)极性较大一些成分,是甘油三酯热氧化产物(含有酮基、醛基、羟基、过氧化氢基和羧基的甘油三酯)、热聚合产物、热氧化聚合产物、水解产物(游离脂肪酸、单甘油酯和双甘油酯)总称。这些物质对人体酶系统有严重破坏作用,特别是分解产生的大量丙烯酰胺、多环芳烃类更是致癌物。《食品安全国家标准植物油》中规定煎炸过程中食用植物油的酸极性组分不得超27%。

◆油脂在炸制过程中的品质变化

经过多次重复高温炸制后的油脂,其品质在感官、营养、安全等方面会发生显著变化。

◇感官性状变化

・气味变劣

油脂经高温加热特别是长时间反复使用,脂肪酸发生氧化、分解的产物如低级的醛、酮、醇等会有一种令人恶心的苦辣、麻辣等不良味道,影响食欲,甚至不能食用。面点加热煎炸时冒出的油烟中含有大量的丙烯醛,对鼻、眼黏膜有强烈的刺激作用,使操作人员干呛难忍、头晕头痛、丧失食欲。

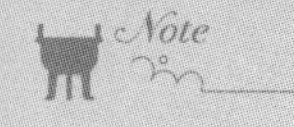

• 色泽变暗

油脂颜色变暗的原因除了因面点加热煎炸过程中淀粉炭化、焦糖化反应、美拉德反应产生类黑色素外，更主要的是由于油脂的热聚合反应以及油脂中的磷脂加热后分解生成的产物等造成的。

• 黏度增大

随着油脂煎炸时间的延长，在高温和有氧的环境下，油脂自由基发生聚合反应，生成二聚、多聚甘油和二聚、多聚酸，聚合甘油和聚合酸使油脂的黏度上升。油脂稳定性越好，油脂黏度上升越缓慢，煎炸食品含油量变化幅度越小。随着煎炸时间的延长，油脂稳定性降低，黏度上升，煎炸食品含油量也不断上升。

• 泡沫增多

油脂的起泡性随着油脂的老化程度而逐渐加强，原因是油脂黏稠度的增加而造成泡沫稳定性增强。

✧营养价值降低

油脂在加热煎炸过程中，必需脂肪酸被分解破坏；油脂中的维生素 A、维生素 E、维生素 D 等受到氧化而被破坏；油脂的热能供应量有所降低；妨碍人体对蛋白质的吸收等。油脂的消化吸收率也降低，主要原因在于加热煎炸后的油脂中含有很多聚合物，分子量很大，黏度也很大，人体食用后很难将其分解利用，小肠中消化吸收油脂的酶也会受到抑制和破坏，降低了对油脂的分解能力。所以高温加热后的油脂或反复加热使用的油脂在人体中消化吸收率降低。

✧老化并产生有毒物质

经高温加热的油脂色泽变深，黏度变稠，泡沫增加，烟点降低，这些现象称为油脂的老化。油脂在 200 ℃以下的温度加热，产生的有害物质很少。如果在 250 ℃以上长时间加热，尤其是反复高温加热使用，则将产生一系列有害物质，如挥发性污染物丙烯醛、反式构型化合物等。丙烯醛可能是通过甘油三酯水解的甘油进一步脱水生成。有研究表明：持续暴露于丙烯醛的环境中可诱导心脏中氧化应激和炎症，导致左心室收缩功能障碍、心肌细胞凋亡、心肌梗死、心律失常和心肌病。反式构型化合物，如反式脂肪酸(TFA)的形成一般是于高温煎炸过程中。油脂中不饱和脂肪酸自动氧化产生自由基，自由基发生共振形成反式结构，达到最稳定的状态，最后自由基与氢自由基结合形成 TFA。TFA 会在心脏、肝脏和许多其他器官的组织中积聚，导致 2 型糖尿病以及心源性猝死的风险增加。

四、炸制面点成熟法的熟制原理

炸制的热传递介质是油脂。热量首先从热源传递到油炸容器，油脂从容器表面吸收热量，利用对流传热再传递到面点坯料的表面，然后通过热传导把热量由坯

料外部逐步传向内部。直到坯料获得足够的热能后，面点制品就炸制成熟了。从工程学的角度看，油炸过程是传热和传质同时发生的过程：热量由外向内传递；水分由内向外蒸发；油由食品表面向食品内部的渗入。坯料放入高温热油中，表面水分首先受热蒸发，水蒸气向外逸出形成气孔，坯料表面形成壳层。而后热量传至坯料内层，内层水分受热形成蒸汽，从壳内孔隙通道逸出，导致了加热坯料形成了多孔层。随着加热过程进行，部分油脂附着在坯料表面，慢慢渗入水分蒸发后留下的内部孔隙。当将成熟的油炸面点制品从炸油中取出时，由于外界温度低于炸油温度，制品内部压力迅速降低，油脂由外向内渗入，致使出品的吸油量增加。

油炸面点具有香、嫩、酥、松、脆、色泽金黄等特点。炸制时，面点坯料中的淀粉糊化、蛋白质变性以及水分变成蒸汽，从而使坯料变熟，形成酥脆的特殊口感。同时坯料中的蛋白质、碳水化合物、脂肪及一些微量成分在加热过程中发生化学变化产生的挥发性成分包括醛类、醇类、烃类、酮类、酸类、酯类、芳香类和杂环类等小分子，使油炸面点制品具有特殊风味。油炸面点熟制加热过程中发生的美拉德反应及淀粉老化等使得加工后的油炸面点拥有酥脆口感、诱人色泽，能增进食欲，深受消费者喜爱。油炸的高温可以杀灭食品中的细菌，延长保存期，改善风味，增强营养成分的消化性，并且其加工时间也比一般的烹调方法短。

油脂在加热过程中受氧气、水分、高温及原料组分等因素影响，会发生一系列水解、氧化和热聚合等反应，产生聚合物、过氧化物等有害物质，对人体健康存在安全风险。由天门冬酰胺和还原性糖在高温加热过程中发生美拉德反应生成的丙烯酰胺，会对人和动物产生神经毒性、生殖毒性、致突变性等危害。

第五节　煎制面点成熟法

三鲜豆皮

一、煎制面点成熟法的概念、特征与应用

（一）煎制面点成熟法的概念

煎制面点成熟法是指将成形面点生坯放入金属平底煎锅（或煎盘、饼铛）中，向其中加入少量油脂（或油脂与水）一并加热，以金属和油（水）为传热介质，主要以传导的方式将热量传递给面点生坯，直至其成熟的操作过程。

（二）煎制面点成熟法的特征

煎制面点成熟法的特征与炸制面点成熟法类似，都是以金属和油脂作为传热介质，所以二者加工特征较为相似，都表现为油脂温域宽、油温变化快、熟制时间短的特点。但与炸制成熟法相比，煎制成熟法的用油量较少，在煎制过程中，摆入锅中的坯料一般不会受到油脂的流动性影响而发生翻滚，坯料贴锅加热面相对稳定且温度更容易升高，进而在出品时能在贴锅面形成金黄香脆的壳层底。有些煎制面点成熟法，在锅中不仅会加入少量油脂，还会加入少量的水。水遇热锅和热油升

温后转变成热蒸汽，进一步促进制品成熟。热蒸汽使生坯表面淀粉吸水膨胀、糊化，从而使得这样处理的煎制面点上部柔软而底部金黄香脆。此外，煎制面点出品时往往带有许多煎制时的油脂。这些油脂可以给制品带来脂香风味，但也带来了油脂高温加热的不良产物，长期食用高温煎制品会给身体健康带来危害。

（三）煎制面点成熟法的应用

煎制面点成熟法一般用于水调面坯制品、发酵面坯制品、杂粮面坯制品等的熟制工艺环节，如锅贴、生煎包子、煎饼、南瓜饼、煎山药饼等。

二、煎制面点成熟法的操作方法

（一）煎制准备

面点煎制前，面点坯料应已进行成形加工处理，煎制用油也应选择脂肪酸组成合理且抗氧化成分含量高的油脂。而面点煎制器具多选用平底煎锅或煎盘，也可以选用饼铛，且与之搭配的热源火力分布均匀。煎制的加热面多为平面，且在加热底面四周一般都带有一定高度的锅沿。锅沿可使在平底加热容器中加入少量的油（水）后，油（水）即能在整个加热底面分散均匀且不溢出，进而使煎制加热的面点坯料能均匀受热。煎制器具在使用前要清洁干净，加热烘干后抹一层薄油备用。

（二）生坯入锅

选择煎制加热的面点生坯应间距整齐地码入锅中。生坯间距大小须根据煎制面点出品要求进行设计。由于煎制容器底面的加热温度通常会表现为中间高、四周低，因此在生坯入锅时，应先将生坯从容器加热底面外围开始向中心区域码放。码放好生坯后，还需要观察加热容器中的油脂用量是否合理，不合理时酌情增减。煎制油用量不宜过多，其用量多少视品种而定。一般以摆入生坯后，油能在锅底平铺薄薄一层为宜。有些制品在生坯入锅时，除了要加入适量的油脂，还会加入少量的水，一并进行加热。

（三）加热煎制

根据煎制时是否在加热容器中加入水，煎制面点成熟法又分为面点油煎成熟法和面点水油煎成熟法。

1. 面点油煎成熟法

面点油煎成熟法简称为油煎，是利用金属煎锅和油脂传热使制品成熟，适用于较薄的饼类面点制品，如煎南瓜饼等，以及某些已经使用其他工艺制熟但尚未底面上色的面点制品，如广式煎饺等。加热煎制时，油须均匀布满锅底，先煎生坯一面，煎好后将生坯翻转90°或180°，煎坯料的其他面，直至煎制两面（或多面）皮色金黄、皮质酥脆柔韧、坯体内外、四周都成熟为止。面点油煎成熟法操作的全过程，无须加盖锅盖。

2. 面点水油煎成熟法

面点水油煎成熟法，简称为水油煎或油水煎。在其熟制加热时，不仅要加入油脂，还要加入一定分量的水，利用金属煎锅、油脂、水和水蒸气多种介质传递热量使制品成熟。水油煎适用于有一定厚度或带生馅的面点制品，如生煎包子、锅贴等。

水油煎加热煎制时，热锅冷油且油脂均匀布满锅底，生坯从外向内依次摆好，用六成热的油稍煎一会儿，洒上少许清水，盖盖焖煎，待锅内蒸汽将尽，揭盖再洒水。如此反复，经多次洒水后制品成熟。也可以生坯入锅后，一次性地将油脂和水加足，盖盖焖煎，至锅内水汽已尽、制品成熟即可出锅。面点水油煎成熟法出品通常表现为上部柔软色白、底部焦黄香脆、油润光亮的特点。

（四）出锅沥油

当面点坯料在锅中煎至成熟，且色、香、味、形等方面均达到制品所要求的感官风味品质后，即可用工具将制品从平底锅中铲出。刚刚铲出的煎制面点制品表层往往会带有一些浮油。表层油脂较多时，可将制品放在漏勺、滤网或簸箕中沥去多余油脂；表层油脂相对较少时，可用吸油纸或厨房纸巾将多余油脂吸除。煎制面点制品出品装盘时，通常会将制品煎制上色起焦的酥脆壳层面向上，统一方向、整齐摆放。

三、煎制面点成熟法的技术关键

煎制面点成熟法加热油脂的类型选择和保持油脂清洁与炸制面点成熟法的处理要求相同。此外煎制面点成熟法还需要注意油水分量合理、加热均匀适度。

（一）油水分量合理

煎制总体用油、用水量不大。在生坯入锅之前，先在热锅中加入一层薄油。待生坯入锅后，再观察锅中油脂是否能没过生坯与锅底的接触面，薄薄铺满整个锅底。有少数品种用油量稍多，但加油量通常不会超过生坯厚度的一半。采用水油煎加热方法熟制时，加热时还会加入少量的水。油水加入的总量一般控制在坯料厚度的 1/3～2/3 范围内。如果锅中坯料摆放松散、且坯料小而薄，则加入锅中的油水总量可以略少些；反之，如果锅中坯料摆放紧密、且坯料大而厚，则加入锅中的油水总量应略高些，甚至可以多次加水加热。

某些特殊的水油煎面点制品，还会在加热的后半段淋入单独配制好的粉浆水（粉浆水通常可用面粉、淀粉、油与水配制而成）。加热后水分蒸发，在淋有粉浆水的锅底区域会逐渐形成大片网孔状的酥脆壳层，出品时金黄酥脆的壳片连带水油煎面点一并取出，从而构成此类面点出品的特殊造型，如冰花煎饺等的煎制。

（二）加热均匀适度

煎制面点生坯紧贴锅底受热，油温高低、火力大小等对煎制面点出品质量都会产生影响。油温较高、火力太大，易使制品底部焦煳而内部不熟；温度较低、火力偏小，则制品煎制成熟时间延长、难以形成金黄酥脆的壳层，且出品易浸油。当煎锅中有油有水时的水沸阶段，加热温度较为稳定。但水沸会使油水飞溅，需要加盖防溅。加盖加热煎制还有利于制品受热成熟。但当煎锅中只有油脂加热时，油脂升温速度很快。因此煎制加热的后半程，一般选择以中火、五至六成油温加热。但带生馅且较厚制品（如馅饼等）煎制加热后半程的油温要低一些，以防制品出现外焦煳而内不熟的问题。

煎锅加热面的中心温度一般较高，因此摆放生坯时要从预热好的煎锅四周开

始向中心摆入，以利于生坯均匀受热。在煎制加热过程中，要根据热源火力分布经常挪动锅位或移动锅中加热坯料的位置，使锅中每个坯料的受热均匀一致，以防止制品生熟不均或局部焦煳。

四、煎制面点成熟法的熟制原理

煎制时，热源通过金属煎锅、油脂（水）将热量主要以传导的方式传递给面点成形生坯，热能逐渐由面点表层向内部传导，最终使制品完全受热成熟。若煎制过程中有水，水遇热锅和热油后转变成热蒸汽，能进一步促进制品成熟。

油煎加热时，当生坯放入加热平底锅后，紧贴锅底的一面由于温度高，淀粉吸收蛋白质释放出来的水分和生坯内部向外扩散的水分而急剧膨胀，在淀粉酶的作用下进一步发生水解反应，生成低分子糖类。随着温度升高，热量传到生坯内部，馅心与坯皮之间的空气受热膨胀，面点加热坯体的体积增大。当制品上部温度达到 80 ℃以上时，坯体中蛋白质受热变性凝固，使面坯定型。与此同时，紧贴锅底的坯体受热面因高温影响，逐渐糊化并脱水。加热坯体脱水区域由底面逐渐向上推进，加上蛋白质的凝固，便在坯体贴锅加热底面形成一层硬壳。随着温度的继续升高，干燥层中的淀粉及蛋白质又进入分解阶段，油脂也发生部分分解，生成的还原糖与其他生成物发生焦糖化反应和美拉德反应等，逐渐使坯体加热底面上色。当坯皮表面温度达 180 ℃左右时，制品底部形成又香又脆的金黄色硬壳。

如果采用水油煎方式，其加热会有一段水煎的过程，坯体上部主要通过蒸汽传热，通过加盖焖蒸的方法，利用蒸汽造就的高湿度环境，使淀粉充分吸水、膨胀、糊化。水煎阶段的温度基本处于 100 ℃左右。在这个温度下，面点坯体表层不会发生变色反应。因此，在水油煎的“水煎”阶段能形成坯体上部色泽自然、柔润光亮的特点。当水油煎加热时的水已完全蒸发，锅中只剩下油脂和面点坯料时，坯料发生的变化就与油煎法的后半段相似，会在制品底部贴锅面逐渐形成金黄香脆的壳层。

第六节 烙制面点成熟法

一、烙制面点成熟法的概念、特征与应用

可丽饼

（一）烙制面点成熟法的概念

烙制面点成熟法是指将成形面点生坯或调配好的面点坯料，摊、铺、贴、摆在加热器具上，主要以热传导的方式，使面点坯料受热逐渐定形、成熟的操作过程。

（二）烙制面点成熟法的特征

烙制面点成熟法的加热器具往往是由能够承受高温并能传递热的材料制成，通常是金属制成的是平锅、平铁板、饼铛，也偶用天然片状石板、鹅卵石等。面点坯料放入加热器具前，无论是选择金属器具还是其他，都需要先将器具加热至一定温

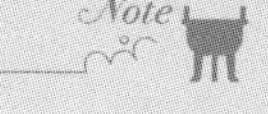

度，从而使面点坯料置于其上时能迅速受热变性、凝固定形。烙制面点大多为扁平状，有一至多个加热面。其出品大都皮面香脆、内柔软，外观常常带有类似黄褐色或金黄色的虎皮斑纹。

（三）烙制面点成熟法的应用

烙制面点成熟法主要适用于水调面坯、发酵面坯、米粉面坯、杂粮面坯制品等，特别适用于各类饼馍的熟制，如春饼、煎饼、米粑、白吉馍、石子馍、鸡蛋灌饼、锅边饼等的熟制。

二、烙制面点成熟法的操作方法

根据传热特点，烙制操作方法一般可分为干烙、刷油烙和加水烙三种。

（一）干烙

干烙是指在熟制加工过程中，面点坯料表面和加热器具上既不刷油又不洒水，直接摊、铺、摆放在预热器具上进行加热，单纯利用器具材料传热熟制的方法。干烙成熟方法适用于比较薄的制品成熟。干烙加热的坯料配方中若加入有较多油、盐，则其成熟出品油酥咸香，如石子馍；干烙加热的坯料若无油、无盐，则其成熟出品松软可口，具有浓烈的面香味，如春饼。干烙具体操作方法如下。首先将加热器具预热至 100 ℃左右，再放入面点坯料加热。放入坯料时，坯料要从四周温度低的地方开始向中心温度高的地方摆放。烙制品大小不等，大者一锅烙一个，小一些的则一锅可以烙上百个。根据不同的制品，干烙选择不同的火候加热。通常大而厚的面点坯料比小而薄的面点坯料烙制加热的火力稍弱、温度较低。为使摆放在平锅中间与四周的面点坯料受热均匀，在加热过程中可以水平移动平锅的位置，也可以移动坯料，使其受热均匀。当坯料的一面上色后，通常要翻坯再干烙另一面，直至正反上色均匀一致、内外成熟为止。

（二）刷油烙

刷油烙是一种介于干烙与油煎的熟制方式，又称为油烙、煎烙。刷油烙多选用平锅。生坯入锅前，平锅就已加热、加油。刷油烙的加油量比油煎法要少得多，仅需将平锅加热面均匀刷涂一层薄油即可，不会出现有多余的油脂浮现或溢出平锅的情况。刷油烙会将坯料放在刷涂有薄油的加热平锅上，根据制品加工需要，翻、叠坯料进行加热。每翻、叠一次坯料，就刷一次薄油。油无论是刷在平锅加热面或加热坯料表面，都要刷均匀，且油应是清洁的熟油。和干烙相同，刷油烙也需要注意平锅热力不匀的情况，要适时水平挪动平锅或加热坯料的位置，使坯料均匀受热、逐渐成熟。刷油烙制品一般呈金黄色，皮面香脆，内部柔软有弹性，如家常软饼、鸡蛋灌饼等。

（三）加水烙

加水烙大多选择金属器具进行加热，是在干烙的基础上，加入水，水受热产生蒸汽，利用金属和蒸汽传热使面点坯料成熟的加热方法。加水烙比较适用于较厚面点制品，如米粑。具体操作方法如下。先将金属器具加热至一定温度，将面点坯料置于其上进行单面加热。当坯料的加热面逐渐凝固定形，微微呈现出浅金黄色

时，往金属器具中洒水。水并不需要直接洒在加热坯料上，而应洒在加热金属器具的最热处，使水能迅速蒸发汽化形成蒸汽。然后立即将锅盖盖好，利用金属和蒸汽传热，将坯料制熟。如果一次洒水还无法使较厚的坯料完全成熟，可以少量多次洒水，直至坯料完全成熟为止。注意一次洒水不可太多，否则平锅中的水可能会溢开浸润到坯料，进而被坯料吸收，导致坯料或出品软烂。加水烙在加热过程中的位置一般是固定、不翻面的。出品时，制品上下会呈现出不同的质地，通常表现为上部及边缘柔软，底部香脆，别具特色。

加水烙的操作方法还可以用来制作某些菜点合一的特殊菜肴。例如，使用大铁锅炖鱼时，可在加热铁锅上端空余处围贴一圈面饼坯料，并加盖焖制一段时间。炖鱼产生的水蒸气和铁锅传热使得贴在锅边加热的面饼坯料逐渐成熟形成硬质饼底。出品时，将成熟的锅边面饼铲下，搭配炖好的鱼菜，食感鲜、嫩、脆、香，别有风味。

三、烙制面点成熟法的技术关键

(一)加热器具须洗净

烙制面点的加热器具大多为金属材质，也偶见天然石材。厚壁金属、天然石材器具，不仅能承受住高温，在导热的同时，还具有很好的保温特性，适用于烙制面点加工。因烙制面点坯料与加热器具的接触面积较大，加热器具洁净与否对烙制面点出品质量影响很大。为了防止制品在烙制时造成污染和影响制品质量，操作前必须把器具与坯料的接触面清洗干净、加热烘干后，用油刷或油布蘸取少量油脂，均匀涂刷器具加热面后备用。涂刷油脂无须太多，涂刷后，油脂很快被吸附，以呈现出器具表面光洁滋润且无油脂涂刷痕迹的状态为佳。此时涂刷油脂的目的不在于传热，而主要是为了保护好器具加热面，使烙制成品能够较为完整地从加热器具上分离开来。

(二)加热火候要得当

在面点坯料放入前，通常须将加热器具升温至 100 ℃左右之后，才将面点坯料放入其中加热。若初始加热器具温度太低，坯料放于其上，不易定形且出品时容易出现粘锅、揭不下来的情况；若初始加热器具温度太高，坯料放于其上，会极易变色进而出现焦煳的现象。

烙制熟加工中，面点坯料与加热器具直接接触，升温速度较快，稍有疏忽就可能使坯料加热面因过度受热而焦煳，所以操作时要控制好火候。根据品种不同，烙制的火力要求也不同：薄的饼类（如春饼、薄饼等），火力相对会略大些，烙制翻面的间隔时间及熟制加工的总体耗时则相对较短；中厚的饼类（如大饼、烧饼等），要求火力适中；较厚的饼类（如发面饼等）或包馅、加糖制品，要求火力稍小。

烙制加热的面点制品成熟后，要及时取出，避免因过度加热而焦煳。当加热坯料整体变色、发酵面团制品松泡且有弹性、坯料边缘与加热器具分离翘边时，即可用长竹片或平铲插入制品底面与加热器具间分离出的夹层，将制品在加热容器中翻面或从中取出。

(三)加热制品要均匀

烙制时要使面点均匀加热，首先要选择与加热器具形状大小相匹配热源供应。

其次，需要注意，无论是加热器具的整个加热面，还是加热坯料的加热接触面，加热区域边缘的温度通常会比中心温度要低。为了使每个面点坯料能受热均匀，防止制品中间焦煳而四周夹生，大多数烙制加热到一定程度后，需将放置在加热区域边缘的坯料移到中间受热或直接水平转动锅位。正反双面上色的烙制面点还需要时常翻看平锅中不同位置制品加热面的上色状况，并根据需要将制品进行翻转或移动，以使不同位置的制品正反面能达到基本相似的加热程度，即所谓“三翻四烙”“三翻九转”等。

四、烙制面点成熟法的熟制原理

烙制面点成熟法源自古老“石烹”成熟方法，其熟制原理可能与烤、煎、蒸等熟制方式密切相关。在不同的烙制面点成熟法中，干烙与烤最为相似，刷油烙与油煎最为相似，而加水烙则是将蒸与烤的加热技术融合在了一起。

烙制加热过程中，油和水加入量很少或者几乎不加。以金属加热器具为例，面点坯料在加热过程中的热量主要来自金属传导。金属锅体受热使锅体具有较高的热量。面点坯料一入锅，即与热锅接触，从而获得锅体表面的热能。坯料与锅体接触面受热，部分水分气化释放出热，淀粉部分吸水膨胀糊化、蛋白质变性，出现变干、变硬、甚至上色的壳层。继续加热，锅体将从热源处获得的热能通过与坯料的接触面源源不断地传递给坯料，坯料接触面又将热能传递到与之相邻的坯料区域，从而使制品由下至上、由外至内受热而逐渐成熟。在一定温度条件下，坯料加热面会进一步发生淀粉水解、焦糖化反应和美拉德反应，形成金色至棕色的硬壳。如果在烙制加热面刷油，油脂在面点熟制加热过程中发生的美拉德反应及淀粉老化等使得烙制品的刷油面拥有酥脆口感、诱人色泽。在烙制过程中加水，利用水产生的蒸汽能更好地传热，辅助有一定厚度的烙制品成熟。烙制操作通常是金属传热主导下的热加工，会使面点坯料在加热的接触面与远离面受热不匀。若追求烙制出品正反面的感官风味质地相似，则需要通过翻转操作来助其正反均匀受热。

第七节　烤制面点成熟法

红豆餐包

一、烤制面点成熟法的概念、特征与应用

（一）烤制面点成熟法的概念

烤制面点成熟法，简称为烤，也称为烘烤、焙烤等，是指将成形的面点生坯放入预热的烤炉中，综合利用传导、对流、辐射的传热方式，将热传递给面点生坯，使其在烤炉中充分受热、逐渐成熟的操作过程。

（二）烤制面点成熟法的特征

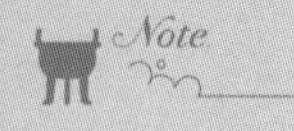

烤制面点成熟法是古今中外面点熟制加工选择较多的一种方式。其加热温域范围广，可达 250 ℃甚至更高。烤制面点出品具有色泽鲜明、形态美观、易于保存、方便携带的特点。面点生坯在烤制加热过程中会发生一系列物理、化学变化，烘烤后能形成独特的形态质地和悦人的色泽香味。选择烤制成熟加工的面点生坯在烤炉中的加热过程很少被翻动或挪动，形态不易被破坏或损伤，出品能较好地保持形态完整。在高温烤制加热过程中，由于美拉德反应和焦糖化反应，面点不仅形成悦人的色泽，还能形成特殊的风味、质地。使用不同温度烤制的面点产品色泽不同，或白色、或本色、或金黄色、或红褐色。烤制面点成熟法能形成多种质感，或酥松香脆、或内外绵软、或外硬内软等。由于烤炉温度易于控制、加热均匀，甚至可以设计为可连续作业的隧道式烤炉，在面点的标准化工业生产中广为使用。

(三)烤制面点成熟法的应用

烤制面点成熟法适用范围广泛，品种繁多，主要用于各种膨松面团和油酥面团制品，如面包、蛋糕、酥点、饼类等。烤制面点成熟法的出品多为含糖、含油量较高的糕点制品，在糕点行业中具有举足轻重的地位。

二、烤制面点成熟法的操作方法

(一)烤制准备

烤制面点成熟法在面点生坯入炉之前，主要需要做好烤炉预热准备和生坯成形准备工作。

1. 烤炉预热准备

烤炉又称烘炉、烤箱，一般为封闭或半封闭结构。传统烤炉使用木头、煤炭燃烧加热；现代烤炉则是使用电或天然气加热。我国传统烤炉多为立式。使用时，将面点成形生坯直接贴在加热炉壁上进行熟制操作，如馕、烧饼等的烤制。传统烤炉造价成本低，但热效率不高、温度不易调控，适用范围有一定局限。现代厨房生产加工中使用较多的是电热烤炉。电热烤炉一般都有自动恒温系统且形式规格多样，有单层式、多层式等，各层可独立控温。使用时，面点成形生坯是先放入烤盘中，再水平置于烤炉中进行加热熟制。本节有关烤制面点成熟法的描述主要基于电热烤炉这一加热设备。

烤制前，将烤炉预热，能提高生产效率，保证出品质量。烤炉预热是根据需要设定炉温，使烤炉在烤制加工前达到设定温度。不同面点熟制加工有不同的温度要求，一般有三种炉温供选用。①微火低温，即 110～170 ℃，温度相对较低，制品表面一般不产生明显的颜色变化，主要适用于烤制皮白或保持原色的面点制品，如白皮类和层酥类面点制品；②中火中温，即 170～190 ℃，温度较高，加热后会使制品表面着色，主要是烤制要求表皮颜色较重，如金黄色或黄褐色的混酥类和层酥类面点制品；③强火高温，即 190 ℃以上，炉温很高，对制品颜色影响较大，主要适用于皮面颜色较深(如枣红色及红褐色等)的面点制品，如浆皮类、膨松类、部分油酥类面点制品。

大多数烤炉预热温度的设定和调整主要是通过对烤炉的上火、下火的控制进行。上火、下火是烤制面点主要的热源，在加热过程中对面点坯料产生的影响不同。下火又称底火，指烤盘下部空间的炉温，其传热方式主要是传导，通过烤盘将

热量传递给制品。下火有向上鼓动的作用，热量传递快而强，主要决定制品的膨胀或松发程度。上火又称面火，指烤盘上部空间的炉温，上火主要通过辐射和对流传递热量，对制品起到定型、上色的作用，主要决定制品的外部形态。上火、下火各有作用，又相互影响，应根据不同面点制品要求，灵活设定和调节上火、下火大小。

2. 生坯成形准备

面点生坯在烤制加热前应已经过成形加工，已具备基础造型。但不同类型的面点制品在烤制之前的生坯状态有一定差异。例如，发酵面团制品成形生坯在入炉烤制前除已经过成形加工，整个生坯应达到最佳的发酵状态，面坯膨松柔软而多孔，否则出炉后制品孔洞偏小，质地紧结；而西式起酥点心的生坯在入炉烤制前必须留有足够时间让起酥生坯得到充分松弛，面坯呈现出并不坚实而略微有松软后方才入炉烤制，否则生坯进炉后会有坯体缩小和漏油等情形发生。

（二）生坯入炉

生坯入炉是指将成形生坯摆放在烤盘上，再一并放入预热烤炉中的操作。

烤盘多为导热性能好的金属烤盘。使用前，先将烤盘擦净烘干，在盘底刷一层薄油或垫上烤纸，再放入生坯。有时，还会在生坯表面刷一层油（或蛋液、饴糖水等），使其入炉烤制时表皮更易上色且具有一定光泽。

生坯在烤盘上摆放的数量以满盘为宜，且要摆放整齐、疏密适度、大小均匀。摆放过疏，不利于热能的充分利用；摆放过密，坯料加热膨胀后会相互粘连，破坏造型。合理的摆放才能保证炉温平衡均匀，避免烤制加热同批产品生熟不一，影响出品质量。

（三）加热烤制

面点成形生坯在烤炉中加热，逐渐由生变熟并达到出品要求的过程，一般会经历急胀挺发、成熟定形、表皮上色和内部烘透四个阶段。

1. 急胀挺发阶段

急胀挺发阶段是面点烤制的初期阶段。此阶段下火温度高于上火，有利于面点坯体内部气体受热膨胀，体积随之迅速增大。

2. 成熟定形阶段

成熟定形阶段是面点烤制的中期阶段。由于生坯蛋白质受热变性凝固，淀粉糊化填充在已凝固的面筋网络组织内，面点坯体基本成熟且形态结构基本确定。

3. 表皮上色阶段

表皮上色阶段是面点烤制的后期阶段，此阶段通常上火温度高于下火。由于面点坯料表面温度较高进而失水形成表皮层，与此同时由于焦糖化反应和美拉德反应，表皮颜色逐渐加深，最终形成诱人的金黄色、棕红色等。但此时制品内部可能还较为湿软柔润。

4. 内部烘透阶段

内部烘透阶段是面点烤制的延伸阶段。对于要求内外酥香的烤制面点，在其烤制表皮上色后还须延续加热一段时间。随着热渗透和水分的进一步蒸发，面点坯体内部组织被烘烤至最佳程度，色泽适当，酥香而不湿黏。

(四)成熟出炉

面点烤制加热至其成熟，且色、香、味、形、质等各方面达到要求，即可出炉。在实际操作中，要根据面点的品种类型和特征、馅心的种类、坯体的大小厚薄等因素，结合炉温来确定烤制出炉的具体时间。一般情况下，若面点坯料大而厚，可适当降低炉温，延长烘烤时间；而若坯料小而薄，则应提高炉温，缩短烘烤时间。面点加热至成熟状态是出炉的基础要求。判断大而厚的面点是否成熟，可将一根竹签插入制品中，拔出后，如没有粘上糊状物，即表示已成熟；小而薄的面点成熟度则更多地是从其外观形态色泽来判断。批量生产同类型的烤制面点时，入炉和出炉顺序应协调统一，基本上都是遵守先进先出的原则。从热炉中拿取烤熟的面点出品时，一定要注意防烫，戴上隔热手套，注意烤箱门开合的方向，规划好烤盘的取出路径和安置区域。

三、烤制面点成熟法的技术关键

(一)正确控制烤制温度

烤制面点的品种、特征、大小、数量等条件因素的不同，对烤制温度有不同的要求。一般情况下，大而厚的制品比小而薄的制品所选择的炉温应低一些；含油脂、糖、蛋、水果等配料丰富的制品所需要的炉温要低；表面有糖、干果、果仁等装饰材料的制品熟制炉温相对较低；起酥类点心的烤制成熟宜采用较高的炉温，以利于含水坯料层在高温下能很快产生足够的蒸汽，促进酥层的形成和制品的胀发；烤炉中装载制品越多，产生的蒸汽也越多，此时选择的烤制温度应比装载制品较少时的烤制温度略高一些。烤制温度过高过低，都会影响烤制面点的出品质量。烤制温度过高，面点外表容易发干、变硬，限制面坯膨胀，导致成品体积偏小，甚至出现表层烤煳而内部不成熟的问题；烤制温度过低，则面筋蛋白质受热变性凝固的时间也随之推迟，而烤制急胀作用表现更甚，导致成品体积偏大，内部组织粗糙，而且因温度偏低而难以形成面点制品所要求的色泽，势必造成烤制时间延长，而面点坯料也会因失水过多而出现干裂且内部失去松软的特色。因此，在烤制面点时，要正确控制各种制品所需烘烤温度，才能保证烘烤制品的质量。

在烤制面点成熟过程中，烤制温度往往不是一成不变的，往往还需要根据不同制品的加工特征，对烤制过程中的温度进行控制调节。烤制温度的调节方式主要有三种：先高后低的方式、先低后高的方式和先低后高再低的方式。

1. 先高后低的方式

这种控温方式主要应用于加热前后形态变化小的烤制面点加工，如广式月饼等的加工。具体操作是在生坯刚入烤炉时，选择较高的炉温，使生坯能迅速定形且表面初步上色，而后再降低炉温，用中小火烘烤，使制品表面达到合适的颜色和光泽而不致焦煳，同时又使温度能从表面渗入到内部，制品内外完全成熟时，形态造型稳定。

2. 先低后高的方式

这种控温方式主要应用于加热前后形态体积变化较大的烤制面点加工，如蛋

糕、面包等的加工。具体操作会在生坯刚入炉时，选择较低炉温，面点坯料在炉温不断缓慢上升的过程中，充分松发、膨胀，而后再调高炉温，以助出品定形上色。

3. 先低后高再低的方式

这种控温方式主要应用于加热前后不仅有明显的体积变化，而且出品的含水量较小的烤制面点加工，如水果蛋糕等的加工。具体操作是在制品刚入炉时，选用低炉温使之松发、膨胀，然后再用高炉温使之定形、上色，最后再用低炉温烘去坯料中过多的水分，促成出品挺立而不坍塌。

（二）灵活调节上下火

烤制温度主要是通过烤炉上下火来调节和控制的。上火和下火各有作用，又相互影响，烘烤操作中应根据不同制品的造型质量要求灵活调节，使之适应不同面点烤制加工需要。下火对制品的体积和质量有很大影响，且不易调节。下火过大，易造成制品底部焦煳、不松发；下火过小，易使制品塌陷，成熟缓慢，上焦下生，质量欠佳。在烤制过程中，若上火过大，易使面坯过早定型，影响底火的向上鼓动作用，导致坯体膨胀不够，且易造成面坯表面上色过快，使面点制品外焦内生；上火过小，易使面坯上色缓慢，烘烤时间延长，水分损失大，变得过于干硬、粗糙。

不同类别面点制品，在烤制加工过程中的上火和下火的设置要求也不一样。一般需膨胀松发的面点制品，如蛋糕、面包等，在生坯入炉时要求下火温度高于上火温度，以使胀发充分，避免坯体表面过早结壳定形；而在烤制后期则要求上火温度高于下火温度，以利于制品的定型、上色。印有凹凸印纹的制品，如浆皮类制品的广式月饼，则要求下火温度低于上火温度，以免由于松发过大而使印纹变形。层酥制品以下火传导为主，须下火温度高，上火温度低。所以，烤制面点成熟中在正确控制炉温的同时，还要灵活调节上下火温度。

（三）合理安排生坯摆放

面点生坯在炉内高温作用下，会释放出水分，吸收能量。因此，入炉生坯的数量和间隙直接影响炉内温度和湿度，进而影响产品质量。烤盘内生坯摆放间距过大，易造成炉内湿度小，火力集中，使制品表面粗糙、灰暗甚至焦煳，且降低空间利用率，影响工作效率。若烤盘内生坯摆放间距过小，对膨松类、混酥类制品而言，就会影响坯体膨胀，容易造成制品粘连，破坏形态。生坯摆放应以合理、均匀的间隔摆满盘为宜。如果盘未装满，空缺较大的区域由于没有吸收热量的物料，热能就会向周围扩散，导致附近制品焦煳。此时，可用纸条浸水后搁放烤盘空缺处，使其吸收热量产生蒸汽，起到平衡炉温度、湿度的作用。

（四）适度选择炉内湿度

炉内湿度是烤炉中原本的湿空气和面点坯料加热蒸发的水分在炉中共同形成的。炉内湿度大，制品上色好，有光泽；炉内过于干燥，制品上色差、无光泽、粗糙。如果没有额外加湿，烤炉内的湿度主要受炉温、炉门封闭情况、炉内烤制品的类型和数量的影响。此外气候、季节和工作间环境等也会有一定影响。一般要求炉内相对湿度以65％～70％为宜。正常情况下，满炉烘烤，由于生坯水分蒸发产生的水汽即可达到制品对炉内湿度的要求。当炉内湿度不足时，可通过在炉内放置盛有

水的容器来增加炉内湿度。烤制过程中不要经常开启炉门，烤炉上的排烟、排气孔可适当关闭，防止炉内水蒸气散失。有条件的还可选择有加湿装置的烤炉。比如有些面点品种对炉内湿度要求较高，特别是硬质面包的烘烤，在生坯入炉时需要同步通入强蒸汽 6～12 s，以保持短时高湿。需要注意的是，湿度过小，面包面坯的表皮结皮太快，出品表皮容易与内层分离，形成一层空壳，皮色淡而无光泽；湿度过大，炉内蒸汽过多，面包面坯的表皮容易结露，出品的表皮厚而起泡。

（五）准确掌握烤制时间

烤制面点的加热时间受烤炉的温度、湿度，生坯的形状、种类，是否使用模具、加盖等多重因素影响。

炉温是影响烤制时间的主要因素。烤制加热过程中，炉温低且烤制时间长，则因水分被长时间加热烘烤，在淀粉糊化前已散失，影响糊化，导致产品黏结力不足，出品组织粗糙、干硬；炉温低且烤制时间短，则制品不容易成熟；炉温高且烤制时间长，制品易外煳内硬，甚至烧成焦黑；炉温高且烤制时间短，则出品容易出现外焦内嫩或不熟的问题。

不同类型特征的面点制品，所需烤制时间要求也不一样。生坯的体积越大、越厚，烤制时间相应越长；生馅面点需要的加热时间相对较长；长方形制品要比圆形制品的熟制时间短，薄的比厚的时间短；产品装入模具中比直接放入烤盘中烘烤熟制时间要长；体积大小相似的油脂蛋糕比海绵蛋糕烘烤的炉温低、时间长；烘烤小饼干时一般会选择较高炉温较短时间加热。

绝大多数面点烤制加热至其完全成熟上色后方才出炉。但是，小西饼在烤炉中熟制加热时，往往是将其坯料加热至八成熟时就出炉。由于小西饼的坯体小而薄，在出炉后还能继续利用烤盘的余热对饼坯继续加热，使其颜色加深，进而达到出品要求。

四、烤制面点成熟法的熟制原理

面点成形生坯在烤炉中加热时，会发生一系列变化，在其逐渐成熟的过程中，也慢慢形成丰富多样的感官风味。以下从烤制面点成熟法的热传递方式和烤制成熟过程中坯料的一系列相关变化来解析烤制面点成熟法的熟制原理。

（一）烤制面点成熟法的热传递

烤制面点成熟法的传热方式最具多样性，它充分利用了热传导、热辐射和热对流三种传热方式。

1. 烤制面点成熟法中的热传导

面点烤制中，热量以热传导的方式传递主要有以下两种途径：一是热量通过烤床、烤盘和模具传至面点坯料的底部和两侧；二是热量从面点坯料的表面向内部的传导传递。

2. 烤制面点成熟法中的热辐射

热源产生的热能先以传导的方式传递到烤炉的内壁或加热管上，使其温度升高至设定温度。这部分热量以远红外辐射的方式使烤炉内面点内部分子产生共振

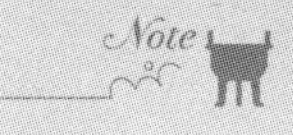

吸收现象，引起热效应而实现传递，使面点温度升高。

3. 烤制面点成熟法中的热对流

烤制过程中的热对流主要是制品生坯表面的低温蒸汽与炉内高温混合蒸汽之间产生的热量对流交换。在热对流过程中，部分能量被面点坯料吸收而参与对坯料的加热。但在烤炉内，仅靠自然对流所起的传热作用相对较小。如今，许多新型烤炉都配有炉内强制对流装置，能进一步提高对流的传热效率。

（二）烤制成熟过程中相关变化

1. 烤制成熟过程中的温度变化

在烤制加热过程中，面点的坯体表面和内部温度会发生剧烈变化。由于整个烤炉内温度很高，所以面点成形生坯入炉后，坯体表面水分会很快蒸发。当表面水分蒸发殆尽时，表面的温度达到 100 ℃。继续加热，表面水分持续丧失，而表面温度会进一步升高并超过 100 ℃。高温热量通过热传导方式慢慢向坯体内部推进，而坯体内部水分也逐渐向外转移。此时，面点坯体由外至内会形成三个层次区域：超过 100 ℃的表皮层，温度保持在 100 ℃的蒸发层，以及温度低于 100 ℃的中心区域。由于面点坯体内部水分向外转移较慢，表皮层会慢慢增厚，蒸发层区域也慢慢向中心区域推进，直至面点坯料成熟。

面点在烤制成熟过程中的温度变化主要表现在三个方面：第一，面点表皮层的温度达到并超过 100 ℃，稳定加热一段时间后，最外层温度可与炉温一致。第二，面点蒸发层的温度将一直保持在 100 ℃。第三，面点内部中心区域的温度直至烤制结束，通常都不会超过 100 ℃。

2. 烤制成熟过程中的水分变化

面点成形生坯进入高温烤炉后，热蒸汽在生坯表面很快发生冷凝作用而结成露滴，使生坯重量稍有增加。炉温、湿度和生坯温度等因素会影响冷凝持续时间长短。炉温越高、湿度越大、生坯温度越低，则冷凝时间越长，露滴凝聚的水量越多。冷凝阶段，面点生坯由于露滴的水分凝积而出现短暂增重的变化。但持续加热会使面点坯料表皮温度升高，冷凝过程逐渐被蒸发过程所代替。不仅面点生坯表面冷凝的露滴水分被蒸发，而且面点生坯表皮层的水分也会蒸发而形成无水的表皮层，且坯体内部水分向外转移、参与蒸发，面点生坯重量随之下降。但在硬皮类烤制面点的加热过程中，当坯体外层硬皮形成后，会阻碍坯体蒸发层的水分向外散失，加大蒸发区域的蒸汽压力。与此同时，面点坯体中心区域的温度始终低于 100 ℃，会进一步加大蒸汽压差，进而迫使蒸汽由蒸发区域向内部转移。当烘烤结束后，硬皮类烤制面点制品的中心区域会呈现出湿润柔软的状态。

3. 烤制成熟过程中的油脂变化

在面点成形生坯刚入炉加热时，面坯中的油脂遇热流散，向两相界面移动。与此同时，坯料中的水汽化而生成的水蒸气以及膨松剂产生的二氧化碳等气体，在两相界面聚积。于是油相与固相形成很多分离层，构成酥松结构。气体从面点坯体向外扩散时会留下细微的孔隙通道。伴随着坯体中的气体向外扩散，部分坯料中的油脂会通过这些孔隙通道向坯体外表转移，甚至游离出坯体。稳定烤制温度或

持续升高温度，油脂中部分挥发性和低沸点物质会逸出，使制品产生浓郁的香气。与其他高温熟制工艺类似，油脂在烤制加工过程中，同样也会由自身，或与一并加热的其他成分发生一系列复杂的化学反应，包括热氧化、热水解、热分解、热聚合等。这些化学反应的产物，不仅给油脂的理化指标带来变化，还会改变烤制加热面点坯料的感官风味和营养价值等。但如果过度加热烤制，油脂就会因高温产生许多毒性成分，影响食品质量与安全。

4. 烤制成熟过程中的颜色变化

面点成形生坯在烤制加热过程中所表现出的颜色变化是一项非常明显且重要的感官改变。随着面点坯料烤制程度不断加深，其坯体表面可呈现出从白色到浅黄色，黄色、金色、棕黄色至褐黄色等一系列变化。烤制过程中，面点坯体颜色变化主要是美拉德反应或焦糖化反应引起的。其中美拉德反应引起褐变使面点坯体颜色发生明显改变的同时还会对面点制品的香气、滋味和质地等都产生明显影响。不同种类的糖在美拉德反应中，褐变程度也有差别，果糖、乳糖的褐变反应强烈。因此，可根据面点出品的不同要求，在配料时选择不同种类的糖，以利于在烤制加热过程中能达到理想的增色效果。面点烤制前也常会在坯体表层顶面涂刷蛋黄液。这种处理方式，能促成面点在烤制加热过程中形成更加悦人的颜色和光泽。烤制的糕点中大多含有一定量的糖，在加热过程中，随着温度升高、水分挥发，糖分逐渐焦化，使制品外观颜色发生改变，呈现出金黄色、棕黄色等。

5. 烤制成熟过程中的香气形成

烤制面点的香气主要来自美拉德反应和焦糖化反应产物中的挥发性成分。如焦糖化反应分解产生的甲基糠醛、焦糖等可使制品具有焦香气味。美拉德反应产生的香气主要是由各种羰基化合物形成，其中醛类起着重要作用，异戊醛可使制品散发出幽香，丙酮醛有焦糖或吐司味，糠醛有焦烟味，丁二酮有一种好闻的香味，这些物质起到了使烤制面点增香的作用。

6. 烤制成熟过程中的形质变化

面点生坯在烤制过程中受热，除了水与油脂会给出品带来形质改变外，还会发生蛋白质热变性而凝固，淀粉吸水、膨胀、糊化。随着温度的升高，蛋白质变性速度加快，直至蛋白质全部变性凝固。蛋白质凝固后，其质地变硬，有利于烤制面点确定形态，保持其在加热过程中形成的外形轮廓。加入了化学膨松剂的烤制面点，当烤制坯体的温度达到化学膨松剂的分解温度时，便大量产气。随着气体向液、固两相界面聚积，使得此类烤制面点出现膨胀和酥松的结构质地。对于加入生物膨松剂（如酵母等）的发酵类烤制面点，如面包、酵面烧饼等，其成形生坯在入炉之前，应已完成发酵工艺环节，坯体处于膨胀状态。入炉后，发酵坯体的皮壳部分首先受热，热量渐渐地由表层向内传入，整个坯体的温度由外至内逐渐上升。在烤制加热的初期，酵母受热较快，发酵作用旺盛，进一步产生气体。但当面坯温度到达 60 ℃时，酵母活性丧失、发酵作用停止。因此，烤制发酵面坯中充满了由发酵产生的二氧化碳、水和乙醇蒸汽膨胀形成的气孔组织，产生巨大的膨胀力，使烤制面坯体积急速增加，最终形成不同的膨胀结构和饱满的外部形态。

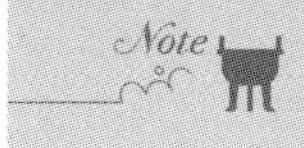

第八节　复合加热面点成熟法

我国面点种类繁多,熟制方法丰富多样。大多数面点熟制工艺为上述的单一熟制法,另有部分面点需要运用两种或两种以上的熟制方法进行热加工。这种经过几种加热方法才完成的熟制工艺称为复合加热法。复合加热面点成熟法在实际运用时,主要有以下两种情况。

第一种情况,在操作时,首先是将面点成形生坯经蒸、煮、烙等熟制工艺加热至坯料基本成熟、基本确定出品形态但并未上色的状态,而后再经煎、炸或烤制的高温加热至坯体上色、形成所需的风味和质地,即可出品,如油炸包、烤馍片等。这样的复合加热法,将面点成形后的成熟和上色用先后不同熟制方法来实现,不仅可以灵活利用时间安排不同阶段的熟制加工,提高工作效率,还利于协调控制面点制品在不同熟制加工阶段的加热程度,保证出品质量。

第二种情况,在操作时,首先是将组成面点产品的面坯材料单独进行成形、熟制备用,然后在出品前,再加配料、调辅料进行烹熟加工,制成最终的面点产品,如炒面、伊府面、豆皮等。这样的复合加热法,不仅需要考虑在面点整个加工过程中先后使用不同熟制工艺的组合,还需要考虑面坯材料与其他配料、调辅料之间的合理搭配,使经过这样熟制加工后的面点产品呈现出灵活多变的风格特征,有机融合了面点与菜肴的熟制加工及出品特点。

本章小结

面点熟制工艺通常是指对初步成形的面点坯料或半成品,运用合适的加热方法,使其成熟的加工过程。熟制工艺是在面点制作工艺流程中,对面点感官品质产生重大影响的最后一道工艺环节,其作用主要表现为保证食物安全可食、促进消化提升营养、形成感官风味品质。

熟制加工中的热能传递的方式主要有三种,即热传导、热对流和热辐射。在大多数熟制工艺技法中,这些热传递方式往往是两种或三种同时出现。

面点种类繁多,熟制方法也多种多样。常见的面点熟制方法有蒸、煮、炸、煎、烙、烤等。这些熟制方法,可以单独使用,也可以组合使用。伴随着加热过程中各种物理和化学变化,面点制品逐渐成熟且形成多样的风味质地。通过学习理解不同熟制工艺概念、特点与应用,有效掌握其操作方法和技术关键,熟练运用熟制原理来指导生产实践。

核心关键词

熟制工艺;热传递;蒸;煮;炸;煎;烙;烤;复合加热

思考与练习

1. 熟制的作用主要表现为哪几个方面?
2. 简述热能传递的三种方式之间的区别与联系。
3. 举例说明蒸、煮、炸、煎、烙、烤面点成熟法的适用范围、技术关键与成熟原理。
4. 举例说明判断蒸、煮熟制的面点制品加热成熟的方法。
5. 举例说明面点生坯入锅的油温高低选择的差异。
6. 举例说明油煎与水油煎成熟法的操作方法及风味特征的差异。
7. 举例说明干烙、刷油烙和加水烙在操作方法及应用上的差异。
8. 举例说明面点烘烤熟制加工的不同温度要求及出品特征的差异。
9. 举例说明面点烤制成熟过程中的形质变化。

姚伟钧、刘朴兵,《中国饮食史》,武汉大学出版社,2020年版

推荐评语:全书介绍了上古至清末中国食物原料的生产、加工,食物烹饪,饮食业,地域饮食文化、饮食习俗,饮食文献的发展之历史轨迹;揭示了中国饮食文化发展变化的轨迹、内在规律及其社会政治、经济与文化之间的互动关系。

张海臣、曲波,《粮油食品加工技术》,中国轻工业出版社,2020年版

推荐评语:全书介绍了主要粮油食品原料和加工制品的加工技术和原理,融合了现代企业、行业所采用的新技术、新成果。每个项目都列出了学习目标、同步练习和实验实训项目,从而增加了学习的趣味性、自主性。

陈迤,《面点制作技术——中国名点篇》,西南交通大学出版社,2013年版

推荐评语:全书对我国三大地域,即淮扬、北京、广东等地享有盛名的面点小吃,通过图文并茂的形式,详细介绍了菜品的典故,成品标准、原料及制作步骤,使学习者能较全面地了解和熟悉中国名点的特点及制作方法。

侯伟,《新编面点师实用手册》,天津科学技术出版社,2016年版

推荐评语:本书系统地讲述了面点的历史发展、风味流派、工具设备、原料选择、制作工艺流程,简要介绍了中华面点的主要形态中的代表品种、宴席面点、年节面点、面点食俗,西式面点知识和特色面点制作实例等。

韦恩·吉斯伦(著),谭建华、赵成艳(译),《专业烘焙》(第3版),大连理工大学出版社,2004年版

推荐评语:全书完整诠释了烘焙基础理论,详尽解析了700余种经典且富于创造力的配方中关于正确选材、搅拌及烘焙技巧,关于装饰和组装,关于修饰和装盘摆饰等每个工艺流程的具体信息。

中山弘典、木村万纪子(著),谭颖文(译),《你不懂蛋糕》,辽宁科学技术出版社,2015年版

推荐评语:以科学的角度解答制作糕点的疑问,将制作糕点中常见的231个问题以详细的图文解说形式展现,对问题的分析细致而全面,介绍制作最佳状态蛋糕的技巧,引导读者成功制作蛋糕,实用性强。

［1］ 邱庞同.中国面点史［M］.青岛:青岛出版社,1995.
［2］ 季鸿崑,周旺.面点工艺学［M］.2版.北京:中国轻工业出版社,2006.
［3］ 邵万宽.中式面点工艺与实训［M］.北京:中国旅游出版社,2016.
［4］ 王美.中式面点工艺与实训［M］.北京:中国轻工业出版社,2017.
［5］ 陈洪华,李祥睿.面点工艺学［M］.北京:中国纺织出版社,2020.
［6］ 黄剑,鲁永超.面点工艺［M］.北京:科学出版社,2010.
［7］ 谢定源,周三保.中国名点［M］.北京:中国轻工业出版社,2000.
［8］ 钟志慧.西式面点制作技术［M］.北京:科学出版社,2010.
［9］ 崔桂友.烹饪原料学［M］.北京:中国轻工业出版社,2006.
［10］ 赵廉.烹饪原料学［M］.北京:中国纺织出版社,2008.
［11］ 哈洛德·马基.食物与厨艺［M］.北京:北京美术摄影出版社,2013.
［12］ 周三保.传统与新潮——特色面点［M］.北京:农村读物出版社,2002.
［13］ 熊敏.烹饪器具与设备［M］.北京:科学出版社,2009.

教学支持说明

普通高等学校“十四五”规划旅游管理类精品教材系华中科技大学出版社“十四五”规划重点教材。

为了改善教学效果，提高教材的使用效率，满足高校授课教师的教学需求，本套教材备有与纸质教材配套的教学课件（PPT电子教案）和拓展资源（案例库、习题库等）。

为保证本教学课件及相关教学资料仅为教材使用者所得，我们将向使用本套教材的高校授课教师免费赠送教学课件或者相关教学资料，烦请授课教师通过电话、邮件或加入旅游专家俱乐部QQ群等方式与我们联系，获取“教学资源申请表”文档并认真准确填写后发给我们，我们的联系方式如下：

地址：湖北省武汉市东湖新技术开发区华工科技园华工园六路

邮编：430223

电话：027-81321911

传真：027-81321917

E-mail：lyzjjlb@163.com

旅游专家俱乐部QQ群号：306110199

旅游专家俱乐部QQ群二维码：

群名称：旅游专家俱乐部
群　号：306110199

教学资源申请表

填表时间：________年____月____日

1. 以下内容请教师按实际情况写，★为必填项。
2. 学生根据个人情况如实填写，相关内容可以酌情调整提交。

★姓名		★性别	□男 □女	出生年月		★ 职务	
						★ 职称	□教授 □副教授 □讲师 □助教
★学校				★院/系			
★教研室				★专业			
★办公电话		家庭电话				★移动电话	
★E-mail （请填写清晰）						★QQ 号/微信号	
★联系地址						★邮编	

★现在主授课程情况		学生人数	教材所属出版社	教材满意度
课程一				□满意 □一般 □不满意
课程二				□满意 □一般 □不满意
课程三				□满意 □一般 □不满意
其　他				□满意 □一般 □不满意

教 材 出 版 信 息		
方向一		□准备写 □写作中 □已成稿 □已出版待修订 □有讲义
方向二		□准备写 □写作中 □已成稿 □已出版待修订 □有讲义
方向三		□准备写 □写作中 □已成稿 □已出版待修订 □有讲义

请教师认真填写表格下列内容，提供索取课件配套教材的相关信息，我社根据每位教师/学生填表信息的完整性、授课情况与索取课件的相关性，以及教材使用的情况赠送教材的配套课件及相关教学资源。

ISBN（书号）	书名	作者	索取课件简要说明	学生人数 （如选作教材）
			□教学 □参考	
			□教学 □参考	

★您对与课件配套的纸质教材的意见和建议，希望提供哪些配套教学资源：